Das
Mikroskop
und seine Anwendung.

Ein
Leitfaden bei mikroskopischen Untersuchungen
für
Apotheker, Aerzte, Medicinalbeamte, Techniker, Gewerbtreibende etc.

von

Dr. Hermann Hager.

Nach dessen Tode vollständig umgearbeitet und neu herausgegeben von

Dr. Carl Mez,
Professor an der Universität Breslau.

Achte, stark vermehrte Auflage.

Mit 326 in den Text gedruckten Figuren.

Springer-Verlag Berlin Heidelberg GmbH 1899

ISBN 978-3-662-35811-5 ISBN 978-3-662-36641-7 (eBook)
DOI 10.1007/978-3-662-36641-7
Softcover reprint of the hardcover 8th edition 1899

Vorwort zur achten Auflage.

Das Mikroskop hat aufgehört, ein allein der wissenschaftlichen Forschung dienendes Instrument zu sein; es kommt ihm bei den Arbeiten des Praktikers eine mit der Erweiterung unserer mikroskopischen Kenntnisse immer grösser werdende Bedeutung zu.

Seitdem eine grosse Anzahl von Drogen nicht mehr in unzerkleinertem Zustand bezogen wird, ist der Apotheker mehr als früher darauf angewiesen, ihre Identität und Reinheit zu kontrolliren. Hierfür ist ihm das Mikroskop das geeignetste Hilfsmittel. Ebenso ist bei der Prüfung der Nahrungs- und Genussmittel in erster Linie die mikroskopische Untersuchung erforderlich. Fragen, welche an den gerichtlichen Sachverständigen gestellt werden; Fragen, welche die Therapie dem Apotheker vorlegt (z. B. Harnuntersuchung), lassen eine gründliche Beantwortung nur mit Hilfe einer sachgemässen Anwendung des Mikroskops zu. Die wachsende Bedeutung der bakteriologischen Untersuchungsmethoden und die Wichtigkeit der Ausführung z. B. von Sputum-, Gonokokken-Untersuchungen ist den Fortschritten der mikroskopischen Forschungen zu danken. Zahlreich sind die Aufgaben, welche die Gewerbe an das mikroskopische Können des Sachverständigen stellt; es sei hier nur an die Beurtheilung von Papier, von Geweben erinnert.

Alle diese Momente zeigen die Bedeutung, welche das Mikroskop heute schon auch ausserhalb der wissenschaftlichen Laboratorien hat, eine Bedeutung, die nicht geringer, sondern andauernd grösser werden wird.

Der literarischen Hilfsmittel, welche die Bekanntschaft mit dem Gebrauch des Mikroskops erschliessen sollen, giebt es zahlreiche und theilweise vorzügliche. Das in den Kreisen der im praktischen Leben stehenden Untersucher verbreitetste derartige Buch aber ist dasjenige Hermann Hagers, jenes hochbegabten Pharmaceuten, welcher die mikroskopische Disciplin in die Apotheken eingeführt hat. Dies Werk hat bisher nicht weniger als sieben Auflagen erlebt. Als nach dem Tode des Verfassers die Verlagsbuchhandlung das ehrenvolle Ersuchen an mich richtete, das Hager'sche „Mikroskop“ in einer neuen Bearbeitung herauszugeben, bin ich diesem Wunsche gerne gefolgt.

Eine nähere Durchsicht des Werkes zeigte, dass seine Anlage und der darin behandelte Stoff in vorzüglicher Weise den Bedürfnissen sowohl des Anfängers in der Mikroskopie wie den praktischen Erfordernissen an ein solches Buch entsprachen, dass dagegen manche Kapitel eine andere Darstellung wohl ertragen konnten. Besonders neuere wichtige Untersuchungsmethoden mussten aufgenommen und im Ganzen die Fortschritte der Mikroskopie berücksichtigt werden. Daher ist es gekommen, dass die Neu-Bearbeitung zu einer Umarbeitung wurde, bei der von dem ursprünglichen Hager'schen Text nur recht wenig stehen geblieben ist.

Die Grundsätze, welche mich bei der neuen Bearbeitung leiteten, waren folgende:

Zunächst ist das Buch bestimmt, eine vollständige, auch dem Anfänger leicht fassliche Einführung in das Wesen und die Einrichtung des Mikroskops zu geben. Auf Einkauf und Prüfung des Instrumentes bezügliche Rathschläge werden Manchem willkommen sein. Ferner war es mein Bestreben, den Gebrauch des Mikroskops in gemeinverständlicher Weise zu schildern. Die Anleitung zur Anfertigung der Untersuchungs- und Dauerpräparate, zur Darstellung und zum Gebrauch der mikroskopischen Reagentien etc. wird es auch dem Anfänger ermöglichen, sich in mikroskopische Untersuchungen einzuleben. Weiter habe ich versucht, eine allgemeine Uebersicht über die mikroskopischen Objekte und ihre Unterschiede zu geben. Mit Hilfe dieses Theils wird man Natur und Abstammung auch unbekannter Objekte leicht bestimmen können. Endlich wurden die praktisch wichtigen mikroskopischen Objekte sowohl aus dem Pflanzen- wie aus dem Thierreiche eingehend behandelt und die Methoden zu ihrer Untersuchung und Erkennung beschrieben.

Bei Ausarbeitung des Buches wurde ich aufs freundlichste unterstützt durch Herrn Dr. med. P. Stolper (Breslau), welcher die Güte hatte, die Darstellung der medicinisch-histologischen Materien zu geben, sowie durch Herrn Dr. Otto Appel, der als Vorstand des Instituts für Pflanzenschutz an der Universität Würzburg die Weinstock-Krankheiten und die San José-Schildlaus durch eigene eingehende Studien kennen gelernt hatte. Beiden Herren spreche ich hier für ihre Mitarbeiterschaft meinen besten Dank aus.

Möge das „Mikroskop" auch in seiner neuen Bearbeitung Beifall finden und sich als brauchbares Hilfsmittel bei mikroskopischen Untersuchungen erweisen.

Breslau, Ende 1898.

Der Herausgeber.

Systematisches Inhaltsverzeichniss.

Das Mikroskop.

Mikroskopische Objekte.

Das Mikroskop.

A. Die Theorie des Mikroskops.

Das **Mikroskop** ist ein optisches Werkzeug, mit welchem man Gegenstände, die ihrer Kleinheit wegen nicht sichtbar sind, oder welche ihrer Kleinheit wegen undeutlich erscheinen, dem Auge sichtbar und deutlich macht.

Das Entwerfen grosser Bilder von kleinen Gegenständen wird durch Glas-Linsen bewirkt: als die wesentlichen Bestandtheile der Mikroskope sind daher die Linsen zu betrachten. Alles, was an einem Mikroskop ausser den Linsen sich findet, ist für das Verständniss des optischen Vorgangs der Vergrösserung kleiner Gegenstände unwesentlich.

I. Die Linsen.

Linsen werden Körper aus durchsichtigem, klarem Glase genannt, welche durch zwei Kugelflächen oder eine kugelförmige und eine ebene Fläche begrenzt sind (Fig. 1, 2).

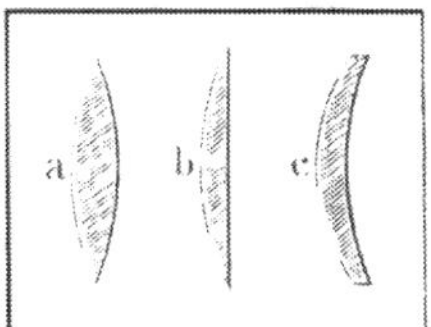

Fig. 1. Sammellinsen.

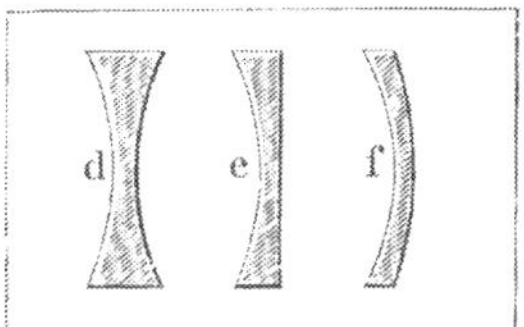

Fig. 2. Zerstreuungslinsen.

Die kugelförmigen Flächen können positiv (konvex) oder negativ (konkav) sein; hiernach theilt man die Linsen ein in bikonvexe *(a)*, plankonvexe *(b)*, konvex-konkave *(c, f)*, bikonkave *(d)* und plankonkave *(e)*.

Linsen, bei welchen die Konvexfläche vorherrscht, heissen **Sammellinsen** oder Vergrösserungsgläser; solche mit überwiegender Konkavfläche **Zerstreuungslinsen** oder Verkleinerungsgläser.

Daraus folgt, dass in Fig. 1 und 2 die durch zwei konvexe Kugelflächen begrenzte Linse *a*, sowie die durch eine konvexe Kugelfläche und eine Ebene begrenzte Linse *b* als Sammellinsen bezeichnet werden müssen; ebenso sind die durch zwei Konkavflächen resp. eine solche und eine Ebene begrenzten Linsen *d*, *e* Zerstreuungslinsen. Bei *c* und *f* aber kommt es auf die Krümmung der beiden Ebenen an. Ist *(c)* die Krümmung der konvexen Fläche stärker als diejenige der Konkavfläche, so wirkt die Linse als Sammellinse; ist dagegen *(f)* die Krümmung der konvexen Seite schwächer als diejenige der konkaven, so herrscht letztere vor und die Linse wirkt als Zerstreuungslinse.

Um dies zu verstehen, müssen wir auf die einfachsten optischen Gesetze zurückkommen.

II. Die Brechung der Lichtstrahlen.

Bekanntlich ist das weisse Licht, also das Licht im gewöhnlichsten Wortsinn, nichts Einheitliches, sondern jeder weisse Lichtstrahl besteht aus vielen farbigen Strahlen (welche das Spektrum uns kennen lehrt), und nur die Gesammtheit dieser farbigen Strahlen erscheint uns weiss.

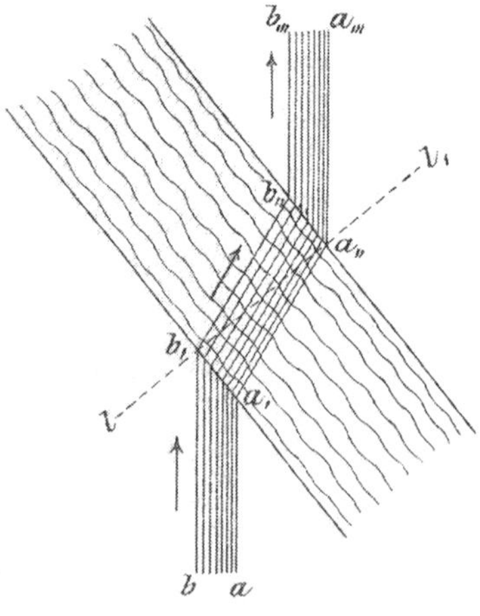

Fig. 3. Schematische Darstellung der Strahlenbrechung beim Uebergang von einem dünneren in ein dickeres Medium und umgekehrt.

Vergleichen wir nun einen solchen weissen Lichtstrahl, welcher auf eine Glasplatte auftrifft, mit einer Kolonne Soldaten, welche ein den Exerzierplatz durchschneidendes frisch gepflügtes Feld durchschreiten soll, und nehmen wir den Fall an, dass diese Kolonne schief auf das Feld trifft (Fig. 3). Dann sehen wir folgende Erscheinung:

Der rechte Flügelmann *(a)* kommt zuerst an das Feld (bei *a,*); da er auf dem Sturzacker nicht so rasch vorankommt wie auf dem Exerzierplatz, bleibt er ein wenig zurück; der linke Flügelmann *(b)* dagegen kommt zuletzt an das Feld (bei $b_{,}$), er behält die Exerzierplatz-Geschwindigkeit länger bei als der rechte Flügelmann. Dadurch wird eine Front-Veränderung der Kolonne bewirkt, d. h. die Kolonne bewegt sich auf dem Sturzacker nicht mehr in gleicher Richtung wie vor Betreten desselben. — Vollkommen das Gleiche tritt bei Verlassen des Ackerstreifens ein; der rechte Flügelmann trifft bei $a_{,,}$ etwas früher wieder auf den Exerzierplatz als der später in $b_{,,}$ eintreffende linke Flügelmann. Deswegen kommt nun der erstere früher wieder rascher voran als der letztere: es muss wieder eine Front- und Marschrichtungs-Veränderung eintreten.

Aehnlich verhält es sich mit den verschiedenfarbigen Strahlen eines weissen Lichtstrahls: der Exerzierplatz des Vergleichs ist die Luft, das umgepflügte Feld dagegen eine Glasplatte. Auch in der Glasplatte kommt das Licht nicht so rasch voran wie in der Luft, deswegen muss auch hier sowohl beim Eintritt in, wie beim Austritt aus dem „dichteren Medium" eine Richtungs-Ablenkung, d. h. eine **Brechung der Strahlen** erfolgen.

Errichten wir nun in einem Punkte, wo ein Lichtstrahl aus einem dünneren Medium (Luft) in ein dichteres (Glas) einfällt, also beispielsweise in $b_{,}$ eine senkrechte Linie, so wird diese die „Lothrechte im Einfallspunkt" oder kurz das Einfallsloth genannt. Dieses Einfallsloth ist in Fig. 3 $b_{,} — l$. Wie unsere Figur 3 zeigt, findet beim Uebergang eines Lichtstrahls aus dünnerem in dichteres Medium eine Brechung nach dem Einfallslothe zu statt.

Errichten wir an einem Punkt, wo ein Lichtstrahl aus einem dichteren in ein dünneres Medium einfällt (also beispielsweise in $a_{,,}$), wieder ein Einfallsloth ($a_{,,} — l_{,}$), so wird der Strahl von dem Einfallsloth weggebrochen.

Wenn die Strahlen mit dem Einfallsloth zusammenfallen, also senkrecht einfallen, können sie selbstverständlich nicht auf dasselbe zu oder von demselben weg gebrochen werden: ein senkrecht auffallender Strahl geht ebenso ungebrochen durch das dichtere Medium hindurch, wie die Kolonne des vorhin gebrauchten Vergleichs keine Frontveränderung zeigt, wenn sie senkrecht auf den Sturzacker trifft.

III. Theoretische Konstruktion von Strahlengang und Bild in Sammellinsen.

1. Strahlengang in Sammellinsen.

Treffen die Strahlen *a*, *b*, *c* (Fig. 4) eines fernliegenden Punktes senkrecht auf eine plankonvexe Linse, so gehen sie durch diese

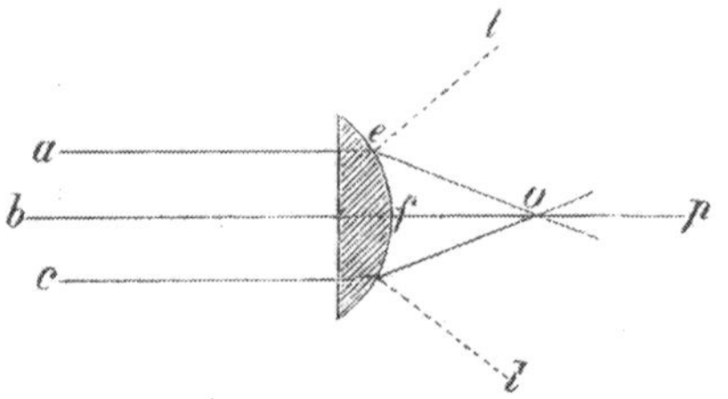

Fig. 4. Strahlengang in einer plankonvexen Linse.

bis zur konvexen Seite ungebrochen hindurch; dann aber ist zwischen den Strahlen *a*, *c* und dem Strahl *b* zu unterscheiden.

Der Strahl *b* tritt bei dem Punkte *f* ungebrochen wieder aus, weil er senkrecht auch auf die den Punkt *f* darstellende kleinste Ebene fällt. Da der Strahl *b* — *f* zugleich durch den Mittelpunkt der Linse hindurchgeht, machen wir hier auf das Gesetz aufmerksam: jeder Strahl, der durch den Mittelpunkt einer Linse geht, erleidet keine Ablenkung, weil er beide Kugelflächen (oder die ebene und die Kugelfläche) an parallelen Stellen schneidet.

Die Strahlen *a* und *c* dagegen werden an ihren Austrittspunkten von dem Einfallsloth (z. B. *e l*) hinweggebrochen und zwar nach dem Strahl *b f p* zu. Diesen schneiden sie im Punkte *o*. Wir folgern daraus:

Jeder nicht durch den Mittelpunkt der Linse gehende Strahl wird aus seiner ursprünglichen Richtung abgelenkt und zwar umsomehr, je weiter er vom Linsen-Mittelpunkt entfernt ist. Aus letzterem Grunde werden alle parallel auf eine Sammellinse auffallenden Strahlen nach ihrem Durchgange in einem Punkt *(o)* vereinigt, welchen man, da in ihm nicht nur die Licht-, sondern auch die Wärmestrahlen zusammentreffen, den **Brennpunkt** (Focus) der Linse genannt hat.

Derjenige Strahl *(b f o p)*, welcher den Brennpunkt mit dem Mittelpunkt der Linse verbindet, stellt die **optische Axe** der Linse dar. Die Entfernung des Brennpunktes von der Linse (also *of*) heisst die **Brennweite** (Fokaldistanz) dieser Linse. Die Brennweite wird nach Centimetern oder Millimetern gemessen.

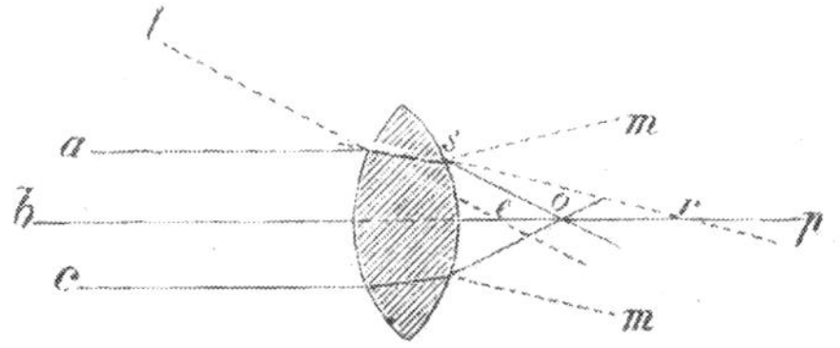

Fig. 5. Strahlengang in einer bikonvexen Linse.

Bei einer bikonvexen Linse, wie wir sie in jeder einfachen Lupe vor uns haben, findet eine zweimalige Brechung der Strahlen statt. Die parallel mit der optischen Axe *bp* (Fig. 5) auf die Linse fallenden Strahlen werden beim Eintritt in dieselbe dem Einfallslothe *(le)* zu gebrochen, und sie würden, erführen sie weiter keine Brechung, die optische Axe in *r* durchschneiden; jedoch in *s* treffen sie auf die zweite brechende Fläche. Sie werden hier wieder gebrochen und zwar vom Einfallslothe *ms* hinweg und durchschneiden die Axe in dem Punkte *o*, welcher der Brennpunkt dieser Linse ist. Der Abstand des Punktes *o* von der Linse ist also die Brennweite derselben.

2. Bildkonstruktion bei Sammellinsen.

Da sich alle von einem Punkt ausgehenden Strahlen wieder in demselben Punkte vereinigen, in dem sich zwei derselben schneiden, so lässt sich, wenn man den Strahlengang in Linsen kennt, das Bild eines Gegenstandes, welches durch den Einfluss einer Linse entsteht, konstruiren.

Man unterscheidet zwei Arten von Bildern, **reelle**, welche wirklich vorhanden sind und auf einem Schirm aufgefangen werden können, und **virtuelle**, welche nur scheinbar bestehen und dem Auge sichtbar sind.

Wählen wir von der Anzahl der verschiedenen Fälle, welche durch die Lage des Objekts zur Linse entstehen, nur die beiden aus, welche für unsere Zwecke in Betracht kommen, nämlich:

1. dass das Objekt wenig ausserhalb der Brennweite einer Bikonvexlinse liegt (dies ist, wie wir sehen werden, beim Mikroskop-Objektiv der Fall) und
2. dass das Objekt innerhalb der Brennweite einer solchen Linse liegt (wie beim Mikroskop-Okular).

1. Der parallel zur optischen Axe auffallende Strahl *ac* (Fig. 6) wird bei seinem Durchgang durch die Linse so abgelenkt, dass er den Brennpunkt F_1 trifft und von da geradlinig weiter verläuft.

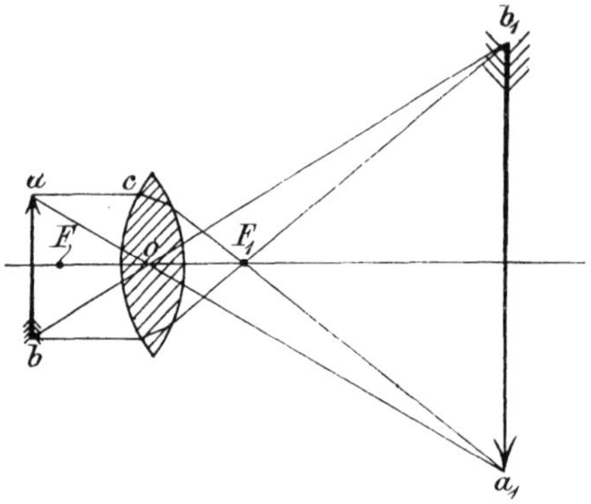

Fig. 6. Bildkonstruktion bei wenig ausserhalb der Brennweite liegendem Objekt.

Der Strahl *ao* wird, da er durch den Mittelpunkt geht, nicht gebrochen. Er schneidet den ersten Strahl in a_1. Alle Strahlen, welche von *a* ausgehen, vereinigen sich in a_1; a_1 ist also der **Bildpunkt** von *a*. Auf dieselbe Weise lassen sich die Bildpunkte aller Punkte zwischen *a* und *b* konstruiren. Da *a* und a_1 auf verschiedenen Seiten der optischen Axe liegen, wird das Bild a_1 b_1 umgekehrt, es ist reell und vergrössert.

2. Auf ähnliche Art erfolgte die Konstruktion in Fig. 7, wo das Objekt *ab* innerhalb der Brennweite liegt. Dem auf der

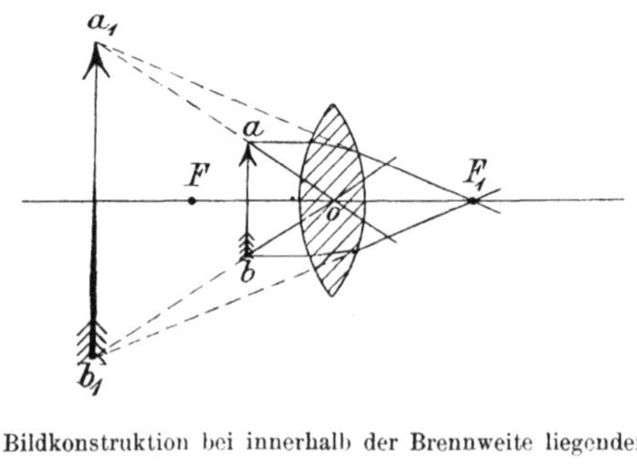

Fig. 7. Bildkonstruktion bei innerhalb der Brennweite liegendem Objekt.

andern Linsenseite beobachtenden Auge scheinen die Strahlen nicht von der Strecke *ab*, sondern von a_1 b_1 her zu kommen. Das Bild ist aufrecht, vergrössert und virtuell.

3. Strahlengang und Bildkonstruktion bei Lupe und zusammengesetztem Mikroskop in ihrer einfachsten Form.

Strahlengang und Bild-Konstruktion bei der **Lupe** ist ohne Weiteres aus Fig. 7 und der dazu gegebenen Erläuterung ersichtlich. Das kleine Objekt *ab* sendet durch die Linse Strahlen aus, welche in unser Auge gelangen. Dieses sucht das Bild stets in der Richtung der das Bild darstellenden Strahlen. Da nun, wie aus Fig. 7 hervorgeht, ein reelles Bild nach dem Durchgang der Strahlen durch die Linse nicht entsteht, muss das Bild ein virtuelles sein. Dasselbe (a_1 b_1) scheint auf der gleichen Seite der Linse zu liegen wie das Objekt, nur in weiterer Entfernung.

a) Das zusammengesetzte Mikroskop.

Das **zusammengesetzte** dioptrische **Mikroskop** (schlechthin Mikroskop genannt) besteht aus zwei Linsensystemen, welche man sich in ihren Wirkungen als zwei einfache Linsen denken kann, welche eine gemeinsame optische Axe besitzen.

Die eine der Linsen *A* in Fig. 8 ist dem Objekt *ab* zugekehrt und wird **Objektiv** genannt; die andere *B* ist nach dem Auge des Beschauers gerichtet und heisst **Okular**.

Das Objektiv besitzt eine relativ kurze Brennweite; es ist deshalb leicht, das Objekt so ausserhalb derselben zu legen, dass ein umgekehrtes, reelles und vergrössertes Bild in *a' b'* entsteht (vergl. auch Fig. 6). Dieses fällt zwischen das Okular und seinen Brennpunkt. Das Okular wirkt nun als Lupe (vergl. auch Fig. 7) und macht das Bild unter nochmaliger Vergrösserung als *a'' b''* dem Auge sichtbar.

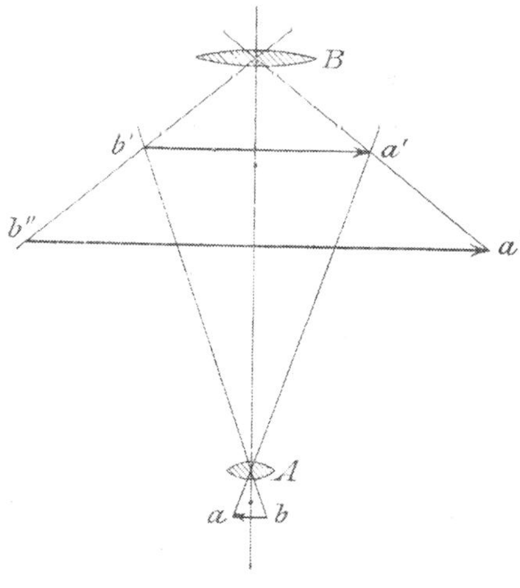

Fig. 8. Strahlengang und Bildkonstruktion im zusammengesetzten Mikroskop.

Wie aus Fig. 8 hervorgeht, hängt Lage und Grösse des reellen Bildes *a' b'* lediglich von der Brennweite des Objektivs und von der Entfernung des Objektes von der Objektivlinse ab. Bezeichnen wir die Brennweite mit f, die Entfernung des Objektivs von der Linse mit p und die des Bildes mit $p_,$, so wird das Abhängigkeits-Verhältniss durch die bekannte Gleichung ausgedrückt:

$$\frac{1}{p} + \frac{1}{p_,} = \frac{1}{f}$$

Das Okular wirkt nun auf das entworfene reelle Bild als Lupe. Bezeichnet man die Entfernung des das Objekt darstellenden reellen Bildes $a' b'$ und des entstehenden virtuellen Bildes $a'' b''$ in Fig. 8 mit p^* und $p_,^*$ und die Brennweite des Okulars mit f^*, so erhält man für das Okular, analog der vorhergehenden, folgende Gleichung:

$$\frac{1}{p^*} + \frac{1}{p_,^*} = \frac{1}{f^*}$$

Die Vergrösserung einer Linse wird durch das Verhältniss der Bildentfernung zur Objektentfernung ausgedrückt; wir haben demnach für das Objektiv das Verhältniss $\frac{p_,}{p}$ und für das Okular $\frac{p_,^*}{p^*}$. Die Gesammtvergrösserung eines Mikroskops (V) wird also durch die Gleichung: $V = \frac{p_,}{p} \cdot \frac{p_,^*}{p^*}$ bestimmt.

Das Objektiv.

Strahlengang und Bild-Konstruktion in Objektiven (Systemen von Sammellinsen).

Vorstehende Gesetze des Strahlenganges gelten nur für unendlich dünne Linsen, deren Dicke also ihrem Krümmungs-Radius gegenüber vernachlässigt werden darf; bei Linsen von einiger Dicke werden sie etwas modifizirt. Da in der Praxis die Konvexlinsen mit stark gekrümmter Oberfläche häufig eine erhebliche Dicke besitzen, beziehen sich alle folgenden Betrachtungen auf Linsen, deren Dicke nicht vernachlässigt werden darf.

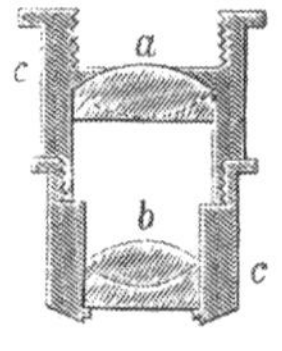

Fig. 9. Längsdurchschnitt eines Objektivs.

Bekanntlich sind Mikroskop-Objektive (Fig. 9) aus einer Anzahl einfacher und doppelter etc. Linsen zusammengesetzt, um auf diese Weise erhebliche Fehler der Bilder (wovon später) möglichst abzuschwächen. Wir können uns nun ein solches aus einer Anzahl von Linsen bestehendes System als eine einzige dickere Linse denken, welche die Aequivalentbrennweite und sonstigen Eigenschaften des Systems besitzt. Ein nach dem Mittelpunkte einer derartigen Linse zielender Strahl geht zwar auch ungebrochen weiter, aber er erleidet eine gewisse Verschiebung. Die Stelle des Mittelpunktes vertreten nämlich zwei um eine gewisse Strecke von einander entfernte Punkte. Bei einer gleichseitigen Bikonvexlinse liegen diese um etwa $^1/_3$ der Linsendicke von den Scheiteln entfernt; bei anders geformten Linsen ist ihre jeweilige Lage eine entsprechend veränderte. Sie werden **Hauptpunkte** und die in ihnen errichteten auf die optische Axe senkrechten Ebenen **Haupt-Ebenen** genannt. Von ihnen aus werden die Brennweiten gemessen. Wollte man die Brennweite vom Linsen-Scheitel zum Brennpunkt rechnen (vergl. S. 7), so würde man unter Umständen einen recht erheblichen Fehler begehen.

Aus Fig. 10 ersehen wir die Konstruktion des Bildes, welches von einem ausserhalb der Brennweite liegenden Objekt entsteht. Die Strahlen aE und $E'a'$ sind zwar noch parallel, aber um die

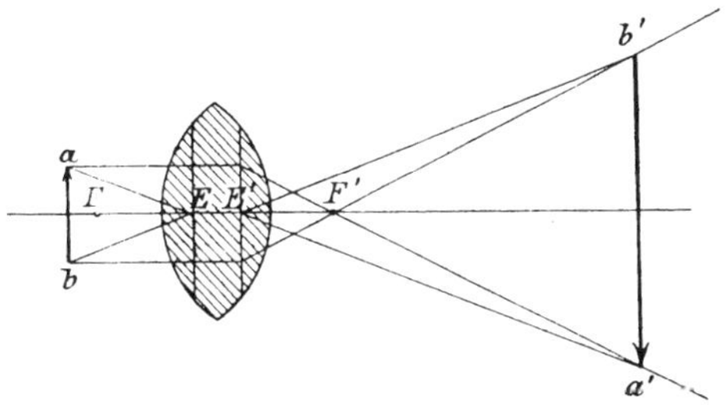

Fig. 1. Verschiebung der Strahlen in dicken Linsen und Linsensystemen.

Strecke EE' verschoben. E übernimmt die Stelle des Mittelpunktes für den einfallenden, E' die für den ausfallenden Strahl. In ähnlicher Weise weichen alle übrigen Strahlen ab.

Praktisch wichtige Abweichungen des Strahlengangs in Objektiven
(Fehler derselben).

Fehler des Objektivs an sich.

Ein Bild, welches von einer einfachen Linse entworfen wird, ist nicht unter allen Umständen rein und deutlich. Es treten störende Wirkungen der Linse auf, welche durch die **chromatische** und die **sphärische Aberration** (Abweichung) hervorgerufen werden.

Die chromatische Aberration.

Bei Besprechung des Strahlenganges in Linsen haben wir stillschweigend die Annahme gemacht, dass der Lichtstrahl etwas Einheitliches sei. In Wirklichkeit ist dies aber nicht der Fall.

Chromatische Aberration wird der Fehler genannt, welcher durch die Zerlegung des weissen Sonnenlichtes in seine Farben beim Durchgang durch Linsen entsteht. Diese Zerlegung des Lichtes wird dadurch bedingt, dass Strahlen verschiedener Wellenlängen verschieden abgelenkt werden, und zwar um so mehr, je kleiner ihre Wellenlänge ist. Die rothen Strahlen werden also weniger, die violetten mehr gebrochen. Also bedingt die verschiedene Ablenkung der Lichtstrahlen verschiedene Brennweiten für die einzelnen Farben.

Die chromatische Aberration wird durch Fig. 11 dargestellt man sieht, dass die rothen Strahlen *r* sich im Brennpunkt *R*, die violetten Strahlen *v* dagegen im Brennpunkt *V* schneiden.

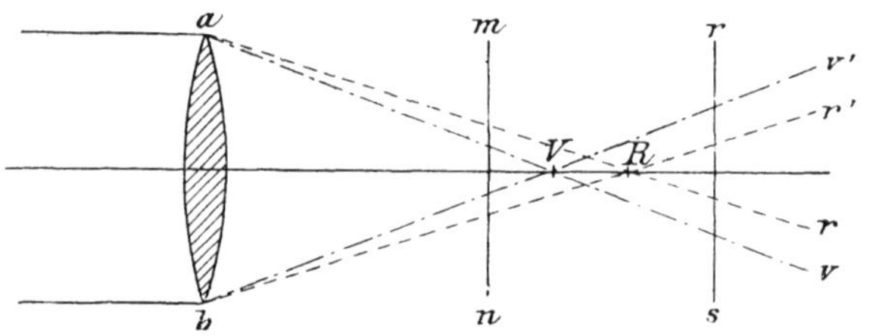

Fig. 11. Die chromatische Aberration. *r* = rothe, *v* = violette Strahlen. *R* = Brennpunkt der rothen, *V* = Brennpunkt der violetten Strahlen.

Nimmt man nun einen Schirm und schiebt ihn beispielsweise in der Ebene *mn*) zwischen Linse und Brennpunkt, so sieht man, dass der von parallel auffallenden Strahlen gebildete Kreis einen rothen Saum hat; schiebt man den kleinen Schirm dagegen jenseits des Brennpunktes (beispielsweise in *r* s) ein, so hat der Kreis einen violetten Saum.

Die Folge der chromatischen Aberration ist also, dass die Bilder nicht in einer Ebene liegen und je nach ihrer Lage verschieden gross werden (sich also nicht vollständig decken) und das Gesammtbild so farbig umsäumt erscheint.

Um diesen Fehler zu beseitigen, kombinirt man eine Konvex- und eine Konkavlinie aus verschiedenen Glassorten, welche bei geringer Verschiedenheit im Brechungsvermögen ein ungleiches Zerstreuungsvermögen besitzen, in der Weise dass die eine die Farbenzerstreuung der andern aufhebt und doch noch eine Brechung erheblich zu Gunsten der Konvexlinse übrig bleibt. Eine solche Doppellinse nennt man **achromatische Linse.**

Geeignete Substanzen für derartige Linsen-Kombinationen haben wir in den als Kron- (Crown-) und Flint-Glas bezeichneten Glassorten. Bei nur etwa 0,1 bis 0,2 höherem Brechungsexponent ist das Zerstreuungsvermögen des Flint-Glases (*z* in Fig. 12) mehr als doppelt so gross als das des Kron-Glases (*s* in Fig. 12). So lässt sich also ein Verhältniss der Brennweiten zweier Linsen aus diesen

Gläsern finden, für welches sich die Farbenzerstreuungen beider aufheben, ohne dass die Doppellinse den Charakter einer Sammellinse verliert.

Da das Zerstreuungs-Verhältniss von Kron- und Flint-Glas nicht für alle Wellenlängen gleich ist, lässt sich eine vollständige Vereinigung der Strahlen nicht für alle, sondern nur für zwei verschiedene Farben erzielen. Die Herstellung einer gänzlich achromatischen Doppellinse ist deshalb nicht möglich. Die Farbenreste aber, welche bei geeigneter Linsen-Zusammenstellung noch übrigbleiben (das sogenannte sekundäre Spektrum), können in der Praxis vernachlässigt werden.

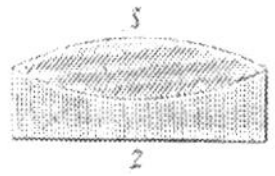

Fig. 12. Achromatische Doppel-Linse, kombinirt aus einer Kronglas-Sammellinse *s* und einer Flintglas-Zerstreuungslinse *z*.

Herrscht bei einer Linsen-Kombination der bläuliche Theil des Spektrums vor, so heisst sie **überverbessert**; ist der rothe stärker, so nennt man sie **unterverbessert**.

Eine vollständige Vereinigung der Strahlen zweier Farben ist übrigens auch nur für eine ganz bestimmte Neigung derselben möglich und ändert sich bei jeder andern. Daher zeigen bei schiefer Spiegelstellung auch die bestkorrigirten Systeme farbige Säume, welche bei gerader Beleuchtung nicht erscheinen.

Die sphärische Aberration.

Bei der theoretischen Konstruktion von Strahlengang und Bild haben wir ferner die Voraussetzung gemacht, dass wirklich alle parallel auf eine Sammellinse auffallenden Strahlen genau im Brennpunkt vereinigt würden.

Dies ist aber nur bei Linsen von geringer Krümmung oder nur bei solchen, welche kleine Theile einer Kugeloberfläche darstellen, der Fall. Bei andern Linsen ist die Brennweite der Randstrahlen kleiner, als die der Strahlen in der Nähe der optischen Axe. So entsteht also kein Brennpunkt sondern eine Brennlinie (oder genauer ein Brennraum).

Dieser zweite Hauptfehler der Bilder wird um so grösser, je mehr die Flächen gekrümmt sind, je mehr also eine Konvexlinse der Kugelgestalt sich nähert; diese Art der Abweichung wird daher **sphärische Aberration** genannt; sie bewirkt, dass die Zeichnung der Bilder verwaschen erscheint.

Auf einfache Weise könnte man diesen Fehler durch Abblendung der Randstrahlen vermindern, bei Linsensystemen lässt sich dieses Mittel indessen wegen des dadurch hervorgerufenen bedeutenden Lichtverlusts nicht anwenden, namentlich nicht für stärkere

Vergrösserungen. Bei jeder Vergrösserung nimmt das Licht in quadratischem Verhältniss zur Vergrösserung ab: man muss bei starker Vergrösserung also, um das Bild hell genug zu bekommen, wo möglich die ganze Linsenöffnung benutzen.

Unter **Oeffnung** oder **Oeffnungswinkel** einer Linse versteht man den Winkel, welcher, mit dem Brennpunkt der Linse als Scheitel, von den äussersten die Linse treffenden Randstrahlen gebildet wird.

Die sphärische Aberration nimmt mit der Oeffnung der Linse zu und steht mit dem Krümmungsradius, also auch mit der Brennweite, in umgekehrtem Verhältniss.

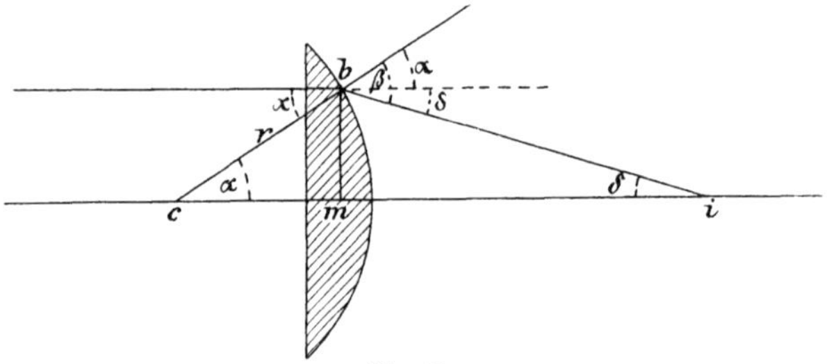

Fig. 13.

In Fig. 13 falle ein Lichtstrahl parallel zur Axe auf eine plankonvexe Linse und werde nach seinem Durchgang nach i abgelenkt. Die Entfernung $i\,m$, in welcher dieser Strahl die Axe trifft, ist: $i\,m = \frac{b\,m}{\operatorname{tang}\delta}$. Aus dem rechtwinkligen Dreieck bmc erhält man den Wert $bm = bc \cdot \sin\alpha = r . \sin\alpha$, also ist: $im = r\frac{\sin\alpha}{\operatorname{tang}\delta}$.

Da man nun für einen beliebigen Einfallswinkel α immer nach der Gleichung: $\frac{\sin\alpha}{\sin\beta} = \frac{1}{r} = \frac{2}{3}$, welche man nach dem Brechungsgesetz erhält, wenn $n = 1.5$ für Glas angenommen wird, den Werth von β und daraus den für $\delta = \beta - \alpha$ finden kann, so lassen sich leicht alle Werthe, welche im für verschiedene Einfallswinkel α annimmt, berechnen.

So ist z. B. für $\alpha = 1^0$ $i\,m$ nahezu $= 2\,r$, für $\alpha = 30^0$ aber nur $1{,}5\,r$. Denkt man sich um den Mittelpunkt einer Linse eine Anzahl koncentrischer Kreise gezogen, so zeigt die Gleichung, dass Strahlen mit gleichen Einfallswinkeln, also alle Strahlen eines jeden der koncentrischen Kreise sich in einem besonderen Punkte vereinigen. Auf dieselbe Weise kann man für jede weitere brechende Fläche, für die der Bildpunkt der vorhergehenden der Objektpunkt wird, den Weg jedes Strahls mit jedem beliebigen Einfallswinkel berechnen und so den Korrektionszustand eines Systems feststellen.

Das sicherste Mittel zur gänzlichen Vermeidung der sphärischen Aberration wäre die Anwendung von Linsen anderer als kugeliger

Form, welche je nach der Entfernung des Objekts Hyperbeln, Parabeln oder Ellipsen in ihrem Durchschnitt darstellen würden. Dem Schleifen dieser Linsen stellen sich aber solche Schwierigkeiten entgegen, dass sie bisher nirgends in Gebrauch gekommen sind.

Der Optiker kann indessen auch auf andere Weise die Abweichung fast vollständig beseitigen. Die Krümmungen der beiden Oberflächen einer bikonvexen Linse lassen sich zunächst in einem solchen Verhältniss herstellen, dass die sphärische Abweichung ein Minimum beträgt. Man nennt einen Glaskörper, bei welchem dies der Fall ist, **Linse der besten Form.** Bei Glas vom Brechungsindex 1,5 erhält man die „Linse der besten Form" für parallel auffallende Strahlen, wenn der Radius der den Strahlen zugekehrten Fläche sich zu dem der abgekehrten wie 1 : 6 verhält. Besitzt das verwendete Glas den Brechungsexponenten 1,6, so müssen sich die bezüglichen Radien wie 1 : 14 verhalten; ist $n = 1{,}686$, so ist das Verhältniss $= 1 : \infty$, die „Linse der besten Form" ist also in diesem Falle eine Plankonvexlinse.

Sodann ist es nicht gleichgültig, welche Seite dem Objekt zugewandt ist. Fallen parallele Strahlen auf die Linse auf, so muss zur möglichsten Einschränkung der Abweichung die stärker gekrümmte Fläche nach dem Objekt gerichtet werden. Liegt hingegen, wie beim Mikroskop-Objektiv, das Objekt annähernd im Brennpunkt der Linse, fallen also divergirende Strahlen auf diese, so ist die Abweichung am kleinsten, wenn die weniger gewölbte Linsenfläche den auffallenden Strahlen zugekehrt wird.

Da weiter die sphärische Aberration um so geringer wird, je grösser das Brechungsvermögen der Linse bei gleicher Brennweite ist, so kann man, wie bei der Aufhebung der chromatischen Aberration, die Kombination zweier verschieden brechender Glassorten zu dieser Korrektur benützen, indem man durch geeignete Wahl der Radien die von der einen Linse stärker gebrochenen Randstrahlen von der andern in entgegengesetztem Sinne ablenken lässt.

Die aplanatischen Linsen.

Eine Linse, welche hinsichtlich der chromatischen und der sphärischen Aberration möglichst korrigirt ist, wird **aplanatisch** genannt.

Die sphärische Abweichung einer aplanatischen Linsen-Kombination ist nicht für jede Entfernung des leuchtenden Punktes und nicht für alle Winkel der einfallenden Strahlen beseitigt. Jede solche Linse hat zwei Punkte, welche bezüglich der sphärischen Aberration für auf sie hingehende oder von ihnen ausgehende

Strahlen vollständig aplanatisch sind, dies aber nur für alle Strahlen, welche einen bestimmten Winkel mit der Axe bilden. Für alle andern Strahlen ist die Linse entweder über- oder unterverbessert. Die erwähnten beiden Punkte heissen die **aplanatischen Brennpunkte** einer Linse. Ihre Lage hängt von den Krümmungsradien und den Brechungsexponenten der benützten Glassorten ab. Sie liegen z. B. bei einer dreifachen Linse der in Fig. 14 dargestellten Form auf derselben Seite. Eine derartige Linsenzusammenstellung eignet sich also vorzüglich als Lupe, weil bei einer solchen Objekt und virtuelles Bild auf einer Seite liegen. Sie ist das sogenannte STEINHEIL'sche System.

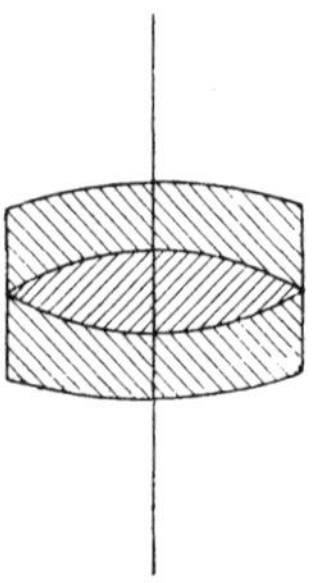

Fig. 14. Dreifache Linse, deren aplanatische Brennpunkte auf einer Seite liegen (Steinheil'sches System).

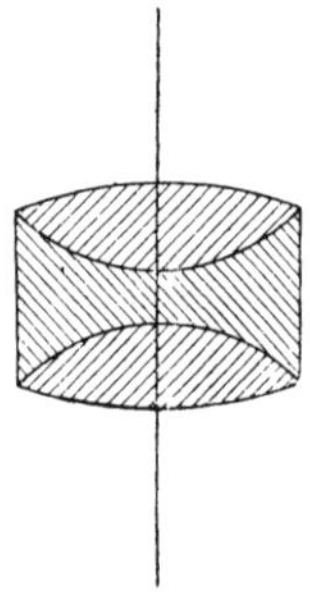

Fig. 15. Dreifache Linse, deren aplanatische Brennpunkte auf verschiedenen Seiten liegen.

Bei einer dreifachen Linse von der Form der Fig. 15 liegen die aplanatischen Brennpunkte auf verschiedenen Seiten. Die Kombination wird deshalb zur Projektion (als schwaches Mikroskop-Objektiv etc.) verwendet.

Die Immersions-Objektive.

Bekanntlich wirkt die Zusammenstellung verschiedener Linsen mit schwächerer Krümmung gleich einer einzelnen Linse mit stärker gewölbten Flächen. Da nun durch geeignete Kombination einer Anzahl von Linsen die Abweichungen, welche gerade für Linsen mit stark gewölbten Flächen besonders gross sind, aufgehoben oder doch stark vermindert werden können, so bestehen alle Mikroskop-Objektive (vergl. Fig. 9) aus mehreren einfachen oder zusammengesetzten Linsen.

Kennt der Optiker den Strahlengang in den verschiedenen Glassorten und für die verschiedenen Entfernungen des Objekts genau, so hat er bei der Berechnung der Objektive ein Hilfsmittel darin, dass er die Abweichungen einer Linse immer durch die entgegengesetzten einer andern aufheben lässt.

Wie oben erwähnt, ist die sphärische Aberration an einer Fläche um so bedeutender, je grösser die Differenz der Einfallswinkel und der Brechungsexponenten der betr. Medien ist. Bei einem gewöhnlichen Objektiv (Trockensystem) werden diese Abweichungen für die einzelnen Theile der Oeffnung und die Brechung an der untersten Planfläche durch eine Linie graphisch dargestellt, welche in der Richtung der Kurve in Fig. 16 verläuft, wenn man als Abscisse den Oeffnungswinkel und als Ordinate die zugehörige Abweichung einträgt.

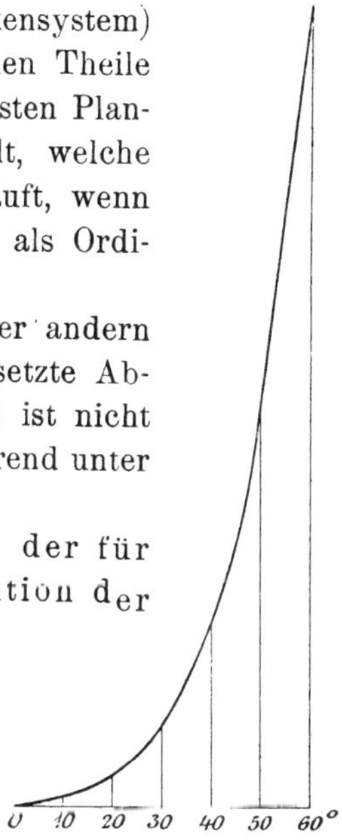

Fig. 16.

Um letztere aufzuheben, müsste an einer andern Fläche eine gleichgrosse, aber entgegengesetzte Abweichung hervorgebracht werden. Letzteres ist nicht möglich, weil keine andere Fläche nur annährend unter demselben Winkel getroffen wird.

Dieser Umstand war es zunächst, der für starke Vergrösserungen zur Konstruktion der **Immersionssysteme** (Eintauchlinsen) führte.

Durch Zwischenschalten einer Flüssigkeit von grösserem Brechungsexponenten als der von Luft (wie z. B. Wasser) zwischen Deckglas und Frontlinse wird bei diesen Objektiven die Brechung an der untersten Linsenfläche vermindert und bei Systemen für **homogene Immersion** ganz aufgehoben. Systeme für homogene Immersion heissen solche, bei welchen zwischen Deckglas (siehe später) und Frontlinse eine Flüssigkeit von gleichem Brechungsexponenten (Cedernholzöl) wie der der beiden Gläser verwendet wird. Bei derartigen Systemen wird natürlich die Brechung an der untersten Linsenfläche ganz aufgehoben, somit auch die Abweichung beseitigt. Die erste Brechung findet dann an der halbkugeligen hintern Fläche der untersten Linse statt. Da nun das Objekt wegen der geringen Brennweite dieser Objektive nicht weit von dem Mittelpunkt der Kugelfläche entfernt ist, so ist auch hier die Brechung und mit ihr die Abweichung nicht bedeutend.

Schon bei den ersten Immersionssystemen suchte man, zur möglichsten Vermeidung einer Brechung an der planen Frontfläche derselben, Flüssigkeiten als Zwischenmedium in Anwendung zu bringen, deren Brechungsvermögen sich dem des Glases näherte. Amici, der Verfertiger der ersten Eintauchlinsen, benutzte hierzu Mohnöl, später stellte Seibert Immersionssysteme für Glycerin her. Diese Systeme leisteten jedoch sämmtlich nicht mehr, als die für Wasser. Der Grund hierfür war ihr ganzer Konstruktionstypus. Bei demselben (Fig. 17) war die durch die unterste Linse bedingte Abweichung etwas zu klein, um vorteilhaft durch die oberen korrigirt werden zu können.

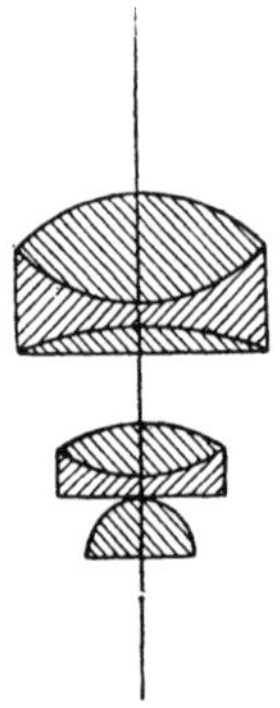

Fig. 17. Schema der Amici'schen Mohnöl-Immersionssysteme.

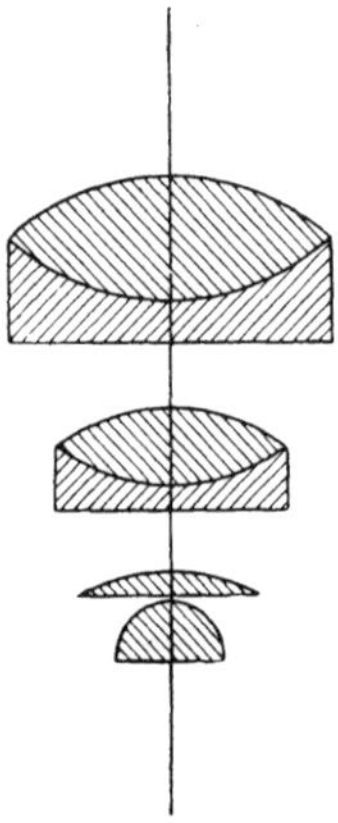

Fig. 18. Schema eines Immersions-objektivs mit Duplex-Front.

Der Boden für die jetzt fast zur Alleinherrschaft unter den stärksten Objektiven gelangte homogene Immersion wurde durch die von den Amerikanern Spencer und Tolles eingeführte sogenannte Duplexfront geschaffen. Dieselbe besteht aus einer einfachen Halbkugel mit einer darüber liegenden flacheren

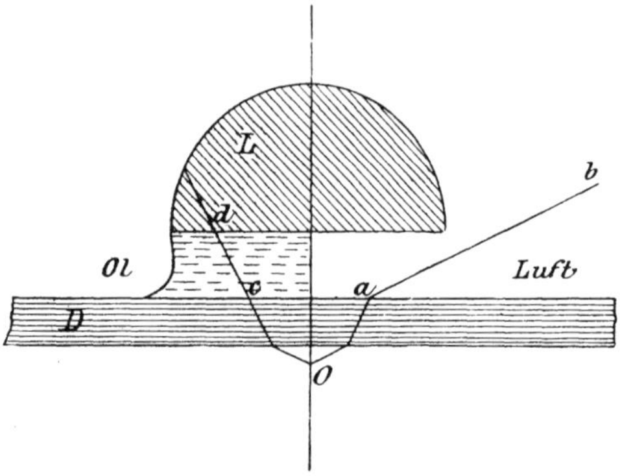

Fig. 19. Darstellung der Wirkung von Immersions-Flüssigkeiten.

plankonvexen Linse, beide sind aus Kronglas. Der Typus eines Objektivs für homogene Immersion ist in Fig. 18 dargestellt. Derselbe lässt natürlich die mannigfachsten Variationen mit doppelten und dreifachen Linsen zu. Die unteren nur sind stets die beiden einfachen Kronglaslinsen der Duplexfront.

Ausser der Vermeidung einer Brechung an der vorderen Linsenfläche besitzen diese Systeme einen weiteren Vorzug, auf den man erst später aufmerksam wurde. Es ist dies die Möglichkeit, Strahlenkegel von grösserem Oeffnungswinkel zur Abbildung zu verwenden und dadurch hellere Bilder zu erzielen.

Ein Blick auf Fig. 19 erklärt dies ohne Weiteres. D ist das Deckglas, O das Objekt und L die Frontlinse des Objektives.

Tritt ein Strahl bei *a* in Luft, so verläuft er nach *b* weiter, gelangt also nicht in das Objektiv. Ist aber der Raum zwischen Linse und Deckglas mit einem Medium ausgefüllt, dessen Brechungsexponent dem des Glases gleich ist, so erleidet der unter gleichen Verhältnissen wie *Oa* bis *Oc* verlaufende Strahl keine weitere Ablenkung, sondern gelangt bei *d* in das Objektiv.

Für Luft als Zwischenmedium ist natürlich die äusserste Grenze der in das Objektiv gelangenden Randstrahlen ein Winkel von 90° mit der optischen Axe. Diese äusserste Grenze kann selbstredend nicht ganz erreicht werden, da hierbei das Objekt in der untersten Linsenfläche liegen müsste. Der Sinus von 90° beträgt 1; in einem stärker brechenden Medium nun wird der Sinus in dem Verhältniss seines Brechungsexponenten zu 1 kleiner; es können also solange weitere Strahlen eintreten, bis der Sinus des Winkels wieder = 1 ist. Auf diese Weise können Strahlenkegel benützt werden, deren ganze Oeffnung, auf Luft reducirt, weit mehr als 180° beträgt. Die auf Luft reducirte Grösse, der Sinus des Winkels, den der äusserste Randstrahl mit der optischen Axe bildet, multiplicirt mit den Brechungsexponenten des betreffenden Zwischenmediums ($a = n \cdot \sin u$; u = dem halben Oeffnungswinkel) wurde von Abbé die **numerische Apertur** genannt. Auf die Bedeutung der grösseren Apertur für die mikroskopische Abbildung wurde gleichfalls zuerst von Abbé hingewiesen. Es ist hierbei weniger die grössere Menge von Licht, die in das Objektiv gelangt, als die Richtung der Strahlen von Wichtigkeit. Um dies zu verstehen, erinnere man sich, wie das Sehen überhaupt zustande kommt. Von jedem Punkt des Objekts trifft ein Strahlenkegel unser Auge, der durch die brechenden Medien des letzteren wieder zu einem Punkt auf der Netzhaut vereinigt wird und so ein genaues Abbild des Objekts erzeugt.

Bei den Objekten mit gröberen Einzelheiten, wie sie beim Sehen mit blossem Auge oder auch noch bei schwachen Vergrösserungen in Betracht kommen, kann dieser Strahlenkegel als geschlossen angesehen werden. Anders verhält es sich bei sehr feinen Objekten. Hier entsteht der Kegel erst durch die Beugungsspektren. Sehr schön sieht man diese Beugungsspektren im Mikroskop bei dem häufig als Testobjekt benutzten *Scalprum angulatum*, wenn man zunächst das Objekt scharf einstellt, dann das Okular entfernt und ohne dieses in den Tubus blickt.

Man sieht dann die Objektivöffnung erleuchtet, in der Mitte ein weisses Bild der Lichtquelle und am Rande 6 farbige Spektren nach innen blau, nach aussen roth (Fig. 20).

Von der Seite betrachtet, würde sich die Erscheinung etwa wie Fig. 21 darstellen. Die von *O* nach *c* gehenden Strahlen bilden keinen Kegel; ein Objektiv nun mit einer kleineren Oeffnung als *bb* wird von den inneren Einzelheiten des

Objekts nichts erkennen lassen. Erst durch die Beugungsspektren entsteht der erforderliche Strahlenkegel; da nun ein achromatisches System für alle Strahlen gleiche Brennweite hat, werden diese im Okular und von da auf der Netzhaut des Auges wieder zu einem Punkt vereinigt. Die Grösse des Winkels x hängt von der Feinheit der Strukturen (der Streifen) des Objektivs ab. Die Abhängigkeit wird in Luft durch die Gleichung $\sin x = \frac{\lambda}{b}$ ausgedrückt, wobei λ die Wellenlänge des Lichts und b die Entfernung der Streifen bedeutet. Je feiner also die Details, um so mehr rücken die Beugungsspektra auseinander, um so grösser muss die Apertur sein, um die Zeichnung sichtbar zu machen. Andere Strahlen, als die direkt vom Objekt kommenden, werden natürlich zur Erzeugung des Bildes nicht benutzt, in dem angeführten Falle dienen hierzu nur die Strahlen, welche das helle Mittelbild und die sechs Beugungsspektra bilden. Je grösser der beleuchtende Strahlenkegel, je weiter also die Blendenöffnung des Beleuchtungsapparats ist, desto grösser werden Mittelbild und Beugungsspektra. Die Zeichnung erscheint am deutlichsten, wenn sich diese

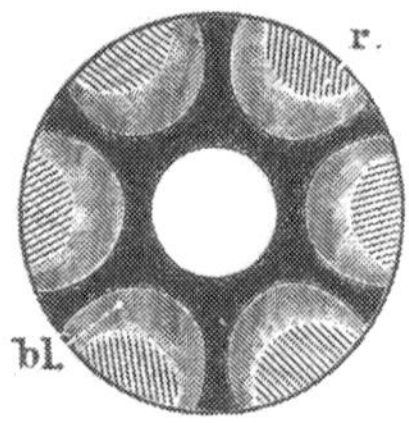

Fig. 20. *r.* = roth, *bl.* = blau.

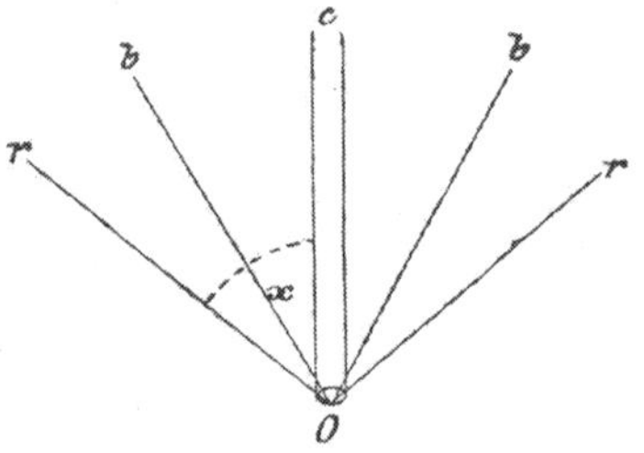

Fig. 21.

im Oeffnungsbild gerade berühren. Bei weiterer Oeffnung wird das Bild verschwommen. Es geht hieraus hervor, dass es nicht bei allen Objekten vortheilhaft ist, die volle Oeffnung des Objektivs resp. der beleuchtenden Strahlen zu benützen. Diese soll vielmehr immer nur so gross sein, wie es der Natur des Objekts entspricht. Strahlen, welche nicht zur Bilderzeugung dienen, stören nur und machen das Bild undeutlich.

Die Apochromat-Objektive.

Apochromat-Objektive nennt man solche achromatische Objektive, bei welchen der als „sekundäres Spektrum" (vgl. oben S. 13) bezeichnete Farbenrest beseitigt ist.

Es wurde bei Besprechung der chromatischen Aberration und ihrer Aufhebung erwähnt, dass bei Achromat-Linsen aus gewöhnlichem Kron- und Flintglas ein Farbenrest, das sogenannte „sekundäre Spektrum" übrig bleibt, welches, wenn auch unbedeutend, dennoch etwas die Schärfe und Reinheit der Bilder beeinträchtigt. Auch diesen Farbenrest suchte man zu beseitigen und erreichte dies bei den seit etwa 12 Jahren zuerst von Zeiss in Jena verfertigten Apochromaten fast vollständig. Verschiedene Wege können zu diesem Ziele führen; Seibert in Wetzlar z. B. berechnete anfangs Objektive, bei denen das sekundäre Spektrum der obern Linsen dem der unteren entgegengesetzt war und so dieses aufhob. Einfacher erreicht man das gleiche Resultat durch Verbindung von Flussspath mit gewissen neuen Gläsern von Schott und Gen. in Jena. Alle jetzt in den Handel gebrachten Apochromat-Objektive sind denn auch so konstruirt.

Auch die sphärische Aberration ist bei diesen Systemen vollkommener gehoben. Bei der Berechnung bleiben schliesslich noch zwei Fehler, die sphärische Aberration für andere als die mittleren Wellenlängen (von Abbé **chromatische Differenz der sphärischen Aberration** genannt) und die ungleiche Brennweite für verschiedene Wellenlängen. Einer dieser Fehler lässt sich nur unter Vermehrung des andern verbessern. Zur Verminderung des ersteren muss die Aufhebung der positiven Abweichungen in den oberen Theil des Objektivs gelegt werden, zur Verbesserung des letzteren in den unteren, d. h. die oberen und die unteren Linsen müssen je für sich allein korrigirt werden. Man wählte den ersteren Weg und erzielte so, dass, neben der besseren Aufhebung der sphärischen Aberration für verschiedene Farben, wohl die Bilder von einer Ebene des Objekts wieder in einer Ebene liegen, also in der optischen Axe keine Farbenabweichung besteht, dass aber die blauen Bilder grösser wie die rothen sind, und deshalb dunkle Objekte am Rande des Sehfeldes mit einem gewöhnlichen Okular betrachtet innen blau, aussen roth oder gelb erscheinen.

Zur Aufhebung dieses Fehlers konstruirte man besondere Okulare, welche die rothen Bilder mehr vergrössern als die blauen. Auf diese Weise sind die zuletzt aus dem Okular in das Auge tretenden Strahlen nach allen Richtungen möglichst vollkommen korrigirt. Diese Okulare nennt man, da sie einen dem Objektiv noch verbleibenden geringen Fehler kompensiren, **Kompensationsokulare.**

Die Apochromate, welche in Deutschland von Zeiss in Jena und Seibert in Wetzlar verfertigt werden, kann man nach dem heutigen Stand der Wissenschaft und Technik als vollkommen bezeichnen, so dass eine wesentliche Verbesserung, wenigstens auf dem bisher eingeschlagenen Weg, kaum zu erwarten ist. Ihr verhältnissmässig hoher Preis hat indessen eine allgemeine Verbreitung bisher nicht zugelassen, zumal auch die gewöhnlichen achromatischen Systeme der genannten und anderer Firmen Hervorragendes leisten und so die theureren Apochromate, ausser bei den subtilsten Untersuchungen, ersetzen können.

Bei dem Streben nach immer weiter gehender Vervollkommnung auch der achromatischen Systeme sind die Objektive für homogene Immersion dieser Art ebenfalls in Bezug auf die sphärische Aberration nach oben angegebener Richtung hin korrigirt, man kann dieselben also auch mit den Kompensationsokularen benützen, nicht aber die achromatischen Trockensysteme.

Auch die letzteren haben infolge der Verwendung der Erzeugnisse des Glaswerkes Schott und Gen. in Jena, welches sich speciell mit der Herstellung optischer Gläser beschäftigt, in den letzten Jahren erhebliche Verbesserungen erfahren, so dass die Linsensysteme aus den namhafteren deutschen Werkstätten von keinem Fabrikat des Auslandes übertroffen werden.

Die Centrirung der Linsen.

Ausser der Aufhebung der chromatischen und sphärischen Aberration muss der Optiker eine möglichst vollständige Centrirung aller Linsen eines Systems erstreben, d. h. er muss alle Kugelcentren und alle Linsenscheitel auf eine Linie, die op-

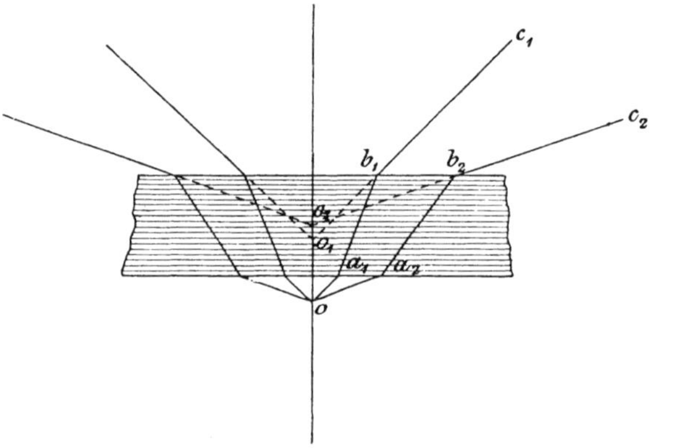

Fig. 22. Strahlengang vom Objekt durch das Deckglas.

tische Axe, zu verlegen suchen. Bei einem schlecht centrirten System kommen die Bilder der einzelnen Linsen nicht vollständig zur Deckung, und es entsteht so ein verwaschenes Gesammtbild. Da hierbei weniger theoretische Fehler in Betracht kommen können, so liegt die ungenaue Centrirung eines Objektivs nur an der mangelhaften Ausführung.

Objektiv und Deckglas.

Wie später genauer zu beschreiben, werden die zu untersuchenden Objekte auf eine rechteckige Glasplatte (den Objektträger) gelegt und mit einem dünnen und kleineren Glasplättchen (dem Deckglas) bedeckt.

Bei schwächeren Objektiven, welche eine grosse Brennweite und somit auch grossen Objektabstand haben, ist die Dicke des

Deckglases ohne Einfluss. Bei stärkeren Linsen darf dieselbe nicht die Grösse des Objektabstandes überschreiten, um noch ein scharfes Einstellen des Objekts zu ermöglichen. Aber dies ist nicht die einzige Bedeutung der Dicke des Deckglases bei starken Trocken- oder Wasserimmersions-Systemen. Fig. 22 zeigt den Strahlengang vom Objekt O durch das planparallele Deckglas nach dem Objektiv.

Ein von O nach a, verlaufender Strahl wird nach seinen Austritt aus dem Deckglas bei b_1, parallel mit Oa_1 nach c_1 weitergehen. Der Strahl Oa_2 b_2 wird nach c_2 abgelenkt. Es leuchtet nun ein, dass die in das Objektiv gelangenden Strahlen b_1 c_1 und b_2 c_2 nicht von O, sondern von O_1 und O_2 herzukommen scheinen und dass Strahlen, welche noch andere Winkel mit der optischen Axe bilden, von anderen Punkten herzukommen scheinen, die alle entweder über oder unter O_1 gelegen sind. Der Punkt O wird also in dem vom Objektiv entworfenen Bild nicht als ein Punkt, sondern als eine Reihe von Punkten dargestellt, welche eine Linie bilden, die umso länger wird, je grösser die Dicke des Deckglases und die Oeffnung des Objektivs ist.

Da beim Deckglas die näher nach dem Rand zu liegenden Strahlen von immer höheren Punkten herzukommen scheinen, während die Randstrahlen einer kugeligen Fläche stärker gebrochen werden als die der Mittelzone und so anscheinend von tiefen Punkten ausgehen: wirkt die Dicke des Deckglases auf die sphärische Aberration des Objektivs überkorrigirend.

Um diesen Einfluss des Deckglases zu beseitigen, muss das Objektiv einen gewissen Grad von Unterkorrektion besitzen. Die Objektive ohne besondere Korrektionsvorrichtung werden für eine bestimmte Dicke des Deckglases (0,15—0,18 mm) adjustirt. Klar ist, dass die durch das Deckglas bedingte Abweichung und die absichtlich hervorgerufene Unterverbesserung des Objektivs sich nur bei einer ganz bestimmten Dicke aufheben. Um nun auch Deckgläser anderer Dicke vortheilhaft anwenden zu können, hat man den Einfluss der Entfernung der einzelnen Linsen voneinander auf die Beseitigung der sphärischen Aberration benützt und sogen. **Korrektionsfassungen** konstruirt. Bei diesen wird durch Drehen eines Ringes die Entfernung der oberen Linsenkombinationen von der unteren variirt und so der schädliche Einfluss des Deckglases ausgeglichen. Fig. 23 zeigt die halbaufgeschnittene Korrektionsfassung der starken SEIBERT'schen Objektive. Durch Drehen des Ringes a werden die hinteren Linsen gehoben oder gesenkt. Eine Theilung auf dem Ringe zeigt, wenn das Objektiv günstig eingestellt ist, gleichzeitig die betreffende Deckglasdicke in Hundertel mm an.

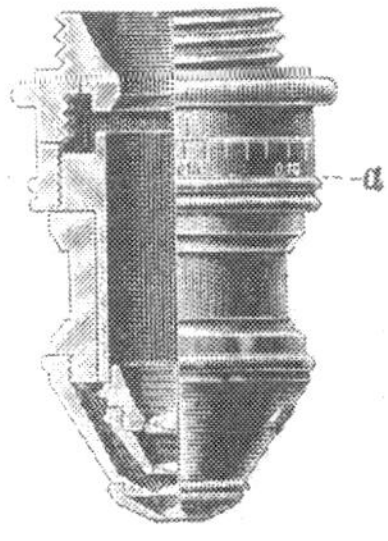

Fig. 23. Objektiv mit Korrektionsfassung.

Naturgemäss sind die Objektive für homogene Immersion von der Deckglasdicke so gut wie unabhängig (wenn diese nur den Arbeitsabstand des Objektivs nicht übersteigt, so dass eine scharfe Einstellung möglich ist), da keine Brechung der Lichtstrahlen nach ihrem Eintritt in das Deckglas mehr stattfindet wegen des gleichen Brechungsvermögens von Deckglas, Cedernholzöl (als Zwischenmedium) und Frontlinse des Systems.

Das Okular.

Obgleich das Objektiv der bei weitem wichtigste Theil eines Mikroskops ist, darf doch das **Okular** in seiner Konstruktion und in seinen Wirkungen nicht vernachlässigt werden.

Das gewöhnliche oder HUYGHENS'sche (sprich: Heugens) Okular (Fig. 24) besteht aus zwei Linsen, der Augenlinse (*a*) und dem Kollektiv (*c*). Die **Augenlinse** ist die eigentliche Lupe (vergl. S. 9), welche das vom Objektiv entworfene reelle Bild, unter gleichzeitiger mässiger Vergrösserung, dem Auge sichtbar macht. Das **Kollektiv** hat den Zweck, das Gesichtsfeld zu vergrössern und zu ebnen.

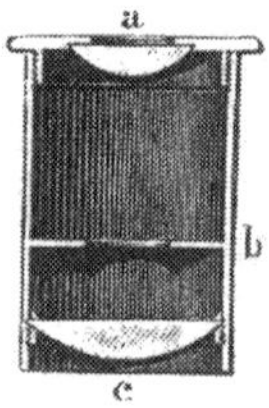

Fig. 24. Huyghens'sches Okular im Längsschnitt.

Jedes Bild nämlich, welches durch die Brechung der von einem Objekt ausgehenden Strahlen in Linsen entsteht, ist gewölbt. Betrachten wir zur Erklärung hierfür Fig. 25. Je näher der Objektpunkt der Linse liegt, umso weiter entfernt steht der Bildpunkt. *a* und *b*, die Endpunkte des Objekts, sind weiter als sein Mittelpunkt *c* von der Linse *A* entfernt, sie müssen also im Bild näher liegen als letzterer. Auf diese Weise entsteht die Wölbung des Bildes. Durch passende Wahl der Radien des Kollektivs kann man nun dem von ihm entworfenen Bild a_2 b_2 eine solche entgegengesetzte Krümmung geben, dass beide Wölbungen sich aufheben und das schliesslich durch die Linse *B* sichtbar gemachte Bild a_3 b_3 eben erscheint.

Ein optisches Bild, welches in der Luft liegt, kann nicht wie ein Objekt oder ein auf einen Schirm projicirtes Bild von allen Seiten gesehen werden, sondern nur in der geraden Fortsetzung der es erzeugenden Strahlen.

Von dem Bild a_1 b_1, welches das Objektiv entwirft, würde demnach ohne Kollektiv nur der kleine Theil *d e* gesehen werden können, der durch die äussersten vom Objektiv nach der Augenlinse gelangenden Strahlen begrenzt wird. Erst durch das Kollektiv werden die Strahlen von den äusseren Parthien des Bildes nach der Augenlinse zu gebrochen und gelangen so ins Auge. Auf diese Weise vergrössert das Kollektiv das Gesichtsfeld. Man kann sich von dieser Wirkung leicht überzeugen, wenn man das Kollektiv des Okulars abschraubt und das Bild durch die Augenlinse allein betrachtet.

Die beiden Linsen eines Okulars müssen natürlich je nach ihrer Brennweite eine bestimmte Entfernung voneinander haben, damit das reelle Bild stets in die durch den Brennpunkt der Augenlinse gelegte Ebene fällt. Je stärker die Okulare, je geringer also die Brennweiten ihrer Linsen sind, umso kürzer werden sie sein müssen. Um das Gesichtsfeld scharf zu begrenzen, ist an der Stelle im Okulare, wo das reelle Bild liegt (bei *b* in Fig. 24) eine Messingplatte mit entsprechender Oeffnung als Blende angebracht.

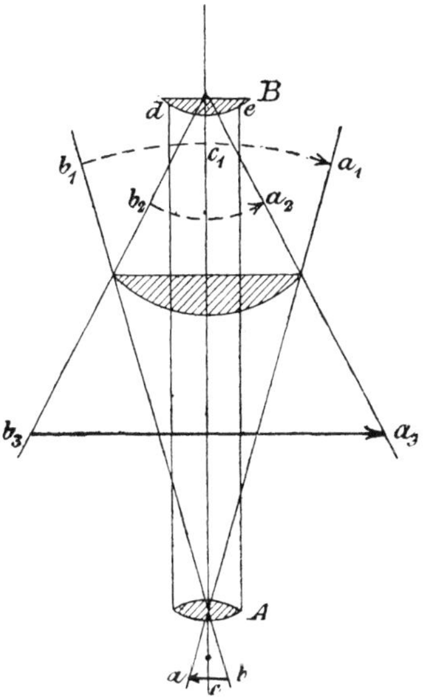

Fig. 25. Wirkung der Kollektivlinse des Okulars.

Von verschiedenen Firmen wurden, um dem Gesichtsfeld eine noch grössere Ausdehnung und Ebenheit zu geben, sogen. aplanatische, orthoskopische, periskopische etc. Okulare konstruirt, welche alle auf ähnlichen Principien beruhen. Man verwendet nämlich überkorrigirte Augenlinsen, welche am Rande grössere Brennweite wie in der Mitte haben, und deshalb das gewölbte Bild ebener zeigen. Wegen des ebeneren Sehfeldes kann man dieses in grösserer Ausdehnung benutzen.

Auf die Mitte des Sehfeldes haben indessen die Okulare, wie sie auch konstruirt sein mögen, keinen Einfluss, sie können diese also nicht verbessern. Die Leistungsfähigkeit eines Mikroskops hängt eben in erster Linie von dem Objektiv ab.

Eine vollständige Ebenheit des Bildes ist übrigens ebenso wenig zu erlangen, wie eine gänzliche Beseitigung der Aberrationen; man wird stets den Rand des Gesichtsfeldes etwas tiefer einstellen müssen als die Mitte. Aber bei den Mikroskopen guter Werkstätten ist dieser Unterschied so gering und der Theil der Randzone, welcher nicht zugleich mit der Mitte scharf erscheint, im Verhältniss zur Gesammtgrösse des Sehfeldes so unbedeutend, dass er praktisch nicht in Betracht kommt.

Je vollkommener die Ebnung ist, welche schon durch das Objektiv angestrebt wird, um so besser eignen sich Systeme zur Mikrophotographie. Einzelne Institute, wie Seibert u. A., liefern deshalb besondere mikrophotographische Objektive, bei denen hierauf besonderes Gewicht gelegt ist.

Ausser dem Huyghens'schen ist noch das Ramsden'sche **Okular**, namentlich als Mikrometerokular, zuweilen im Gebrauch. Während beim ersteren die ebenen Linsenflächen nach oben gerichtet sind, haben beim Ramsden'schen Okular die Linsen derart ungleiche Lage, dass die Konvexflächen einander zugewandt sind. Hier erscheint das Bild nicht zwischen Okular und Kollektiv, sondern unterhalb des letztern, also zwischen Kollektiv und Objektiv.

Erwähnt sei noch das **bildaufrichtende Okular** und das Abbé'sche **stereoskopische Doppelokular.** Bei ersterem wird die Wiederaufrichtung des Bildes durch ein Prisma mit geneigten Winkeln, bei letzterem die stereoskopische Wirkung durch drei Prismen erreicht. Die Theilung der Strahlenbündel nach beiden Augen geschieht über dem Okular.

Die **Kompensations-Okulare,** welche für den Gebrauch der Apochromat-Objektive unerlässlich sind, wurden oben (S. 21) erwähnt. Sie sind in ihren schwächeren Nummern nach dem Princip der Huyghens'schen, in den stärksten nach dem der Ramsden'schen Okulare hergestellt. Das Kollektiv ist hierbei eine stark brechende und zerstreuende dreifache Linse.

Schliesslich sind in den Katalogen von Zeiss, Seibert etc. noch besondere **Projektionsokulare,** deren Zweck aus ihrer Bezeichnung erhellt, zu mässigem Preis aufgeführt.

b) Die Lupe und das „einfache Mikroskop".

Wir sind der **Lupe** und ihrer Wirkung bereits oben (S. 9) begegnet. Sie wird von uns ausführlicher erst an dieser Stelle behandelt, weil die Beschreibung der verschiedenen Lupensysteme den theoretischen Gang unserer auf das Mikroskop bezüglichen Erwägungen aufgehalten resp. zersplittert haben würde.

Mit einer guten Lupe kann insbesondere der Praktiker mehr erreichen, als man gemeiniglich annimmt. Durchaus ungerechtfertigt ist, dass man bei praktischen Untersuchungen (z. B. bei der Beurtheilung von Drogen) heute die Lupe ebenso hat in den Hintergrund treten lassen, wie mancher Chemiker der Neuzeit mehr oder weniger verlernt hat, mit dem Löthrohr zu arbeiten.

Es ist deshalb nicht gleichgiltig, ob wir eine sorgfältig oder eine schlecht ausgeführte Lupe besitzen, zumal wirklich brauchbare Lupen von unsern Mikroskopfabrikanten etc. für geringen Preis geliefert werden.

Als Lupe wird jede Linse oder Linsen-Kombination bezeichnet, welche ein Objekt dem Auge direkt als virtuelles, vergrössertes Bild sichtbar macht. Der Strahlengang in ihr ist in Fig. 7 (S. 8) angegeben.

Je näher man das Auge an irgend einen Gegenstand bringt, um so grösser erscheint das Bild dieses Gegenstandes, weil für die Grösse desselben die äussersten von ihm ausgesandten und auf die Netzhaut des Auges fallenden Strahlen bestimmend sind. Diese Strahlen bilden miteinander einen Winkel, welcher als **Sehwinkel** bezeichnet wird. Je grösser der Sehwinkel, um so grösser das auf der Netzhaut entstehende Bild, wie aus Fig. 26 hervorgeht.

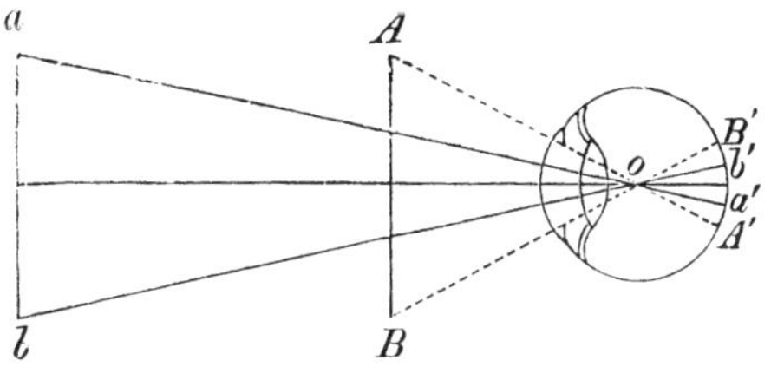

Fig. 26. Strahlengang im menschlichen Auge.

In dieser Figur stellt *a b* einen grossen, weit entfernten Gegenstand (z. B. eine Telegraphenstange), *A B* dagegen ein nahes kleineres Objekt (z. B. ein Streichholz) dar. Man sieht, dass der entfernte grosse Gegenstand *a b* infolge des kleinen Gesichtswinkels, unter welchem er erscheint, ein kleineres Bild auf der Netzhaut liefert als der viel kleinere aber nähere Gegenstand *A B*.

Es ist daher vortheilhaft, das Auge der Lupe soviel als möglich zu nähern um das Bild möglichst gross zu bekommen.

Die Vergrösserung einer Lupe erhält man durch das Verhältniss der Bildentfernung zur Objektentfernung, oder indem man die deutliche Sehweite (in der Regel zu 250 mm angenommen) durch die Brennweite dividirt. $V = \frac{250}{f}$.

Diese Formel ist nur richtig, wenn das Auge direkt an der Lupe ist; bei einer Entfernung derselben wird die Vergrösserung kleiner. Aus der Gleichung geht hervor, dass je kleiner die Brennweite, um so stärker die Vergrösserung ist. Da für jedes Auge die deutliche Sehweite verschieden ist (beim Kurzsichtigen ist sie kleiner, beim Weitsichtigen grösser als 250 mm), so ist die vom Optiker angegebene Lupenvergrösserung nur für ein normales Auge richtig und für ein anderes entsprechend zu modificiren.

Eine einfache Bikonvexlinse mit gleichen Krümmungsradien eignet sich als Lupe wegen ihrer bedeutenden sphärischen Aberration am wenigsten. Man kann bei ihr nur einen kleinen Theil des Gesichtsfeldes benützen. Vortheilhafter verwendet man Plankonvexlinsen oder „Linsen der besten Form“ (vergl. S. 15), deren ebenere Seite man dem Objekt zukehrt. Da sphärische Aberration und Krümmung des Gesichtsfeldes mit stärkerer Wölbung zunehmen, so eignen sich gewöhnliche einfache Linsen nur für schwächere Lupen. Besser wird die Aberration durch die Cylinder-, BREWSTER'sche oder CODDINGTON'sche Lupe aufgehoben. Die **Cylinderlupe** (Fig. 27) besteht aus einem Glascylinder, an dessen Ende verschieden gekrümmte Linsenflächen angeschliffen sind. Die schwächer gewölbte Seite wird dem Objekt zugewandt; durch die verhältnissmässig grosse Länge der Linse werden die Randstrahlen zweckmässig abgehalten. Letzteres geschieht bei der BREWSTER'schen (Fig. 28) und CODDINGTON'schen **Lupe** (Fig. 29) durch geeignete Einschliffe an den Seiten.

Alle diese Lupen besitzen einen kleinen Objektabstand und kleines Gesichtsfeld, man erreicht deshalb die Bildkorrektion am

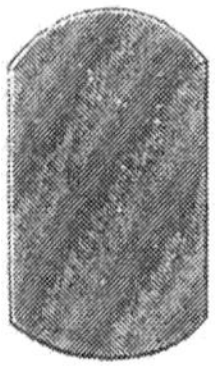

Fig. 27. Cylinderlupe.

Fig. 28. Brewsters Lupe.

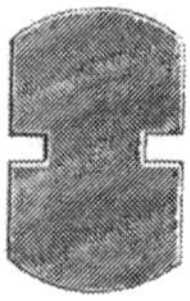

Fig. 29. Coddingtons Lupe.

besten (ebenso wie beim Objektiv des zusammengesetzten Mikroskops) durch Vereinigung mehrerer Linsen.

Bei **Duplets** werden zwei plankonvexe Linsen verwendet, deren gewölbte Seiten entweder gegeneinander gerichtet oder beide vom Objekt abgekehrt sind.

Die BRÜCKE'sche **Lupe** besteht aus einer oder zwei Konvexlinsen und einer Konkavlinse als Okular in einem kurzen Auszugsrohr. Die Okularlinse hat den Zweck, die durch die untern Linsen konvergirenden Strahlen (zur Erzielung eines grösseren Objektabstandes) vor ihrer Vereinigung divergent zu machen und in deutlicher Sehweite zu vereinigen. Die BRÜCKE'sche Lupe ist eigentlich im strengen Sinne keine Lupe, sondern ein GALILEI'sches Fernrohr mit relativ kurzer Objektdistanz.

Auch das STEINHEIL'sche System (Fig. 14, S. 16) eignet sich vorzüglich als Lupe und findet als solche häufig Verwendung. Es ist derart zusammengesetzt, dass eine Bikonvexlinse von zwei konvexkonkaven Linsen eingeschlossen wird. Im SEIBERT'schen Katalog sind derartige Linsen mit Vergrösserungen von 3—40-fach zum Preise von 16 bis 9 Mark angeführt. Die stärkeren werden billiger, weil ihr Durchmesser geringer ist.

Die Linsen einer Lupe erhalten Fassungen, schwächere solche zum Einschlagen in Schutzschalen von Horn oder Metall, stärkere werden an Stativen angebracht. Bei Einschlaglupen (Fig. 30) sind in der Regel 2—3 verschieden vergrössernde Linsen verwendet, welche entweder einzeln oder zusammen übereinander benutzt werden können.

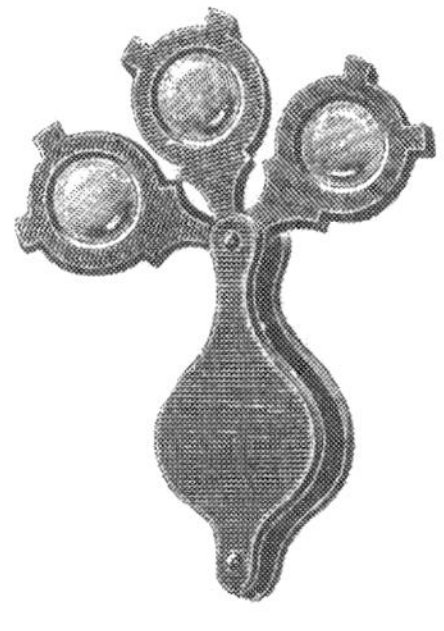

Fig. 30.
Dreitheilige Einschlaglupe.

Wie soeben erwähnt, werden stärkere Lupen an Stativen angebracht. Deswegen heissen dieselben **Stativlupen.** Die Lupenstative bestehen aus einem schweren Fuss, auf dem sich ein Lupenträger mit verstellbarem Arm erhebt.

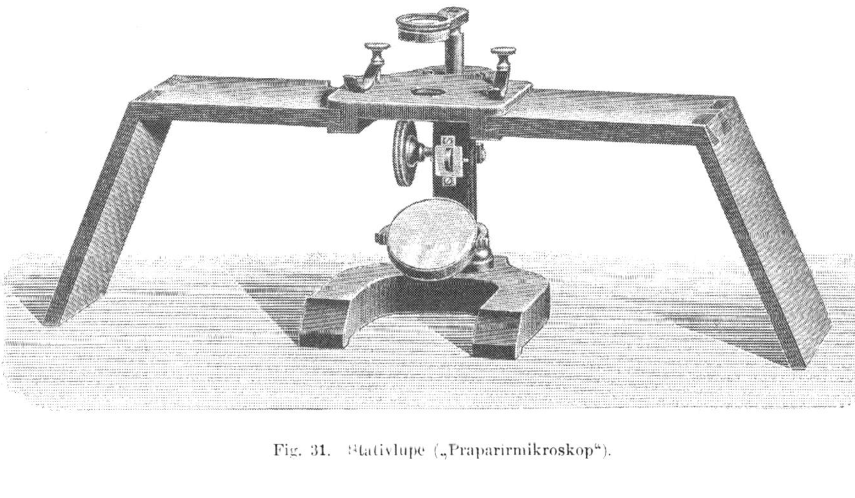

Fig. 31. Stativlupe („Präparirmikroskop“).

Da diese Stativlupen zum Präpariren mikroskopischer Objekte dienen, heissen sie auch **Präparirmikroskope** oder **einfache Mikroskope.** Es ist jedoch zweckmässiger, unter der Bezeichnung „Mikroskop“ nur das eigentliche, zusammengesetzte Mikroskop zu verstehen, die hier betrachteten Instrumente dagegen als Stativlupen zu bezeichnen.

Bei dem sogenannten „Präparirmikroskop“ befindet sich die Lupe an einem Arm über dem Objekttisch, welcher durch Triebwerk zum Einstellen des Objektes gehoben und gesenkt wird. Das „Präparirmikroskop“ wird von allen Mikroskopverfertigern in ungefähr gleicher Form hergestellt. Fig. 31 zeigt ein SEIBERT'sches Instrument in $^1/_3$ der natürlichen Grösse.

Dieses Instrument besitzt einen Objekttisch und einen Beleuchtungsspiegel. Zum Auflegen der Hände sind seitlich abnehmbare Holzstützen angebracht. Das Ganze ruht auf einem massiven Metallfuss. Der Preis desselben beträgt mit drei verschieden starken Triplets (nach STEINHEIL) 54 Mark. Andere „Präparirmikroskope", z. B. solche mit einem grossen Objekttisch von Glas zum Durchmustern ausgedehnter Objekte fertigt SEIBERT ebenfalls. Leicht lassen sich an alle diese Instrumente Zeichenapparate etc. anbringen.

B. Die mechanische Einrichtung des Mikroskops.

Wenn auch das optische Leistungsvermögen eines Mikroskops der bei weitem wichtigste Faktor für die Brauchbarkeit des ganzen Instrumentes ist, so darf doch nicht ausser Acht gelassen werden, dass zweckmässige Anordnung der Apparate und solide, sorgfältige Ausführung des mechanischen Theils für alle Untersuchungen von grösster Wichtigkeit sind, und dass ungenau resp. unzweckmässig gearbeitete Stative die vollständige Ausnützung des optischen Apparats bedeutend erschweren, wenn nicht ganz unmöglich machen.

I. Die Theile des Mikroskops und ihre Benennung.

Fig. 32 mag mit den beigefügten Buchstaben und der Zeichenerklärung die einzelnen Theile des Mikroskops und ihre Benennung vorführen. Das abgebildete Instrument gehört zu den grössten und bestausgerüsteten und enthält somit alle gebräuchlichen Apparate.

II. Der optische Apparat.

Unter dem **optischen Apparat** eines Mikroskops verstehen wir die **Objektive**, die **Okulare** und die **Beleuchtungsvorrichtungen**, und zwar handelt es sich jetzt darum, die Art und Weise kennen zu lernen, in welcher die theoretisch bereits uns bekannten Theile gegenseitig angeordnet werden, um ihre Zwecke voll zu erfüllen.

1. Die Fassung der Objektive.

Die Linsen eines **Objektivsystems** sind in solide Messingröhren in der Weise gefasst, dass ein Auseinanderschrauben des Objektivs nur soweit ohne Schwierigkeit möglich ist, als es das Reinigen der äusseren Linsen erfordert.

Mit dem Tubus (welcher das Muttergewinde trägt) werden

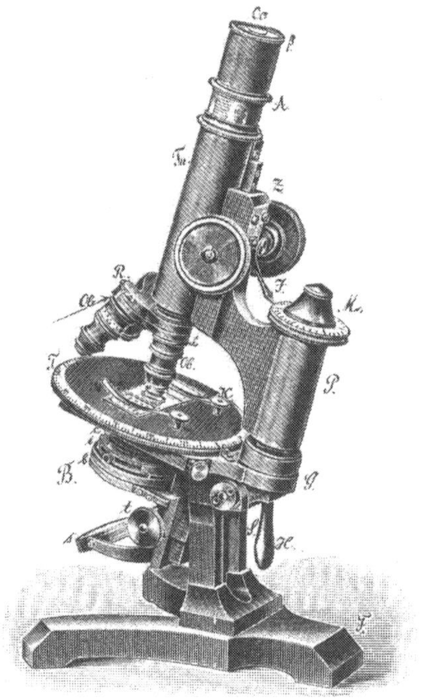

Oc = Ocular
Tu = Tubus
A = Tubusauszug
R = Revolverobjektivträger
Ob = Objektiv
α bis β = Tubuslänge
Z = Zahn und Trieb zur groben Einstellung
M = Mikrometerschraube für die feine Einstellung
J = Index für die Theilung der Mikrometerschraube
P = Prismenhülse
T = Objekttisch (drehbarer)
K = Objektklammern
B = Beleuchtungsapparat nach Abbe mit den Unterabtheilungen:
- *c* = Condensor
- *i* = Irisblende
- *b* = Blendenträger
- *t* = Trieb zum Heben und Senken des Condensors
- *s* = Beleuchtungsspiegel

G = Gelenk zur Schiefstellung
H = Hebelchen hierzu, zum Fixiren in jeder Lage
S = Säule
F = Fuss

Fig. 32. Ausgerüstetes Mikroskop mit Bezeichnung seiner Theile.

die Objektive in der Regel durch Anschrauben verbunden. Die namhaften optischen Werkstätten haben als Tubusgewinde das etwa 20 mm im äusseren Durchmesser haltende englische **Standard-Gewinde** (society screw) angenommen, so dass Objektive aller dieser Institute an jedem aus ihren Werkstätten stammenden Stativ verwendet werden können.

Da das häufige An- und Abschrauben verschiedener Systeme mühselig und zeitraubend ist, da ferner eine bestimmte Stelle im Objekt (namentlich bei starker Vergrösserung) bei erneuter Einstellung nicht ganz leicht wiedergefunden wird, so rüstet man grössere und mittlere Mikroskope jetzt fast ausnahmslos mit dem **Revolver-Objektivträger** (kurz „Revolver“ genannt) aus.

Der „**Revolver**“ besteht aus zwei Metallplatten, welche um ihren gemeinsamen Mittelpunkt drehbar sind. Die eine dieser Platten wird durch Anschrauben mit dem Tubus fest verbunden und zwar so, dass der Drehpunkt ausserhalb der Längsaxe des Tubus liegt. Die zweite Platte trägt verschiedene (bis zu 4) Gewinde, in welche die Objektive eingeschraubt werden. Durch einfaches Drehen können nun diese Systeme nacheinander leicht und schnell in die optische Axe gebracht werden. Bei Einnahme der richtigen Stellung werden sie in ihrer Lage durch Einschnappen einer Feder fixirt.

Auch dem Umstand, dass schwächere Objektive (wegen ihrer grösseren Brennweite) grösseren Abstand vom Objekt haben müssen als stärkere, ist Rechnung getragen, indem die Fassungen der Systeme so in der Länge abgeglichen sind, dass beim Objektivwechsel zum erneuten Einstellen des Bildes nur noch die Anwendung der Mikrometerschraube erforderlich ist. Eine bemerkenswerthe Stelle im Objekt, welche man bei schwacher Vergrösserung zweckmässig in die Mitte des Sehfeldes bringt, hat man dann bei Anwendung des stärkeren Systems ebenfalls wieder im Gesichtsfeld, braucht dieselbe also nicht von neuem aufzusuchen.

Andere Vorrichtungen zum schnellen Wechseln der Objektive (wie Objektiv-Zange, Schlittenvorrichtung) finden sich bei mässigem Preis ebenfalls in den Preislisten moderner Optiker.

Der Korrektionsfassungen zur Beseitigung des schädlichen Deckglas-Einflusses, welche sich von den Fassungen gewöhnlicher Objektive durch ihren drehbaren Korrektionsring unterscheiden, haben wir oben (S. 23) Erwähnung gethan.

2. Die Fassung der Okulare.

Die **Okulare** bestehen in der Regel aus cylindrischen, vernickelten Messingröhren, in welche die Linsenfassungen eingeschraubt sind. Die Länge der Röhren wird durch die Brennweite, also die Stärke der Linsen bedingt. Je schwächer ein Okular ist, um so länger ist es.

3. Die Beleuchtungs-Vorrichtungen.

a) Der Mikroskop-Spiegel.

Die **Beleuchtungsvorrichtung** aller Mikroskope besteht für durchfallendes Licht zunächst aus einem nach allen Seiten verstellbaren **Spiegel** unter dem Objekttisch. Die eine Seite des Spiegels ist eben und wird für Untersuchungen im parallelen Licht benutzt; die andere ist konkav für das Beobachten in konvergentem Licht. Der Spiegel wirft das parallele oder konvergente Licht durch das Loch des Objekttisches auf das Objekt und macht dieses so sichtbar.

b) Die Blenden.

Der Durchmesser dieses Loches im Objekttisch beträgt in der Regel etwa 20 mm und kann, wenn diese Oeffnung zu gross erscheint, verkleinert (und dadurch das Licht abgeblendet) werden. Dies geschah besonders früher durch eine **drehbare Scheibe** mit verschieden weiten Oeffnungen (Fig. 33); jetzt sind fast allgemein die **Cylinderblenden** üblich. Letztere sind kurze, offene Röhren,

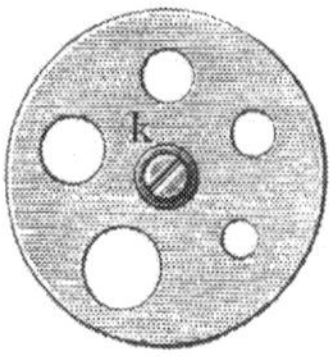

Fig. 33. Drehbare Blendscheibe; bei *k* der Knopf, mit welchem sie befestigt ist.

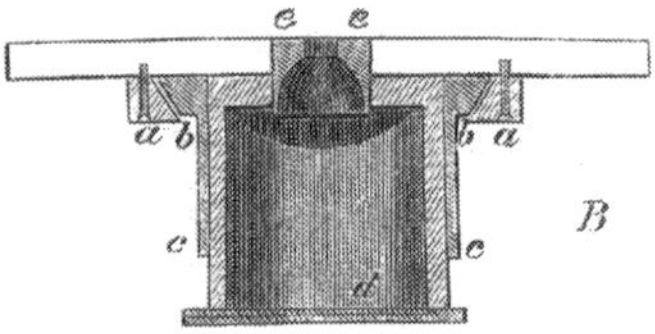

Fig. 34. Objekttisch mit eingesetzter Cylinderblende im Längsschnitt. *aa* Falze für den Schlitten, *b* Schlitten, *c* Hülse am Schlitten, *d* Cylinder, *e* Blende.

auf deren oberes Ende man runde Scheiben mit Löchern von verschiedener Weite aufsetzt (Fig. 34). Das Ganze wird in eine federnde Messinghülse unter dem Tischloch eingeschoben.

Diese Messinghülse ist in der Regel einem **Schlitten** eingefügt, welcher in eine schwalbenschwanzförmige Ausfräsung des Objekttisches passt.

In neuerer Zeit wird bei grösseren Mikroskopen zweckmässig die **Iriscylinderblendung** verwendet. Bei dieser trägt die Messingröhre, auf welche sonst die verschieden grosse Löcher tragenden Scheiben (Diaphragmen) aufgesetzt werden, in ihrem oben dem Objekt zugewendeten Ende halbmondförmige, gewölbte Stahllamellen, welche durch Verschieben eines seitlichen Knöpfchens so bewegt werden können, dass Oeffnungen der Blende entstehen, welche sich stetig von der Weite des Tischlochs bis zur fast vollständigen Schliessung der Lamellen ändern lassen. Der Vortheil dieser Blendung ist offenbar, dass erstens ein Auswechseln der Diaphragmen unnöthig, zweitens dass ein Abblenden in jeder beliebigen Abstufung möglich ist.

c) Die Beleuchtungslinsen.

Da die einfache Spiegelbeleuchtung (namentlich bei stark vergrössernden Objektiven, welche sehr viel Licht brauchen) zuweilen

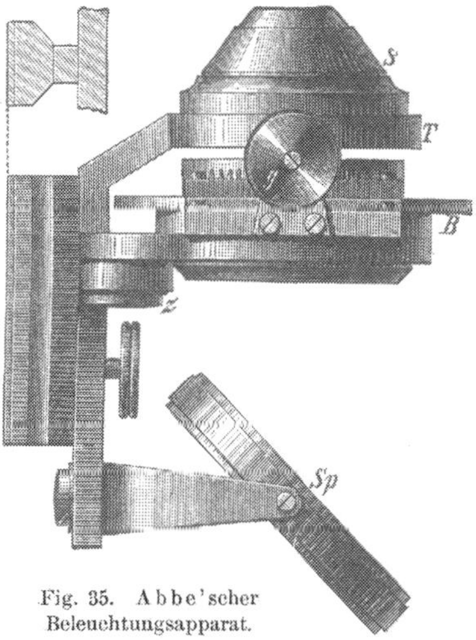

Fig. 35. Abbe'scher Beleuchtungsapparat.

g Zahntrieb zur Deckung des Blendenträgers *B* um den Zapten *z*. *T* Träger für das Kondensorsystem *s*. *Sp* Spiegel.

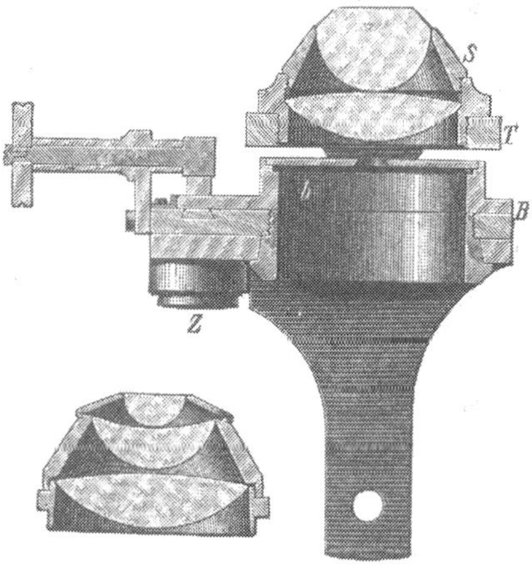

Fig. 36. Durchschnitt des in Fig. 35 dargestellten Abbe'schen Beleuchtungsapparates.

nicht ausreicht, war man längere Zeit bestrebt, durch verschiedene andere Mittel die Lichtstärke zu erhöhen. Wir wollen diese, da sie gegenwärtig nicht mehr im Gebrauch sind, hier übergehen.

Ein erheblicher Umschwung trat ein, nachdem Abbe den nach ihm benannten **Beleuchtungsapparat** konstruirt hatte. Derselbe hat sich durch seine hervorragende Brauchbarkeit, namentlich mit Immersionslinsen und andern sehr starken Objektiven, jetzt so allgemein eingebürgert, dass er einen erheblichen Bestandtheil jedes grösseren Mikroskops bildet und man sich ein solches Instrument ohne ihn oder ohne einen der ihm ähnlichen einfacheren

Beleuchtungsapparate, wie sie viele Firmen liefern, kaum noch denken kann.

Der ABBE'sche Beleuchtungsapparat (Fig. 35, 36) besteht aus drei Theilen: dem Spiegel, der Blendvorrichtung und dem Kondensorsystem.

Der ganze Apparat wird auf ein prismenförmiges Metallstück, welches unterhalb des Objekttisches fest mit diesem verbunden ist, aufgeschoben und kann durch Zahn und Trieb in der Richtung der optischen Axe bewegt, also gehoben und gesenkt werden.

Der wichtigste Theil ist das **Kondensorsystem** Fig. 35 *S*, welches aus zwei oder drei Linsen besteht und eine Brennweite von 10—15 mm besitzt. Der obere, dem Objekt zugekehrte Brennpunkt liegt wenig über der obersten Linse, also etwa in der Objektebene.

Der Kondensor ist sehr lichtstark, er besitzt, je nachdem er aus zwei oder drei Linsen zusammengesetzt ist, eine numerische Apertur von 1,20 bezw. 1,40.

Die Blendvorrichtung ist um einen seitlichen Arm drehbar befestigt und kann leicht vollständig zur Seite geschlagen werden. Triebwerk dient zum Verschieben desselben, wenn schiefe Beleuchtung erzielt werden soll. Zwei Federn, die in Marken einschnappen, bezeichnen die Stellung der Blenden, in welcher sie mit der optischen Axe centrirt ist. Die Blende selbst ist eine Irisblende. Oben auf der letzteren befindet sich eine Ausdrehung, in welche ein blaues oder mattes Glas zum arbeiten bei Lampenlicht oder eine Centralblende zum Abhalten der Axenstrahlen eingelegt werden kann.

Ausser dem ABBÉ'schen Apparat fertigen unsere Mikroskopfabrikanten für mittlere und kleinere Instrumente Beleuchtungsapparate, welche sich bei verhältnissmässig geringer Verminderung ihres Leistungsvermögens erheblich billiger herstellen lassen. Die Firma W. & H. SEIBERT in Wetzlar z. B. führt in ihrem Katalog noch einen mittleren und einen einfachen Beleuchtungsapparat auf.

Der Kondensor des mittleren Apparats ist dem des grossen gleich; die Blendvorrichtung besteht aus einer grossen Irisblende und ist mit dem Kondensor fest verbunden, also nicht seitlich beweglich. Das Heben und Senken des ganzen Apparats wird durch Drehen eines Schraubenkopfes unter dem Objekttisch erreicht; hierbei klappt der Kondensor, wenn er genügend herabgeschraubt ist, bei weiterem Drehen von selbst zur Seite. Centrale Beleuchtung in jeder Abstufung erzielt man durch Oeffnen und Schliessen der Irisblende, schiefe durch seitliche Spiegelstellung.

Der einfache Beleuchtungsapparat der genannten Firma besteht aus drei Linsen von geringerem Durchmesser, als der vorhergehenden; er wird in die Schiebehülse des Cylinderblende-Halters unter dem Objekttisch eingeschoben. Die numerische Apertur des Kondensors beträgt 1,10. Mit dem Kondensor ist eine kleine Irisblende fest verbunden. Bei seinem mässigen Preis (20 Mk.) leistet dieser Apparat doch so viel, dass er sogar für die Bedürfnisse des Arztes etc. bei bakteriologischen Untersuchungen und dergl. vollständig ausreicht.

Zur Verstärkung des durchfallenden Lichts und zur Beleuchtung undurchsichtiger Objekte werden Beleuchtungslinsen (einfache und doppelte) von den Optikern angeboten. SEIBERT stellt für opake Objekte einen sogen. vertikalen Beleuchtungsapparat her, welcher aus einem drehbaren Glasplättchen besteht, das je nach seiner Stellung total reflektirt. Er wird zwischen Tubus und Objektiv eingeschaltet und durch die schmale Seite einer Flachbrennerlampe erhellt. — Besondere Mikroskoplampen mit Beleuchtungslinsen liefern die optischen Firmen ebenfalls.

III. Das Stativ.

Das **Stativ** bildet den Träger des optischen Apparats und hat ausserdem den Zweck, dem Objekt eine feste und für die Untersuchung geeignete Lage zu geben. Zu ersterem dient der Tubus, zu letzterem der Objekttisch. Der **Tubus** ist eine cylindrische Messingröhre, welche in ihrem unteren Ende das Objektiv, in ihrem oberen das Okular aufnimmt. Der **Objekttisch** besteht aus einer kräftigen Messing- oder Hartgummi-Platte, deren Ebene senkrecht zur Längsaxe des Tubus liegt. Beide sind in der Weise fest miteinander verbunden, dass eine Bewegung des Tubus nur genau in der Richtung der optischen Axe möglich ist.

Tisch und Tubus ruhen auf einer massiven **Säule**, welche sich auf der Grundlage des Ganzen, dem **Fuss** erhebt.

Für die Form der Stative, welche auf dem europäischen Kontinent gegenwärtig verfertigt werden, ist der Konstruktionstypus OBERHÄUSER-HARTNACK massgebend geworden, so dass das kontinentale Stativ aller Werkstätten sich im wesentlichen gleicht. Eine Abweichung hiervon weist das englische und amerikanische Stativ auf. Die Einrichtung derselben kommt hier jedoch nicht in Betracht, da es auf dem Kontinent wenig im Gebrauch ist. Infolge seiner häufig prunkvollen und überreichen Ausstattung wird es für wissenschaftliche Untersuchungen nicht selten unzweckmässig. Für die Leistungsfähigkeit des Mikroskops kommt es in allererster Linie auf die von unsern deutschen Optikern vorzüglich hergestellten Linsen an. Nichtsdestoweniger vernachlässigen auch die deutschen Mikroskopfabrikanten die äussere Form nicht; ihre Stative haben, auch was die Eleganz der Ausstattung anbetrifft, in neuerer Zeit erhebliche Fortschritte gemacht. Als Prüfstein für die Güte der mechanischen Arbeit mag übrigens auch das Aussehen eines Instruments (namentlich verdeckter Theile) gelten, denn ein Stativ mit schlecht polirten Messingtheilen und windschiefen Flächen wird selten sorgfältig gearbeitete Bewegungsvorrichtungen besitzen.

1. Der Fuss.

Der **Fuss** soll von solcher Grösse und Schwere sein, dass das ganze Mikroskop durch ihn eine sichere Grundlage gewinnt und selbst (bei Instrumenten, welche derartige Einrichtungen besitzen) bei umgelegtem Obertheil nicht nach hinten überkippt.

Allgemein wird in Deutschland jetzt der **Hufeisenfuss** angewandt, welcher auf drei Stützpunkten ruht und so auf jedem Tisch sicher steht.

2. Die Säule.

Die **Säule**, welche, fest mit dem Fuss verbunden, sich auf diesem erhebt, soll ein massives Messingstück von solcher Stärke sein, dass ein Verbiegen derselben selbst durch starken Stoss oder Fall ausgeschlossen ist. Die Höhe der Säule, welche die Entfernung des Objekttisches vom Fuss bedingt, muss so abgemessen sein, dass einerseits die Handhabung der Apparate unter dem Tisch (Beleuchtungs- und Blendvorrichtung etc.) bequem möglich ist, andererseits aber auch die Gesammthöhe des Stativs nicht unnöthig vergrössert wird.

Am oberen Ende der Säule befindet sich bei grösseren und mittleren Stativen ein Scharnier, welches ein Hintenüberlegen des Obertheils gestattet. Dieses Umlegen ist beim Beobachten in sitzender Stellung häufig wünschenswerth; für die Verwendung des Mikroskops mit einem horizontalen mikrophotographischen oder Projektionsapparat ist es direkt erforderlich, da in diesem Falle die optische Axe des Instruments in eine horizontale Lage gebracht werden muss.

Zuweilen ist die Schiefstellung des Stativs aber auch nicht zweckmässig, wie z. B. bei der Untersuchung von Objekten in Flüssigkeiten.

3. Der Objekttisch.

Von Wichtigkeit für die Brauchbarkeit eines Mikroskops ist die Beschaffenheit des **Objekttisches.** Derselbe muss so gross sein, dass Objektträger jeder Ausdehnung bis zu ganzen Kulturplatten sichere Auflage finden. Seine Oberfläche ist sorgfältig geebnet und dauerhaft geschwärzt.

Grössere Stative sind in der Regel mit einem **drehbaren Objekttisch** ausgerüstet. Durch Drehen desselben kann man bequem bei schiefer Beleuchtung ein Objekt nacheinander von allen Seiten den schief auffallenden Strahlen aussetzen, ohne es aus dem Gesichtsfeld zu verlieren. Für Winkelmessungen ist häufig der Rand des Drehtisches mit Gradtheilung versehen.

Der Tisch kann durch zwei feingeschnittene Schrauben und einen Federgegendruck centrirt werden; diese Centrirvorrichtung kann etwa 3 mm zum Bewegen des Objekts dienen, eine Entfernung, welche bei starker Vergrösserung meist vollständig ausreicht.

Bewegliche Objekttische, welche weitere Verschiebungen des Objekts, ungefähr bis 50 mm gestatten, sind in den Preislisten unserer Mikroskop-Fabrikanten zu etwa 80 Mk. verzeichnet. Sie sind theils mit dem Objekttisch eines grösseren Instruments fest verbunden, theils können sie beliebig aufgesetzt und abgenommen werden. Alle diese Tische bewegen durch feine Schrauben oder Triebwerk den Objektträger nach zwei zu einander senkrechten Richtungen und somit nach allen Seiten. Zwei Millimeterskalen mit Nonien lassen eine bestimmte Stelle im Objekt leicht wiederfinden, wenn man sich die Lage der Skalen gemerkt hat. Einzelne Firmen konstruiren noch besondere Findervorrichtungen, welche jedoch alle verhältnissmässig geringe Verbreitung gefunden haben.

Um ein Abgleiten des Objektträgers bei schiefgestelltem Stativ zu vermeiden und um ihm überhaupt eine feste Lage geben zu können, befinden sich auf jedem Objekttisch federnde **Klammern,** unter welche das Präparat geschoben wird. Die Klammern bestehen aus Stahl und sollen stets leicht abnehmbar sein.

4. Der Tubus.

Der **Tubus** ist durch den Tubusträger mit dem Tisch verbunden. Er trägt, wie schon erwähnt, an seinem unteren Ende das Muttergewinde für die Aufnahme der Objektive oder des Revolvers. In sein oberes Ende werden die Okulare eingeschoben.

Zum Abhalten störender Lichtstrahlen, welche von den Wänden reflektirt werden können und nicht zur Bild-Erzeugung dienen, ist das Tubusinnere geschwärzt und sind darin Blenden angebracht.

Der Tubus ist beim kontinentalen Stativ auf eine Länge von 16 oder 17 cm abgeglichen, welche der Objektiv-Konstruktion der einzelnen Werkstätten entspricht. Die Tubuslänge des englischen Stativs beträgt 25 cm. In der Regel ist, ausser bei kleineren Instrumenten, der Tubus noch mit einem Auszug versehen. Derselbe hat Millimetertheilung und zeigt so die jeweilige Gesammtlänge des Tubus an; er dient zum Herstellen der für das Leistungsvermögen des Objektivs und für den jeweiligen Zweck günstigsten Tubuslänge. Er gestattet, die durch den Revolver-Objektivträger hervorgerufene Verlängerung auszugleichen, wenn dies nicht schon durch den Optiker geschehen ist. Ferner bewirkt er eine gewisse Variirung in der Vergrösserung eines Mikroskops, indem die Vergrösserung bei Anwendung desselben Objektivs und Okulars proportional der Tubuslänge ist. Endlich kann er (innerhalb gewisser Grenzen) zum Ausgleich des schädlichen Einflusses des Deckglases (vergl. S. 22) bei starken Trocken- und Wasserimmersions-Systemen ohne Korrektionsvorrichtung dienen, indem man ihn bei zu dickem Deckglas etwas verkürzt, oder bei zu dünnem etwas verlängert.

Der Tubus wird zum Einstellen des Objekts entweder in einer federnden Messinghülse auf- und abgeschoben oder er besitzt hierzu Triebwerk. Die erstere Art der Einstellung wird gegenwärtig nur noch bei kleinen Stativen und ausserdem dann angewandt, wenn eine Drehung des Tubus um die optische Axe erwünscht scheint.

Das **Triebwerk** besteht aus einer Triebwalze mit seitlichen grossen Knöpfen zum bequemen Drehen desselben. Die Triebwalze ist mit dem Tubusträger verbunden und greift mit ihren Zähnen in eine am Tubus befestigte Zahnstange. Der Tubus gleitet beim Drehen über eine Führungsfläche am Tubusträger. Genaue Arbeit und schräg gestellte Zähne lassen diese Vorrichtung so exakt funktioniren, dass ein scharfes Einstellen selbst mittlerer Objektive noch allein hierdurch möglich ist.

Jedes Mikroskop, ausser den allereinfachsten, besitzt neben der groben Einstellung (durch freie Schiebung oder Zahn und Trieb) noch eine weitere Vorrichtung zur genauen Einstellung bei Anwendung stärkerer Systeme, die sogen. **Mikrometer**-Einstellung. Diese hat ihren Namen daher erhalten, weil sie häufig auch gleichzeitig zur Dickenmessung kleiner Objekte dient. Die mannigfachen Typen dieser Mikrometer-Bewegung, von denen wir nur zwei erwähnen wollen, sind jetzt in der Hauptsache in die solide, sanft und gleichmässig wirkende Konstruktion der **Prismenführung** übergegangen.

Alle Mikrometer-Vorrichtungen für Mikroskope bestehen aus einer sorgfältig geschnittenen Schraube und einer entgegenwirkenden Spiralfeder. Durch Auf- und Abdrehen der Schraube gleitet eine Hülse über ein genau in sie eingepasstes Prisma. Durch diese Bewegung wird der Tubus, welcher von dem seitlich abgebogenen Arm der Hülse getragen wird, gleichmässig und äusserst langsam gehoben und gesenkt. Das Prisma ist fest und unverrückbar mit dem Objekttisch verbunden und zwar in einer Stellung, dass die optischen Axen des Okulars, des Objektivs und des Beleuchtungsapparats, ferner die Mittelpunkte aller Blendenöffnungen genau in eine Linie fallen. Da die Prismenkanten parallel der optischen Axe verlaufen, wird der Tubus durch Drehen der Mikrometerschraube nur in der Richtung dieser Axe verschoben. Der Kopf der Mikrometerschraube, welcher sich in der Regel über dem Prisma befindet, ist bei grösseren Stativen mit einer Theilung versehen, welche genaue Messungen bis 0,01 mm gestattet; da die Theilstriche ziemlich weit auseinander stehen, ist eine annähernde Dickenbestimmung durch Schätzen bis 0,001 mm möglich.

Eine Dickenmessung wird mit Hilfe dieser Vorrichtung in der Weise ausgeführt, dass man zunächst die untere Fläche eines Objekts, welches bei geringer Dicke im Mikroskop durchsichtig erscheint, scharf einstellt und dann solange zurückschraubt, bis die obere Fläche scharf eingestellt ist. Liest man nun die Strecke, welche der Schraubenkopf hierbei zurückgelegt hat, an der Theilung in Hundertstel mm ab und schätzt den Zwischenraum zwischen letztem Theilstück und Index nach Tausendstel, so erhält man ohne Weiteres die Dicke des Objekts.

Eine andere Mikrometerbewegung, welche häufig, namentlich an Seibert'schen und diesen nachgebildeten Stativen, im Gebrauch ist, unterscheidet sich von der eben beschriebenen erheblich. Hierbei wird der Tubus durch zwei parallele Arme mit der Mikroskopsäule in der Richtung der optischen Axe beweglich verbunden; zwischen beiden Armen befindet sich ein Hebel, welcher fest mit der Schiebehülse oder dem Triebwerk zusammenhängt. Auf die eine Seite dieses Hebels drückt die Mikrometerschraube, auf die andere eine Spiralfeder. Durch Drehen der Schraube wird nun der Hebel und mit ihm der Tubus gehoben resp. gesenkt; die parallelen Arme wirken hierbei scharnierartig. Da die Verbindung der Arme mit Tubus einerseits und Säule anderseits nur durch Schraubenspitzen stattfindet, ist bei dieser Konstruktion die Reibung fast vollständig vermieden. die ganze Bewegung wirkt also dauernd sanft und gleichmässig. — Auf der andern Seite ist diese Konstruktion jedoch empfindlicher gegen äussere Einflüsse als die Prismenführung. Seit einigen Jahren hat deshalb auch Seibert die letztere Konstruktionsform angenommen und die Parallelogrammverschiebung nur bei seinen Stativen 1 und 7 beibehalten.

IV. Das Polarisationsmikroskop.

Zur Untersuchung von Objekten im polarisirten Licht bedient man sich des **Polarisationsmikroskops.** Jedes Polarisationsmikroskop besitzt (ausser dem Stativ und der optischen Ausrüstung, welche der eines andern Instrumentes gleich ist) einen Polarisator und Analysator. Beides sind Kalkspathprismen, welche nach dem Nikol'schen Princip hergestellt sind. Der **Polarisator** befindet sich unterhalb des Objekttisches in der Schiebhülse, welche sonst die Cylinderblende aufnimmt; er polarisirt das vom Spiegel reflektirte Licht und ist in einer bestimmten Stellung fixirt.

Das beim Durchgang durch ihn polarisirte Licht trifft den zu untersuchenden Körper auf dem Objekttisch. Beobachtet man nun einen so beleuchteten doppelbrechenden Körper nur mit Hilfe von Objektiv und Okular, so wird man keine besonderen Eigenschaften an ihm wahrnehmen. Dies ist dagegen der Fall, wenn man die von ihm ausgehenden Strahlen noch durch ein zweites Nikol'sches Prisma leitet.

Dieses zweite Prisma befindet sich entweder zwischen Objektiv und Okular oder über dem Okular und wird **Analysator** genannt.

Um ein Objekt im polarisirten Licht von allen Seiten untersuchen zu können, ist ein drehbarer Tisch an dem Mikroskop erforderlich. Derselbe besitzt Gradeintheilung an seinem Rande und Nonius.

Zur Messung anderer Eigenschaften, wie des Drehens der Polarisationsebene etc., hat man den Analysator um seine Axe drehbar eingerichtet. Die Grösse der Drehung wird durch eine Gradtheilung gemessen.

Zum Gebrauch werden die beiden Nikols so gestellt, dass ihre Polarisationsebenen mit einander parallel laufen, also das Sehfeld erleuchtet ist. Stehen die Polarisationsebenen rechtwinkelig auf einander, so ist das Sehfeld dunkel. Dreht man den Polarisator (oder auch den Analysator) um einen Winkel von 90^0, so erfolgt abwechselnd ein helles und dunkles Sehfeld mit dazwischen liegenden lichttragenden Uebergängen. Je dunkler und je heller sich das Sehfeld zeigt, um so vollkommener ist die Polarisation. Ist die gegenseitige Stellung des Nikols gleich 90 oder 270°, so zeigt das Gesichtsfeld das Minimum der Helligkeit, dagegen bei 0° und 180° das Maximum derselben. Zur Beleuchtung wählt man hierbei gern helles Sonnenlicht oder Lampenlicht. Das Bild des durchsichtigen Objektes zeigt sich bei diesen Drehungen in allen Farben, aus denen das weisse Licht zusammengesetzt ist, und in dem Punkte, wo die Flächen der Prismen unter sich parallel laufen, also das Sehfeld hell ist, zeigt das Objekt die komplementäre Farbe zu

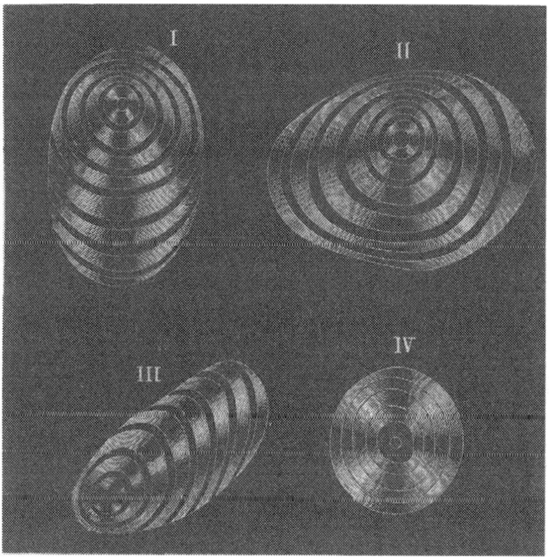

Fig. 37. Stärkemehlkörnchen, vergrössert im polarisirten Licht. Ein dunkles Kreuz durchzieht die Schichten vom Kerne aus.

jener, die es im schwarzen Sehfelde zeigt. Sehr dünne und durchsichtige Objekte, denen das depolarisirende Vermögen abgeht, soll man auf Quarz-, Gyps- oder Glimmerblättchen legen, welche sich in den verschiedenen lebhaften Färbungen zeigen und dadurch das Objekt in einer anderen Farbe sichtbar machen. Solche polarisirende Platten aus Glimmer, Quarz, Selenit sind, in Messingring gefasst, dem Polarisationsmikroskope beigegeben, mit der Einrichtung, sie oben auf den Polarisator aufzuschrauben. Während der Polarisation ist grelles Licht vom Objekttische fernzuhalten. Der Gebrauch der Vorrichtungen, das eine der Prismen zu drehen, ergibt sich von selbst, wenn man sie an dem Mikroskop antrifft. Ist der Analysator an den unteren Rand des Okularrohres angesetzt, so dreht man das Okular um seine Axe, steht er über dem Objektiv, so muss man den Polarisator mit den Fingern drehen, wenn eine für diesen Zweck geeignete mechanische Vorrichtung nicht vorhanden ist.

Es gibt Substanzen, welche die Polarisationsebene entweder nach rechts oder nach links drehen. Wenn man eine solche Substanz in ihrer Lösung in einem Polarisations-Apparate bei gelbem Lampenlichte betrachtet, und man muss den Analysator, um sie zuerst grün, dann blau und endlich roth gefärbt dem Auge erscheinen zu lassen, von der linken zur rechten Seite um seine Axe drehen, so nennt man die Substanz rechtsdrehend oder man sagt, sie dreht die Polarisationsebene nach rechts, im entgegengesetzten Falle bei Drehung des Analysators nach links ist die Substanz linksdrehend oder man sagt, sie dreht die Polarisationsebene nach links. Im Falle die Substanz die Polarisationsebene nicht verändert, so heisst sie optisch inactiv.

+ oder rechtsdrehend sind z. B. Rohrzucker, Traubenzucker (Dextrose, Glykose), Harnzucker, Galactose, Lactose (Milchzucker), Dextrin, Kampfer (in weingeistiger Lösung).

— oder links-drehend sind z. B. Levulose (Fruchtzucker), arabischer Gummi, Bassorin, Terpentinöl, Citronenöl, Kirschlorbeerwasser.

Das Drehungsvermögen ist bei den verschiedenen Substanzen auch ein verschieden grosses und die Grösse desselben ist für eine Substanz meist charakteristisch. Deshalb hat man in neuerer Zeit das Polarisationsmikroskop zur Bestimmung des Zuckers in seinen Lösungen, auch des Harnzuckers im diabetischen Harne benutzt.

In den Katalogen verschiedener optischer Firmen finden wir Polarisationsmikroskope, die mit allen wünschenswerthen Nebenapparaten und Bequemlichkeiten ausgestattet sind; daneben werden auch verhältnissmässig einfache und billige Instrumente geliefert. Die Firma W. v. H. Seibert stellt, ausser den grossen Modellen, ein sehr empfehlenswerthes, einfacheres Polarisationsmikroskop her, welches mit Polarisator, drehbarem Analysator mit Theilung und drehbarem Objekttisch mit Graduirung versehen ist. Der Polarisator kann durch eine Hebelvorrichtung bequem gehoben und gesenkt werden, er besitzt zum Beobachten der Axenbilder einen Kondensor. Das Stativ hat Zahn und Trieb zur groben Einstellung und Mikrometerschraube zur feinen, es kostet mit den Objektiven *no* O_a und *III* und den Okularen 2 (mit Fadenkreuz) und 4 mit Mikrometer in polirtem Mahagonikasten 170 Mk.

Wer sich kein besonderes Instrument für das Beachten von Polarisations-Erscheinungen anschaffen will, findet bei den bekannteren Optikern besondere **Polarisationsapparate**, welche mit jedem Stativ gebraucht werden können.

SEIBERT liefert einen grossen Apparat mit zwei Theilkreisen, einen von 10° zu 10° und einen von Grad zu Grad mit Nonius für 60 Mk. und einen einfacheren für 45 Mk.

Für die Untersuchung auf **Zucker** bedient man sich eines 20 cm langen Glasrohrs, in das die betr. Flüssigkeit eingefüllt wird, mit 4-theiliger BERTRAND'scher Quarzplatte in folgender Weise:

Man entfernt von dem Polarisator den Kondensor und von dem Analysator das Kollektiv und zieht den Tubus vollständig aus. An das obere Ende des letzteren wird die Hülse des Polarisationsapparates, welche den Nonius trägt, angeklemmt, nachdem man in den Analysator an Stelle des Kollektivs die viertheilige Quarzplatte eingeschraubt hat. Sodann dreht man den Analysator solange, bis die 4 Felder der Quarzplatte genau gleiche Farben zeigen. Nun wird das Analysatorokular aus dem Tubus gehoben, während der Nonius festgeklemmt bleibt, der Tubus selbst aus seiner Führung genommen und das Glasrohr mit der Flüssigkeit von unten eingeschraubt. Dreht man nun von Neuem den Analysator solange, bis die 4 Felder der Quarzplatte wieder gleich gefärbt erscheinen, so giebt die Differenz der Einstellungen am Theilkreis die Menge des Zuckergehaltes an. Bei Harnzuckerlösung entspricht ein Grad der Theilung einem Procent Zucker. Für andere Zuckerarten ist eine kleine Umrechnung nöthig.

V. Nebenapparate und Aufbewahrungskasten.

1. Zeichenapparate.

Für das Nachzeichnen der Objekte ist eine ganze Anzahl von Hilfsmitteln konstruirt worden, welche sämmtlich darauf beruhen, dass durch Brechung oder Reflexion an Prismen und Spiegeln das Bild auf die Zeichenfläche geworfen und gleichzeitig Objekt und Spitze des Bleistifts dem Auge sichtbar gemacht werden.

Am häufigsten im Gebrauch sind von diesen der ABBE'sche der NACHET'sche und der OBERHÄUSER'sche Zeichenapparat sowie die kleineren Zeichenprismen und -Apparate der verschiedenen Werkstätten.

Der ABBE'sche **Zeichenapparat** besteht aus zwei rechtwinkligen Prismen, deren Hypotenusenflächen an einander gekittet sind. Die eine dieser Flächen hat Spiegelbelag, welcher in der Mitte zu einer kleinen, runden Oeffnung weggekratzt ist. Dieses Doppelprisma wird auf das Okular aufgesetzt. Das Objekt kann hierbei durch die kleine Oeffnung im Belag beobachtet werden; Zeichenfläche und Stift werden gleichzeitig mit dem Objekt durch Reflexion an einem durch einen seitlichen Arm getragenen Spiegel und dem Spiegelbelag des Prismas sichtbar.

Der Apparat wird von allen namhaften Optikern zu etwa 33 Mk inkl. Etui geliefert.

Der NACHET'sche **Zeichenapparat** sei zur bildlichen Darstellung des Princips der Zeichenapparate hier gewählt. Stände die Glas-

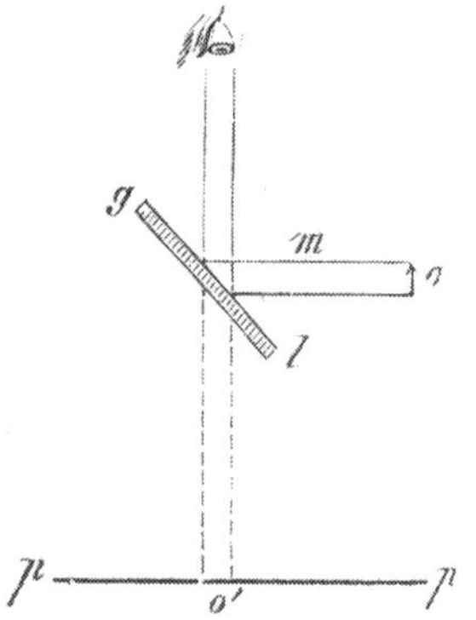

Fig. 38.

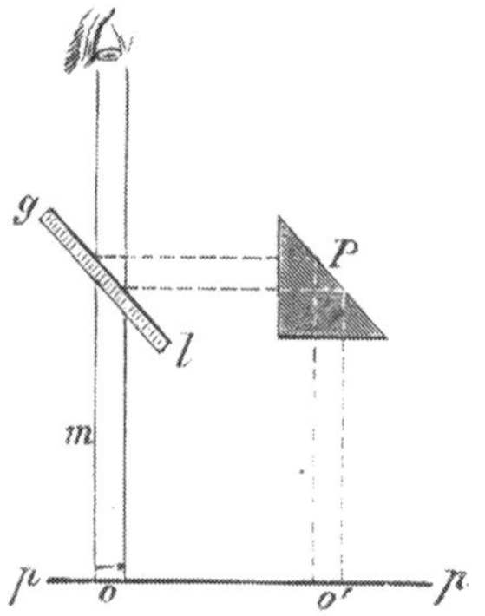

Fig. 39.

platte *gl* (Fig. 38) in einem Winkel von 45⁰ zur Axe des Auges, so würden die Strahlen des Objektes *o*, welche mit der Glasplatte gleichfalls einen Winkel von 45⁰ bilden, in der Richtung nach dem Auge reflektirt werden und dieses würde das Bild des Objektes also in einer Richtung sehen, welche mit der Richtung des Objektes einen rechten Winkel bildet. Ist *m* (Fig. 38) das Mikroskoprohr und *pp* ein Blatt Papier, so wird das Auge, weil die Durchsichtigkeit der Glasplatte *gl* es gestattet, das Bild in *o'* auf dem Papier wahrnehmen. Man sagt in diesem Falle, das Bild wird projicirt. Bringt man aber in derselben Höhe der Glasplatte *gl* ein Glasprisma *P* an (Fig. 39), und *o* sei das Objekt unter dem Objektive des senkrecht stehenden Mikroskops *m*, *gl* die in einem Winkel von 45⁰ zur Axe des Auges gestellte Glasplatte über dem Okular, so sieht man das Bild in *o'* auf *pp* projicirt, indem Objekt und das projicirte Bild in demselben Gesichtsfelde wahrgenommen werden. Hierauf beruhen die erwähnten Zeichenprismen, von welchen das in vorstehender Fig. 40 abgebildete NACHET'sche das gebräuchlichste ist. An dieser Vorrichtung ist an Stelle der Glastafel *gl* (Fig. 39) ein Prisma gelegt, und das andere Prisma ist um seine Axe beweglich, um die reflektirende Fläche desselben unter verschiedene Winkel zu stellen. Der Gebrauch der Vorrichtung ergiebt sich von selbst, sobald man sie mittelst des Ringes auf das Okular aufgesetzt hat.

Wer einige Uebung nicht scheut und es gelernt hat, mit dem einen Auge in das Mikroskop zu sehen und das andere dabei geöffnet zu halten, kann sich eine Camera lucida dadurch ersetzen, dass er mit dem linken Auge in das Mikroskop und zugleich mit dem rechten Auge auf ein neben dem Mikroskop liegendes Stück

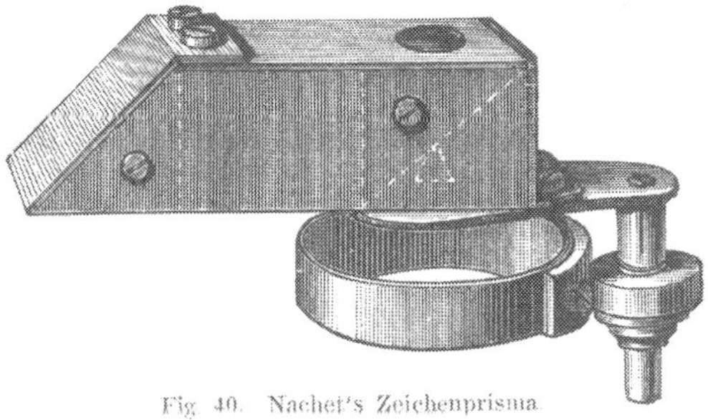

Fig. 40. Nachet's Zeichenprisma.

schwach gelblichen, grünlichen oder schwach beschatteten weissen Papiers blickt. Er findet dann nach einigen Augenblicken das Gesichtsfeld und Papier auf einander projicirt, und kann die Umrisse des Bildes auf dem Papiere mittels Bleistiftes umziehen. Natürlich ist hier eine öftere Uebung die beste Lehrmeisterin.

Der OBERHÄUSER'sche **Zeichenapparat** ist ein rechtwinklig abgebogenes Okular mit zwei Prismen, einem grösseren im Innern und einem kleinen ausserhalb. Diese beiden Prismen reflektiren das Bild des Objekts derartig, dass es auf dem Papier gesehen wird. Da das kleine Prisma schmaler ist als die Pupille des Auges, sieht man auch an demselben vorbei und zugleich mit dem Bild den Bleistift.

Während der ABBE'sche Apparat eine gewisse Neigung der Zeichenfläche gegen das Mikroskop erfordert, ist diese bei dem OBERHÄUSER'schen nicht erforderlich. Dagegen kann letzterer nur mit demjenigen Okular, mit welchem er fest verbunden ist, benutzt werden, während ersterer auf alle Okulare aufgesetzt werden kann.

Der Preis des Oberhäuser'schen Apparates ist dem des Abbe'schen etwa gleich.

Von den **kleineren Zeichenapparaten** wollen wir nur den Seibert'schen erwähnen; derselbe besteht aus einem offenen Gehäuse, welches durch einen Klemmring auf den Tubus geschoben wird, bis er das Okular berührt. Die Reflexion der Zeichenfläche erfolgt durch zwei Spiegel, das Objekt erscheint direkt durch eine kleine Oeffnung im Belag des einen Spiegels.

Der Preis dieses Apparates, einschliesslich Etui, beträgt 18 Mk.

2. Mikrophotographische Apparate.

Mikrophotographische Apparate zum direkten Aufnehmen der Objekte werden von allen grösseren Mikroskopfirmen für Horizontal- wie für Vertikalstellung des Stativs gefertigt; ebenso Projektionsapparate für Kalk-, Zirkon- und elektrisches Licht. Auf diese Apparate hier näher einzugehen, erübrigt sich.

3. Mikrometer.

Zum Messen mikroskopischer Objekte bedient man sich des **Mikrometers.** Dasselbe besteht aus einem Glasplättchen, auf welches eine Skala entweder eingeritzt oder photographirt ist (Fig. 41). Im letzteren Fall wird zum Schutz des Photogramms über dasselbe ein zweites Glasplättchen gekittet. In der Regel ist bei der Skala das Millimeter in 10 oder 20 Theile getheilt, je nachdem das Mikrometer einem schwachen oder starken Okular beigegeben wird. Das Mikrometer wird an die Stelle im Okular eingeschoben, an welcher das reelle Bild des Objekts erscheint; es kann auf diese Weise mit letzterem verglichen werden. Die Augenlinse vergrössert beide gleichzeitig und macht sie dem Auge sichtbar.

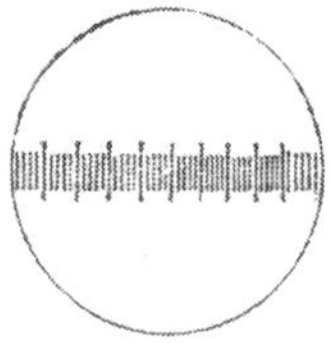

Fig. 41. Okularmikrometer.

Die Fassung der Augenlinse ist, um ein scharfes Einstellen des Mikrometers für jedes Auge zu ermöglichen, in ein Röhrchen eingeschraubt, durch dessen Verschiebung im Okularrohr die Entfernung zwischen Linse und Mikrometer etwas verändert werden kann. Aus der Anzahl der Theilstriche nun, welche das Objekt einnimmt, und dem vom Optiker angegebenen Mikrometerwerth des benutzten Objektivs erhält man durch Multiplikation die Grösse des Objekts. Als Maasseinheit gilt das **Mikromillimeter** oder **Mikron** (Plural: Mikra) = 0,001 mm (als Zeichen μ).

Bewegliche Okularmikrometer, welche Objekt und Skala bequemer zur Deckung bringen lassen, werden von den Optikern zu mässigem Preis verfertigt.

4. Mikroskopkasten.

Alle Mikroskope werden derartig in polirte **Mahagonischränke** eingestellt, dass sie staubsicher aufbewahrt werden können. Die Schränke sind verschliessbar und so abgemessen, dass das Instrument stets gebrauchsfertig in ihnen aufbewahrt werden kann. Aus letzterem Grunde hauptsächlich haben die Schränke seit einer Anzahl von Jahren die früher üblichen Kasten, in welche das Mikroskop erst nach Abschrauben der Objektive etc. eingelegt werden konnte, fast allgemein verdrängt.

C. Ankauf und Prüfung des Mikroskops.

I. Allgemeine Bemerkungen über den Ankauf.

Der Ankauf eines Mikroskops erfordert stets eine nicht unbedeutende Ausgabe. Wer selbst nicht genügender Kenner des Mikroskops ist, wende sich daher an einen tüchtigen Mikroskopiker oder an eine der renommirten Firmen um Rath, indem er gleichzeitig den beabsichtigten Zweck und den verfügbaren Geldbetrag angiebt. Zweckmässig macht man die definitive Abnahme des Mikroskops von dem Resultat einer genauen Prüfung durch einen Fachmann abhängig, obgleich diese Vorsicht guten deutschen optischen Werkstätten gegenüber überflüssig ist. Dieselben stellen nämlich ihre Stative und optische Ausrüstung mit absoluter Gleichmässigkeit her; die Objektive z. B. sind von derselben Leistungsfähigkeit und Ausstattung, gleichgiltig ob sie zum theuersten oder billigsten Stativ gegeben werden. Durch reklamehafte Anpreisung und billigen Preis lasse man sich nicht zum Ankauf eines Mikroskops veranlassen, denn alle Firmen, welche Instrumente ersten Ranges herstellen, haben sich bisher jeder Reklame enthalten, und der billige Preis kann lediglich auf Kosten der Leistungsfähigkeit gestellt werden.

Es kommt häufig vor, dass der Käufer eines billigen Instruments, wenn er erst vertrauter mit diesem geworden ist, die Unzulänglichkeit desselben einsieht und dann doch zur Anschaffung eines guten, wenn auch etwas theueren Instruments schreiten muss.

Im Allgemeinen empfiehlt es sich, ein grösseres Stativ und zu diesem je nach Bedarf und Mitteln die zunächst nöthigen Objektive und Okulare anzuschaffen und das Fehlende allmählich nachzubestellen. Wer dagegen nur zu einem bestimmten Zweck ein Mikroskop braucht, spart besser am Stativ als an der optischen Ausrüstung.

Von der Firma, welcher man den Auftrag ertheilen will, lässt man sich das neueste Preisverzeichniss vor der Bestellung zusenden, auch wenn man ein älteres eingesehen hat oder die Erzeugnisse der betreffenden Werkstätte kennt, denn rührige Optiker bringen fast in jedem ihrer Kataloge bemerkenswerthe Aenderungen, welche öfters geeignet sind, ohne oder doch ohne erhebliche Mehrausgaben den Käufer vollkommener zufrieden zu stellen.

II. Empfehlenswerthe Mikroskop-Formen.

Was nun die Beschreibung eines für den Arzt, Apotheker, Gewerbe-Aufsichtsbeamten, Thierarzt etc. geeigneten Mikroskops anbelangt, so entnehmen wir dem Preisverzeichniss von W. & H. SEIBERT in Wetzlar einige der gangbarsten Zusammenstellungen. Es sind dies die Instrumente mit den Stativen 2, 3, 4, 5 und 7.

Wer ein reich ausgestattetes und zugleich doch verhältnissmässig sehr billiges Mikroskop sich anschaffen will, nehme Stativ 3 (Fig. 43) in Aussicht.

Dieses Stativ besitzt Gelenk zur Schiefstellung, den grossen ABBE'schen Beleuchtungsapparat mit Irisblende und Kondensor von num. Apertur 1,40 und einen grossen dreh- und centrirbaren Objekttisch (Gradeintheilung hieran erhöht den Preis um 10 Mk.). Die grobe Einstellung geschieht durch Zahn und Trieb, die feine durch Mikrometerschraube mit Prismenführung. Der Kopf der Schraube ist getheilt. Der Tubus hat Auszug mit Millimetereintheilung. Dieses Instrument kostet mit Revolver für drei Objektive, den Objektiven I, III, V und homogene Immersion $^1/_{12}$ sowie den Okularen 0, 1, 3 mit Mikrometer (Vergrösserungen 30 bis 1190) in Mahagonischrank 408 Mk. Das Stativ mit ABBE'schem Apparat, ohne Revolver, Objektive und Okulare 190 Mk.

Noch grösser und eleganter ist Stativ 2, welches in Fig. 32, S. 32 abgebildet ist; dies Stativ kostet einschliesslich Schrank, ohne Objektive, Okulare und Revolver 250 Mk.

Ein recht zweckmässiges Instrument ist auch No. 4 der genannten Firma. Es unterscheidet sich von No. 3 durch nicht drehbaren Tisch. Der Preis desselben inkl. Schrank und ABBE'schem Beleuchtungsapparat, ohne Objektive, Okulare und Revolver beträgt 179 Mk.

Das eigentliche Arbeitsmikroskop des Praktikers ist aber das im SEIBERT'schen Katalog mit No. 5 bezeichnete, von uns in Fig. 42 abgebildete Instrument. Auf einem schwarz emaillirten

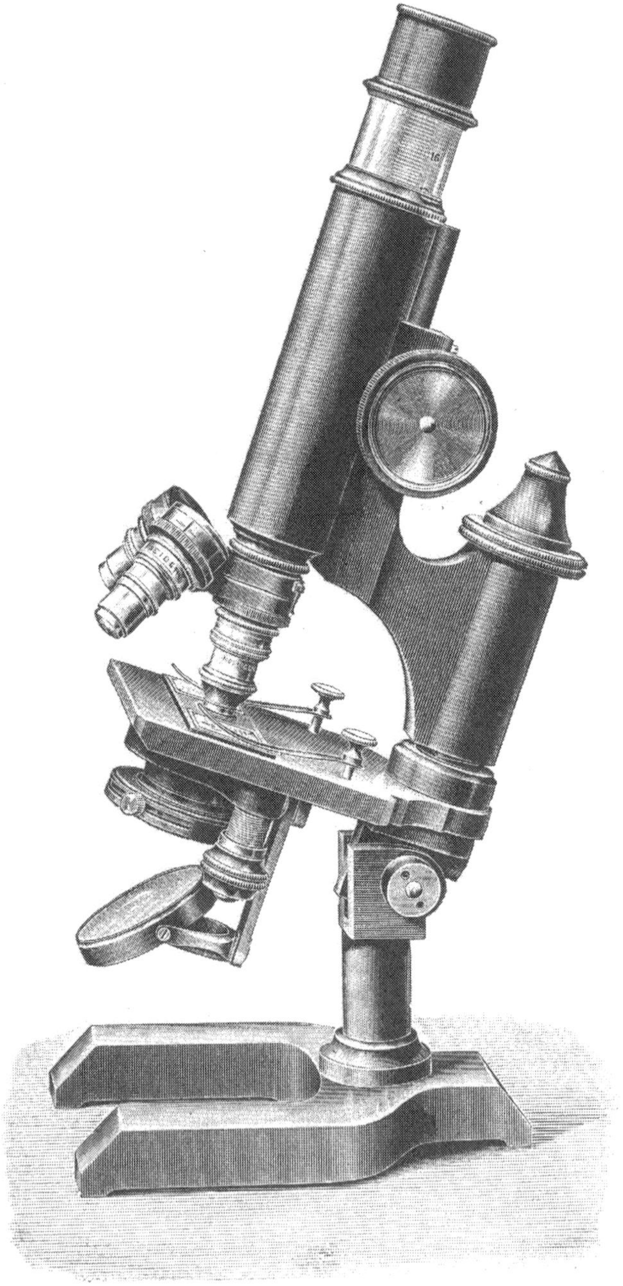

Fig. 42. Empfehlenswerthes Arbeitsmikroskop. (W. & H. Seibert, Stativ 5, etwa $^1/_2$ d. nat. Grösse.)

Fuss erhebt sich eine kräftige, runde Säule, an welcher das Gelenk zum Umlegen angebracht ist. Der Objekttisch ist von solcher Grösse, dass Objektträger jeder üblichen Ausdehnung sicher aufgelegt werden können. Die grobe Einstellung geschieht durch Zahn und Trieb mit einem Triebkopf an jeder Seite des Tubus, die feine durch die Mikrometerschraube mit Prismenführung. Der Tubus hat Auszug mit Millimetertheilung. Als Beleuchtungsapparat dient der S. 36 beschriebene mittlere Apparat. Der Kondensor desselben kann leicht mit der beigegebenen Diaphragmenblendung

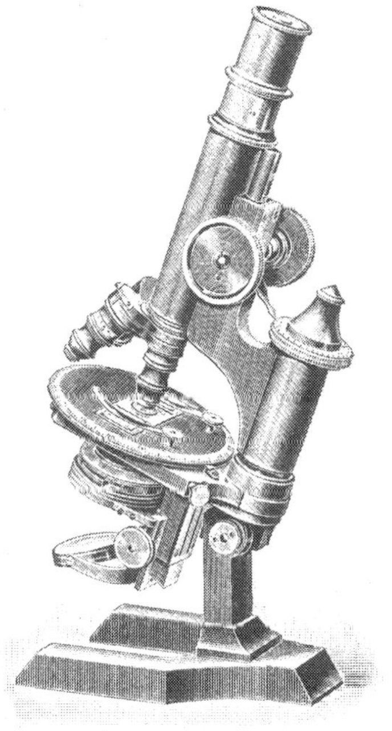

Fig. 43. Mikroskop von W. & H. Seibert, Stativ 3 (etwa $^1/_4$ d. nat. Grösse).

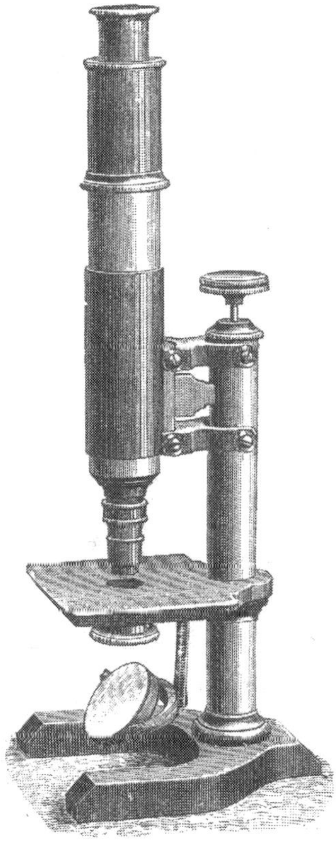

Fig. 44. Einfaches Mikroskop von W. & H. Seibert (etwa $^1/_4$ d. nat. Grösse).

vertauscht werden. Dem Instrument ist ein Revolver für 3 Objektive angefügt. Wählt man hierzu die achromatischen Trockenobjektive No. II und V und die homogene Oelimmersion $\frac{1}{12}$, ferner die Okulare 1 und 3, so erzielt man Vergrösserungen von 71 bis 1190.

Das Mikroskop ist mit allem Zubehör in einem polirten, soliden Mahagonischrank mit Handhabe und Schloss untergebracht und kostet 300 Mark. (Der Preis des Stativs allein, ohne Objektive, Okulare und Revolver ist 112 Mark).

Vorstehende Zusammenstellung genügt allen Bedürfnissen des Praktikers vollkommen; ich habe dies Instrument mehrfach zur Anschaffung empfohlen und (wie ich selbst dasselbe vortrefflich finde) stets nur warmes Lob darüber gehört.

Ein einfaches Mikroskop zeigt Fig. 44. Der Preis des Stativs allein in Kasten ist 31 Mk. Das Instrument kostet mit einfachem Beleuchtungsapparat, den Objektiven II und V, sowie homogener Immersion $\frac{1}{12}$ und den Okularen 1 und 3 220 Mk. Ohne Immersionssystem (Vergrösserungen 71 bis 610) kostet es mit Kasten 100 Mk.

Für die **Trichinenschau** eignet sich eine ganze Anzahl von Mikroskopen aus dem SEIBERT'schen Katalog im Preise von 48 bis 100 Mk., namentlich das neu konstruirte einfache Stativ 8 mit besonders grossem Objekttisch und sorgfältig gearbeitetem Zahn- und Triebwerk für die Einstellung ist (komplet für 52 Mk.) beachtenswerth.

III. Die Prüfung des Mikroskops.

1. Die direkte Prüfung.

a) Prüfung auf definirende und penetrirende Kraft.

Wer ein Mikroskop braucht, hat vor allem an der allgemeinen **Leistungsfähigkeit** desselben ein Interesse. Die beste Art der Prüfung ist deshalb der Vergleich mit einem andern zweifellos guten Instrument derselben Art, wobei darauf zu achten ist, dass Beleuchtung, Objektiv- und Okularvergrösserung bei den zu vergleichenden Mikroskopen möglich gleich ist.

Man unterscheidet definirende Kraft, d. h. die Fähigkeit, alle Objekte klar und scharf begrenzt zu zeigen und penetrirende Kraft (oder Abbildungsvermögen), d. h. die Fähigkeit, kleine Einzelheiten (wie innere Strukturverhältnisse) bis zu einer möglichst weit reichenden Grenze der Kleinheit sichtbar zu machen.

Die **definirende Kraft** ist abhängig von der thunlichst vollkommenen Vereinigung aller von einem Punkte des Objekts ausgehenden Strahlen.

Die **penetrirende Kraft** ist, wie aus unsern früheren Betrachtungen hervorgeht, eine Funktion des Oeffnungswinkels, nebenbei aber auch der möglichst vollkommenen Korrektur der Aberrationen. Ein mangelhaft korrigirtes System wird kleine Strukturen nicht oder nur unvollständig erkennen lassen, auch wenn es einen grossen Oeffnungswinkel besitzt.

Die Prüfung geschieht durch sogenannte **Testobjekte** (Probeobjekte) Es wurden deren eine grosse Anzahl empfohlen und zwar für die definirende

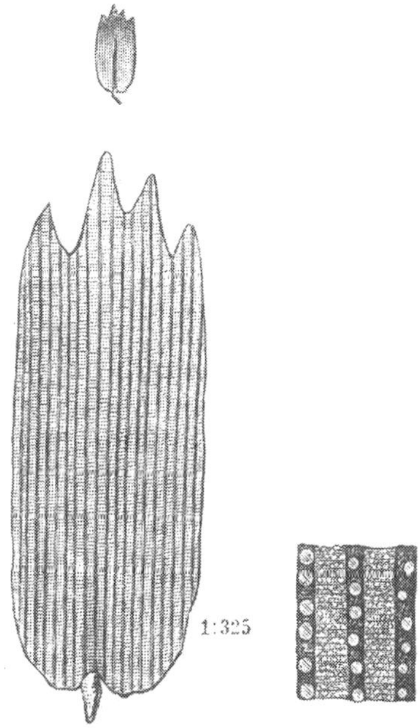

Fig. 45. Flügelschuppe von Epinephele Janira; oben 1 : 40, rechts 1 : 1000, unten 1 : 325.

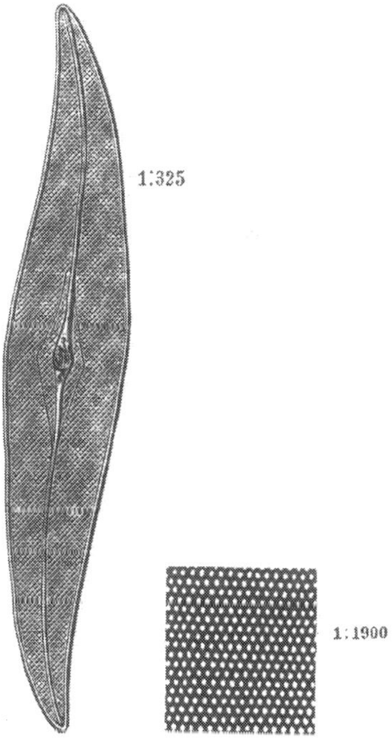

Fig. 46. *Scalprum* (*Pleurosigma*) *angulatum*.

Kraft zarte, blasse aus dem Pflanzen- und Thierreich, für die penetrirende Kraft dagegen künstliche und organische Objekte. Ungeeignet sind die von Luftblasen entworfenen Drahtnetzbildchen, wie sie zuerst Harting empfahl. Die Luftblase bildet nämlich mit dem Objektiv zusammen ein System; das schliesslich im Okular beobachtete Bild giebt also keine Aufklärung über die Eigenschaften des Objektivs allein. — Von künstlichen Objekten seien erwähnt die feinen Theilungen auf Glas, welche zuerst von Nobert verfertigt wurden.

Allgemein im Gebrauch und deshalb von grösserer Bedeutung sind die organischen Testobjekte, nämlich die **Schmetterlingsschuppen** und die **Kieselschalen der Bacillariaceen.** Letztere bieten die mannigfachsten Abstufungen in der Feinheit der Zeichnung und somit in der Schwierigkeit, dieselbe aufzulösen.

Im Folgenden sind die wichtigsten Testobjekte nach der zunehmenden Schwierigkeit ihrer Auflösung geordnet.

1. **Epinephele** *(Hipparchia)* **janira** ist ein in Deutschland gemeiner Wiesenschmetterling, welcher im Juli und August fliegt. Als Testobjekte sind besonders geeignet die Schüppchen von den Flügeln des Weibchens.

Dieselben haben (vgl. Fig. 45) feine Längsstreifen, welche bei etwa 40-facher Vergrösserung schon gut gesehen werden müssen; ihre Entfernung beträgt ungefähr 2 μ. Bei etwa 150 facher Vergrösserung und centraler Beleuchtung treten zwischen den Längslinien feinere Querstreifen hervor, deren Entfernung voneinander weniger als 1 μ beträgt. Die Längslinien erscheinen bei 800 bis 1000 facher Vergrösserung doppelt, und in ihnen werden Reihen von kleinen runden Körperchen sichtbar. Ebenso werden die Querlinien als Doppelstreifen aufgelöst, zwischen denen zwei bis drei fast runde Körperchen nebeneinander liegen. Diese Körperchen machen bei entsprechender schiefer Beleuchtung den Eindruck weiterer feinerer Längslinien, daher die unrichtigen Abbildungen, welche man davon in manchen Büchern findet.

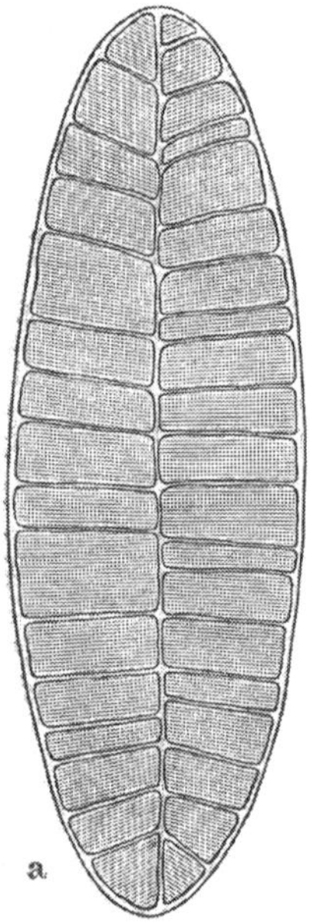
a

b

Fig. 47. *Suriraya Gemma.* a $^1/_{350}$, b $^1/_{1900}$.

2. **Scalprum** *(Pleurosigma)* **angulatum** (Fig. 46); Testobjekt für Vergrösserungen von 200 fach an aufwärts. Auf der Kieselschale dieser Bacillariacee sieht man mit Objektiven von num. Apert. über 0,80, bei etwa 250 facher Vergrösserung und centraler Beleuchtung drei Streifensysteme. Zwei derselben schneiden sich unter ungefähr 58^0 und stossen mit gleichen, spitzen Winkeln auf die Mittelrippe; das dritte Streifensystem steht senkrecht zur Mittelrippe. Die Entfernung der Streifen beträgt ungefähr 0,5 μ.

Bei stärkeren Vergrösserungen erscheinen die Felder als runde Perlen. (Es war lange zweifelhaft, ob sie rund oder sechseckig seien; die Apochromatobjektive haben aber deutlich dargethan, dass sie rund sind.) Diese Felder sind wahrscheinlich Hohlräume im Innern der Schalenwand.

Durch die ganz regelmässige Anordnung der Perlen erscheinen die Zwischenräume als gerade Linien, wenn die Vergrösserung noch nicht stark genug ist, um die eigentliche Form erkennen zu lassen. Bei normaler Einstellung sehen die Felder hell, bei höherer oder tieferer schwarz aus. Dies ist eine Folge der Lichtbrechung im Objekt.

3. **Suriraya** *(Surirella)* **Gemma** (Fig. 47) dient als Testobjekt für homogene Immersion. Zu beiden Seiten der Mittelrippe befinden sich unregelmässige Querleisten; zwischen diesen und parallel mit ihnen sehr feine Linien. Letztere haben eine Entfernung von etwa 0,44 μ voneinander, man sieht sie bei etwa 350facher Vergrösserung mit guten Trockensystemen. Bei stärkerer Vergrösserung mit Objektiven für homogene Immersion lösen sich die Querstreifen in Reihen von ovalen Punkten auf. Die Grösse derselben beträgt in der Längsrichtung etwa 0,44, in der Querrichtung etwa 0,32 μ. Auch hierbei bringt schiefe Beleuchtung, wenn das Licht auf die Richtung der Mittelrippe senkrecht einfällt, den Eindruck von weiteren Längslinien hervor, die aber nicht gerade verlaufen, weil die Perlen wohl in der Querrichtung, nicht aber parallel der Mittelrippe in geraden Reihen geordnet sind. Am besten tritt die Zeichnung hervor, wenn man die volle Kondensoröffnung bei centraler Beleuchtung benützt.

An trocken liegenden (von Luft umgebenen) Objekten sieht man nur an den Stellen der Schale Zeichnung, welche das Deckglas berühren. Dies erklärt sich folgendermassen: Da die Längsstreifen resp. die Perlen in der Querrichtung naher beisammenstehen wie die Wellenlänge des Lichtes ist, müsste nach der Gleichung $sin x = \frac{\lambda}{b}$ $sin x$ grösser als 1 werden, was nicht möglich ist, d. h. die Beugungsbilder, welche zur Bilderzeugung nothwendig sind, können nicht austreten, wenn sie nicht direkt in ein stärker brechendes Medium, in diesem Falle das Deckglas, gehen können.

b) Verzerrung des Bildes.

Ein weiterer Gegenstand für die direkte Prüfung ist die **Verzerrung des Bildes** und die **Krümmung der Bildfläche.** Tritt ersterer Fehler auf, so ist die Vergrösserung nicht über das ganze Sehfeld dieselbe. Sie kann am Rande entweder grösser oder kleiner als in der Mitte sein.

Stellt man auf eine gerade Linie ein und führt diese durch das Gesichtsfeld, so muss sie überall gerade bleiben. Ein in Quadrate getheiltes Mikrometer muss auch im Bild genaue Quadrate zeigen, wie Fig. 48a. Ist die Vergrösserung am Rande stärker, so erhält das Bild die in Fig. 48b dargestellte Form; ist sie schwächer, so erscheint das Mikrometer wie in Fig. 48c. — Die Ursache dieses Fehlers ist meist mangelhafte Konstruktion des Okulars.

Wie oben genauer ausgeführt, hat jedes Mikroskop ein etwas gewölbtes Gesichtsfeld; man muss bei scharfer Einstellung der Mitte den Tubus etwas senken, um am Rande deutlich zu sehen. Solange dieser Fehler gewisse Grenzen nicht überschreitet, wirkt er nicht störend und kann als nicht vorhanden gelten.

c) Prüfung auf chromatische und sphaerische Aberration.

Ist das Instrument auf seine Leistungen durch den Vergleich mit einem guten Mikroskop geprüft und gut befunden, so wird man

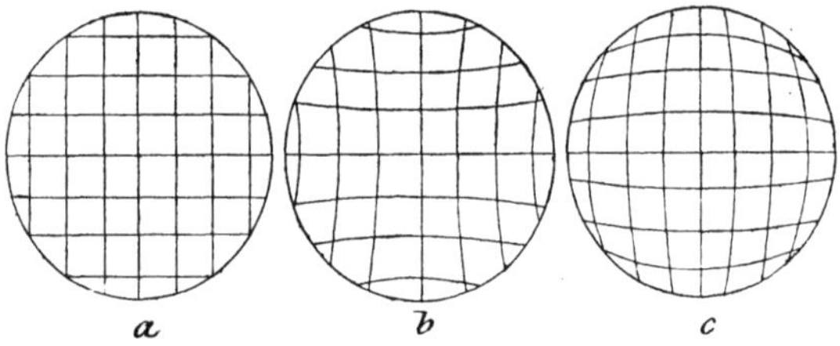

Fig. 48.

sich im Allgemeinen hiermit begnügen können, da es gleichzeitig bei diesen Prüfungen zu Tage tritt, wenn Abweichungen im optischen Apparat bestehen.

Wir wollen deshalb im Folgenden nur kurz anführen, wie ein Instrument auf sphärische und chromatische Aberration besonders geprüft wird.

Am störendsten ist die **sphärische Aberration**; ein vorzügliches Mittel, dieselbe zu erkennen, bieten die Probeobjekte. Hat man den Rand und die Mittelrippe z. B. von *Scalprum angulatum* scharf eingestellt, so soll zu gleicher Zeit die Zeichnung am deutlichsten erscheinen, und die Felder sollen hell sein. Beim Höher- und Tieferschrauben soll die Zeichnung gleich schnell verschwinden. Ist nun das Objektiv in Bezug auf die sphärische Aberration unterkorrigirt, so scheint die Zeichnung tiefer zu liegen, der Tubus muss also, wenn die Umrisse scharf eingestellt sind, gesenkt werden, um die Zeichnung deutlich zu erhalten. Beim Schrauben nach unten bleibt dieselbe daher noch eine Weile sichtbar, während sie nach oben rasch verschwindet. Bei Ueberkorrektion scheint die Zeichnung gleichsam über der Schale zu schweben, sie verschwindet beim Hinabschrauben schnell und bleibt beim Hinaufschrauben länger sichtbar. Für diese Untersuchung benutzt man mit Vortheil ein starkes Okular; die Methode lässt bei einiger Uebung selbst kleine Fehler erkennen.

Die **chromatische Aberration** erkennt man leicht an jedem Objekt bei schiefer Beleuchtung. Stellt man den Spiegel nach links und betrachtet ein dunkles Objekt im hellen Sehfeld, so wird dieses links röthlich gelb, rechts blau erscheinen, falls das Objektiv unterkorrigirt ist. Bei Ueberkorrektion zeigen sich die Farben umgekehrt. Man benutzt hierbei ein schwächeres Okular.

Das beste Objekt zur Prüfung auf chromatische Aberration ist ein solches, bei dem die Lichtunterschiede gross sind, z. B. Linien in einer berussten Platte. Abbe schlug hierfür Deckgläschen vor, die auf einer Seite versilbert sind. Ein solches Objekt kann als vorzügliches Mittel zur Prüfung beider Aberrationen dienen. Die Silberschicht ist vollständig undurchsichtig und die eingeritzten Linien erscheinen scharf begrenzt, die Ränder etwas gezackt. Letzteres kann als weiterer Vortheil angesehen werden, weil man auf eine gezackte Linie leichter einstellt, als auf eine vollständig scharf begrenzte. Für die Prüfung der chromatischen Aberration genügt schon der einfache Hohlspiegel, wenn man das Licht schief und senkrecht zu den Streifen einfallen lässt. Nur die Apochromat-Systeme zeigen dann fast keine Farben. Bei gut korrigirten Achromaten dürfen nur schmale Farbsäume sekundärer Art (gelblichgrün und violett oder rosa) sichtbar sein. Bei der Untersuchung auf die sphärische Aberration ist der Abbe'sche Beleuchtungsapparat vorzuziehen. Der beleuchtende Strahlenkegel soll dieselbe Oeffnung haben, wie das benutzte Objektiv. Sieht man von oben ohne Okular in den Tubus, so muss die ganze freie Objektivöffnung hell erleuchtet sein. Dann nimmt man eine enge Blende, welche indessen auch nicht zu eng sein darf, stellt bei centraler Stellung derselben auf die Streifen in der Silberschicht ein und bewegt dann durch das Triebwerk des Blendenträgers die Blende nach der Seite. Muss nun die Einstellung geändert werden, damit die Streifen wieder scharf erscheinen, so ist das System nicht genügend korrigirt. Bei bestehender Unterverbesserung muss der Tubus gesenkt, bei Ueberverbesserung gehoben werden.

2. Die Messung von Vergrösserung und Brennweite.

Die Vergrösserungsziffer steht im geraden Verhältniss zu der Entfernung, in welcher das virtuelle Bild erscheint, so dass der doppelten Entfernung auch die doppelte Vergrösserung entspricht. Es ist deshalb nothwendig, alle Vergrösserungen auf dieselbe Entfernung zu beziehen. Letztere wird in neuerer Zeit ziemlich allgemein als 250 mm angenommen.

Das Messen der Vergrösserung erfolgt nun, indem man eine feine Theilung auf Glas, deren Strichentfernung man genau kennt, als Objekt einstellt, das Bild mit Hülfe des Zeichenapparats nachzeichnet und die Entfernung der Striche auf der Zeichnung durch die wirkliche Entfernung derselben im Objekt dividirt. Ist z. B. die Skala in $\frac{1}{20}$ mm getheilt und die Entfernung zwischen zwei Strichen in der Zeichnung = 50 mm, so ist die Vergrösserung eine tausendfache.

Als Zeichenapparat kann natürlich nur ein solcher verwendet werden, dessen Princip auf Spiegelung beruht, also nicht der OBERHÄUSSER'sche. Ausserdem ist darauf zu achten, dass die Zeichenfläche in der Entfernung von 25 cm steht, und zwar darf diese Entfernung nicht etwa direkt gemessen werden, sondern muss z. B. beim ABBE'schen Zeichenapparat sich als die Summe der Theile der gebrochenen Linie vom Zeichenblatt zum grossen Spiegel, von da zum Würfelchen und dann zum Augenort darstellen.

Da die Vergrösserung zunächst von der Brennweite des Objektivs abhängig ist, soll eine einfache Methode zur Bestimmung derselben angegeben werden. Man nimmt wieder ein Mikrometer als Objekt, entfernt das Okular und legt an seine Stelle eine matte Glasscheibe auf den Tubus; auf dieser erscheint das Bild. In diesem Bild misst man nun die Entfernung der Striche, ferner die Entfernung des Bildes von der oberen Hauptebene des Objektivs. Man kennt zwar ohne Rechnung die Lage der letzteren nicht genau, aber eine kleine Differenz kommt bei der relativ grossen Bildentfernung nicht in Betracht.

Sei nun d die Grösse des Objekts, D die Grösse des Bildes, p die Entfernung des Objekts und p_1 die Entfernung des Bildes, so kann man aus den beiden Gleichungen

$$\frac{d}{D} = \frac{p}{p_1} \text{ und } \frac{1}{p} + \frac{1}{p_1} = \frac{1}{f},$$

worin f die Brennweite ist, da die Grössen d, D und p_1 bekannt sind, leicht die beiden andern berechnen. Man erhält für die Brennweite $f = p_1 \frac{d}{D+d}$.

Ist die Brennweite des Objektivs sehr gross, in welchem Fall es meist aus nur einer achromatischen Linsenkombination besteht, so misst man besser die Entfernung vom Objekt zum Bild, also die Grösse $p + p_1$; man hat dann die Gleichung $\frac{p + p_1}{d + D_1} = \frac{d}{p_1}$, woraus leicht p_1 berechnet und in die Gleichung für f eingesetzt werden kann. Eine Differenz von einigen Millimetern bei der nicht genau messbaren Grösse p_1 giebt, wenn p_1 grösser als 200 mm ist, in der Brennweite nur einen Unterschied in der zweiten Dezimale.

D. Die Behandlung des Mikroskops.

Hat man ein gutes Instrument in Besitz, so muss man durch zweckmässige Behandlung desselben dafür sorgen, dass es in gutem Zustand bleibt.

Wenn man das Mikroskop dem Schrank oder Kasten entnimmt, so fasse man dasselbe stets an der Säule oder Prismenhülse über dem Objekttisch oder am Objekttisch an. Niemals hebe man es indem man am Tubus zufasst, weil letzterer leicht aus seiner Führung gleiten und das Instrument zu Boden fallen kann. Auch würde der Tubus, wenn er häufiger als Handhabe benutzt würde, allmählich durch den Zug des schweren Stativs seine genaue Centrirung mit der optischen Axe verlieren.

Beim Arbeiten mit Säuren und ätzenden Flüssigkeiten sei man vorsichtig, weil diese leicht das gute Aussehen des Instruments verderben und ein Rosten der Eisentheile herbeiführen.

Vor allem ist vor einem Auseinanderschrauben einzelner Theile des Stativs, namentlich der Trieb- und Mikrometervorrichtung, zu warnen. Hierdurch wird fast immer die für Centrirung und guten Gang der Bewegung vorgenommene Adjustirung gestört.

Häufig scheint die Mikrometerschraube ihren Dienst zu versagen. Dies ist in der Regel dadurch bedingt, dass sie nach der einen Seite ihre äusserste Stellung einnimmt, d. h. vollständig herab- oder hinaufgeschraubt ist und dann natürlich in einer Richtung nicht mehr weiter geht. In diesem Fall muss man für mittlere Stellung des feinen Bewegungsapparats sorgen (die Mikrometerbewegung wirkt gleich weit nach oben und unten, wenn das Prisma etwa 3 mm frei von der Hülse sichtbar ist), dann das Objekt mit grober Einstellung suchen und kann dann wieder die Mikrometerschraube benutzen.

Sollten im Laufe der Zeit Unregelmässigkeiten zu Tage treten, so unterlasse man jeden persönlichen Eingriff, sondern schicke das Instrument in die Werkstätte, von der es bezogen, zur Reparatur zurück. Hierdurch vermeidet man am leichtesten schwere Schädigungen des Mechanismus.

Um das Mikroskop vor dem lästigen und den exakten Gang der Bewegungen gefährdenden Staub zu schützen, stelle man es stets nach dem Gebrauch in seinen Schrank zurück oder bedecke es mit einer auf ihrer Unterlage dicht schliessenden Glasglocke.

Von Zeit zu Zeit putzt man die Messingtheile mit einem Leinen- oder Lederlappen ab und bringt einen Tropfen Knochenöl (kein! Petroleum etc.) an die Reibflächen von Zahn und Trieb etc.; etwaiger Schmutzansatz ist vorher zu entfernen.

Spiritus ist beim Reinigen zu vermeiden, da er den Lack der Messingtheile auflöst.

Auch bei den Objektiven ist ein Auseinanderschrauben, ausser zum Abnehmen des Trichterstücks behufs bequemer Reinigung der Vorderfläche der obersten Linse, durchaus zu unterlassen. Etwa entstehende Schäden an den Systemen können nur durch die Werkstätte, aus der sie stammen, mit gutem Erfolg reparirt werden.

Man hüte sich, ein Objektiv fallen zu lassen, da dieses dann fast regelmässig verdorben ist.

Zum Reinigen der Okularlinsen kann man die Fassungen derselben aus der Röhre schrauben, nur muss man sich das Rohrende, an dem sich Augenlinse resp. Kollektiv befand, merken.

Alles Schrauben muss mit leichter Hand, gewissermassen spielend, geschehen. Die feinen Schraubgewinde werden nur zu leicht überdreht.

Das Putzen der Gläser geschicht am besten mit einem weichen Pinsel und feinem, nicht gekalktem Wildleder. Weniger eignet sich hierzu Leinwand, da solche oft fusselt. Alle Putzlappen müssen sorgfältigst vor Staub geschützt werden, da der Staub häufig Quarzsplitterchen enthält, welche die Linsen zerkratzen. Fester anhaftende Schmutztheile lassen sich durch wiederholtes Anhauchen und Nachwischen entfernen.

Die Objektive für homogene Immersion müssen jedesmal nach dem Gebrauch vollständig von dem Öl befreit werden, damit dieses nicht festtrocknet. Hierbei verfährt man in der Weise, dass man zunächst mit Fliesspapier die Flüssigkeit abtupft und dann mit Benzin-getränktem Putzleder rasch nachwischt. Da die Frontlinsen mit Kanadabalsam festgekittet sind, müssen alle denselben lösenden oder erweichenden Putzmittel (Spiritus, Xylol etc.) streng vermieden werden.

E. Der Gebrauch des Mikroskops.

Wer sich in den Besitz eines Mikroskops gesetzt hat, ohne vordem je damit beschäftigt gewesen zu sein, muss sich zunächst in das Wesen seines Instruments einleben. Dies geschieht durch das Studium einiger einfacher Objekte. Bis wir uns selbst Präparate anfertigen können, benutzen wir das vom Optiker mitgegebene, die Flügelschuppen der Epinephele janira enthaltende Präparat.

I. Aufstellung des Mikroskops und Einstellung des Objekts.

Haben wir das Instrument im Schrank oder Kasten, so fassen wir das Stativ aus den soeben (S. 62) angegebenen Gründen an der Säule oder dem Fuss an und nehmen es heraus. Wir stellen es auf einen festen, mässig hohen Tisch von solcher Plattengrösse, dass auf ihm ausser dem Mikroskop auch noch bequem Platz zum Auflegen der Unterarme sowie für die beim Arbeiten gebrauchten Utensilien sich findet. Dieser Tisch soll höchstens 1 Meter vom Fenster entfernt sein, damit das Tageslicht nicht allzu schräg auf den Spiegel auffällt.

Darauf ziehen wir aus dem Stativ den Tubus heraus, schrauben das Objektiv ab und stellen das Instrument so auf, dass der Spiegel nach dem Fenster gerichtet ist und die vordere Objekttischkante der Fensterebene parallel läuft.

Dann sieht man in den leeren Tubus hinein, fasst den Spiegel und dreht ihn so, dass er erstens gerade in der Mittellinie des Objekttisches sich befindet und zweitens volles Tageslicht in den Tubus hineinwirft.

Das verwendete Licht darf niemals direktes, grelles Sonnenlicht sein, weil dieses für die Augen schädlich ist. Dagegen ist der Spiegel in der richtigen Lage, wenn man von oben hineinblickend den blauen Himmel oder helle Wolken sieht. Abbilder von Baumästen, Fensterkreuzen etc. sind schädlich. — Bei Benutzung des Lampenlichts stellt man die Flamme ungefähr $^3/_4$ Meter von dem Mikroskop entfernt auf, und zwar lässt man das Licht durch eine blaue Glasscheibe, welche auf den Beleuchtungsapparat gelegt wird oder durch eine Schicht Kupfersulfatlösung hindurchgehen.

Ist dies geschehen, so schrauben wir das Objektiv ein, blicken nochmals in den Tubus, ob dasselbe nun gleichmässig hell erscheint, setzen das Okular auf und haben damit das Instrument gebrauchsfertig gemacht.

Nun legen wir das bezeichnete Präparat auf den Objekttisch, und zwar so, dass die zu betrachtenden Objekte in die Mitte des runden Ausschnitts zu liegen kommen, und beginnen einzustellen.

Dies thun wir in der Weise, dass wir von der Seite (nicht durch das Okular) sehend, mit Hilfe von Zahn und Trieb, oder, wenn solcher nicht vorhanden, den Tubus schiebend die Systeme soweit senken, dass die Frontlinse fast das Deckglas berührt. Dabei ist zu bemerken, dass wir, je stärker das Objektiv ist, um so näher an das Deckglas heran müssen. Die Stärke des Objektivs erkennt man leicht an der Grösse der Frontlinse: je grösser diese ist, um so schwächer ist die Vergrösserung und umgekehrt.

Nun blickt man aufmerksam in das Okular und hebt den Tubus ganz langsam, bis das Bild erscheint.

Eine Einstellung von oben her, gegen das Objekt hin, ist namentlich für stärkere Systeme deshalb nicht zu empfehlen, weil hierbei leicht das Objektiv auf das Deckglas aufgestossen, dieses zertrummert und die Frontlinse beschädigt werden kann.

Man lernt sehr rasch den Objektabstand seiner Systeme kennen; dadurch wird das Einstellen dann erheblich erleichtert.

Hat man auf diese Weise mittelst der groben Einstellung das Objekt gefunden, so greift man an die Mikrometerschraube, und stellt nun, diese benutzend und in das Okular sehend, das Bild genau ein.

Mit besonderer Vorsicht hat man zu verfahren, wenn man mit einem **Objektiv für homogene Immersion** arbeitet. Ganz besonders bei solchen theueren Systemen wird man sich dessen bewusst sein, dass ein Aufstossen der Frontlinse auf das Deckglas schweren Schaden bringen kann.

Bei solchen Systemen verfährt man folgendermassen: Man

bringt einen (nicht zu kleinen) Tropfen Cedernöl auf das Deckglas und senkt nun, von der Seite zusehend, das Objektiv bis die Frontlinse gerade den Tropfen berührt. Wann dies der Fall ist, sieht man leicht daran, dass eine vollkommene Gestaltveränderung des Tropfens eintritt. Dann blickt man in das Okular und senkt nun mit der Mikrometerschraube vorsichtig den Tubus, bis man das Bild scharf eingestellt hat.

Bei diesen Einstellungsversuchen kann nun der Fall eintreten, dass man überhaupt kein Objekt zu sehen bekommt. Dies wird besonders bei stärkerer Vergrösserung häufiger vorkommen und kann drei Ursachen haben.

Entweder war man mit der Bewegung des Tubus zu hastig, das Bild erschien zwar, verschwand aber wieder ebenso schnell und kam nicht zum Bewusstsein — in diesem Fall mangelte die Aufmerksamkeit des Untersuchers. Oder es war überhaupt kein Objekt im Gesichtsfeld, in diesem Fall muss man dann das Präparat so lange rücken, bis man das Gewünschte sieht.

Schliesslich kann aber noch der Fall eintreten, dass man bei starken Trockensystemen überhaupt kein Bild bekommt, mag man so nahe auf das Deckglas herabgehen, wie man kann. Tritt dies ein, so ist das Deckglas zu dick, gestattet deshalb kein Einstellen mehr und muss durch ein dünneres (0,15—0,18 mm) ersetzt werden.

II. Betrachtung mikroskopischer Bilder.

Hat man auf diese Weise ein Objekt eingestellt, so muss man zunächst sich darüber klar werden, ob die Beleuchtung für die Betrachtung desselben vortheilhaft ist. Günstige Beleuchtung ist ein Haupterforderniss für das Mikroskopiren.

Allgemein giltige Vorschriften zum Erzielen der besten Beleuchtungsart lassen sich nicht geben; am leichtesten sammelt man hierin Erfahrung, indem man in jedem einzelnen Falle alle möglichen Arten der Beleuchtung durchprobirt, durch Anwendung von Plan- und Hohlspiegel in verschiedenen Stellungen, Benutzung verschieden starker Abblendung, gerader oder schiefer Beleuchtung. Letztere erreicht man beim Abbe'schen Apparat durch Verschiebung der Blendvorrichtung mittelst ihres Triebwerkes, bei andern

Vorrichtungen, indem man den Spiegel schief stellt. Diese Art der Beleuchtung ist zuweilen für das Erkennen feiner Strukturen dienlich.

Alle mikroskopischen Bilder werden in Strukturbilder und Farbenbilder unterschieden. Das **Strukturbild** kommt durch Licht und Schatten im Präparat zu Stande; diese suchen wir durch schiefe Beleuchtung hervorzurufen. **Farbenbilder** dagegen sollen nur die einfachen Umrisse und die Farbennüancen (besonders künstlich gefärbter Objekte) zeigen. Durch Schatten im Präparat würden unrichtige Nüancen der Färbung entstehen, theilweise auch die Grenzen der gefärbten Parthien undeutlich werden. Deswegen sind für die Betrachtung eines Farbenbildes die durchfallenden Strahlen der Mikroskop-Beleuchtung um so besser geeignet, je genauer senkrecht sie das Objekt durchdringen.

Der Unterschied von Farben- und Strukturbild ist an einem einfachen Beispiel leicht zu erläutern. Denken wir uns eine elektrische Glühlampe, so tritt während des Tages, bei auffallendem Licht, das den luftleeren Raum umgebende, birnenförmige Glas deutlich hervor, denn Spiegelungen, Lichter und Dunkelheiten werden durch die Brechung der auffallenden Strahlen bewirkt — das ist ein Strukturbild. Während der Dunkelheit dagegen, wenn die Lampe brennt, gehen die Strahlen viel mehr senkrecht durch das Glas und dasselbe tritt weniger in Erscheinung, die Glühlampe gleicht mehr einer leuchtenden, gelben, nur in den Umrissen sich abhebenden Birne — sie ist ein Farbenbild.

Jedenfalls sei man sich darüber klar, dass die hellste Beleuchtung nicht immer die beste ist. — Objektive für homogene Immersion sowie überhaupt stark vergrössernde Systeme werden nur mit Beleuchtungsapparaten vollständig ausgenützt.

Häufig kann es zweckmässig sein, das auf den Objekttisch von oben her auffallende Licht durch einen Schirm abzuhalten, damit man nur durchfallende Strahlen erhält. Dies ist namentlich für Untersuchungen in polarisirtem Licht beachtenswerth.

Haben wir nun für unser Objekt (Epinephele janira) die günstigste Beleuchtung ausgesucht, so beginnen wir dasselbe zu betrachten.

Wir benutzen die schwächste uns zur Verfügung stehende Vergrösserung, blicken in das Okular, fassen mit der linken Hand das Präparat an und schieben dasselbe ein wenig. Hierbei beobachten wir die Erscheinung, dass die Bilder immer von links nach rechts wandern, wenn wir das Präparat von rechts nach links schieben und umgekehrt.

Unsere erste Erfahrung ist also, dass das Mikroskop die Bilder umdreht. Diese Erscheinung erklärt sich uns ohne

Weiteres durch die Ueberlegung, in welcher Weise das Bild überhaupt zu Stande kommt (vergl. S. 9, Fig. 8). Wir müssen uns mit dieser Eigenthümlichkeit des Mikroskops beim Aufsuchen eines Objekts vertraut machen, müssen immer in der entgegengesetzten Richtung verschieben als diejenige ist, in welcher wir ein Bild suchen; daran gewöhnt man sich aber sehr rasch.

Während des Beobachtens haben wir die andere (rechte) Hand stets an der Mikrometerschraube und bewegen dieselbe andauernd, um auf diese Weise den Tubus zu heben und zu senken. Im Allgemeinen erkennt man den Anfänger im Mikroskopiren daran, dass er die Mikrometerschraube nicht genügend benutzt. Dies ist aber durchaus nothwendig.

Das Mikroskop kann uns nur eine einzige Ebene des Objekts scharf zeigen, was über oder unter dieser liegt, erscheint entweder verwaschen oder geht vollständig verloren. Unsere Objekte sind aber Körper: deswegen muss fortwährend bei der Betrachtung derselben die Einstellung geändert werden, um die verschiedenen Ebenen zu einem Körper kombinirt zum Bewusstsein zu bekommen.

Aber noch ein weiterer Vortheil ist mit andauernder Aenderung der Einstellung verbunden. Wir sind durch unsere beiden Augen an stereoskopisches Sehen gewöhnt und haben deswegen auch bei Ebenen-Bildern ganz unbewusst das Bedürfniss, dieselben körperhaft zu sehen. Da unser mikroskopirendes Auge mit den Linsen des Instruments zusammen einen optischen Apparat bildet, vermögen wir auch durch Vergrösserung und Verkleinerung des Abstandes von Netzhaut und Linse (Akkomodation des Auges) eine wechselnde Einstellung hervorzubringen und thun dies unbewusst. Diese Akkomodation ist aber nur durch Drücken des Augapfels zu erreichen: wer daher mit dem Auge und nicht mit der Mikrometerschraube einstellt, ermüdet sehr rasch.

Auch durch langes Sehen ins Mikroskop ermüdet das Auge. selbst wenn man dasselbe nicht über Gebühr anstrengt; der Anfänger ermüdet sehr viel rascher als der Geübte. Deswegen lasse man das Auge öfters ausruhen; sobald man beim Beobachten Ermüdung oder auch nur eine Spur von Schmerz empfindet, breche man mit der Arbeit auf 15—30 Minuten ab.

Dringend nothwendig ist es, beim Mikroskopiren beide Augen offen zu lassen. Wer das eine, unbeschäftigte Auge zukneift, drückt auf dessen Augapfel, und durch den Druck entsteht ein Schmerzgefühl, welches sich dem offenen, beobachtenden Auge mittheilt. Nur im ersten Anfang stören die Bilder, welche das offene, unbeschäftigte Auge sieht; sehr bald aber lernt man, die ganze Aufmerksamkeit auf das Bild zu koncentriren und hat dann von dem, was das nicht ins Mikroskop blickende Auge sieht, gar kein Bewusstsein mehr. Zweckmässig ist, beide Augen gleichmässig an das Mikroskopiren zu gewöhnen und bei der Arbeit abwechseln zu lassen. Irgendwelche Schädigungen des Auges durch vernünftiges, mit nicht über Bedarf grellem Licht betriebenes und nicht allzu lang ausgedehntes Mikroskopiren sind nicht zu befürchten.

Als einer beim Mikroskopiren häufigen Sehstörung sei des „Mückensehens" Erwähnung gethan. In Form rundlicher, perlschnurähnlicher oder schlingenförmiger Bilder ziehen die „mouches volantes" über das Sehfeld weg. Dieselben entstehen durch das Auge selbst, und zwar theils durch die schleimigen Absonderungen der MEIBOM'schen Drüsen, theils durch runde kleine Körperchen im hinteren Theil des Glaskörpers des Auges. Diese „mouches volantes" geben keine Ursache für Besorgniss ab. Werden sie lästig, so unterbricht man das Sehen ins Okular auf einige Minuten oder wäscht das Auge mit warmem Wasser oder riecht an Salmiakgeist.

Das Auge kann an das richtige mikroskopische Sehen erst durch längere Uebung gewöhnt werden; hat man diese erlangt, so sieht man sehr häufig feine Streifungen etc. mit Leichtigkeit, die man vorher nicht erblicken konnte. Insbesondere aber ist zum Erlernen des richtigen Sehens das Zeichnen der Objekte von allerhöchster Bedeutung. Nur das hat man gesehen, was man durch (vielleicht ungeschickte) Zeichnung darstellen kann; nur durch die beim Zeichnen unumgänglich nöthige Vertiefung in die Objekte kann man eine gewisse Flüchtigkeit des Sehens bekämpfen, welche das Resultat der übergrossen Menge von Gesichtseindrücken ist, die jeder Mensch tagtäglich empfängt.

Nach diesen Vorbemerkungen und unter Beachtung der darin gegebenen Anweisungen wird nun das Präparat *(Epinephele janira)* der Reihe nach mit immer stärkeren Vergrösserungen betrachtet und versucht, alle S. 56 von demselben angeführten Eigenschaften genau zu sehen.

Dabei wird man die Berechtigung folgender Anweisungen einsehen:

Da die Gesammtheit des Bildes nur bei schwachen Vergrösserungen erscheint, bei starken aber nur Theile der Objekte sichtbar sind, durchmustere man das Präparat zunächst mit Hilfe eines schwächern Systems und untersuche dann Einzelheiten mit stärkerer Vergrösserung. Eine starke Vergrösserung stellt man besser durch starke Objektive und schwächere Okulare her, als umgekehrt. Eine 1000- bis 1500fache Vergrösserung ist für alle Fälle ausreichend. Überhaupt wähle man stets nur eine so hohe

Vergrösserung, wie sie für den betreffenden Fall erforderlich ist, und beachte, dass Bilderschärfe, Lichtstärke und Ausdehnung der untersuchten Fläche immer bei schwächeren Linsen grösser ist als bei starken.

III. Die Herstellung von Präparaten.

Aus der Benennung unseres Instrumentes „Mikroskop“ geht nicht nur hervor, dass dasselbe kleine Gegenstände vergrössert sichtbar macht, sondern auch, dass nur kleine Gegenstände mit demselben betrachtet werden können. Nur in einer verschwindend kleinen Minderzahl von Fällen benutzt man zur Erleuchtung der mikroskopischen Objekte auffallendes Licht; allermeist wendet man durchfallendes Licht an. Dies hat zur Voraussetzung, dass die Objekte durchsichtig dünn sein müssen.

Jedes für die mikroskopische Schau bestimmte Objekt muss dazu präparirt werden; das dergestalt hergerichtete Objekt nennen wir ein **Präparat.**

1. Der Herstellung von Präparaten dienende Utensilien, Instrumente, Chemikalien.

a) Utensilien zur Fertigstellung (Montirung) der Präparate.

Objektträger. — Jedes Präparat wird auf eine rechtwinklige Platte aus ziemlich kräftigem Glas gelegt, welche Objektträger genannt wird.

Je nach der Grösse unterscheidet man englisches Format 76 × 26 mm),*) Giessener oder Vereinsformat (48 × 28 mm) und Leipziger Format (70 × 35 mm). Von diesen Formaten ist das „englische“ weitaus am meisten in Gebrauch.

Objektträger sollen aus fehlerfreiem, weissem Glas geschnitten sein; häufig sind die Kanten abgeschliffen.

*) Zu beziehen von allen Lieferanten mikroskopischer Apparate, z. B. von Paul Altmann, Berlin NW, Luisenstr. 42. Hundert Stück ℳ 1,50, mit geschliffenen Kanten ℳ 2,50.

Abgeschliffene Kanten kommen in erster Linie den zur Reinigung der Objektträger verwendeten Tüchern zu gut. Der Anfänger ist leicht versucht, die Objektträger etc. mit einem frischen Taschentuch zu putzen. Das geschieht scheinbar ohne Nachtheil, kommt das Tuch dann aber aus der Wäsche, so sieht man, dass die scharfen Kanten nicht abgeschliffener Objektträger dasselbe vielfach zerschnitten haben.

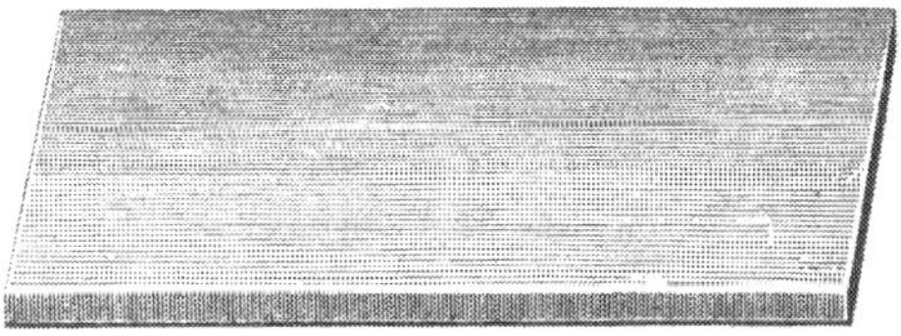

Fig. 49. Objektträger.

Deckgläser. — Um zarte Objekte zu schützen und in Flüssigkeiten eingelegte vor dem Eintrocknen zu bewahren, wird jedes Präparat mit einem Deckglas bedeckt. Auch die Deckgläschen sind in verschiedenen Formaten im Handel; am meisten werden gegenwärtig die quadratischen Formen gekauft. Ihre Grösse variirt zwischen 10 und 24 Quadratmillimeter; für fast alle Zwecke genügend sind die handlichen 18 Quadratmillimeter messenden Deckgläschen,*) welche als gebräuchlichste Sorte zu bezeichnen sind.

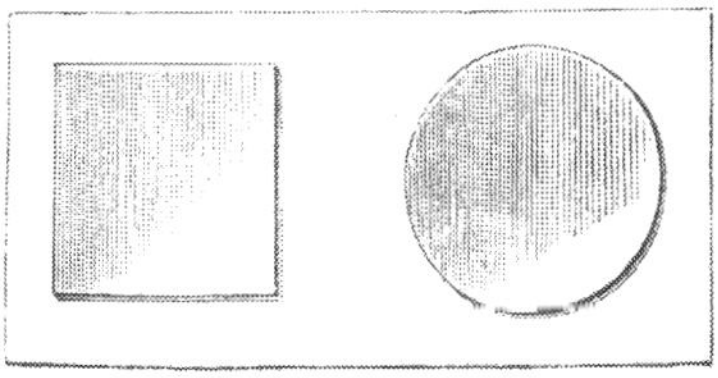

Fig. 50. Viereckiges Rundes Deckglas.

Beim Einkauf der Deckgläser achte man erstens auf fehlerfreies Glas, zweitens aber besonders auf die Dicke, denn (vergl. S. 23, 66) für stärkere Objektive lassen sich dicke Deckgläser nicht verwenden. Der Anfänger freut sich allerdings starker Deckgläser, weil diese nicht so leicht brechen wie die guten, dünnen; der Geübtere dagegen wird stets danach streben, Deckgläser von 0,15 bis 0,18 mm Dicke zu erhalten.

Schutzleisten. — Rechteckige Kartonstücke von etwa 2 mm Dicke, welche es ermöglichen, Präparate über einander zu legen, ohne dass die Deckgläschen und Objekte zerdrückt werden. Je eines dieser Kartonstücke wird rechts und links vom Präparat aufgeklebt; diese Schutzleisten dienen zugleich als Etiketten, auf welche Name und Fundort sowie Präparationsweise und Präparationsdatum des Objekts notirt wird.**)

*) Zu beziehen von derselben Firma, 100 Stück ℳ 2,—.

**) Dito, 100 Stück gummirt ℳ 0,40.

b) Instrumente zur Herstellung von Präparaten.

Da die Objekte unserer Untersuchung allermeist eine gewisse, die Anwendung des Mikroskops verbietende Grösse haben, müssen dieselben zerkleinert werden. Da wir in durchfallendem Licht (in der Regel wenigstens) untersuchen, müssen die Stückchen der

Fig. 51. Mikrotom von M. Schanze.

Objekte ausserordentlich dünn und so eben wie möglich sein. Diese Erfordernisse erfüllen gute **Schnitte.** Solche werden mit verschiedenen Instrumenten hergestellt.

Rasirmesser. — Am allgemeinsten in Anwendung und für alle einfacheren Zwecke durchaus genügend sind die Rasirmesser. Man hält sich deren mindestens zwei, nämlich eines mit keilförmigem Schliff für harte Gegenstände (Hölzer etc.) und eines mit beiderseits hohl geschliffener Klinge für zarte Objekte. Derartige Rasirmesser sind überall für geringen Preis zu erwerben.

Streichriemen. — Um seine Messer stets in gutem Zustand zu erhalten, ist ein Streichriemen nöthig, und zwar kauft man sich vortheilhaft den vierkantigen ZIMMER'schen Streichriemen,*) dessen Seiten mit verschiedenem Schleifmaterial versehen sind. Seite 1 und 2 werden nur zum Ausschleifen etwa entstandener Scharten verwendet; Seite 3 zum Anschleifen ganz stumpfer Messer; die Lederseite 4 dagegen ist die eigentliche Abziehseite. — Beim Schleifen und Abziehen halte man das Messer so flach wie möglich, also so, dass Rücken und Schneide zu gleicher Zeit den Streichriemen berühren.

Mikrotome. — Die Schwierigkeit, grössere Objekte in Serien ganz gleichmässiger Schnitte mit blosser Hand zu zerlegen, hat

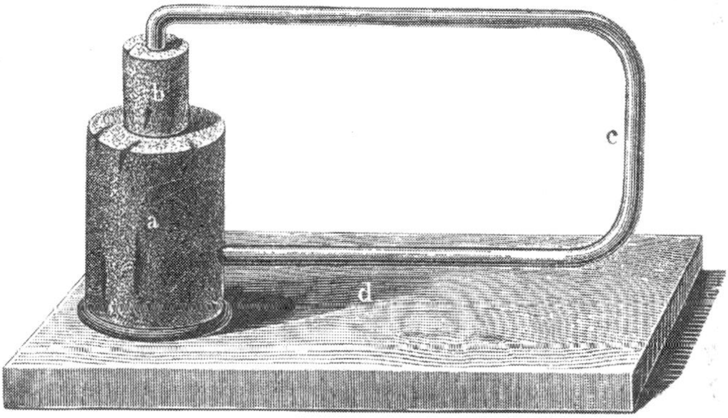

Fig. 52. Objektpresser ($^2/_3$ d. nat. Grösse).

zur Konstruktion der Mikrotome geführt. Mit diesen Instrumenten werden auf mechanische Weise Schnitte von beliebiger Feinheit leicht hergestellt. In selbstthätiger Weise wird durch eine Schraubenvorrichtung das zu schneidende Objekt nach jedem Schnitt um ein bestimmtes Maass in die Höhe gerückt, so dass das hobelartig darüber geführte Messer stets gleichstarke Lamellen von demselben abschneidet.

Mikrotome werden von mehreren Firmen preiswürdig hergestellt; empfehlenswerth sind besonders die von der mechanischen Werkstätte von M. SCHANZE, Leipzig, Brüderstrasse 63, nach den Angaben von Prof. ALTMANN konstruirten Instrumente.

---

*) Zu beziehen von Dr. G. Grübler & Co., Leipzig, Bayerische Str. 63.

Der Gebrauch derartiger Mikrotome ist aber auf die Verwendung in vorerst noch verhältnissmässig wenigen Fällen beschränkt und wird, für die Praxis wenigstens, niemals das Schneiden der Objekte aus freier Hand vollkommen verdrängen können.

Objektpresser. — Bei der Anfertigung besonders von in Balsam eingelegten Präparaten kann es häufig wünschenswerth sein, auf das Deckglas so lange einen gelinden Druck auszuüben, bis die Einschlussmasse erstarrt ist. Bequem ist es, dazu die Objektpresser (Fig. 52) zu verwenden, von denen man mehrere nebeneinander auf ein ca. 8 cm langes Brett mittelst Siegellacks aufgesetzt hat. Ein Objektpresser besteht aus zwei Korken (*a* und *b*), welche durch einen dreimal rechtwinklig gebogenen Messingdraht gegeneinander gedrückt werden. Der Kork *a* ist mit Siegellack auf das Brett *d* aufgesetzt. Die Löcher in den Korken, in welche man den Draht steckt, sind durch eine glühende Stricknadel vorgebohrt. Durch den Kork *a* geht der Draht in der ganzen Länge des Durchmessers des Korks, in den Kork *b* reicht er nur zu $^2/_3$ der Länge desselben. Der Kork *b* wird nach Grösse der Deckgläser derart gewählt, dass er kleiner ist als diese; er ist an der Fläche, mit welcher er auf dem Kork *a* steht, etwas ausgebuchtet, so dass hauptsächlich die Deckglas-Ränder angedrückt werden. — Jeder, welcher dieser Vorrichtung bedarf, kann sie sich leicht selbst herstellen.

c) Der Aufbewahrung von Präparaten dienende Einschlussmassen.

Eine ganze Anzahl von Objekten wird vortheilhaft trocken aufbewahrt, d. h. in keine Flüssigkeit eingeschlossen. Dies sind z. B. Präparate von Säugethierhaaren, Vogelfedern, Insektenschuppen und -Flügeln, sowie nicht hygroskopische Krystalle.

Die Ueberzahl der Präparate dagegen wird in besonderen Einschlussmassen zwischen Objektträger und Deckglas aufbewahrt.

Allen Einschlussmassen muss gemeinsam sein, dass sie die eingelegten Präparate vor Fäulniss und sonstigem Verderben (Schrumpfen etc.) bewahren. Im Gebrauch haben sich bewährt:

Glycerin, das Universal-Einschlussmittel für wasserhaltige Objekte. Dasselbe wird vortheilhaft in verdünntem Zustand angewandt und zwar Glycerin 70, destillirtes Wasser 28, Karbolsäure 2.

Glyceringelatine. — Die bequemste Modifikation der Glycerinverwendung. Sie wird folgendermassen dargestellt:

300 trockene feinste Gelatine werden 2 Stunden lang in 1000 Wasser aufgeweicht; dann auf 50° Celsius erwärmt, 10 concentr. Karbolsäure und 500 Glycerin zugegeben, bei der Temperatur von 50° gehalten, bis die auf den Karbolzusatz entstandenen Flocken verschwunden sind; im Heisswassertrichter durch doppeltes Papierfilter (oder durch Flanell) filtrirt.

Chlorkalciumlösung. — Für viele zarte, wasserhaltige Objekte ein zweckmässiges Einschlussmittel. Sie wird hergestellt: Chlorcalcium 1, Wasser 3, einige Tropfen Salzsäure (um die Bildung von Krystallisationen zu verhindern).

Holzessig. — Ausgezeichnete Einschlussflüssigkeit für mikroskopische Wasserorganismen, insbesondere Protozoën und Algen. Verwendung findet das Acetum pyrolignosum rectificatum der Apotheken.

Sublimat. — Einschlussflüssigkeit für viele zarte zoologische Objekte (Blutkörperchen, Gehirn- und Rückenmarkschnitte etc.), doch auch für Protozoën und Algen sehr zweckmässig. Man verwendet Sublimat 1, Wasser 500.

Kanadabalsam. — Das Universalmittel zum Einschluss wasserfreier Präparate. Man verwende in Xylol oder Chloroform gelösten Kanadabalsam; die Lösung in Terpentinöl, welche vielfach empfohlen wird, hat meist den Nachtheil, dass sie zu langsam fest wird. Der gebrauchsfertige Balsam sei hell weingelb, dickflüssig und vollkommen klar; von Zeit zu Zeit ist ein Ersatz des verdunstenden Lösungsmittels nothwendig. Kanadabalsam wird jetzt häufig in Tuben gebrauchsfertig in den Handel gebracht. Wer sich denselben selbst herstellen will, bewahre ihn in weithalsiger, mit Glaskappe versehener Flasche (Fig. 53) auf.

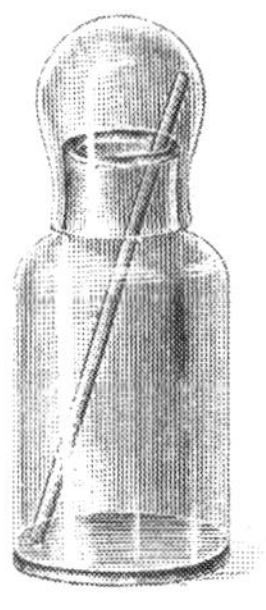

Fig. 53. Glas für Kanadabalsam. N. Zimmermann.

Lack zum Abschluss der Präparate. — Um die in Einschlussmassen liegenden Präparate gegen die Einwirkung der Luft zu bewahren, insbesondere aber um die Verdunstung wässeriger Einschlussmittel zu verhüten, wird um das Deckglas herum ein **Lackrand** gelegt, welcher sowohl auf den Objektträger wie auf das Deckglas übergreift. Der Lackabschluss der Präparate ist für in Kanadabalsam liegende Objekte zwar nicht absolut nothwendig, aber doch sehr empfehlenswerth. Es ist durchaus nicht gleichgültig, welche Lackart man benutzt, denn ungleichmässige Kompositionen fliessen entweder nicht genügend oder erhärten nicht rasch genug oder werden (besonders bei längerem Aufbewahren der

Präparate) rissig. Sehr empfehlenswerth ist als Abschlusslack der „Maskenlack No. III“ von G. Grübler & Co.*) (100 gr kosten Mk. 1.30). Der Lack wird mit einem feinen Haarpinsel aufgestrichen.

d) Reagentien.

Alle in der Mikroskopie verwendeten Reagentien lassen sich leicht in zwei Gruppen eintheilen: in Mittel, welche nur im Allgemeinen das Präparat für die Betrachtung tauglicher, insbesondere durchsichtiger machen sollen — dies sind die **Aufhellungsmittel** — und in Reagentien, welche zum Nachweis resp. zum Sichtbarmachen ganz bestimmter Theile des Präparats verwendet werden — dies sind die **eigentlichen Reagentien.**

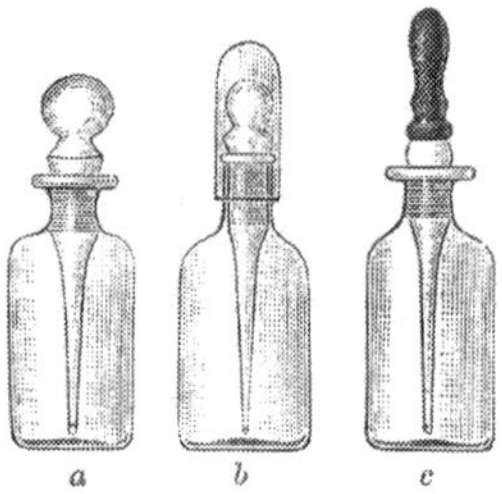

Fig. 54. Flaschen für Reagentien und Farbstoffe.

Alle nicht zähflüssigen Reagentien werden am zweckmässigsten in den in Fig. 54 dargestellten Flaschen aufbewahrt. Diesen Gefässen ist eigen, dass ihr eingeschliffener Stöpsel direkt in einen Fortsatz ausläuft, welcher den gewöhnlich zur Entnahme der Reagentien benutzten Glasstab ersetzt. Dadurch wird die bei raschem Arbeiten nicht eben seltene Verunreinigung der Reagentien vermieden und Zeit gewonnen. — Fig. 54*b* unterscheidet sich von *a* durch aufgesetzte Glaskappe; bei *c* ist der Stöpsel und Glasstab durchbohrt und steht mit einer Gummikappe in Verbindung, mit deren Hilfe die Reagentien in grösserer Quantität angesogen und beliebig dosirt wieder abgegeben werden können.

Aufhellungsmittel.

Auch die Aufhellungsmittel können in zwei Hauptgruppen geordnet werden: die einen sind stark lichtbrechende Flüssigkeiten, welche die Objekte der Untersuchung selbst nicht angreifen, sondern nur physikalisch aufhellen sollen; die andern dagegen sind chemisch scharf wirkende Substanzen, welche durch Wegschaffung störender Theile andere deutlich erkennen lassen.

Physikalische Aufhellungsmittel.

Die physikalische Aufhellung eines Objekts beruht darauf, dass in einer Flüssigkeit liegende Körper nicht gesehen werden können,

*) Leipzig, Bayerische Strasse 63.

wenn sie gleiches Lichtbrechungsvermögen wie diese Flüssigkeit besitzen. In stark lichtbrechenden Flüssigkeiten verschwinden also z. B. die einen beträchtlich höheren Brechungsexponenten als Wasser besitzenden Zellwände, Stärkekörner etc. viel mehr als in einer schwach das Licht brechenden; man kann deshalb die Betrachtung anderer Theile des Präparats dadurch sehr erleichtern, dass man gerade die genannten Theile möglichst wenig in Erscheinung treten lässt. Bei Verwendung stark lichtbrechender Einschlussflüssigkeiten für die Präparate werden diese heller; man nennt also die Mittel, welche dies bewirken, Aufhellungsmittel.

Glycerin (vergl. oben S. 74). — Das als Einschlussmittel bereits empfohlene Glycerin hat ausser den oben genannten Vortheilen auch noch den, dass es ein vorzügliches physikalisches Aufhellungsmittel darstellt; und zwar wächst die aufhellende Kraft mit der Koncentration des Glycerins.

Kanadabalsam (vergl. oben S. 75). — Ein noch wirksameres Aufhellungsmittel stellt der Kanadabalsam dar, weil sein Brechungsexponent noch beträchtlich viel höher ist als der des Glycerins. Der einzige Nachtheil, welchen dies Aufhellungsmittel besitzt, ist der, dass nur wasserfreie Objekte in demselben eingeschlossen werden können. Die Art und Weise, in welcher die Anwendung des Kanadabalsams stattfindet, wird unten bei Besprechung der Anfertigung von Dauerpräparaten besprochen werden. Ausser Kanadabalsam können auch andere Balsame, Harze und ätherische Oele (z. B. Nelkenöl) von hohem Brechungsexponent als Aufhellungsmittel Verwendung finden.

Chemische Aufhellungsmittel.

Um wenig durchsichtige Objekte dadurch zur Betrachtung vorzubereiten, dass man durch Zerstörung von Farbstoffen, Beseitigung von Stärke etc. die Strukturen der starreren Theile (das Zellgefüge) klarer heraustreten lässt, benutzt man eine Anzahl von Mitteln, welche man als **chemische Aufhellungsmittel** zusammenfassen kann. Die wichtigsten derselben sind:

Kalihydrat oder Natronhydrat (Aetzkali oder Aetznatron). — Das gewöhnlichst angewendete Aufhellungsmittel, welches dadurch wirkt, dass es die Stärke verkleistert, die Eiweissstoffe auflöst und die Fette verseift. Im Allgemeinen wirkt das Aetzkali aber nicht sehr rasch, sondern zu vollkommener Aufhellung der Objekte muss man es meist mindestens einige Stunden einwirken lassen. Beachtet sei, dass das Kalihydrat nicht nur klärend, sondern auch quellend wirkt, dass insbesondere die Zellmembranen ihre Dimensionen und manchmal auch ihre Gestalt durch die Anwendung dieses Reagens verändern.

Das Aetzkali für mikroskopischen Gebrauch wird durch Auflösen von Kali caust. fusum 33 in Wasser 67 hergestellt. Dabei hat man darauf zu achten, dass bei dieser Auflösung eine starke Wärmeentwickelung erfolgt; man hat daher das Gefäss in ein anderes, mit kaltem Wasser gefülltes zu stellen. Durch Einwirkung der Luftkohlensäure verliert das Aetzkali allmählich seine Wirksamkeit; es wird Kaliumkarbonat gebildet, welches insbesondere zwischen Hals- und Glasstöpsel der Flasche sich in Menge festsetzt und den Stöpsel bald unlösbar einkittet. Um dies zu vermeiden, überziehe man die Verschlussstelle mit geschmolzenem Paraffin oder Vaseline.

Ferner sei hier darauf aufmerksam gemacht, dass bei dem manchmal nöthigen Kochen von Objekten in Kalilauge leicht durch das „Stossen" der Lauge Verletzungen der Augen entstehen können, wenn man das Ende des Reagensglases nicht vom Gesicht abkehrt.

Eau de Javelle und **Eau de Labarraque** (Liq. Kalii chlorati, Liq. Natrii chlorati). — Diese stark chlorhaltigen Flüssigkeiten sind geradezu souveräne Aufhellungsmittel für alle gefärbten Pflanzentheile. Sowohl ganze Blätter oder Blattfragmente wie Schnitte werden, erstere nach 1—24 Stunden, letztere nach wenigen Minuten, vollkommen entfärbt und zur Betrachtung tauglich gemacht. Auch mit Gerbsäurefarbstoffen gefärbte Objekte (Rindentheile, Samentheile etc.) werden rasch und vollständig gebleicht.

Man bereitet diese Reagentien, indem man in zwei Flaschen bringt:

1. Flasche: Chlorkalk 20, Wasser 100. — Oefters umschütteln, 1 Tag stehen lassen.
2. Flasche: Kaliumkarbonat (resp. Natriumkarbonat) 25, Wasser 25.

Hat das Salz in Flasche 2 sich gelöst, so werden beide Flüssigkeiten zusammengegossen, in fest verschlossener Flasche 1 Tag stehen gelassen und dann sorgfältig vom Bodensatz abgegossen. — Das Reagens muss vor Licht geschützt aufbewahrt werden.

Chloralhydrat. — Die Anwendung des allermeist empfohlenen Chloralhydrats (koncentr. wässerige Lösung) zum Aufhellen gefärbter Objekte liefert nicht immer so rasch und sicher gutes Resultat wie diejenige des Eau de Javelle, ist aber doch besonders bei zarteren Objekten nicht selten am Platze.

Essigsäure. — Wird koncentrirt als Eisessig (Acid. acetic. glaciale) angewandt. Hauptsächlich bei thierischen Objekten ein wichtiges Aufhellmittel, für die Darstellung von Bindegewebe, Muskelfasern, Nervenendigungen, Zellkernen etc. vortheilhaft benutzt.

Die eigentlichen Reagentien.

Aether. — Wird in der käuflichen Form als Reagens auf Fette verwendet, welche er löst.

Alkohol, absoluter. — Reagens auf ätherische Oele und Harze, welche gelöst werden, während Fette intakt bleiben und erst durch Aether gelöst werden müssen.

Jod-Jodkalium. — Reagens auf Stärke, welche erst blau, dann rasch schwarz gefärbt wird. Dies Reagens wird bereitet, indem man Jodkalium 1 in Wasser 100 löst und krystallisirtes Jod 0,3 zufügt. Abgesehen von der specifischen Wirkung auf die Stärke lässt Jod-Jodkalium (wie überhaupt alle freies Jod enthaltenden Reagentien) die Eiweissstoffe daran erkennen, dass sie durch Speicherung des Jods sich tief gelb oder gelbbraun färben.

Chlorzink-Jod. — Reagens auf Cellulose, welche violett gefärbt wird. Man bereitet dies Reagens, indem man löst Chlorzink 25, Jodkalium 8 in Wasser 8,5 und dann soviel Jod beifügt, als sich auflöst. Die zu untersuchenden Schnitte werden direkt in das Reagens eingelegt. (An Stelle dieser Reaktion kann man die etwas umständlichere mit Jod-Schwefelsäure verwenden, welche in der Weise angewandt wird, dass man den Schnitt erst tränkt mit einer wässerigen Lösung von 0,3 Jod und 1,3 Jodkalium und dann verdünnte Schwefelsäure (2 H_2SO_4 koncentr., 1 H_2O) zufügt. Bei solcher Behandlung bläuen sich Cellulosemembranen.

Kupferoxyd-Ammoniak. — Reagens auf Cellulose bei Untersuchung von Textilstoffen und Papier. — Löst die Cellulose auf, während sowohl verholzte wie verkorkte Pflanzenmembranen wie thierische Fasern nicht angegriffen werden. Da das Reagens sehr rasch unwirksam wird, muss es vor jedem Gebrauch neu dargestellt werden. Dies geschieht in folgender Weise: Aus einer koncentrirten Lösung von Kupfersulfat wird mit Kalilauge das Kupferhydroxyd gefällt, ausgewaschen, getrocknet und vor Licht geschützt aufbewahrt. Soll Kupferoxyd-Ammoniak verwendet werden, so wird etwas von diesem Kupferhydroxyd mit koncentrirtem Ammoniak übergossen. Dadurch entsteht das blau gefärbte Reagens.

Kupfersulfat. — In Verbindung mit Kalilauge Reagens auf Traubenzucker. Ist in Zellen Traubenzucker enthalten und werden Schnitte erst mit koncentrirter Kupfersulfat-Lösung getränkt, dann rasch in Wasser abgewaschen und in heisser Kalilauge geschwenkt, so entsteht in den zuckerhaltigen Zellen ein rother Niederschlag von Kupferoxydul. Diese Reaktion tritt nur ein, wenn ein reducirender Zucker vorhanden ist; bei Anwesenheit des Rohrzuckers sind die denselben enthaltenden Zellen schön blaugefärbt.

Schultze'sches Macerationsgemisch. — Lösungsmittel für Pektinstoffe (und Cellulose). Besteht aus gewöhnlicher Salpetersäure und einigen Körnchen Kaliumchlorat und wird in der Weise angewandt, dass die zu macerirenden Objekte (insbesondere Hölzer) darin gekocht werden. Dadurch werden die Pektinstoffe, welche die Intercellularlamellen bilden und die Zellwände zusammenkitten, gelöst und die Zellen können leicht getrennt werden. — In gleicher Weise wird das Gemisch (bei vorsichtiger Anwendung!) zur Isolirung von Muskelfasern angewandt.

Phloroglucin-Salzsäure. — Reagens auf Holzsubstanz. Um mit Lignin imprägnirte Membranen nachzuweisen, wird eine koncentrirte alkoholische Lösung von Phloroglucin gleichzeitig mit $10^0/_0$iger Salzsäure angewandt. Die Holzsubstanz färbt sich violettroth oder ziegelroth.

Eisenchlorid. — Reagens auf Gerbsäure. Wird (um nicht zu tiefe Färbung hervorzurufen) in dünnen ($2-5^0/_0$igen) Lösungen angewandt und färbt Gerbstoff oder damit imprägnirte Zellen entweder tief grünschwarz (Eisen-grünender Gerbstoff) oder tief blauschwarz (Eisen-bläuender Gerbstoff). — Wie Ferrichlorid kann auch Ferrosulfat Anwendung finden.

Schwefelsäure. — a. koncentrirte: Reagens auf verkorkte Membranen, welche durch die Säure nicht oder nicht wesentlich angegriffen werden, während alle anderen pflanzlichen Membranen sich lösen. — **b. verdünnte:** Reagens auf Kalksalze (ausser Gips), welche durch Schwefelsäure in Gips übergeführt werden. Dieser ist durch seine nadelbüschelartige Krystallisation dann unter dem Mikroskop auf den ersten Blick erkennbar.

Tusche, chinesische. — Reagens auf Pflanzenschleim: Werden schleimhaltige Objekte in trockenem Zustand geschnitten und die Schnitte dann in einer Verreibung von chinesischer Tusche unter das Mikroskop gebracht, so quillt der Schleim und treibt die Kohlenflitterchen, aus welchen die Tusche besteht, vor sich her. Es entstehen dadurch im sonst dunklen Gesichtsfeld wasserhelle Stellen, welche daran, dass sie beim Verschieben des Deckglases an den Pflanzenschnitten hängen bleiben, leicht als Schleim erkannt werden.

e) Farbstoffe.

Die Anwendung der Farbstoffe in der Mikroskopie hat in den letzten zwei Dezennien eine ausserordentlich weite Verbreitung gefunden. Insbesondere für das Studium der feinen Zellstruktur wie für die bakteriologische Untersuchung sind Farbstoffe, und zwar speciell Anilinstoffe in grösster Mannigfaltigkeit angewandt worden und haben die Forschung in intensivster Weise unterstützt. Es kann natürlich nicht meine Aufgabe sein, alle oder auch nur die Mehrzahl dieser Farbstoffe hier zu behandeln; es muss genügen, wenn nur einige und zwar die wichtigsten angeführt werden.

Alkannin. — Reagens auf Fette: Dieser Farbstoff hat die Eigenthümlichkeit, in allererster Linie die Fette (wie auch ätherische Oele, Harze, Kautschuk) intensiv roth zu färben, während andere Körper viel schwächer oder gar nicht tingirt werden. Um das Reagens darzustellen, löst man das käufliche Alkannin in absolutem Alkohol, setzt das gleiche Volum Wasser zu und filtrirt.

Hämatoxylin. — Dieser Farbstoff eignet sich fast für alle Zwecke, welche mit gewöhnlicher vorkommenden Färbungen erzielt werden sollen, denn er färbt sowohl die Membranen wie die Eiweissstoffe der Gewebe und zwar in einer gut differenzirenden und zugleich diskreten Weise. Mit keinem andern Farbstoff ist es so leicht, schöne Bilder zu erzielen, wie mit Hämatoxylin. Dieses wird vorzugsweise nach der von DELAFIELD angegebenen Weise bereitet: Hämatoxylin 4 wird in Alkohol 25 gelöst, dann wird Ammonalaun 400 (koncentr. wässerige Lösung) zugefügt, 3—4 Tage an der Luft stehen gelassen, filtrirt, 100 Glycerin und 100 Methylalkohol zugesetzt, wieder mehrere Tage stehen gelassen und dann nochmals filtrirt. Dies Hämatoxylin wird mit längerem Stehen immer besser; es färbt schön violettblau. Ist eine Färbung zu stark geworden, so zieht man den Farbstoff durch Einlegen des Präparats in $2^0/_0$-ige Alaunlösung wieder aus.

Karmin nach GRENACHER. — GRENACHER's Karmin hat die für manche Zwecke (z. B. Untersuchung der niedersten Wasserthiere) höchst wichtige Eigenthümlichkeit, bei nicht über 5 Minuten dauernder Einwirkung nur oder fast nur die Zellkerne zu färben; deswegen ist dies Mittel vielfach von grosser Wichtigkeit. Es wird folgendermassen hergestellt: Karmin wird 15 Minuten lang mit einer $2{,}5^0/_0$-igen Alaunlösung gekocht, nach dem Abkühlen filtrirt und behufs Konservirung mit einigen Tropfen Karbolsäure versetzt.

Karbolfuchsin nach ZIEHL. — Ein besonders in der Bakteriologie fast universal verwendbares, höchst intensives Tinktionsmittel, welches in speciellen Fällen besonders auch für den Nachweis der Tuberkelbacillen im Sputum der Phthisiker und für die Färbung der Bakteriensporen Anwendung findet. Dasselbe wird hergestellt: Fuchsin 1 mit wässeriger 5%-iger Karbolsäurelösung 100, unter allmählichem Zusatz von Alkohol 10 verrieben. Dieser Farbstoff ist gut haltbar.

Methylenblau. — Gleichfalls in der Bakterienforschung viel angewandt; wird am besten als koncentrirte wässerige Lösung gebraucht.

Anilinwasser-Gentianaviolett. — Auch dieser Farbstoff wird in der Bakteriologie viel verwendet; er wird dargestellt in folgender Weise: Anilinöl 5 wird mit Wasser 100 längere Zeit (10 Minuten lang) geschüttelt, abfiltrirt; das Filtrat ist das Anilinwasser, welches weiter verarbeitet wird: Anilinwasser 100, Gentianaviolett (koncentrirte alkoholische Lösung) 11. — Ist vor jedem Gebrauch zu filtriren und nur beschränkt haltbar.

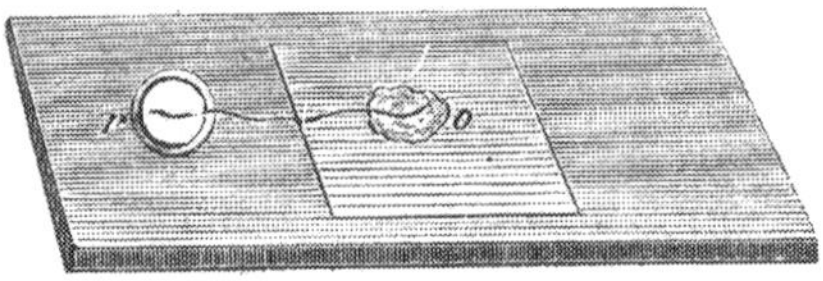

Fig. 55. Anwendung des Fadens behufs langsamen Zutritts eines Reagens zu einem Objekt.

Die Anwendung der Reagentien und Farbstoffe geschieht in der Mikroskopie am häufigsten in der Weise, dass man sie dem fertigen Objekt zusetzt und ihre Wirkung direkt beobachtet. Zu diesem Zweck ist es allermeist nur nöthig, einen Tropfen des Regens an den Rand des Deckglases zu bringen, um ihn dann unter dasselbe diffundiren oder (bei trockenen Präparaten) capillar eindringen zu lassen. Soll das Reagens langsam zum Objekt treten, so verbindet man einen Tropfen des Reagens *r* (Fig. 55) mit dem Objekt *o* unter dem Deckglase durch einen leinenen oder baumwollenen Faden.

2. Anfertigung eines einfachen Trockenpräparats.

Unter einem Trockenpräparat verstehen wir ein Präparat von Objekten, welche nicht in irgend eine Einschlussmasse eingelegt werden, sondern dauernd von Luft umgeben sind. Derart präparirt zu werden eignen sich nur trockene Gegenstände und nicht hygroskopische Salze, also z. B. Haare, Federn, Schuppen von Insekten, Bacillariaceenschalen etc.

Wir wollen uns von den mikroskopischen Krystallisationen des Kochsalzes ein Präparat verschaffen und verfahren dabei folgendermassen:

Wir nehmen einen Objektträger, reinigen denselben mit einem Tuche vollständig blank und bringen einen grossen Tropfen destillirtes Wasser darauf. In diesem lösen wir ein ganz kleines Körnchen Kochsalz und legen nun den Objektträger unter eine Glasglocke, um jede Verunreinigung des Objekts durch Staub etc. zu verhindern. Das Wasser soll recht langsam verdunsten, deshalb sei die Operation an einem kühlen Ort ausgeführt. — Sieht man am Rand des Wassertropfens beginnende Krystallisation, so nimmt man den Objektträger und schleudert durch einmaliges rasches Schwenken die Hauptmenge der Flüssigkeit ab, um nicht die zu Ende des Krystallisationsprocesses verworren werdenden Krystallformen zu erhalten. Dann lässt man den Rest des Wassers verdunsten.

Ist dies geschehen, so legt man ein Deckglas auf das gewonnene Präparat, klebt dasselbe mit gummirtem Papier ringsum fest, setzt an die Enden des Objektträgers Schutzleisten (S. 71), schreibt darauf Name und Herstellungsweise des Präparats und hat dieses damit fertig gemacht.

In völlig analoger Weise werden Präparate von Haaren etc. angefertigt. Ein Verdunstenlassen von Flüssigkeit ist dabei natürlich nicht nöthig, dafür hat man aber darauf zu achten, dass die Haare nicht in wirrem Knäuel liegen so dass die Betrachtung ihrer Einzelheiten nachher gestört wird, sondern dass alle ordentlich parallel und voneinander in angemessener Entfernung angeordnet sind.

3. Anfertigung der Präparate von wasserhaltigen Objekten.

a) Untersuchungspräparate.

Allermeist haben wir es bei der Untersuchung mikroskopischer Objekte mit wasserhaltigen Gegenständen zu thun. Entweder betrachten wir direkt Theile lebender oder in Alkohol konservirter Pflanzen und Thiere oder wir haben trockene Objekte (Drogen etc.) vor uns, welche behufs Präparation durch Wasser vor der Verarbeitung erweicht (gekocht etc.) werden müssen.

Nehmen wir an, es sei uns die Aufgabe gestellt, eine Probe chinesischen Thees auf seine Echtheit zu prüfen, und wir hätten zu diesem Behuf Präparate eines Blattes anzufertigen.

Um dies zu bewirken, suchen wir uns vortheilhaft aus der Menge zusammengerollter Blätter ein recht grosses heraus, werfen es in eine Schale mit Wasser, bringen dasselbe über die Flamme und lassen es einmal ordentlich aufwallen, wobei wir darauf achten, dass das Blattstück durch und durch nass wird. Dadurch verliert dasselbe seine Sprödigkeit und kann leicht geschnitten werden. Ein so kleines Objekt können wir nun schwer halten um Schnitte davon zu machen; wir bedienen uns deshalb eines allgemein gebrauchten Kunstgriffs. Die abgestorbenen jungen Sprosse des Hollunders *(Sambucus nigra)* enthalten ein dickes, weiches Mark. Solche Sprosse verschaffen wir uns, schälen mit einem scharfen Messer das **Mark** heraus und schneiden es in handliche Stückchen. Dann nehmen wir das Rasirmesser, ziehen es vor dem Gebrauch auf dem Streichriemen noch einmal sorgfältig ab, fassen ein Hollunderstückchen und schneiden von oben her mit dem Messer so weit ein, dass wir das Blattstück einschieben können. Beim Einschieben müssen wir überlegen, in welcher Richtung die Schnitte geführt werden sollen. Wollen wir Querschnitte normaler Art haben, so orientiren wir das Blatt derartig, dass seine Mittelrippe, welche wir beim Aufrollen leicht erkennen, in der Längsaxe des Hollundermarkstückchens, also senkrecht zur Schnittfläche liegt. Ist in dieser Weise das Objekt für das Schneiden hergerichtet, so nehmen wir ein Uhrglas und giessen in dasselbe einige Tropfen Eau de Javelle. Darauf fassen wir das Hollundermarkstückchen mit der linken Hand, richten die das Objekt enthaltende Spalte so, dass sie parallel dem schneidenden Messer verläuft, schneiden mit dem Rasirmesser zunächst einen groben Spahn senkrecht zur Mittellinie des Hollundermarkstückchens ab und haben dadurch eine ebene Schnittfläche gewonnen. Nun schneiden wir, das vorher mit einem Tropfen Wasser befeuchtete Messer durch das Objekt ziehend (nicht drückend!) mehrere feinste Lamellen von dem Hollundermark und mit ihm vom zu präparirenden Blatt ab. Die Blattquerschnitte nehmen wir mit einem feinen Haarpinsel vom Messer ab und bringen sie in das Eau de Javelle. Hier verweilen sie, bis sie vollkommen weiss (gebleicht) sind, was nach 4—10 Minuten (je nach der Dicke der Schnitte) der Fall zu sein pflegt.

Ist dieser Zeitpunkt erreicht, so nimmt man einen Objektträger, reinigt denselben spiegelblank, bringt genau in seine Mitte einen kleinen Tropfen verdünntes Glycerin und könnte nun die Schnitte einlegen. Dies thut man aber erst, nachdem man dieselben einzeln zuvor mit einer feinen Pincette am Ende gefasst und in destillirtem Wasser geschwenkt hat. Darauf werden die Schnitte in das Glycerin eingelegt und zwar so, dass sie sich nicht kreuzen und dadurch die Betrachtung stören, dann wird ein spiegelblank gereinigtes Deckglas aufgelegt.

Hat man nun die Grösse des Glycerintropfens richtig bemessen (was man sehr rasch lernt), so füllt derselbe den Raum zwischen Objektträger und Deckglas vollständig aus, ohne doch über den Rand des letzteren herauszutreten. Sollte dies aber dennoch der Fall sein, so muss die überschüssige Flüssigkeit mit einem Leinenläppchen sorgsam weggewischt werden, weil sie sonst leicht auch auf das Deckglas gelangen und die Betrachtung des Präparats stören würde.

Betrachtung des Untersuchungspräparats.

Indem auf das oben (S. 64 und 66) über die Einstellung und Betrachtung mikroskopischer Objekte im allgemeinen Gesagte verwiesen wird, genugt es, an dieser Stelle nur einige specielle Ausführungen über bei nassen Präparaten besonders häufige Erscheinungen im Gesichtsfeld sowie über das vorliegende Objekt zu machen.

Luftblasen. — In Folge der dem Glase adhärirenden Luft bilden sich in der Einschlussflüssigkeit häufig Luftbläschen, welche man nicht als mikroskopische Objekte ansehen darf. Dieselben (vgl. Fig. 56) sind durch ihre runde Form und ihr enormes Lichtbrechungsvermögen leicht kenntlich. Bei wechselnder Einstellung verschieden aussehend ist ihr Rand bei mittlerer Einstellung durch seine tiefdunkle Farbe und die scharfe Abgrenzung nach aussen hin gekennzeichnet, während die Mitte vollkommen klar und sehr stark beleuchtet ist.

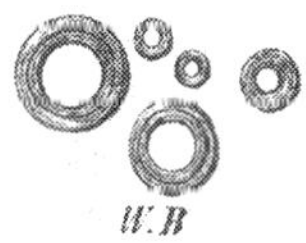

Fig. 56. Vergrösserte Luftbläschen.

Molekularbewegung. — Als R. Brown'sche Molekularbewegung wird die Erscheinung bezeichnet, dass in Flüssigkeiten liegende kleinste Objekte (Körnchen, Oeltröpfchen, Bakterienzellen etc.) sich andauernd in tanzender Bewegung befinden. Diese Bewegung ist keine Lebenserscheinung, sondern eine rein passive und kommt todten wie lebenden kleinsten Objekten gleichmässig zu. Aller Wahrscheinlichkeit nach hat sie ihre Ursache in dem Bestreben der Flüssigkeit, sich ins Gleichgewicht zu setzen, sowie in der gegenseitigen Anziehung der Moleküle. — Mit dem Maasse der Vergrösserung wächst scheinbar die Schnelligkeit dieser wie überhaupt jeder unter dem Mikroskop betrachteten Bewegung. Wir werden im späteren Verlauf unserer Ausführungen eigenbewegliche Objekte kennen lernen. Wenn ein solch kleiner Gegenstand z. B, bei 500facher Linearvergrösserung den Raum des Gesichtsfeldes durchschwimmt, so ist man verleitet anzunehmen, dass er sich fast pfeilschnell fortbewege, während er in Wirklichkeit nur ganz kurze Strecken vorankommt.

Das Objekt. — Nun wollen wir zu einer vorläufigen Betrachtung des Präparats übergehen und dabei nur die technisch (für die Anfertigung der Präparate) wichtigen Punkte hervorheben; im Uebrigen werden wir später die Anatomie und Erkennung des Thees noch zu behandeln haben.

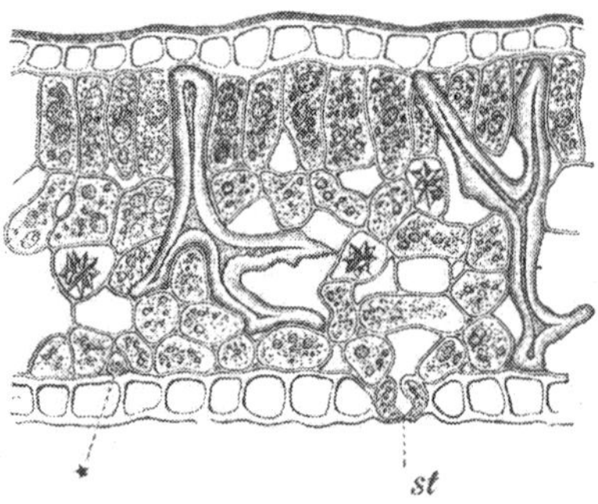

Fig. 57. Querschnitt durch das Theeblatt. (Nach Moeller.)

Die erste Frage ist jetzt für uns, ob das Präparat für die Betrachtung tauglich sein wird. Das erkennen wir daran, dass die Zellen desselben sich klar und deutlich voneinander abheben und alle wichtigen Einzelheiten sichtbar sein müssen.

1. Gewöhnlich thun sie dies bei von Anfängern angefertigten Präparaten nicht in vollkommener Weise, und dies pflegt darin seinen Grund zu haben, dass die Schnitte zu dick sind. Bei zu dicken Schnitten ist erstens die mit durchfallendem Licht bewirkte Durchleuchtung der Präparate eine ungenügende, zweitens werden von den tiefer liegenden Zellschichten häufig störende Schatten in die Bildebene geworfen, und drittens verwirren die nicht klar einstellbaren tieferen oder höheren Parthien durch ihre von Zellwänden etc. herrührenden Linien das Bild. — Hat man erkannt, dass das Präparat zu dick ist, so suche man an den Rändern des Schnittes, ob diese vielleicht dünn genug sind; ist dies aber nicht der Fall, so müssen eben neue, dünnere Schnitte angefertigt werden. Nur Uebung verhilft zur Meisterschaft.

2. Ferner achte man bei dem Präparat darauf, dass die Gewebe desselben nicht zerrissen sind, sondern dass die Zellen ihren natürlichen Zusammenhang bewahrt haben. Bei unserem Objekt finden sich in der unteren Hälfte des Blattgewebes natürliche, der Athmung der Pflanze dienende Lücken zwischen vielen Zellen; bei sehr vielen anderen Objekten dagegen schliessen die

Zellen lückenlos aneinander. Man wird bei jedem Bild allermeist sofort merken, ob Zerreissungen vorgekommen sind oder nicht. Solche machen häufig die Präparate für die Betrachtung unbrauchbar. — Um solche Störungen zu vermeiden, suche man die Schnitte mit möglichst leichter Hand anzufertigen. Jedes Drücken, jedes schwere Anlegen des Messers an das zu schneidende Objekt kann zu Zerreissungen führen. Insbesondere aber treten dieselben regelmässig ein, wenn die Schnitte nicht mit genügend scharfem Messer gemacht werden.

3. Ein weiterer Fehler, welcher sich häufig findet, kennzeichnet sich dadurch, dass die Zellwände, insbesondere die zähen, äussersten lappig zerrissene Ränder aufweisen. Abgesehen vom stumpfen Messer wird dieser Fehler hauptsächlich dadurch hervorgebracht, dass die Schneide nicht, wie oben empfohlen wurde, ziehend, sondern drückend durch das zu schneidende Objekt hindurchgeführt wurde.

4. Ferner weisen die Schnitte oft schief verlaufende Linien auf, welche stets daher kommen, dass das Rasirmesser keine ebene Schneide, sondern grössere oder kleinere Scharten aufweist.

5. Endlich ist von allergrösster Wichtigkeit, dass die Gewebe wirklich auch in der von uns gewünschten Richtung durchschnitten sind. Unregelmässig, schief geschnittene Präparate erlauben es nicht in richtiger Weise, die Gestalt der Einzelelemente zu erkennen, besonders wenn dieselben langgestreckter Natur sind. Solcher langgestreckter Zellen haben wir in unserem Objekt recht typische, nämlich die grossen Röhren, welche in der Mittelrippe des Blattes liegen (die Gefässe des dort verlaufenden Gefässbündels). Bei einem gut angefertigten Querschnitt (wie wir ihn machen wollten) müssen diese Röhren alle genau senkrecht getroffen sein; ihre Wandungen dürfen nicht bei wechselnder Einstellung verschiedene Konturen haben und die Figur ihrer Querschnitte muss kreisförmig oder polyedrisch sein, darf keine Ellipsen oder andere langgezogene Formen aufweisen.

Wenn das Präparat allen diesen Anforderungen entspricht, so ist es für die Untersuchung tauglich und kann später auch als Dauerpräparat behandelt und aufgehoben werden.

In sinngemässer Weise diese Vorschriften je nach den Eigenschaften des gerade vorliegenden Objekts abändernd, wird man alle wasserhaltigen Untersuchungspräparate leicht anzufertigen lernen.

b) Dauerpräparate.

Bei der Anfertigung von Dauerpräparaten hat man sich zunächst darüber klar zu werden, welche Einschlussmasse zu wählen ist; dies kann für die Brauchbarkeit des Präparats wie für dessen Haltbarkeit von grösster Bedeutung sein.

Bereits bei Besprechung der Einschlussmittel wurde auf Glycerin resp. Glyceringelatine und auf Kanadabalsam hingewiesen. Die Anwendung dieser Einschlussmedien ist wesentlich davon abhängig, ob das Objekt in wasserfreiem Zustand konservirt werden soll oder in wasserlosem.

Glycerin ist in allen Verhältnissen mit Wasser klar mischbar; Kanadabalsam dagegen erträgt gar kein Wasser resp. bildet mit demselben eine jede Betrachtung des Objekts unmöglich machende Emulsion. Der Balsam kann also nur angewandt werden, nachdem man die Objekte vollkommen entwässert hat. Allermeist ist es ein zeitraubendes und nicht selten (wenn es nicht mit grösster Behutsamkeit vorgenommen wird) die Präparate schädigendes Verfahren, welches zur Entwässerung der Objekte behufs Einschluss in Kanadabalsam vorgenommen werden muss.

Andererseits ist in Betracht zu ziehen, dass die meisten behufs künstlicher Tinktion von Präparaten angewendeten Farbstoffe in Glycerin (besonders in verdünntem Glycerin) löslich sind. Man hat also, um die allmähliche Entfärbung der Objekte zu vermeiden, vielfach nur den Ausweg, dieselben in Balsam einzulegen.

Nur in selteneren Fällen ertragen die Objekte direkt ein Austrocknen; dies ist (ausser bei Mikrotomschnitten) bei fast allen Bakterienpräparaten und ähnlichen kleinsten Gegenständen (z. B. Sperma etc.) der Fall. Solche Objekte werden stets in Kanadabalsam eingeschlossen.

Glycerinpräparate.

Flüssiges Glycerin. — Das nach der oben (S. 83) gegebenen Anweisung hergestellte Untersuchungspräparat (wie überhaupt alle Glycerinpräparate) kann sehr einfach dadurch in ein Dauerpräparat verwandelt werden, dass man dasselbe durch einen um das Deckglas gelegten Lackring von der Luft abschliesst. Dies geschieht in folgender Weise:

Man legt das Präparat auf ein dunkles (schwarzes) Papier vor sich auf den Tisch, schiebt das Objekt ordentlich in die Mitte des Objektträgers und wischt nun mit einem Leinenläppchen aufs Sorgfältigste alles unter dem Deckglas-Rand hervortretende Glycerin ab. Man muss bei diesem Vorgehen sehr gründlich sein, denn die geringste Spur von Glycerin verhindert nachher das Festhaften des Lacks und bewirkt, dass das Präparat sehr rasch verdirbt.

Ist alle überschüssige Flüssigkeit vollkommen entfernt, so taucht man einen feinen Haarpinsel in den Abschlusslack (vergl. S. 75) ein und legt längs des ganzen Deckglasrandes einen dünnen, schmalen Lackring, welcher sowohl auf die Oberfläche des Deckglases wie auf den Objektträger übergreifen muss. Ist dies geschehen, so stellt man das Präparat unter eine Glasglocke, um den Lack antrocknen zu lassen. — Bei dieser Manipulation lasse man sich nicht dadurch stören, dass hier und dort im ersten Lackring noch kleine Stellen vorhanden sind, welche den vollständigen Abschluss des Präparats unterbrechen. Denn wenn der Lack etwas fest geworden ist, was nach einem Tag der Fall zu sein pflegt, so überstreicht man den ersten Lackstreifen mit einem zweiten, etwas breiteren, welcher wieder auf Deckglas und Objektträger übergreift. Dieser zweite Abschluss macht dann das Dauerpräparat fertig.

In vollkommen gleicher Weise verfährt man, wenn irgend eine andere Flüssigkeit (z. B. Chlorcalciumlösung) als Einschlussmittel gewählt wurde.

Glycerin-Gelatine. — Viel weniger umständlich als der Einschluss der Präparate in flüssiges Glycerin ist derjenige in Glycerin-Gelatine; deswegen wird dies Mittel jetzt ganz allgemein zur Anfertigung wasserhaltiger Präparate verwendet. Um solche herzustellen, verfährt man folgendermassen:

Das Gefäss, in welchem die Glycerin-Gelatine aufbewahrt wird, kommt in auf 45^{0} Celsius erwärmtes Wasser. Dadurch wird der Inhalt vollkommen flüssig. Dann holt man mit einem Glasstab einen Tropfen heraus, verfährt genau wie oben für Glycerin angegeben und legt das Deckglas auf. Ist die Gelatine schon fest geworden, so kann man durch leichtes Erwärmen für vollkommenes Ausfliessen zwischen Deckglas und Objektträger sorgen. Dann lässt man die Gelatine erstarren und legt nun, ohne durch etwaiges Verrücken des Deckgläschens gestört werden zu können, den Lackabschluss (wie oben beschrieben) an.

Kanadabalsam-Präparate.

Sollte (wozu unser vom Theeblatt gemachtes Präparat sich aber nicht besonders eignet) das zuerst in Glycerin untersuchte Präparat nachher in Kanadabalsam eingeschlossen werden, so müsste dasselbe erst von Glycerin und Wasser befreit werden. Dies könnte man am einfachsten in der Weise bewerkstelligen, dass man die Schnitte durch Auswaschen in Wasser von Glycerin befreite, und sie dann an der Luft trocknen liesse. Dieser Weg wäre aber für unser Objekt durchaus unzweckmässig, denn bei einem solchen Austrocknen würden die Zellen und die Inhaltskörper derselben derartig unregelmässig zusammenschrumpfen, dass schliesslich an den Schnitten gar nichts mehr zu sehen wäre. Man muss deshalb zur Entwässerung derartiger Objekte einen anderen, langwierigeren aber sicheren Weg einschlagen. Zunächst kommen solche Schnitte in sehr stark verdünnten Alkohol (25 %), bleiben in diesem etwa $^1/_2$ Stunde und werden dann stufenweise, immer mit halbstündigen Stationen in den einzelnen Flüssigkeiten in 60%, 80%, absoluten Alkohol, Mischung von absolutem Alkohol und Xylol (1 Alkohol, 3 Xylol) und schliesslich reines Xylol überführt. Da diese letztere Flüssigkeit ein vorzügliches Lösungsmittel des Kanadabalsams ist, können die Schnitte nun ohne weiteres aus dem Xylol in den Balsam übertragen werden.

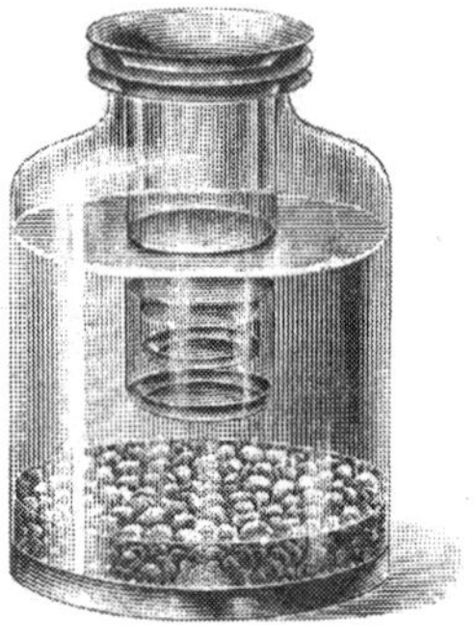

Fig. 58. Entwässerungsgefäss nach F. E. Schulze. (Nach Zimmermann.)

In einfacherer Weise wird die Entwässerung mikroskopischer Objekte auf osmotischem Weg im F. E. Schulze'schen **Entwässerungsgefäss** (Fig. 58) bewirkt. Die Einrichtung dieses Apparats, welchen jeder sich selbst leicht herstellen kann,*) ist sehr einfach. Derselbe besteht aus einer grossen Flasche, in welcher sich absoluter Alkohol befindet; eine am Boden liegende Schicht geglühten Kupfersulfats erhält diesen Alkohol andauernd wasserfrei. In diesen Alkohol wird eine unten mit durchlässiger Membran (feinem stark geleimtem Papier) verschlossene Röhre eingesenkt, welche 50% Alkohol enthält; schliesslich taucht in diese Röhre eine etwas engere, gleichfalls mit permeablem Boden versehene ein, in welche das zu entwässernde Objekt in 10% Alkohol liegend eingebracht wird. Durch die osmotische Strömung des Wassers in den absoluten Alkohol und in das Kupfersulfat wird in ganz langsamer, die Objekte ausserordentlich schonender Weise die Entwässerung vollzogen. Nach 24 Stunden ist dieselbe ohne weitere Manipulationen fertig. Stets seien dann aber die aus dem absoluten Alkohol kommenden Objekte noch in Xylolalkohol und erst aus diesem in Xylol gebracht.

Ausserordentlich viel einfacher ist die Anfertigung der Kanadabalsam-Präparate, wenn es sich um Objekte handelt, welche unbeschadet ihrer Struktur lufttrocken gemacht werden dürfen. Derartige Objekte sind z. B. die Bakterien.

Um ein Präparat zu erhalten, welches gewöhnlich viele Sorten verschiedener Bakterien enthält, verfahren wir auf folgende Weise: Wir werfen in ein Glas mit Wasser irgend einen fäulnisfähigen

---

*) Auch von Warmbrunn, Quilitz & Co. in Berlin, Rosenthalerstr. 40 (Preis ℳ 2,75) zu beziehen.

Pflanzen- oder Thiertheil (z. B. eine halbe Erbse, ein Stückchen Fleisch) und lassen das Wasser stehen, bis es deutlich getrübt ist. Dann nehmen wir mit dem Glasstab einen Tropfen davon heraus, bringen ihn mitten auf einen gut gereinigten Objektträger und lassen ihn (ohne irgend etwas weiteres daran zu machen) an der Luft eintrocknen. Ist dies geschehen, so nehmen wir eine der oben als für bakteriologische Zwecke empfehlenswerth bezeichneten Anilinfarben-Lösungen (z. B. Karbolfuchsin), bringen auf die eingetrocknete, grau aussehende Stelle einen Tropfen davon und lassen ihn drei Minuten lang einwirken. Nach dieser Zeit spülen wir das ganze Präparat in reinem Wasser ab, indem wir den Objektträger an einem Ende fassen und ihn hin- und herschwenken. Wir brauchen dabei nicht zu befürchten, dass sich die Bakterien ablösen könnten, diese haften fest an dem Glas. Durch das Abwaschen wird aller Farbstoff von dem Objektträger entfernt: nur die Bakterienzellen halten davon soviel fest, dass sie intensiv roth gefärbt sind. Darauf wischen wir mit einem Läppchen das an dem Objektträger befindliche Wasser ab, wobei wir uns nur davor hüten, an das Präparat zu kommen, legen das Ganze unter eine Glasglocke und warten, bis das Wasser vollkommen verdunstet ist. Wenn dieser Zeitpunkt erreicht ist, erwärmen wir das Präparat über der Flamme ein ganz klein wenig (auf 35—45^0 Celsius) und bringen einen in seiner Grösse richtig bemessenen Tropfen Kanadabalsam darauf. Ist nun das sauber gereinigte Deckglas aufgelegt und sind Schutzleisten aufgeklebt, so ist das Dauerpräparat fertig. Zur Vorsicht versehen wir es nach einigen Tagen noch mit einem Lackring.

4. Anfertigung von Schliffpräparaten.

Alle diejenigen Objekte, welche nicht an sich klein genug sind oder durch Schneiden für die mikroskopische Schau verkleinert werden können, müssen zu **Dünnschliffen** verarbeitet werden. In dieser Weise wird vorzugsweise bei der Anfertigung mikroskopischer Präparate von Gesteinen, Knochen etc. vorgegangen.

Bei der Anfertigung von Schliffpräparaten hat man von Anfang an das Objekt daraufhin zu betrachten, ob dasselbe wohl das Schleifen ertragen kann ohne dabei zu zerbröckeln. Die allermeisten Gesteine lassen sich ohne weiteres schleifen, weil ihre Theile einen innigen Zusammenhang besitzen. Mehrfach aber hat man es auch mit Objekten zu thun, welche porös sind (z. B. Kreide, Knochen etc.) und welche unmöglich in dem natürlichen, vorliegenden Zustand präparirt werden können. Solche poröse Körper lege man zunächst in reines Xylol und bringe sie dann, wenn sie vollständig durchtränkt sind, in dickflüssigen Kanadabalsam. Haben sie in demselben 1—3 Tage verweilt, so sind sie damit imprägnirt, werden herausgenommen, an der Luft getrocknet und dann in gewöhnlicher Weise weiter behandelt.

Diese Präparationsweise besteht darin, dass man von weicheren Objekten mit der Laubsäge dünne, parallelflächige Täfelchen absägt, bei harten Gesteinen dagegen durch geeignetes Schlagen mit dem Hammer flache Splitter abzusprengen sucht.

Hat man auf diese Weise die Objekte vorbereitet, so beginnt man, dieselben auf einem feinkörnigen drehbaren Schleifstein (aber nicht auf der gekrümmten Vorderfläche, sondern auf einer der ebenen Seiten) oder auf einer drehbaren Schmirgelscheibe anzuschleifen. Dies geschieht in der Weise, dass man sie mit dem Zeigefinger andrückt und dabei dafür sorgt, dass die ganze Lamelle gleichmässig dick ausfällt. Das Anschleifen erfolgt auf beiden Seiten und zwar unter fortwährender Benetzung des Schleifsteins mit Wasser. Hat man den Schliff auf diese Weise etwa bis zur Dicke von 1 mm gebracht, so kittet man ihn mit Kanadabalsam fest auf einen Objektträger und legt ihn unter das Mikroskop, um zu sehen, wieviel noch weiter abgeschliffen werden muss, um ihn genügend hell zu machen. Dies zu beurtheilen lernt man rasch.

Nun geht man zum Schleifen des aufgekitteten Objekts auf einem feinkörnigen, harten Abziehstein über, wobei man ebenfalls für andauernde Benetzung der Schleiffläche mit Wasser sorgt. Es ist dabei nicht zu empfehlen, in gerader Linie zu schleifen, sondern kreisförmig geschlossene oder 8-artige Bewegungen auszuführen. In diesem Stadium des Schleifens wird für vollkommene Ebenmässigkeit des Schliffs gesorgt, indem man Unebenheiten, dicke Stellen etc. besonders stark andrückt und dadurch abschleift. — Indem man von Zeit zu Zeit unter dem Mikroskop die Durchsichtigkeit des Objekts prüft, merkt man leicht, wann mit dem Abziehen aufgehört werden darf.

Ist dieser Zeitpunkt erreicht, so geht man zum Poliren der einen Präparatenseite über, und zwar verwendet man dazu aufgespanntes weiches Wildleder, welches mit feingeschlämmtem Trippel eingerieben ist. Das Poliren geschieht ohne Anwendung von Wasser und ist fertig, wenn die polirte Fläche unter das Mikroskop gebracht keine Linien, Risse etc. mehr erkennen lässt. Ist man soweit gekommen, so löst man durch leichtes Erwärmen des Kanadabalsams den Schliff von dem Objektträger ab und verfährt nun mit der andern, erst roh vorgeschliffenen Seite genau wie mit der fertigen, d. h. man geht damit auf den Abziehstein und polirt sie nachher.

In dieser Weise hergestellte Schliffpräparate werden in Kanadabalsam eingelegt und mit Deckglas bedeckt, wie dies oben für Kanadabalsampräparate angegeben wurde.

Mikroskopische Objekte.

A. Allgemeine Vorbemerkungen über die Eintheilung der Objekte.

I. Anorganische Objekte.

Wer ein ihm unbekanntes Objekt unter dem Mikroskop sieht, wird kaum jemals über die Frage im Zweifel sein, ob dasselbe dem anorganischen oder dem organischen Naturreich zuzurechnen ist. Das starke Lichtbrechungsvermögen oder die vollständige Lichtundurchlässigkeit der **anorganischen Körper**, ihre unregelmässigen, von meist scharfen Kanten begrenzten Flächen, kurz ihr deutlich sichtbarer Splittercharakter oder aber die vollendete Regelmässigkeit ihrer Krystalle bildenden Formen lassen sie leicht von den organischen Körpern unterscheiden.

II. Anorganische organisirte Objekte.

Ein Mittelglied zwischen den anorganischen und den organischen Körpern bilden die **organisirten anorganischen Bestandtheile**, welche bei vielen Untersuchungen unter dem Mikroskop erscheinen. Unter solchen verstehen wir anorganische Verbindungen, welche von lebenden Wesen als Skelettbestandtheile ausgeschieden worden sind. Dabei ist es gleichgiltig, ob diese Skelette im Innern des weichen Thier- und Pflanzenkörpers liegen (also ob sie z. B. bei den Wirbelthieren als innere Stütze [Knochenskelett] das Gestell sind, welches die weichen Theile trägt), oder ob sie als Panzer die Oberfläche überziehen. Dieser letztere Fall ist besonders bei den niedrigen Thieren und den Pflanzen ausserordentlich häufig, welche Kalk- oder Kieselschalen besitzen. Derartige organisirte, aus anorganischer Materie bestehende Theile sind stets in organischen Substanzen (z. B. die Zellhaut) eingelagert, indem sie dieselbe infiltriren. Deshalb schmiegen sie sich allen Einzelheiten der organischen Grundsubstanz genau an und stellen, wenn letztere auf irgend eine Weise entfernt wird, dauerhafte genaue Abbilder derselben dar.

Eines der bekanntesten Beispiele für derartig organisirtes anorganisches Material stellen die Bacillariaceenschalen dar. In Fig. 59 ist das (S. 56) bereits als Testobjekt behandelte *Scalprum (Pleurosigma) angulatum* dargestellt. Dieses Testobjekt besteht aus einer Quarz- (Kiesel-) Schale, denn alle Reaktionen der Kieselsäure treten bei demselben ein. Insbesondere sieht man dies daraus, dass die Schale weder durch koncentrirte Schwefelsäure noch durch Glühen an der Luft irgendwie verändert wird; aus Milliarden solcher Bacillariaceenschalen verschiedener Arten besteht der technisch (zum Poliren, für Dynamitfabrikation) verwendete Kieselguhr. — Obgleich nun diese Quarzschale aus einem der resistentesten Mineralstoffe besteht, zeigt sie doch eine allerfeinste regelmässige Zeichnung, wie derartige nur bei organischen Objekten sonst vorkommen. Die Erklärung dafür wurde soeben angedeutet: Die lebende Zelle besitzt eine aus organischer Masse gebildete Membran und in dieser, allen ihren Zeichnungen etc. entsprechend, wird in Wasser gelöste Kieselsäure als feste Quarzkörnchen (oder besser Opalkörnchen, da es sich nicht um Kieselsäureanhydrit handelt) niedergeschlagen. — Genau das Gleiche ist bei den Foraminiferenschalen, welche den Trippel, die Kreide etc. bilden, der Fall; dasselbe auch bei der Einlagerung von Kalk in die Knochen der Wirbelthiere. Dem entsprechend ist hier das anorganische Material gewissermassen in organische Form gegossen, d. h. organisirt.

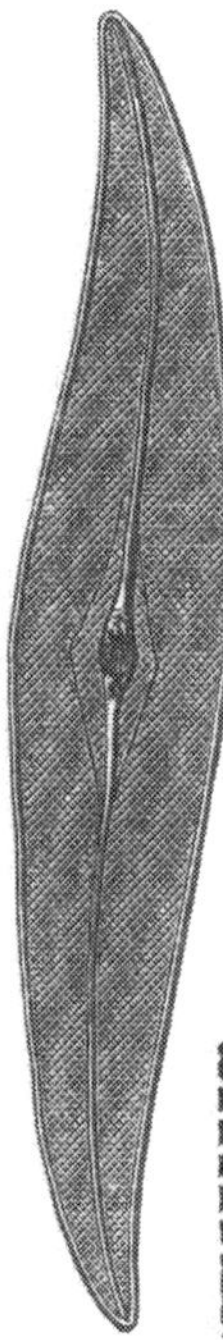
1:325

1:1900

Fig. 59. *Scalprum angulatum.*

Derartige in organisirter Form auftretende anorganische Verbindungen werden unter dem Mikroskop leicht durch eine einfache Reaktion erkannt. Da hauptsächlich Kieselsäure und Kalkkarbonat hier in Frage kommen, genügt es, einen Tropfen koncentrirter Schwefelsäure dem Präparat zufliessen zu lassen (während man die Einwirkung durch das Mikroskop betrachtet): tritt keinerlei Veränderung ein, so hat man es mit in organische Form gebrachter Kieselsäure zu thun; erfolgt dagegen ein Aufbrausen (Bildung von Gasblasen [CO_2]) und zugleich ein Anschiessen langer, feiner Nadeln ($CaSO_4$), so war der betreffende Körper mit Kalk infiltrirt.

III. Organische Objekte.

Bei denjenigen Objekten, welche unter dem Mikroskop infolge ihres durchscheinenden, aus Zellen gebildeten Baues oder (und dies wird sehr häufig der Fall sein) aus ihrer ganzen, von den anorganischen Körpern abweichenden Erscheinungsform als **organische Objekte** erkannt werden, ist eine Prüfung in dieser Richtung allermeist vollkommen unnöthig. Sollte eine solche aber doch einmal in Frage kommen, so wird jedes organische Objekt durch die folgenden drei Reaktionen (oder eventuell durch nur eine derselben) erkannt:

1. Mit sehr verschwindenden Ausnahmen werden organische Körper durch koncentrirte Schwefelsäure erst geschwärzt, dann zerstört.

2. An der Luft geglüht, verbrennen alle organischen Körper, und es bleiben von ihnen nur die Aschenbestandtheile übrig.

3. Bei Anwendung von Jod werden alle organischen Korper entweder gelb resp. braungelb gefärbt oder sie verändern ihre Farben in charakteristischer Weise (z. B. Stärke wird blau).

Haben wir ein Objekt als den beiden organischen Naturreichen zuzuerkennen erkannt, so frägt sich nun, ob dasselbe in's **Thier-** oder in's **Pflanzenreich** zu rechnen ist.

Diese Frage ist schwierig und in manchen Fällen mit Sicherheit gar nicht zu unterscheiden, wenn es sich um gewisse, sehr niedrigstehende, einzellige Formen handelt.

Die Zelle. — Für das Verständniss der aus dem Thier- und Pflanzenreich stammenden mikroskopischen Objekte ist die Bekanntschaft mit der Zelle ein vornehmliches Erforderniss; daher ist es unumgänglich nöthig, hier eine kurze Erklärung des Wesens und Baues der Zelle zu geben.

Das Wort „Zelle“ kommt von „Cella“ und bedeutet Kämmerchen. Als „Kämmerchen“ wurde die Zelle zuerst bezeichnet, weil sie als von Wänden rings eingeschlossenes Gebild von SCHLEIDEN im Anfang der dreissiger Jahre dieses Jahrhunderts bei den höheren Pflanzen entdeckt wurde und weil die Körper derselben bei mikroskopischer Betrachtung eben (wie die Waben der Bienen) aus lauter einzelnen Kämmerchen bestehen. Kurz nach SCHLEIDENS grosser Entdeckung wurde durch SCHWANN nachgewiesen, dass auch der Körper der höheren Thiere aus solchen Zellen bestehe. Im Anfang legte man auf die abschliessenden Wände das Hauptgewicht; durch

MAX SCHULTZE wurde 1861 erkannt, dass die Wände Nebensache, der aus einer zähflüssigen, mit Körnchen durchsetzten Masse bestehende Inhalt die Hauptsache an der Zelle sei.

Diese zähe Masse nennt man **Protoplasma** (auch abgekürzt **Plasma**) und versteht darunter lebendes Eiweiss. Das Protoplasma ist der Sitz der fundamentalsten Lebensäusserung, nämlich der Bewegung.

Die **Bewegung des Protoplasmas,** erkennbar an einer Strömung der darin eingelagerten feinen Körnchen, scheint sehr vielen Pflanzenzellen eigen zu sein, und zwar scheint sie ganz besonders bei Verletzungen von Zellen in den intakt gebliebenen Nachbarzellen deutlich zu werden. Sie wird bei vielen als Demonstrationsobjekte benützten Pflanzen, insbesondere im Blatt von *Elodea canadensis,* in den Haaren vom Kürbis, den Staubfadenhaaren von *Tradescantia virginica,* den Zellen der Algengattung *Nitella* etc. leicht gesehen. — Dass bei den Thieren, welchen wir ja allgemein Bewegungsfähigkeit (im Gegensatz zu den meist unbeweglichen Pflanzen) zuschreiben, die Plasmabewegungen vielfach noch auffälliger sind, kann nicht überraschen. Eines der schönsten Beispiele für solche Beweglichkeit stellen die Amöben dar, welche man sich überall leicht verschaffen kann, wenn man etwas Schlamm aus einem Teich nimmt und denselben in Wasser unter das Mikroskop bringt. Fig. 60 stellt in *Pelomyxa palustris* die grösste deutsche Amöbe dar; bei ihr wie bei allen ihren Verwandten sieht man leicht, wie das Protoplasma, aus welchem ihr Körper besteht, sich an einer Stelle des Randes vorschiebt, wie dann alles übrige Plasma an diese Randstelle strömt und dadurch eine scheinbar fliessende Bewegung des ganzen Thieres zustande kommt. Derartige, auf einem Vorschieben einzelner beliebiger Randparthien und Nachfolgen der Hauptmasse beruhende Fortbewegung nennt man amöboïde Bewegung. — Das Protoplasma der Thiere wurde früher als „Sarkode“ von dem Protoplasma der Pflanzen unterschieden; es ist das Verdienst von FERDINAND COHN, die Uebereinstimmung des thierischen und pflanzlichen Protoplasmas zuerst betont zu haben.

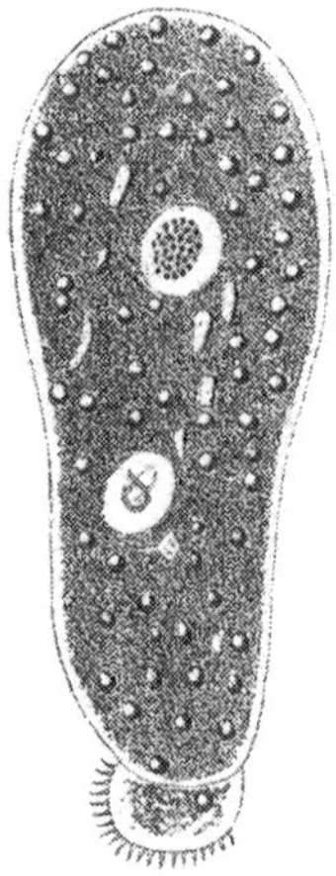

Fig. 60.
Pelomyxa palustris ($^{60}/_{1}$, nach Blochmann).

Hat eine Zelle feste Membranumhüllung, so liegt wenigstens ein Theil des Protoplasmas dieser im Innern als geschlossener Wandbelag an und wird **Primordialschlauch** genannt.

Nicht alle in der Zelle befindlichen Theile des lebendigen Eiweisses sind zähflüssig und bewegungsfähig, sondern es giebt auch festere, geformte Theile, welchen besondere Thätigkeiten obliegen. Am allgemeinsten in der Zelle verbreitet ist der **Zellkern,** ein rundliches (oder besonders bei den niederen Thieren sehr verschiedenartig gestaltetes) Gebilde, welchem die wichtigsten Funktionen zugeschrieben werden.

Das Vorhandensein des Zellkerns ist für alle pflanzlichen und thierischen lebenden Zellen, soweit dieselben ihrer Grösse wegen leichter untersuchbar sind, festgestellt worden. Nur über die Zellkerne von wenigen sehr niedrig organisirten und kleinen Zellen (z. B. besonders der Bakterien) ist man sich noch im Unklaren und wird ein heftiger Streit geführt. Es ist aber wahrscheinlich, dass diejenigen Forscher, welche auch für diese Zellen das Vorhandensein des Zellkernes behaupten, im Recht bleiben werden.

Welche Schwierigkeiten derartige Untersuchungen der Zellkerne kleinster Organismen haben, geht schon aus der fast gleichzeitig von Helmholtz und von Abbe gefundenen Thatsache hervor, dass Gegenstände, welche kleiner sind als die halben Wellenlängen der Lichtstrahlen, nicht mehr gesehen werden können. Nehmen wir an, dass die kürzesten noch für Vergrösserungen im Mikroskop brauchbaren Lichtwellen 0,4 μ Wellenlänge haben, so könnte also ein Gegenstand von einer 0,2 μ betragenden Ausdehnung nicht mehr gesehen werden. Dies ist mit einiger Einschränkung (insbesondere was gefärbte Objekte betrifft) aufzunehmen, man sieht aber, dass es sich bei solchen Untersuchungen nicht, wie der Laie wohl glauben könnte, darum handelt, einfach noch etwas stärker vergrössernde Mikroskopobjektive zu konstruiren, sondern dass wirklich fast unüberwindliche Schwierigkeiten sich derartigen Forschungen entgegenstellen. Denn dass der Zellkern der Bakterien, welche vielfach eine Breite von nicht über 0,5 μ haben, beträchtlich kleiner sein kann als 0,2 μ, ist nicht bestreitbar.

Im Zellkern haben wir nicht nur für die ruhende, sondern auch für die zur Vermehrung schreitende Zelle ein ganz besonders wichtiges Organ vor uns. Verworn hat die Theorie aufgestellt, dass in der ruhenden Zelle im Zellkern das „chemische Laboratorium“ zu suchen ist, welches die behufs Erzeugung der Lebens-Energie oxydirten Substanzen des Protoplasmas wieder reducirt. Da jeder Zelltheilung (also jeder Vermehrung) bei höhern, genauer beobachtbaren Zellen eine Theilung des Kernes vorausgeht, betrachtet man es ferner als wahrscheinlich, dass dieser Theil der Zelle von besonderer Wichtigkeit für die Generations- (und auch wohl für die Vererbungs-) Erscheinungen sei.

Abgesehen von Protoplasma und Zellkern findet man an den ihrer Grösse wegen genauer untersuchbaren Zellen ausserordentlich häufig noch andere Theile, von denen besonders die umschliessende **Membran** und mit wässeriger Flüssigkeit **(Zellsaft)** erfüllte Löcher im Protoplasma, die **Vakuolen**, sehr allgemein verbreitet und deshalb bemerkenswerth sind. Da diese beiden Zellbestandtheile aber doch sehr vielen Zellen fehlen, sind dieselben offenbar für die Begriffsbestimmung des Wesens der Zelle nicht nothwendig.

Die Membran (oder Zellhaut) fehlt nämlich der grössten Zahl der als Infusionsthierchen bekannten niedrigsten, einzelligen Thiere wie auch den niedrigsten Pflanzen (Myxomyceten = Schleimpilzen) während des grössten Theils ihrer Lebensdauer; auch die Fortpflanzungszellen aller Thiere und der niedrigeren Pflanzen (sowie die weiblichen Fortpflanzungszellen aller Pflanzen) besitzen keine Zellhaut.

Die Vakuolen (der Zellsaft) gehen z. B. allen jugendlichen, im Theilungsstadium befindlichen Pflanzenzellen sowie den Samenzellen der Gewächse ab.

Dem entsprechend gehört zum Wesen der Zelle, dass dieselbe aus Protoplasma und (mit den oben gemachten Einschränkungen gesagt) Zellkern besteht.

1. Dem Protistenreich angehörige Objekte.

Wenn wir diese Definition der Zelle als lebendiges (bewegtes) Protoplasma mit Zellkern richtig verstehen, können wir keinen

Fig. 61. Spermatozoon von *Polypodium vulgare* (nach Strasburger).

Fig. 62. Schwärmspore von *Cladophora glomerata.*

Fig. 63. *Chlamydomonas pulvisculus.*

Augenblick darüber im Zweifel sein, dass bei denjenigen Wesen, welche als eine einzige, im primitivsten Zustand befindliche (also nur aus Protoplasma und Zellkern bestehende) Zelle in Erscheinung treten, gar nicht gesagt werden kann, ob dieselben dem Pflanzen- oder dem Thierreich zuzurechnen sind. Denn dieselben stellen den Typus der Pflanzenzelle so gut wie der Thierzelle dar.

Es ist nur ein uns durch die Thatsache, dass wir alle mit blossem Auge sichtbaren belebten Wesen leicht in Pflanzen und Thiere unterscheiden können, von Jugend auf gewöhnter Gedankengang, dass wir alles Lebende in Thier oder Pflanze sondern wollen. Erst das Mikroskop, welches wir in die Hand bekommen, wenn die Hauptbegriffe in unserem Kopf bereits unauslöschlich fest eingeprägt sind, lehrt uns, dass es eine grosse Klasse von Lebewesen giebt, welche nur Lebewesen, nicht Thier und nicht Pflanze sind. Diese Klasse wurde von Haeckel als **Protistenreich** zusammengefasst; der Name soll besagen, dass dieser Klasse die einfachsten und deshalb nach dem Entwickelungsgesetz ursprünglichsten, zuerst dagewesenen Formen zugerechnet werden. Aus dem Protistenreich sind wie aus einer zwei gleichstarke Stämme in die Höhe treibenden Wurzel Thier- und Pflanzenreich entstanden.

Dies erkennt man am klarsten daran, dass auch bei hoch entwickelten Pflanzen (z. B. bei den Farnkräutern) gewisse Lebensstadien (nämlich das Stadium als männliche Fortpflanzungszelle) durchaus thierartig ist. Das in Fig. 61 dargestellte Spermatozoon von *Polypodium vulgare* besitzt in seiner lebhaften Eigenbeweglichkeit den Hauptcharakter, welchen wir gewöhnlich den Thieren zuschreiben.

Bei niedriger organisirten, aber doch zweifellos der Pflanzenwelt zuzurechnenden Wesen (insbesondere bei sehr vielen Algen) kennen wir nicht nur der geschlechtlichen Fortpflanzung, sondern auch einer ungeschlechtlichen Vermehrung dienende Zellen, welche durchaus thierartig sind, d. h. das Vermögen lebhaftester Eigenbewegung zeigen. In Fig. 62 ist eine derartige Schwärmspore einer echten Alge, nämlich von *Cladophora glomerata* dargestellt. Fig. 63 zeigt ein dem Protistenreich angehöriges, selbständiges, niemals zu einer Alge werdendes Wesen, den *Chlamydomonas pulvisculus*. Beide Objekte sehen sich derart ähnlich, sind auch in jeder Beziehung, was Wesen und Bau betrifft, so gleich gestaltet, dass sie nicht leicht zu unterscheiden sind. Sogar ein rother Punkt, welcher als Augenpunkt (Stigma) bezeichnet wird und welcher weder allen Algen-Schwärmsporen noch allen Flagellaten (zu diesen gehört *Chlamydomonas*) eigen ist, kommt beiden Objekten gleichmässig zu. — Der Unterschied zwischen beiden ist eigentlich nur der, dass die Schwärmspore aus einer unzweifelhaften Pflanze entsprungen ist (vergl. Fig. 64) und wieder eine solche Pflanze wird, während der *Chlamydomonas* von einer ihm gleichgestalteten Zelle stammt und nur ebenso aussehende hervorbringt.

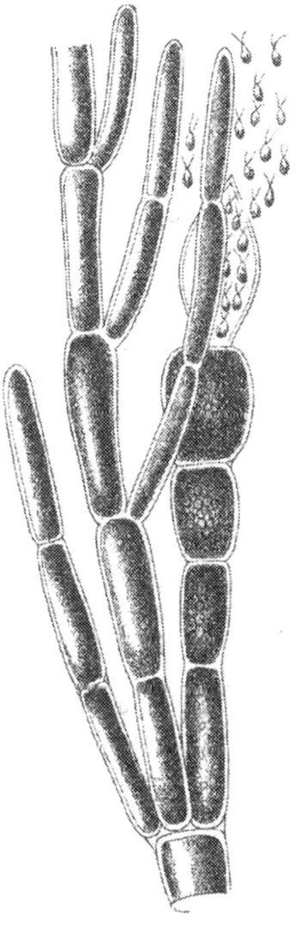

Fig. 64.
Bildung der Schwärmsporen von *Cladophora glomerata* (nach Hansgirg).

Obgleich aus unseren Ausführungen klar hervorgeht, dass die Protisten weder Thiere noch Pflanzen sind, ist es doch praktisch, die zu dieser Klasse gehörigen Organismen (mit dem Bewusstsein, damit eine der natürlichen Verwandtschaft nicht völlig entsprechende Eintheilung zu schaffen) in der Weise aufzutheilen, dass man die einen dem Thier-, die anderen dem Pflanzenreich zutheilt. Dies kann natürlich nur in der Weise geschehen, dass man die Entwickelungsreihen der Thiere und der Pflanzen in das Protistenreich zurück verfolgt. Ein Beispiel wird zeigen, wie dies zu verstehen ist: Auch die Bakterien gehören zu den Protisten und sind theilweise mit langen, der Bewegung dienenden Fortsätzen ausgestattet (vergl. Fig. 65), welche wie jene von *Chlamydomonas* beschaffen sind und Geisseln genannt werden. Da nun von diesen Bakterien über unbewegliche Formen derselben eine ununterbrochene Entwicklungsreihe nach den höheren Pilzen hin konstruirt werden kann, so rechnet man praktisch die Bakterien zu den Pilzen. Bei

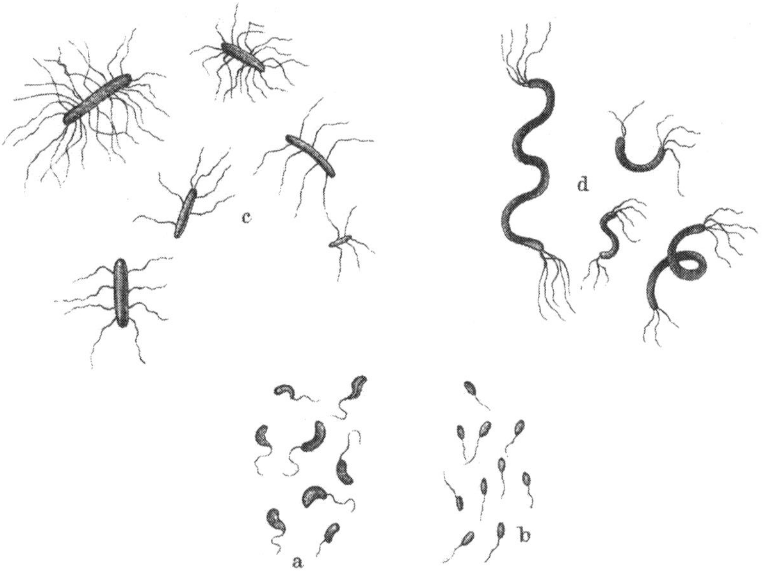

Fig. 65. Bewegungsorgane der Bakterien: *a*, *b* eingeisselige, *c*, *d* mehrgeisselige Formen. $^{1500}/_{1}$.

derartigen, der Übersichtlichkeit wegen vorgenommenen Eintheilungen wird die Protistenklasse vortheilhaft in der Weise zerlegt, dass man andauernd bewegliche, mit Kieselschale und braunem Farbstoff versehene Zellen (Bacillariaceen) sowie andauernd bewegliche, cylindrische oder korkzieherartig gekrümmte, mit fester Membran versehene (Spaltpilze, Spaltalgen) zu den Pflanzen; alle anderen während ihrer Haupt-Lebensepoche mit Eigenbewegung versehenen Zellen aber zu den Thieren rechnet. Nur die Klasse der Myxomyceten (Schleimpilze) bleibt dann in Bezug auf ihre Eintheilung zweifelhaft, doch wird auch sie praktischer Weise den Pflanzen zugetheilt.

2. Dem Pflanzenreich angehörige Objekte.

Abgesehen von den eben bezeichneten, nur konventioneller Weise den Pflanzen zugerechneten Lebensformen ist es im übrigen bei einem mikroskopischen Objekt kaum jemals zweifelhaft, ob dasselbe zum Pflanzen- oder zum Thierreich gehört. Insbesondere wird man jeden unter dem Mikroskop erscheinenden Körper mit deutlichem Zellenbau, dessen feste Membranen beim Zubringen von Chlorzink-Jod sich bläuen oder mit Phloroglucin-Salzsäure sich röthen, ohne weiteres Bedenken ins Pflanzenreich verweisen. Geben Zellwände dagegen diese Reaktionen nicht, sondern bestehen sie aus Eiweissstoffen, so sind derartige Zellen in den allermeisten Fällen thierische.

Je nachdem nun Pflanzen nur aus Zellen aufgebaut sind oder ausserdem auch noch Verschmelzungsprodukte von Zellen (welche der Saftleitung dienen und grosse Röhren darstellen), die sogenannten Gefässe enthalten, unterscheidet man Zellenpflanzen (plantae cellulares) und Gefässpflanzen (plantae vasculares). Zu den ersteren gehören die Algen, Pilze, Moose, kurz die niederen Kryptogamen; man fasst diese Gewächse wohl auch als „niedere Gewächse“ zusammen. Zu den Gefässpflanzen gehören die Farne etc. (die höheren Kryptogamen) sowie die uns umgebenden grossen Pflanzen, die Phanerogamen.

Die einfachsten Pflanzen bestehen nur aus einer einzigen Zelle; diese werden als einzellige Pflanzen bezeichnet. Bei der durch Theilung zu Stande kommenden Zellvermehrung kann die Theilung in einer Richtung des Raumes stattfinden, dann entstehen Zellfäden; bei in zwei Richtungen erfolgender Theilung entstehen Zellflächen; tritt die Theilung nach drei Richtungen ein, so resultiren Zellkörper.

Die Zellen, welche, unter sich fest im Zusammenhang stehend, die Zellkörper hervorbringen, bilden **Gewebe** (Zellgewebe).

a) Objekte von höheren (Gefäss-) Pflanzen.

Alle höheren Pflanzen bestehen aus Zellgeweben, und zwar werden diese Gewebe von Zellen sehr verschiedener Gestalt gebildet. Im Allgemeinen kann man sagen, dass diejenigen Zellen und Gewebe, welche der Festigkeit der Pflanze dienen (welche also z. B. das harte Holz zusammensetzen), sowie diejenigen, welche der Leitung von Nährsäften dienen (z. B. die Gefässe) langgestreckt sind. Ein wesentlich aus langgestreckten Zellen gebildetes Gewebe wird **Prosenchym** genannt.

Dagegen bestehen die nicht den bezeichneten Funktionen dienenden Gewebe, also z. B. die zur Aufspeicherung von Nährstoffen bestimmten (erwähnt seien die Stärke-führenden Gewebe der Knollen, der Samen etc.) aus nach allen Richtungen ungefähr gleichlangen Zellen. Solches Gewebe wird als **Parenchym** bezeichnet.

In sehr vielen Pflanzentheilen liegen nun Parenchym und Prosenchym in regelmässig und häufig sehr charakteristisch ausgebildeter Weise zusammen. Eine Erkennung der von höheren Pflanzen stammenden Objekte ist also meist auch in der Richtung möglich, dass man mit Hilfe des Mikroskops bestimmen kann, welcher Pflanze und welchem Theil derselben das betreffende Objekt entstammt. Derartige Untersuchungen haben natürlich unter Umständen die allergrösste praktische Bedeutung.

Dabei ist zu bemerken, dass beim Schneiden eines für die mikroskopische Schau bestimmten Objekts über die Ausbildung der Gewebe nur dann ein richtiges Urtheil gewonnen werden kann, wenn man jeden Pflanzentheil in zwei aufeinander senkrechten Richtungen durchschneidet und sowohl Quer- wie Längsschnittpräparate anfertigt. Denn es leuchtet ein, dass auch langgestreckte Zellen kreisrund aussehen, wenn ihr runder Innenraum nur senkrecht auf die Längsrichtung durchschnitten zur Schau gelangt. Durch Kombination der durch richtig geführte Längs- und Querschnitte gelieferten Bilder erkennt man erst den wahren inneren (anatomischen) Bau eines Pflanzentheils.

Im Allgemeinen sind die morphologischen Einheiten des Körpers der höheren Pflanze, nämlich Wurzel, Stamm und Blatt auch anatomisch derart differenzirt, dass sie sich ohne grosse Schwierigkeit auch aus kleinen Proben erkennen lassen. Für die mikroskopischen Zwecke seien diesen Einheiten noch die Haare und die Samen der Pflanzen beigezählt.

Die wesentlichen Kennzeichen dieser Pflanzentheile seien hier erläutert.

Wurzeln.

Wir wissen, dass eine normal ausgebildete Wurzel zwei Zwecken hauptsächlich dient, nämlich erstens der Pflanze aus dem Boden Wasser und darin gelöste mineralische Nahrungsstoffe zuzuführen, und zweitens die Pflanze im Boden an ihrem Standort zu befestigen.

Dem entsprechend sind Wurzeln stets von den langgestreckten und weite Innenräume aufweisenden Röhren durchzogen, welche der

Leitung der Nahrungsstoffe dienen. Derartige Röhren sind nun stets in zweierlei Art und Ausbildung vergesellschaftet, nämlich solche, welche der Leitung wässerigen Saftes dienen, das sind die Gefässe im engeren Sinn, und andere, welche für die Leitung der Eiweissstoffe bestimmt sind; letztere heissen (weil sie häufig siebartig durchbrochene Querwände haben) Siebröhren.

Zwischen Gefässen und Siebröhren besteht der fundamentale Unterschied, dass erstere verholzt sind (dass also ihre Wände sich mit Phloroglucin-Salzsäure roth färben), letztere dagegen niemals.

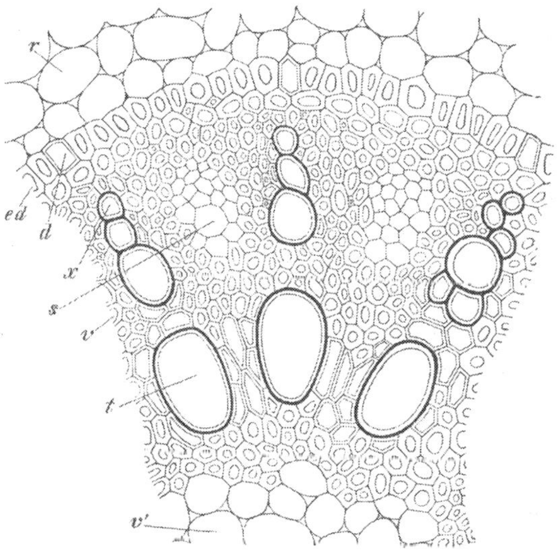

Fig. 66. Stück eines Querschnittes durch das radiale Gefässbündel der Sarsaparill-Wurzel (*Smilax* spec.) (300); *x* die Erstlingstracheen, *t* die getüpfelten Tracheen; *s* Siebröhren; *v* das verholzte Verbindungsgewebe, *v'* das innere Verbindungsgewebe; *e d* Endodermis mit den Durchlasszellen *d*; *r* Rinde. (Nach Prantl, Lehrbuch).

Ein aus Gefässen und Siebröhren als wesentlichsten Bestandtheilen zusammengesetztes Gewebebündel heisst **Gefässbündel.**

Diese verholzten Gefässe sammt besondern, gleichfalls verholzten, langgestreckt faserartigen Elementen, welche sich durch sehr enge Innenhöhlen (Lumen) auszeichnen und als **Sklerenchymfasern** bezeichnet werden, dienen nun auch noch der Festigung der Pflanzenkörper, hier speciell der Wurzel.

Wir können die eine Pflanze im Boden festhaltenden Wurzeln am besten mit einer Anzahl von Tauen vergleichen, welche ausgespannt sind, um einen Flaggenmast aufrecht zu halten. Der Wind rüttelt an der Pflanze; die ganze von ihm ausgeübte Kraft wirkt als Zugspannung auf die Wurzeln. Bekanntlich benützen wir Taue, um im praktischen Leben Zug auszuüben: daraus geht hervor, dass Taue für Ertragung der Zugspannung gut konstruirt sind. Dies kommt daher, dass Taue aus einer Anzahl von Einzelelementen zusammengesetzt sind. Betrachten wir nun die stärksten für Zugspannung vorhandenen Taue, nämlich Kabel, so sehen wir, dass das Innere derselben von dem stärksten Draht eingenommen wird, dass dagegen darum herum schwächere Elemente liegen. Genau ebenso gut und in der gleichen Weise sind die Wurzeln für die Zugspannung konstruirt.

Alle jüngeren Wurzeln zeichnen sich dadurch aus, dass die hauptsächlich durch Zugspannung mechanisch in Anspruch genommenen (die mit Phloroglucin-Salzsäure sich roth färbenden, dick-

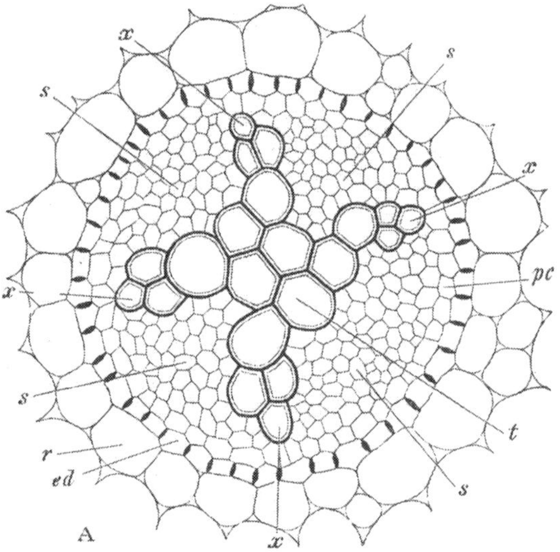

Fig. 67. Querschnitt durch das radiale Gefässbündel in der Wurzel von *Ranunculus repens* (300); *x* die 4 Xylembündel; *t* die innersten jüngsten Tracheen; *s* die 4 Phloëmbündel; *p c* Pericambium; *e d* Endodermis; *r* Rinde. (Nach Prantl, Lehrbuch.)

wandigen) Elemente möglichst weit nach innen gelagert sind und als sternartige Strahlen weniger starke aber doch immer noch sehr kräftige Zellelemente nach aussen vorschicken. Man nennt derartig gebaute Gefässbündel radiäre; allen jüngern Wurzeln kommen deutlich erkennbare **radiäre Gefässbündel** zu.

Nehmen wir, um gleich das schönste Beispiel dafür zu haben, eine dünne Sarsaparillewurzel (von *Smilax medica*), präpariren sie genau wie oben (S. 84 für das Theeblatt angegeben, machen einen dünnen Querschnitt und legen ihn unters Mikroskop, so sehen wir (vergl. Fig. 66), dass die Holzelemente, nach aussen hin immer kleiner werdend wie die Strahlen eines Sterns, den soeben gebrauchten Vergleich mit einem Kabel durchaus rechtfertigen. Derartige, aus sehr vielen (6—300) Speichen zusammengesetzte Wurzel-Gefässbündel kommen den der Klasse der Monocotylen zugerechneten Pflanzen zu.

Bei den dicotylen Pflanzen dagegen sind allermeist viel weniger Strahlen vorhanden. Bei dem in Fig. 67 dargestellten Querschnitt durch die Wurzel des Hahnenfuss sind es z. B. nur vier.

An diesem „radiären" Bau wird man selbst kleinste Wurzelfragmente, wenn dieselben nur noch nicht zu alt sind, stets leicht erkennen. Dagegen kommt dieser Bau den unterirdischen Stengeln, welche als **Rhizome** bezeichnet werden, nicht zu.

Eine Droge von durchaus wurzelartigem Aussehen ist z. B. das Rhizoma graminis, der Wurzelstock von *Carex arenaria* (Fig. 68). Trotzdem zeigt der dargestellte Querschnitt ohne weiteres, dass man es nicht mit einer echten Wurzel zu thun hat. Die Rinde des Rhizoms hat grosse Luftlücken (*l*); im Innern ist ein festgefügtes, derbwandiges Gewebe vorhanden, welches da und dort zerstreute (nicht strahlenförmig angeordnete) Gefässe *gf* aufweist.

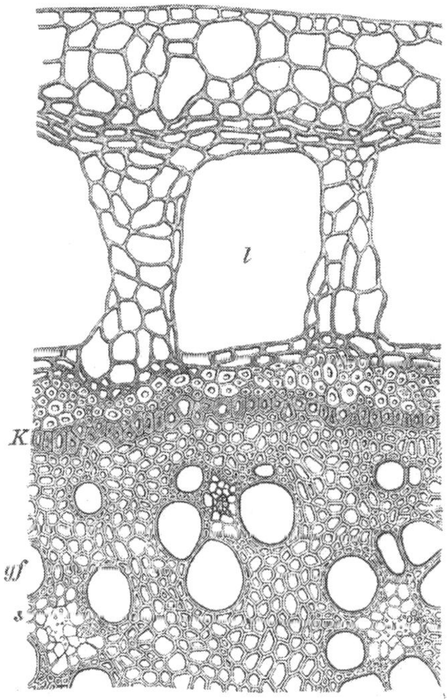

Fig. 68. Theil des Querschnitts durch das Rhizom von *Carex arenaria*. *l* Lufträume, *gf* Gefässe, *s* Siebröhren. (Nach Tschirch.)

Dieser strahlenförmige, die Wurzeln unzweideutig charakterisirende Bau der Gefässbündel geht aber verloren, wenn dieselben in die Dicke wachsen, was durch Bildung neuen Holzes geschieht. Eine ältere, verholzte Wurzel kann durch die Anatomie ihres Holzes nicht mehr ohne Weiteres als Wurzel erkannt werden; insbesondere kann, wie dies in der Praxis manchmal vorkommt, von stark zerkleinertem Holz nicht mit Sicherheit gesagt werden, ob dasselbe von einer Wurzel oder von einem Stammorgan herstammt.

Dagegen giebt es, wenn man (auch nur kleine) Theile einer älteren Wurzel vor sich hat, folgende drei Möglichkeiten, auch hier noch den Wurzelcharakter zu bestimmen:

1. Es pflegen an solchen grössern Wurzeltheilen da und dort noch kleinere Wurzelfasern zu hängen, welche dann den oben geschilderten charakteristischen Bau aufweisen.

2. Allermeist gelingt es, auch bei klein zerschnittenen Wurzeln Stellen aufzufinden, wo Verzweigungen derselben auftreten. Werden solche Stellen in Längsschnitten betrachtet (oft genügt die Lupe dazu), so sieht man (vgl. Fig. 69) bei Wurzeln, dass die Verzweigung in der Weise erfolgt, dass die Wurzelzweige tief im Innern der grössern Wurzel entstehen resp. an den aus den langen, verholzten Elementen bestehenden Centralcylinder sich ansetzen, während die Auszweigungen der Stämme oberflächlich entstehen.

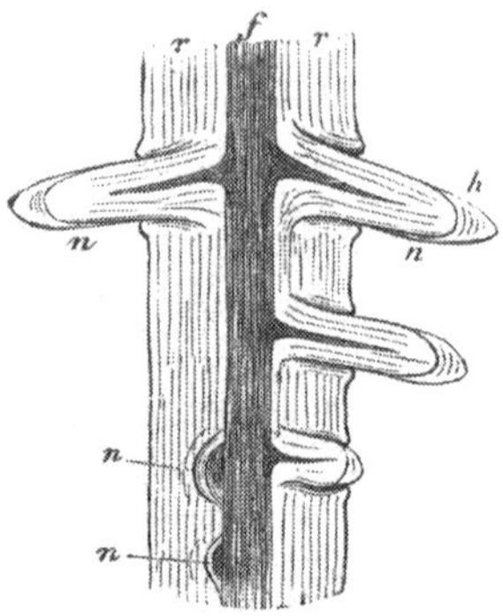

Fig. 69. Bildung von Wurzelzweigen an einer stärkeren Wurzel. *r* Rinde, *f* Centralstrang aus langgestreckten Elementen, *n* Wurzelauszweigungen, *h* Wurzelhaube. Schematisch, nach Prantl.

3. Besonders bei nicht stark verholzten Wurzeln sieht man auch an zerkleinertem Untersuchungsmaterial sehr häufig, dass die Rinde in unregelmässiger Weise eingebuchtet ist resp. Querfaltungen aufweist.

Dies hat in einer mit der Funktion der Wurzel zusammenhängenden Erscheinung seine Ursache. Jede Wurzel verkürzt sich nach einiger Zeit, um dadurch die Pflanze fester im Boden zu verankern. Diese sekundäre Verkürzung äussert sich natürlich am klarsten an den weicheren Theilen der Rinde, welche dadurch gestaucht und buchtig resp. ringförmig eingefaltet werden.

Stammorgane.

Bei allen als Stammorgane zu erkennenden Objekten muss man unterscheiden zwischen normalen Stammorganen (welche allermeist oberirdisch sind und die Funktion haben, die der Ernährung dienenden Blätter in geeigneter Lage dem Licht auszusetzen) und zwischen metamorphosirten Stammorganen (insbesondere den unterirdischen, als Nahrungsspeicherorgane dienenden). Letzere werden im Gegensatz zu den normalen Stämmen als **Rhizome** bezeichnet.

Normale Stammorgane.

Gleich den Wurzeln haben die normalen, oberirdischen Stammorgane in erster Linie der Saftleitung zu dienen; zugleich müssen sie auch mechanischen Inangriffnahmen (insbesondere der durch Luftströmungen hervorgerufenen Biegung) gewachsen sein. Die Anordnung der Gewebe im normalen Stamm wird also sowohl der Saftleitung wie der Biegungsfestigkeit entsprechen müssen. Zugleich ist bei jungen, grünen Stammorganen regelmässig die Nothwendigkeit vorhanden, dass die Gewebe behufs Athmung und Assimilation mit der Atmosphäre in direkte Verbindung treten. Diese wird durch die weiter unten, bei Behandlung der Blätter zu beschreibenden Spaltöffnungen hergestellt.

Aus diesen Daten ergiebt sich leicht die Unterscheidung normaler Stammorgane von der Wurzel einerseits, von den Blättern anderseits.

Der Funktion der Saftleitung entsprechend führt jeder Stamm ein grosses Quantum verholzter, langgestreckter Elemente, welche in dieser Massenhaftigkeit dem Blatte abgehen. Diese Elemente

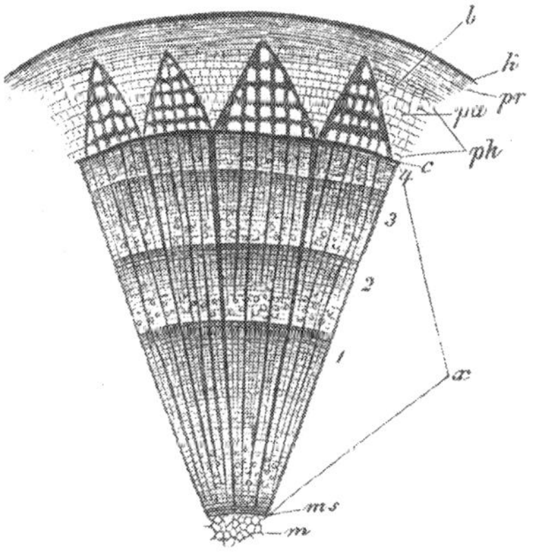

Fig. 70. Theil eines Querschnittes durch einen vierjährigen Zweig der Linde (schwach vergrössert). *m* Mark, *ms* Markscheide, *x* der sekundäre Holzkörper; *1, 2, 3, 4* die vier Jahresringe; *c* Cambium; *ph* Bastkörper, *pa* primäre Markstrahlen, *b* Bastfasern, *pr* primäre Rinde, *k* Kork. (Nach Prantl.)

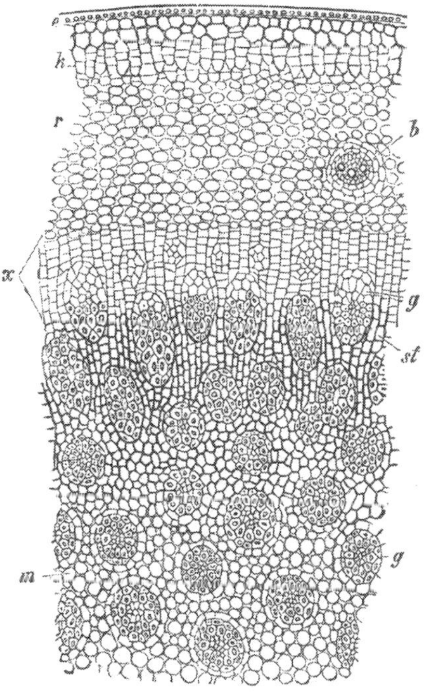

Fig. 71. Stück des Stamm-Querschnittes einer *Dracaena*; *e* Epidermis, *k* Kork, *r* primäre Rinde mit einem Blattspurstrang *b*; *x* das Theilungsgewebe; *g* Gefässbündel; *st* das neugebildete, *m* das ältere Grundgewebe („Nach Sachs").

(gewöhnlich zu dem, was wir „Holz" nennen, zusammengeschlossen) sind ganz besonders bei den „Holzgewächsen" auch dem Laien erkennbar, doch finden sie sich auch (wenngleich nicht in solcher Menge) bei den krautigen Stämmen. Und zwar bilden sie entweder (abgesehen von den etwas abweichend aussehenden jüngsten Theilen der Nadelhölzer- und Dicotylen-Stämme) bei diesen Pflanzengruppen einen geschlossenen Holzcylinder, welcher im Laufe der Jahre durch regelmässig erfolgenden Zuwachs ein geringeltes

Aussehen annimmt (Jahresringe bildet) (Fig. 70) oder aber sie liegen scheinbar regellos, auf dem Querschnitt bei Lupenbetrachtung als zerstreute Punkte erscheinend; letzteres Vorkommen ist für die Stammorgane der Monocotylen charakteristisch (vergl. Fig. 71).

Hat man es nun mit einem stark verholzten Objekt oder mit Theilen desselben zu thun, so lässt sich auf den ersten Blick nur bei einer der Klasse der Monocotylen angehörigen Abstammungspflanze sagen, ob dasselbe ein Stamm- oder ein Wurzeltheil ist. Beim Holz der Dicotylen kann das Objekt auch ein Theil der Wurzel sein. In diesem Fall vergleiche man das oben über Wurzelorgane Ausgeführte.

Als weitere Unterscheidungen wird man verwenden können das häufige Vorkommen von Haaren auf krautigen Stammorganen, während solche (abgesehen von den sofort abfallenden „Wurzelhaaren") den Wurzeln nicht eigen sind; ferner insbesondere das den Wurzeln fehlende Vorhandensein von Blattnarben oder Blattansätzen, sowie die an die äusseren (nicht wie bei den Wurzeln an die innersten) Gewebe ansetzenden Verzweigungen.

Liegen dagegen Theile eines unverholzten (krautartigen) Stammorgans vor, so ist die Unterscheidung gegenüber den Wurzeln sehr leicht; in diesem Fall könnte eher eine Verwechselung mit Blattorganen vorkommen. Bei den Wurzeln sind nämlich Spaltöffnungen (siehe unten) so selten, dass ihr Vorkommen praktischer Weise gar nicht in Rechnung gestellt zu werden braucht; dagegen weist die Oberhaut (Epidermis) krautiger Stengel allermeist sehr viele Spaltöffnungen auf. Dies Merkmal, sowie der oben geschilderte charakteristische Bau der Wurzel-Gefässbündel (im Gegensatz zu den im Kreis angeordneten Bündeln der krautigen Dicotylenstämme) lässt jedes derartige Stammorgan leicht von einem Wurzeltheil unterscheiden.

Metamorphosirte, unterirdische Stammorgane.

Da die Funktion der Fortleitung von Nahrungsstoffen gegenüber der Aufspeicherung derselben zurücktritt, wird das Prosenchym in Speicherorganen mehr oder weniger unterdrückt und an seine Stelle tritt Parenchym. Die Reservestoff-Speicher der Pflanze sind fast ausnahmslos dadurch charakterisirt, dass sie hauptsächlich aus unverholztem (nicht mit Phloroglucin-Salzsäure sich roth färbendem) Gewebe gebildet sind.

Ferner sind sie unverkennbar charakterisirt durch die fast stets in ihnen lagernden Reserve-Nährstoffe selbst. In den allermeisten Fällen ist dies Stärke, welche leicht durch die Jodreaktion erkannt wird; seltener finden sich andere Kohlehydrate (wie Zuckerarten, Inulin, Pflanzenschleim), fettes Oel oder Eiweissstoffe.

Alle diese Nahrungsstoffe kommen zwar auch in anderen Pflanzentheilen als den hier in Betracht kommenden Speicherorganen vor; insbesondere sind sie den Samen eigen, weil ja auch im Samen der jungen Pflanze für ihre Entwickelung Nährstoffe reichlich mitgegeben werden müssen. Aber die Samen und ihre Theile werden wir leicht von den übrigen unterscheiden lernen, und in anderen Pflanzentheilen enthaltene Nährstoffe (z. B. Stärke) sind entweder nicht so massenhaft vorhanden, dass man diese Theile als Speicherorgane ansehen könnte oder aber dieselben sind (hauptsächlich durch prosenchymatischen Bau) an sich schon genügend charakterisirt.

Eine klare anatomische Unterscheidung von als Stammorgane oder als Wurzelorgane anzusehenden unterirdischen Speicherorganen (Stamm- und Wurzelknollen) ist in vielen Fällen (z. B. bei der Kartoffelknolle, dem Salep etc.) nicht möglich. Anders verhält es sich aber, wenn der Stamm- resp. Wurzelcharakter noch nicht vollkommen verwaschen ist. So wird man z. B. die Rhizome der Zingiberaceen (Ingwer, Curcuma etc.) leicht aus ihrer Gefässbündel-Anordnung als monocotyle Stämme erkennen können.

Blätter.

Mit grösster Leichtigkeit sind allermeist die Blätter an ihrem anatomischen Bau zu erkennen. Auch dies ist eine Folge ihrer physiologischen Aufgabe. Die Blätter haben wesentlich Nahrungsstoffe zu bereiten, nicht fortzuleiten: deswegen bestehen sie hauptsächlich aus Parenchym. Die Bereitung der Nahrungsstoffe (Kohlehydrate) wird bewirkt durch die grün gefärbten Körner in den Parenchymzellen (Chlorophyllkörner), indem unter der Einwirkung des Lichtes die Kohlensäure in Kohlenstoff und Sauerstoff zerlegt wird. Um das Chlorophyll dem Licht recht darzubieten, muss dasselbe in einer dünnen, leicht zu durchleuchtenden Zellschicht vorhanden sein. Daraus folgt, dass der dünne („blattartige") Bau des Blattes zweckentsprechend und bezeichnend ist. Bekanntlich kommt nun das Sonnenlicht von oben, nicht aus der Erde: deswegen sind die allermeisten Blätter so gebaut, dass sie deutlich differenzirte Ober- und Unterseiten erkennen lassen. Derartig gebaute Organe nennt man **dorsiventral** gebaut. Im Gegensatz dazu sind fast alle Stengel ringsum gleichmässig (radiär) gebaut.

Aus der Athmungs- und Assimilationsthätigkeit der Blätter folgt ferner, dass dieselben der Luft (also dem Sauerstoff und der Kohlensäure) möglichst freien Zutritt zu den Zellen gewähren müssen. Dies wird durch die keinem von einer höheren Pflanze stammenden Blatt fehlenden **Spaltöffnungen** (Stomata) erreicht.

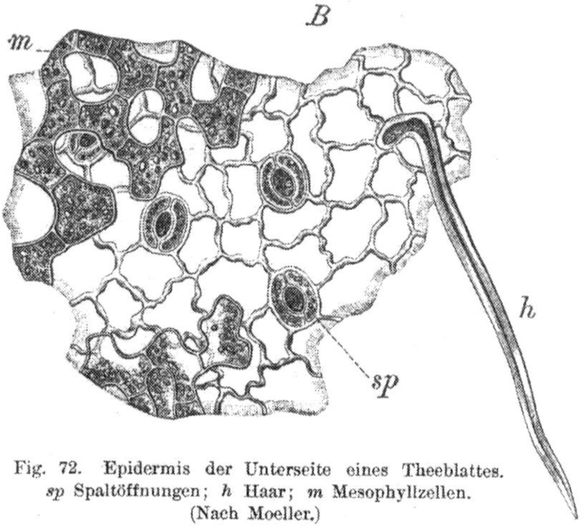

Fig. 72. Epidermis der Unterseite eines Theeblattes. *sp* Spaltöffnungen; *h* Haar; *m* Mesophyllzellen. (Nach Moeller.)

Nehmen wir wieder das oben (S. 86) erwähnte und präparirte Theeblatt, legen ein aufgekochtes Theilchen desselben in Eau de Javelle und betrachten die Unterseite wenn das Fragment weiss gebleicht ist, so sehen wir das in

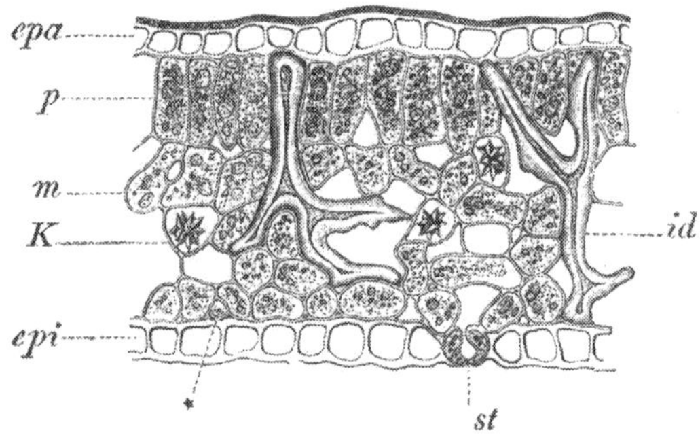

Fig. 73. Querschnitt durch ein Theeblatt. *epa* obere, *epi* untere Epidermis; *st* Spaltöffnung; *p* Palissadenschicht; *m* Mesophyll mit Krystalldrusen *K*; *id* Spikularfaser; bei * ist ein Arm einer Spikularfaser quer durchschnitten. (Nach Moeller.)

Fig. 72. dargestellte Bild: Wir sehen die Epidermiszellen von der Fläche; ihre Zellwände sind nicht vollkommen geradlinig, sondern etwas gewellt. Zwischen diesen Zellen nun liegen sehr auffallende elliptische Figuren, welche bei genauerer Betrachtung deutlich zwei halbmondförmige, einen Spalt zwischen sich freilassende

Zellen erkennen lassen. Diese Figuren sind die in Flächenansicht gesehenen Spaltöffnungen; ihre halbmondförmigen Zellen heissen Schliesszellen.

Auch auf dem Querschnitt des Blattes (Fig. 73) muss man natürlich die Spaltöffnungen sehen können, wenn auch in ganz anderer Gestalt. Dies ist thatsächlich der Fall. Betrachten wir unsern früher bereits gemachten Querschnitt genau, so finden wir in der Epidermis der Unterseite (*epi*) bei *st* einen von besonders gearteten Zellen (den Schliesszellen) umgebenen Spalt. Dies ist wieder der Spalt der Spaltöffnung. Auch auf Querschnitten sind also die Stomata leicht (wenn auch nicht so auf den ersten Blick wie an Flächenansichten) zu erkennen.

Zugleich lehrt uns dieser Querschnitt aber auch noch die bereits oben erwähnte Dorsiventralität des Blattes genauer erkennen. Wir sehen, dass zwar die Zellen der Oberseiten-Epidermis (*epa*) ungefähr ebenso gestaltet sind, wie diejenigen der Unterseite, aber an die Oberseite schliessen sich etwas langgestreckte, palissadenartig festgefügte Zellen nach innen an (*p*), die Palissadenzellen, während der unteren Epidermis rundliche Zellelemente anliegen. Die Mitte des Blattes wird vom Mesophyll (*m*) eingenommen, einem Gewebe, welches der Luftcirkulation wegen mit grossen Lufträumen versehen ist und welches zugleich (*K*) in einzelnen Zellen grosse Drüsen von Calciumoxalat enthält. Als Stütze des Blattes sind beim Thee grosse, zahnwurzelförmige, verholzte Zellen (*id*) vorhanden, welche als Spikularzellen bezeichnet werden. In der Palissaden-Zellschicht liegen die meisten Clorophyllkörner; deswegen ist es bei fast allen Blättern Regel, dass die Oberseite dunkler grün gefärbt ist als die Unterseite.

Obgleich nun nicht alle Blätter genau so gebaut sind wie das Theeblatt, veranschaulicht dies doch den Typus des Blattes in recht guter Weise, und man wird, selbst bei kleinsten Fragmenten, an Spaltöffnungen und (allermeist dorsiventralem) plattgedrücktem Bau Blätter leicht erkennen. Ferner kommen gerade Haargebilde (*h* in Fig. 72) den Blättern besonders häufig zu.

Abweichend von diesem Bau sind die nicht der Ernährung dienenden Blumenblätter, Staubblätter und Fruchtblätter, kurz die Blüthentheile beschaffen. Aber bei den eigentlichen Blumenblättern tritt die flachgedrückte Anlage (wenn auch meist keine Dorsiventralität vorhanden) so deutlich in Erscheinung, und diese Organe sind so zart, dass sie nicht verkannt werden können.

Darauf hingewiesen sei, dass besonders an Blüthentheilen ausserordentlich häufig die Zellen der Oberhaut papillenartig vorgewölbt sind. Durch diese Eigenschaft wird das sammetartige Aussehen vieler schön gefärbter Blüthentheile bewirkt. Ein sehr ausgesprochenes Beispiel solcher Papillenbildung stellt die in Fig. 74 dargestellte Narbe der Safflorblüthe *(Carthamus tinctorius)* dar.

Haare.

Obgleich keine morphologische Einheit, welche im gleichen Athem mit Wurzel, Stamm und Blatt genannt werden können, sind die Haare doch anatomisch, für die mikroskopische Betrachtung, so wichtige Pflanzenorgane, dass sie besonders behandelt werden müssen.

Das Haar ist stets eine Ausstülpung einer Epidermiszelle. So vielgestaltig nun die Haare sind (sie können ein- oder mehrzellig sein, können Zellfäden, Zellflächen oder Zellkörper darstellen), stets sind sie dann ohne Weiteres erkennbar, wenn auch nur eines derselben im Zusammenhang mit dem grösseren Pflanzenkörper vorliegt. Doch auch lose Haare sind theils an ihrer charakteristischen Gestalt, theils an einigen chemischen Reaktionen leicht erkennbar. Verwechselt können dieselben (abgesehen von thierischen Fasern, welche sich mit $10^0/_0$ Kalilauge gekocht auflösen, was die Pflanzenhaare nicht thun) nur werden mit aus dem Gewebeverband herausgerissenen Sklerenchymfasern. Aber diese färben sich, ihrer Verholzung wegen, mit Phloroglucin-Salzsäure roth, was die Haare nie thun. Ferner sind die Haare (im Gegensatz zu diesen Fasern) fast immer mit einem feinen Häutchen überzogen, welches über allen Epidermis-Gebilden liegt und gegen koncentrirte Schwefelsäure äusserst resistent ist. Dies Häutchen wird **Cuticula** genannt. Man sieht es am leichtesten bei Färbung der Haare mit Alkannin: dieser Farbstoff tingirt es tief roth, während die übrigen Theile der Zellwände farblos bleiben.

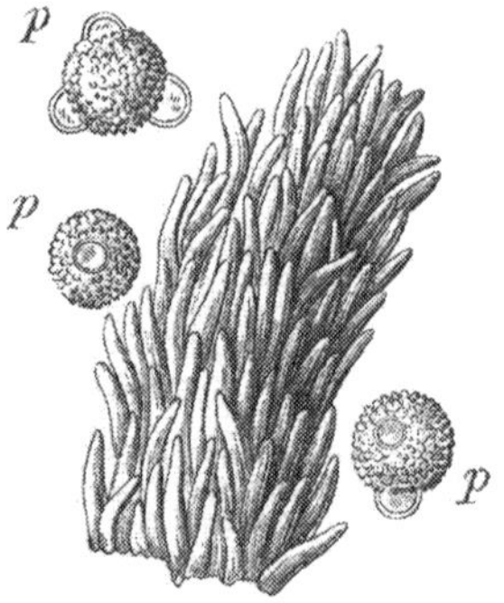

Fig. 74. Griffelende der Safflorblüthe. *p* Pollenkörner. (Nach Moeller.)

Samen.

Eine der häufigsten Aufgaben des praktischen Mikroskopikers besteht in der Untersuchung zerkleinerter Samen der verschiedensten Pflanzen. Ob ein unter dem Mikroskop liegendes Objekt einem Samen entstammt, wird im Allgemeinen leicht erkannt werden. Bereits oben (S. 111) wurde darauf hingewiesen, dass die Samen Stätten sind, welche von der Pflanze mit sehr reichlichen Reservenährstoffen ausgestattet werden. Insbesondere Fragmente, welche sehr reichlich **fettes Oel** enthalten, gehören fast stets zu Früchten oder Samen. Ferner ist ein den Samen eigenthümliches Reservenährmittel das **Aleuron**; dasselbe besteht aus Körnern, welche dichtgedrängt ganze Zellen (Aleuronzellen) anzufüllen pflegen und welche bei den Grassamen als **Kleberzellen** bekannt sind. Dies

Aleuron ist als konzentrirtes (wasserarmes) unbelebtes Eiweiss zu betrachten. Es wird durch Wasser theilweise gelöst, jedenfalls desorganisirt, und muss deshalb in koncentrirtem Glycerin untersucht werden; mit Jod wird es gelbbraun gefärbt und daran, sowie eben an der dichten Anhäufung in den Zellen und der körnigen Struktur ist es leicht zu erkennen. Ferner kommt Stärke in den Samen ausserordentlich häufig massenhaft vor (das Mehl ist Samenstärke aus den Getreidekörnern).

In besonders schöner Weise sind die stickstoffhaltigen (Kleber) und stickstofffreien (Stärke) Reservenahrstoffe in den Grassamen von einander geschieden und auf den ersten Blick zu unterscheiden. In Fig. 75 sieht man, dass die mit *E* bezeichnete Zellschicht (welche sich nach innen noch weiter fortsetzt und die Hauptmasse des Samens bildet) mit grossen Körnern, den Stärkekörnern, angefüllt ist. Dagegen zeichnet sich die Zellschicht *K* durch ihren sehr feinkörnigen, dunklen Inhalt der Zellen aus. Setzen wir dem Schnitt Jod zu, so färbt sich die Zellschicht *E* tiefblau, *K* dagegen braungelb: daraus sieht man, dass wirklich die grossen Körner Stärke, die kleinen aber Eiweisskörperchen sind.

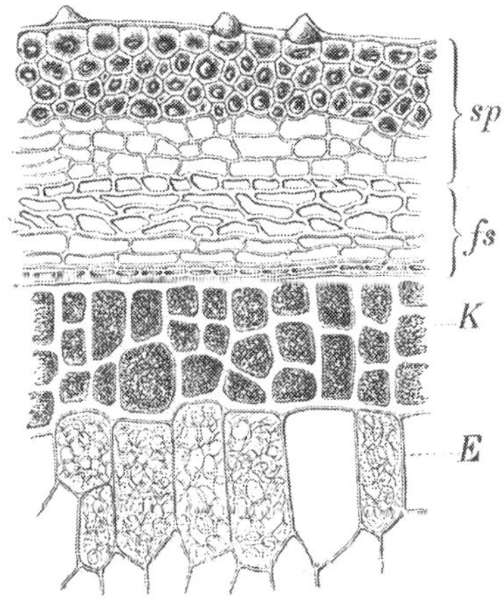

Fig. 75. Querschnitt durch die äusseren Parthien des Gerstenkorns. *sp* Spelze; *fs* Frucht- und Samenschale; *K* Kleberschicht; *E* mehlhaltiges Endosperm. (Nach Moeller.)

Nun fällt aber an dem Schnitt Fig. 75 noch ferner auf, dass um die Speichergewebe der Reservenahrung herum sehr starke und leere Zellen liegen (*sp* = Spelze, *fs* = Fruchtschale). Dies Moment muss gleichfalls beachtet werden; es kommt allen Samen zu, wenn die betreffende Zellumhüllung auch sehr verschieden gestaltete Zellen aufweisen kann.

Hat man ausser den bezeichneten Reservenahrungsstoffen, welche in allermeist dünnwandigen Parenchymzellen liegen, auch noch ganze oder zerbrochene, sehr starkwandige, allermeist verholzte, zudem mehr oder weniger parenchymatische Zellen in einem als Präparat behandelten Pulver, so stammt dies in der überwiegenden Mehrzahl der Fälle von Samen her. — Dabei ist natürlich zu bemerken, dass es sich um reine, nicht irgendwie durch künstliche Beimengungen verfälschte Pulver handeln muss.

Bei den Mahlprodukten der Getreidesamen sind diese dickwandigen, von der Samenumhüllung stammenden Elemente als „Kleien-Bestandtheile" bekannt.

b) Objekte von niederen (Zellen-) Pflanzen.

Wie oben gesagt, unterscheiden sich die Zellenpflanzen von den Gefässpflanzen durch den Mangel der Gefässe. Aber nicht nur in dieser Beziehung, sondern überhaupt sind sie einfacher organisirt als die höheren Pflanzen. Insbesondere kommen bei den

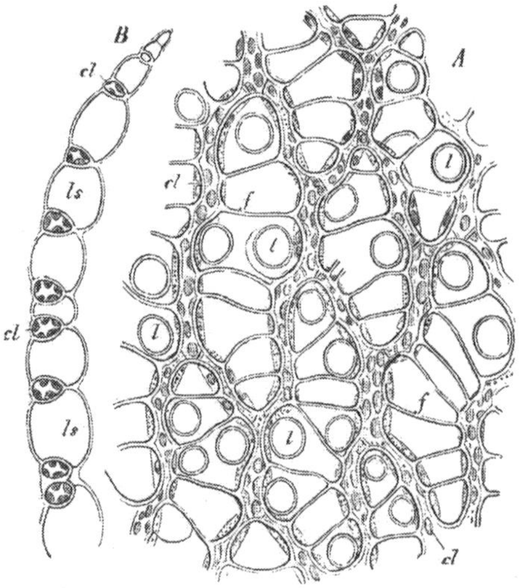

Fig. 76. Torfmoos (*Sphagnum acutifolium*). *A* Blattstück von der Fläche, *B* im Durchschnitt gesehen. *cl* schlauchförmige, chlorophyllführende Zellen; *ls* grosse leere Zellen mit den Löchern *l* und den spiraligen Verdickungen *f*. (Nach Sachs.)

niederen Pflanzen sehr vielfach solche vor, welche nur aus einer einzigen Zelle bestehen. Die Zellenpflanzen werden in Moose, Algen und Pilze unterschieden.

Laubmoose.

Bei den Laubmoosen (und dem grössten Theil der Lebermoose) sehen wir fast immer noch eine Differenzirung der Pflanze in ein Stämmchen und in Blätter vor uns. Kommen in mikroskopischen Objekten Moostheile zur Schau, so stellen dieselben allermeist Blätter oder Blattfragmente dar, und gerade diese Organe der Moose sind auf den ersten Blick zu erkennen. Während bei allen höheren Pflanzen (mit für die Praxis gar nicht in Betracht kommenden, äusserst seltenen Ausnahmen) die Blätter auf dem Querschnitt mehrere Lagen von Zellen erkennen lassen, jedenfalls auch eine deutliche Epidermis besitzen, sind die Moosblätter fast stets ihrer grössten Ausdehnung nach aus einer einzigen Zelllage gebildet, besitzen jedenfalls keine eigentliche Epidermis.

Sehr verschieden sind in der Klasse der Moose die Blätter der gewöhnlichen Moose und diejenigen der Torfmoose gebaut. Während erstere, wie gesagt, abgesehen von der sehr häufig fehlenden Mittelrippe aus einer einzigen Fläche gleichartiger Zellen gebildet werden und diese Zellen alle in der Weise gleichgestaltet sind, dass sie mit grünen (Chlorophyll-) Körnern versehen sind, finden wir bei den Torfmoosen (Fig. 76) in jedem Blattfragment zweierlei grundverschiedene Zellen, nämlich 1. lange, bandförmige, mit grünem Farbstoff versehene, und 2. dazwischen liegend und von den ersteren wie von Rahmen eingefasst farblose, mit spiraliger Membranverdickung versehene und grosse Löcher aufweisende Zellen. Dieser Bau ist so charakteristisch, dass das Torfmoosblatt (z. B. in Torfmull, Torfstreu, mit solchen behandelten Fäkalien etc.) auf den ersten Blick erkannt werden kann.

Aus diesem sehr auffälligen Bau der Torfmoos-Blätter erklärt sich ohne weiteres die Eigentümlichkeit dieser Moose, sich wie ein Schwamm rasch mit Feuchtigkeit vollzusaugen. Wird z. B. Torfstreu mit Fäkalien vermengt (Torfstreu-Klosetts), so dringt die Flüssigkeit (Urin etc.) sofort in die durchlöcherten, farblosen Zellen ein und wird durch Capillarwirkung festgehalten.

Algen.

Die allermeisten Algen des süssen Wassers sind mit Chlorophyll grün gefärbt; dagegen haben sehr viele Meeresalgen entweder rothe oder braune Farbe. Die rothen Algen werden als Rhodophyceen; die braunen grossen Meeresalgen als Phaeophyceen zusammengefasst. Diese beiden Algen-Klassen haben für den Anfänger in der Mikroskopie geringeres Interesse als die überall im süssen Wasser vorkommenden und in jeder beliebigen aus einem offenen Gewässer entnommenen Wasserprobe leicht zu beobachtenden grünen Algen. Ausser diesen grünen Algen (von Manchen als Chlorophyceen zusammengefasst) giebt es im Süsswasser (wie auch im Meer) noch zwei verschiedene Klassen gleichfalls durch ihren Farbstoff ausgezeichneter Algen. Dies sind die blaugrünen Schizophyceen und die mit einem besonderen braunen Farbstoff gefärbten Bacillariaceen (auch Diatomeen genannt).

Letztere sind uns bereits mehrfach (z. B. als mikroskopische Testobjekte) begegnet; wir wissen von ihnen bereits, dass sie mit einem Kieselpanzer versehen sind. An diesem Kieselpanzer, sowie an dem braunen Farbstoff im Innern der Zellen werden die **Bacillariaceen** leicht erkannt.

Die blaugrünen Algen, die **Schizophyceen**, treten fast ausnahmslos als einfachste Pflanzen auf, d. h. sie bestehen aus Einzelzellen oder Zellfäden, seltener aus Zellflächen. Der blaugrüne Farbstoff ist allermeist nicht an besondere Körper im Innern der Zelle (Chromatophoren) gebunden, sondern färbt den ganzen Zellinhalt gleichmässig.

Ob eine Alge zu dieser oder zur nächsten Gruppe gehört, wird gewöhnlich ohne weiteres aus ihrer Färbung erkannt, und zwar ist das den Chlorophyceen eigene Grün ein gelbliches und wird im Farbenkasten des Malers mit Saftgrün bezeichnet. Alle höheren Gewächse sind, soweit sie überhaupt grüne Farbe tragen, mit dem Chlorophyll, dem Farbstoff der lichtgrünen Algen gefärbt und der Ton, welchen die Färbung der chlorophyllgrünen Algen meist aufweist, wird durch junges Birkenlaub gut dargestellt.

Die **Chlorophyceen** sind meist Zellfäden, doch kommen vielfach auch Einzelzellen vor; nur Zellkörper sind in dieser Algenklasse sehr selten; der grüne Farbstoff ist meist an bestimmte Körper im Zellinnern (Chromatophoren) gebunden.

Alle in einem Wassertropfen befindlichen grünen Zellen oder Zellfäden kann man unbesorgt für Algen erklären, wenn dieselben keine Eigenbewegung aufweisen.

Pilze.

Sehr viel grössere Bedeutung für die Praxis haben die Pilze. Dieselben sind noch viel allgemeiner verbreitet als die Algen, da sie gleichmässig Wasser und Land bewohnen, während auf trockenem Standort nur wenige Algenarten vorkommen.

Der fundamentale Unterschied zwischen Algen und Pilzen besteht darin, dass erstere mit (grünem oder andersartigem) assimilirendem Farbstoff versehen sind, letztere dagegen nicht. Als „Assimilation“ haben wir oben (S. 111) die unter dem Einfluss des Lichts stattfindende Zerlegung der Luft-Kohlensäure in Kohlenstoff und Sauerstoff bezeichnet, wobei der Kohlenstoff durch Anlagerung von Wasser zu Kohlehydraten umgestaltet wird. Die Kohlehydrate werden (wie die durch weitere Anlagerung von Stickstoff an dieselben entstehenden Eiweisstoffe und wie die durch Oxydation der Kohlehydrate gebildeten fetten Oele) als „plastische, aufgebaute“ Nährstoffe bezeichnet. Die Bildung derartiger Nährstoffe ist also an einen assimilirenden Farbstoff, gewöhnlich an Chlorophyll, gebunden.

Da, wie wir eben gesehen haben, die Pilze sich durch den Mangel assimilirenden Farbstoffes auszeichnen, sind die Körper oder die Zellen derselben unter dem Mikroskop besonders an ihrer Farblosigkeit leicht zu erkennen.

Von dieser Regel, dass die Pilze des assimilirenden Farbstoffs entbehren, machen auch die deutlich und öfters sehr auffallend gefärbten höheren Pilze keine Ausnahme. Obgleich es reichlich grün gefärbte Pilze giebt [z. B. mehrere Täubling- *(Russula-)* Arten, *Agaricus odorus*, der gemeine Pinselschimmel *(Penicillium crustaceum)*], ist dies Grün doch kein Chlorophyll, sondern ein inaktiver Farbstoff. Gleichfalls darf das Roth [z. B. des Fliegenpilzes *(Amanita muscaria)*, des Speiteufels *(Russula emetica)* etc.] mancher Pilze nicht mit dem assimilirenden rothen Farbstoff der rothen Algen zusammengeworfen werden.

Aus dem Mangel des assimilirenden Farbstoffs bei den Pilzen kann ferner ein sehr wichtiger Schluss auf ihre Lebensweise gezogen werden. Da die Pilze sich nicht selbst aus Kohlensäure plastische Substanz aufbauen können, da sie derselben aber doch für ihr Leben ebenso gut bedürfen wie alle anderen Organismen, so müssen sie durch grüne Pflanzen aufgebaute Nahrung irgendwo her beziehen.

In dieser Beziehung sind also die Pilze genau in der gleichen Lage wie die ganze Thierwelt, welche auch direkt oder indirekt sich von den grünen Pflanzen, d. h. von den durch das Chlorophyll derselben erzeugten Nahrungssubstanzen erhält.

Die von den höheren Pflanzen bereiteten Nährstoffe können nun entweder in der Form von den Pilzen aufgenommen werden, dass letztere das von den grünen Pflanzen freiwillig abgeworfene Nährmaterial aufzehren. Dies ist z. B. beim Fliegenpilz der Fall, welcher von dem vermodernden Laub der Wälder sich nährt. Derartiges aus faulenden Substanzen seinen Unterhalt gewinnendes Leben wird **Saprophytismus** genannt; die allermeisten Pilze sind Saprophyten.

Um die saprophytische Ernährung zu einer recht ausgiebigen zu gestalten, sind die Pilze vielfach mit der Eigenschaft ausgestattet, festgefügte chemische Atomkomplexe zu zertrümmern, um aus denselben heraus für das Leben besonders wichtige Elemente oder Atomgruppen (z. B. Sauerstoff für die Athmung) zu erlangen. Diese Kraft, welche ganz besonders in den untersten Pilzklassen sehr weit und in sehr vielen Modifikationen verbreitet ist, wird als **Gährungsvermögen** (zymotische Kraft) der Pilze bezeichnet. Wir benutzen derartig wirkende Pilze (die Gährungserreger) vielfach, besonders zur Herstellung alkoholischer Getränke (Alkoholgährung, besonders der Hefepilze), aber auch zur Darstellung des Essigs (Essiggährung der Essigsäure-Bakterien) etc. — Im Grunde genommen stellt jede Fäulniss einen Gährungsprocess dar; die Pilze umfassen deswegen auch die ganze Masse der (allermeist den Bakterien zuzurechnenden) Fäulnisserreger.

In anderer Weise kann das plastische Nährmaterial von den Pilzen aber auch noch gewonnen werden, nämlich indem diese Pflanzenklasse sich auf lebenden anderen Pflanzen oder Thieren ansiedelt und nun die Nahrungsstoffe direkt den lebenden Körpern derselben entnimmt. Dieser Ernährungsvorgang wird **Parasitismus** genannt; sehr viele Pilze sind Parasiten.

Es ist bei parasitisch lebenden Organismen eine sehr gewöhnliche Erscheinung, dass dieselben durch die Entziehung der Nahrungsstoffe die Nährpflanzen oder Nährthiere direkt schädigen. Deshalb sind die Pilze in sehr vielen Fällen die Erreger von Thier- und Pflanzenkrankheiten. Die meisten Thierkrankheiten werden (wie auch die Ueberzahl der menschlichen Seuchen) durch Bakterien veranlasst; die Pflanzenkrankheiten dagegen haben meist schimmelartig aussehende, höhere Pilze als Ursache.

Als Pilze wird man, wie aus unseren Ausführungen hervorgeht, alle farblosen Zellenpflanzen ansprechen; insbesondere ist es bei grösseren Pilzkörpern, aber auch bei feinen, farblosen, dünnwandigen Fäden, welche sich in mikroskopischen Objekten befinden, sowie bei farblosen, stäbchen- oder kugelförmigen, sehr kleinen (1—5 μ) Einzelzellen niemals zweifelhaft, dass dieselben der Pilzklasse zuzurechnen sind.

Die Erkennung der einzelnen Unterabtheilungen der Pilze macht für gewöhnlich keine Schwierigkeit, besonders wenn man ausser den unter dem Mikroskop sichtbaren Merkmalen auch noch den Ort, von welchem man den betreffenden Pilz genommen hat, resp. das Substrat, auf welchem er gewachsen ist, mit in Betracht zieht.

Ausserordentlich kleine, kugelförmige oder stäbchen-, resp. schraubenartige Zellen oder Fäden, bei welchen man keine doppelten Konturen deutlich unterscheiden kann und bei welchen keine echte Verzweigung vorliegt, rechnet man zu den **Schizomyceten** (Spaltpilzen, Bakterien).

Einzelne oder in kleinen Verbänden liegende, aus gährenden Flüssigkeiten, Schmutzwasser (doch auch aus krankhaften Sekreten des Körpers von Thieren und Pflanzen) stammende eiförmige Zellen gehören fast stets zu den **Saccharomyceten** (Hefepilzen), wenn dieselben Sprossung aufweisen. Diese Sprossung erkennt man daran, dass an den betreffenden Zellen kleinere, rundliche Ausstülpungen hängen (welche später zu grossen Zellen heranwachsen).

In Wasser (besonders Schmutzwasser und an im Wasser faulenden kleinen Thierchen) lebende fadenförmige Pilze gehören zu den **Oomyceten**, wenn die Fäden keine Querscheidewände aufweisen. Die bekanntesten Oomyceten sind *Saprolegnia* und *Achlya* ohne regelmässige Einschnürungen der Fäden, sowie *Leptomitus* mit solchen.

Auf faulenden oder modernden Substanzen an der Luft lebende und aus freien Fäden bestehende („schimmelartige") Pilzbildungen werden vom Laien als „Schimmelpilze" bezeichnet. Diese Schimmelformen stellen aber keine einheitliche Klasse dar, sondern können Formen der verschiedenartigsten Pilze sein. Meist wird man keinen Fehler begehen, wenn man solche Formen dann zu den **Zygomyceten** rechnet, wenn ihre Fäden keine Querscheidewände besitzen; sind solche dagegen vorhanden, so pflegen diese Schimmelarten zu den „Fungi imperfecti" zu gehören und stellen dann allermeist besondere Generationen („Conidienformen") der zu den hohen Pilzen gehörigen **Ascomyceten** dar.

In lebenden Pflanzen sich findende und schmarotzende Pilzfäden gehören zu den **Peronosporeen**, wenn sie keine Querscheidewände aufweisen. Sind solche dagegen vorhanden, so werden im allgemeinen die rost- oder brandrothen oder braunen Pusteln, welche Pflanzenkrankheiten bewirken, zu den Rostpilzen, den **Uredineen** zu rechnen sein; die Pilze aber, welche ein schwarzes Sporenpulver in den befallenen Pflanzengeweben erzeugen, sind Brandpilze, **Ustilagineen.**

Diejenigen Pilze, welche der Laie hauptsächlich unter dieser Bezeichnung versteht, welche grössere Fruchtkörper bilden, werden je nach der Erzeugung ihrer Sporen eingetheilt in **Basidiomyceten** und **Ascomyceten.** Bei den ersteren werden die Sporen äusserlich gebildet und zwar auf spitzenförmigen Vorragungen bestimmter Zellen (der Basidien) abgeschnürt; bei den letzteren haben besondere schlauchförmige Zellen (die Asci) den Zweck, in ihrem Innern die Sporen zu bilden. — Ein Querschnitt durch die sporentragende Region des Fruchtkörpers lehrt, diese Verhältnisse leicht zu unterscheiden.

Im allgemeinen wird man aber gar keine mikroskopische Untersuchung brauchen, sondern alle grossen Pilze, welche auf der Unterseite ihres Hutes Lamellen (strahlenartig geordnete Blätter), feine Löcher oder Stacheln aufweisen, zu den Basidiomyceten rechnen, die morchelartig aussehenden sowie die „Schüsselchen" dagegen zu den Ascomyceten.

3. Dem Thierreich angehörige Objekte.

Objekte von höheren Thieren sind nach Möglichkeit frisch zu untersuchen, da Fäulnis oder Eintrocknung verhältnismässig rasch ihre Erkennung unmöglich macht. Als indifferente Zusatzflüssigkeit beim Betrachten des Präparates empfiehlt sich in der Regel die sogenannte physiologische Kochsalzlösung (0,75 $^0/_0$); auch Wasser ist oft brauchbar, indes manche Zellen, z. B. auch Blutkörperchen, verändern sich darin rasch. Häufigere Anwendung finden auch Essigsäure (2—3 $^0/_0$), welche alle Eiweisskörper mit Ausnahmen der Kernsubstanz optisch auflöst, d. h. unsichtbar macht, Mucin niederschlägt. Sie ist indess nie zugleich mit Kochsalzlösung zu gebrauchen. Kali- oder Natronlauge zerstört in 1—2$^0/_0$ Verdünnung die organischen Gewebe, nur Fett, Pigment, elastische Fasern und pflanzliche Mikroorganismen bleiben erhalten. Sie dient also zur Heraushebung dieser. Stärker koncentrirt wirkt die Lauge weniger zerstörend auf die Gewebe. In 33$^1/_3$$^0/_0$ Lösung dient sie zur Isolirung glatter Muskelfasern. Kann man animalische Objekte aus äusseren Gründen nicht alsbald untersuchen, so empfiehlt sich Konservirung, welche meist in Spiritus (30—60$^0/_0$), zweckmässiger noch in der von den pathologischen Anatomen viel gebrauchten MÜLLER'schen Flüssigkeit (Kali bichrom. 25,0, Natr. sulf. 10,0, Aqua 1000,0) vorgenommen wird.

Oberflächenepithel.

Die äussere Bedeckung des Körpers höherer Thiere, insbesondere auch des Menschen, sowie die Auskleidung mancher seiner ausführenden Kanäle bildet ein Gewebe, welches dadurch charakterisirt ist, dass Zellen von eigenartiger Form in einer überaus sparsamen Grundsubstanz liegen. Letztere, auch Kittsubstanz genannt, wird als schwarzes Linienwerk bei Behandlung mit 0,2$^0/_0$ Höllensteinlösung sichtbar. Die Zellen dieses Deckgewebes haben je nach Sitz und Funktion recht verschiedene Form; die kuglige Grundform ist durch die Druckverhältnisse und Lagerungsbeziehungen zu den nachbarlichen Zellen vorwiegend in zwei Zellformen umgewandelt: in die abgeflachte der Platten- (oder Pflaster-) epithelien und in die durch seitliche Kompression bedingte schmale der Cylinderepithelien.

Das **Plattenepithel** finden wir an der ganzen Körperoberfläche sowie in den von aussen leicht zugänglichen Körperausführungsgängen: im Augenbindehautsack, in Theilen der Mund- und Nasenschleimhaut, des Kehlkopfs, der Speiseröhre, der Scheide, der Harnröhre. An den Schleimhäuten ist es in weniger Schichten zusammengelagert als an der äusseren Haut, deshalb kommt an jener die rothe Blutfarbe der gefässreichen Unterhaut mehr zum Ausdruck (Fig. 77). Die tiefste Schicht besteht meist aus länglichen cylinderförmigen, die oberflächlichen aus mehr kugligen Zellen mit grossem, bläschenförmigen Kern, der etwa $^2/_3$ so gross wie ein rothes

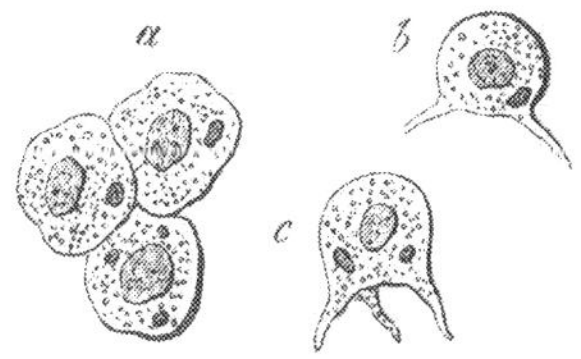

Fig. 77. Epithelialzellen des Plexus chorioidei vom Menschen. *a* die Zellen von oben, *b c* Seitenansichten derselben. (Nach Frey.)

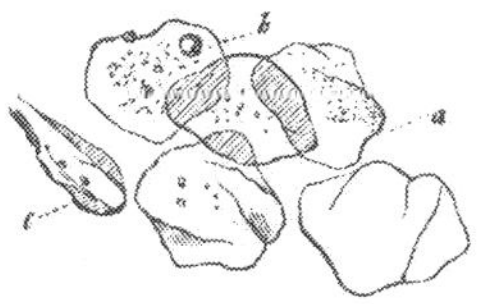

Fig. 78. Epithelialzellen. *a*, *c* kernlos, bei *b* mit reducirtem Kern. (Nach Frey.)

Blutkörperchen ist (Fig. 78). Weiter nach der Oberfläche hin flachen die Epithelien immer mehr ab; in der Hornschicht der äusseren Haut werden sie schliesslich zu glatten Schüppchen aus fester, glasheller Substanz, in der kein Kern mehr erkennbar ist. Man kratze mit der senkrecht gestellten Messerklinge über die Haut des Handrückens; der feine Staub, der auf der Klinge bleibt, besteht aus den kernlosen Zellen der Epidermis. Man erkennt diese Schüppchen als Zellen wieder, wenn

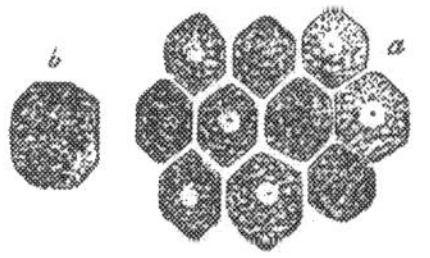

Fig. 79. Pigmentepithel der Retina des Schafes. *a* gewöhnliche sechseckige Zellen, *b* eine grössere achteckige. (Nach Frey.)

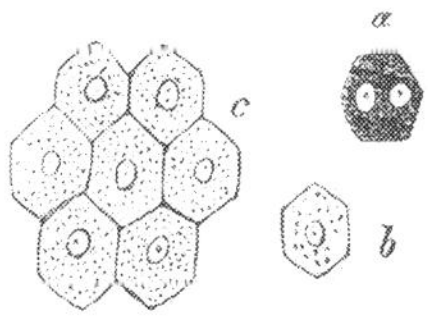

Fig. 80. Zellen des Pigmentepithels des Kalbes. *a* eine Zelle mit 2 Kernen, *b* Seitenansicht mässig mit Pigment erfüllter gewöhnlicher Zellen, *c* solche, welche nur sparsam Pigmentkörner führen. (Nach Frey.)

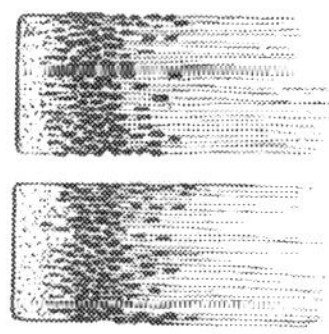

Fig. 81. Seitenansicht zweier Zellen d. pigmentirten Netzhautepithels vom Menschen. (Nach Frey.)

man sie durch verdünnte (10%) Alkalien aufquellen lässt. Nimmt man in gleicher Weise Untersuchungsmaterial vom Zahnfleisch oder Lippenroth, so findet man noch einen Kern in der Zelle, der bei Zusatz von Natronlauge verschwindet. Essigsäure, zu dem Objekt hinzugefügt, erzeugt eine trübe Körnung der Zellleiber.

Als Varietäten der Plattenepithelien sind zu nennen die meist nur in einer Schicht gelagerten Pigmentzellen (Fig. 79—81) der Netzhaut des Auges, in der Seitenansicht cylindrisch, auf dem Querschnittsbilde sechseckig, von sehr scharfen Konturen. Ferner die sogen. Stachel- oder Riffzellen aus den untersten Schichten der Epidermis, denen die eigenartige Kontur ihrer Zellleiber den Namen giebt.

Abkömmlinge des Deckepithels sind auch die **Nägel** und die

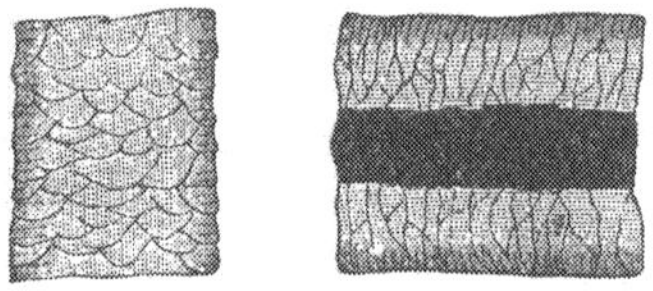

Fig. 82. Oberhäutchen des menschlichen Haars, das eine Haar mit, das andere ohne Markmasse. (Nach Frey.)

Haare. Die ersteren stecken mit ihrem seitlichen und hinteren Rande in dem sogen. Nagelfalz. Der weissliche Halbmond an der Wurzel bezeichnet die Matrix, d. i. den Theil, in welchem die tiefsten Zellen der Epidermis, die MALPIGHI'schen Schleimzellen, unmittelbar in die eigentliche Nagelsubstanz übergehen. Der erste Ansatz zur Nagelbildung ist im 4. Monat des Embryonallebens wahrnehmbar — ein Zeichen zur Bestimmung des Alters eines Fötus. Beim ausgetragenen Neugebornen kann man noch ohne Reagentien erkennen, wie sich der Nagel aus kernhaltigen Zellen zusammensetzt. Beim Erwachsenen ist dies nur bei Behandlung mit Kalilauge möglich.

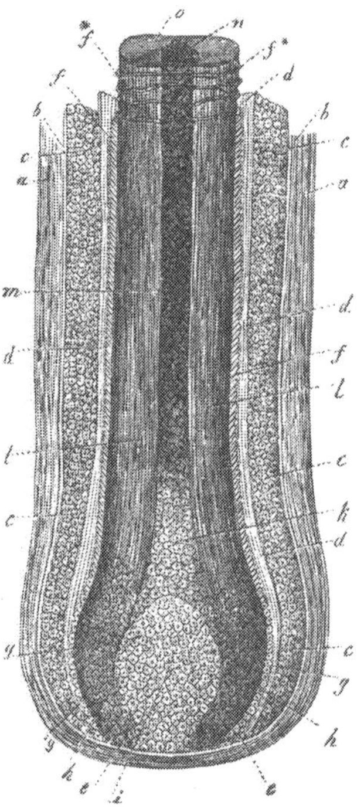

Fig. 83. Haarwurzel und Haarbalg des Menschen *a* der bindegewebige Balg, *b* dessen glashelle Innenschicht, *c* die äussere, *d* die innere Wurzelscheide, *e* Uebergang der äusseren Scheide in den Haarknopf, *f* Oberhäutchen des Haars (bei *f** in Form von Querfasern), *g* der untere Theil desselben, *h* Zellen des Haarknopfs, *i* der Haarpapille, *k* Zellen des Marks, *l* Rindenschicht, *m* lufthaltiges Mark, *n* Querschnitt des letzteren, *o* der Rinde. (Nach Frey.)

Haare (Fig. 82, 83) sind als solche meist ohne weiteres erkennbar; ihre mikroskopische Struktur aber ist von Bedeutung für die Entscheidung der Frage, ob es sich um Haare von Menschen, von dieser oder jener Körpergegend oder von diesem oder jenem Thier handelt. Das Haar ausserhalb der Haut besteht im wesentlichen aus

Rindensubstanz mit Kutikula und Mark. Innerhalb derselben kommen noch mehrere Hüllen dazu, eine innere und eine äussere Wurzelscheide bestehend aus Epithellagern, die durch eine glashelle Schicht sich von einander scheiden. Die ganze Haarwurzel umgiebt ein bindegewebiger Balg. Ausgefallene Haare sind nach unten geschlossen, haben eine glatte, atrophische Wurzel. Ausgerissene Haare zeigen eine nach unten offene kolbige Wurzel mit Resten des Haarbalgs.

Der Unterschied zwischen Menschenhaar und Thierhaar lässt sich, wie folgt, zusammenfassen:

Mensch:	Thier:
Rand glatt, weil die Cuticulazellen kleiner.	Rand gezahnt, weil die Zellen abstehen; sie sind durch dünne Salpetersäure sichtbar zu machen.
Rindensubstanz breiter als Marksubstanz.	Rindensubstanz schmäler als Marksubstanz.
Die Zellen der Marksubstanz sind nur schwer als einzelne Gebilde erkennbar.	Die Zellen der Marksubstanz sind deutlich
Keine schroffen Farbenübergänge.	Unvermittelte Farbenübergänge.

Ob Haare von einem bestimmten Individuum stammen, lässt sich nur durch zahlreiche Vergleichung von Proben und auch nur selten genau bestimmen: Form der Durchschnittsfläche, Verhältnis des Markkanals zur Rindensubstanz, Beschaffenheit der Spitze sind neben der Länge, Farbe und Kräuselung zu berücksichtigen. Wollhaare und die Haare kleiner Kinder haben eine feine Spitze, geschorene Haare sind entweder scharf durchtrennt oder nach längerer Reibung abgerundet. Indess sind alle diese Dinge individuell so verschieden, dass nur viele und sorgfältig vergleichende Untersuchungen ein einwandfreies Ergebniss haben können.

Cylinderepithelien, die zweite Hauptart, kommen vornehmlich in der Schleimhaut der grossen Ausführungskanäle vor, so vom Magenmunde abwärts durch den ganzen Darmkanal bis zum After, ferner in den Kanälen, welche das Sekret der grossen Körperdrüsen (Pankreas, Leber) zum Darm hinführen, in der Luftröhre, in der Gebärmutterhöhle u. a. O. Sie liegen stets nur in einfacher Schicht. Nur ihre Seitenansicht ergiebt die charakteristische cylindrische Form, die freilich oft auch kegelförmig ist. Die breite Basis, welche immer der Lichtung des Kanals zugekehrt ist, besitzt in manchen Organen einen doppelt konturirten Saum (Cuticula, Fig. 84), den man bei Zusatz von absolutem Alkohol am ehesten zu Gesicht bekommt, der aber von anderen Reagentien (auch von Wasser) alsbald zerstört wird. In einzelnen Organen, z. B. in der Luftröhre, in der Gebärmutter, tragen die Cylinderzellen auf einem viel schmäleren Basalsaum feinste Härchen,

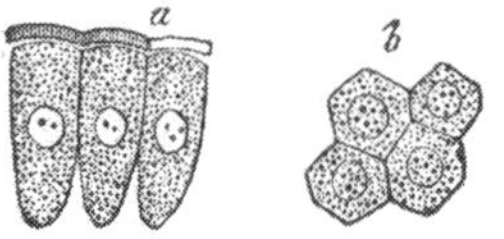

Fig. 84. Cylinderepithelien aus dem Dünndarm des Kaninchens. *a* Seitenansicht der Zellen mit dem verdickten, etwas abgehobenen, von Porenkanälchen durchzogenen Saum, *b* die Ansicht der Zellen von oben, wobei die Porenkanälchen als Punkte erscheinen. (Nach Frey.)

Fig. 85. Flimmerzellen aus der Trachealschleimhaut.

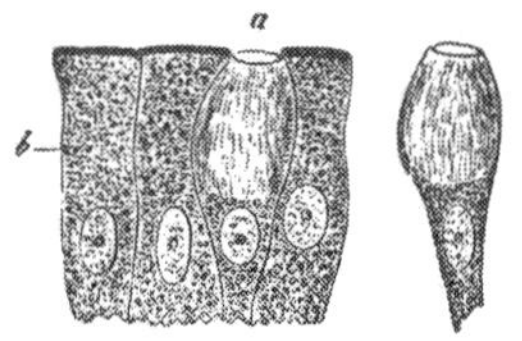

Fig. 86. Becherzellen aus dem Darmzottenepithel des Menschen. *a* Becherzelle, *b* Cylinderepithel. (Nach Frey.)

Flimmerepithelien (Fig. 85). Im Cylinderepithel der Darmschleimhaut begegnet man gelegentlich auch den sogen. Becherzellen (Fig. 86); in ihnen ist der basale Theil der Zelle von einer glasig-schleimigen Flüssigkeit erfüllt, dadurch stärker aufgetrieben, Der Basalsaum scheint ihnen zu fehlen. — Das Fussende der

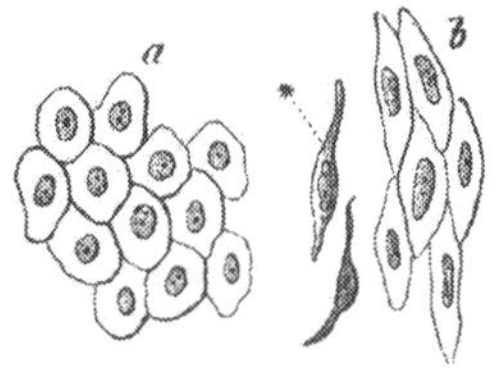

Fig. 87. Einfache Pflasterepithelien (Endothelien): *a* einer serösen Membran, *b* der Gefässe mit der Seitenansicht *. (Nach Frey.)

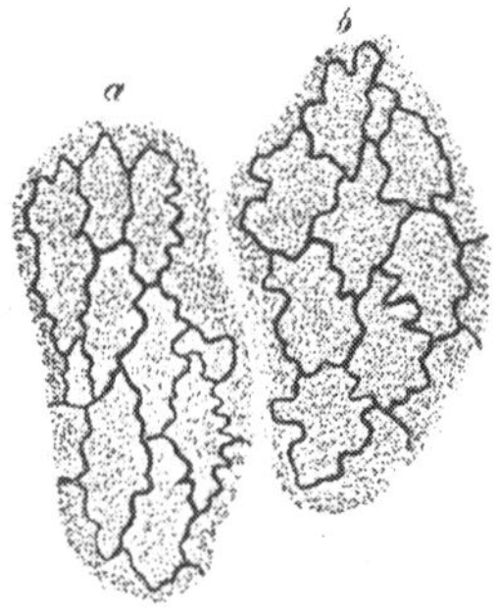

Fig. 88. Endothelzellen eines feinen lymphatischen Ganges nach Behandlung mit Höllenstein. (Nach Frey.)

Cylinderepithelien läuft in eine mehr oder weniger scharfe Spitze aus. Ihr Zellleib, welcher um den ovalen kernhaltigen Kern oft eine spindlige Verdickung in der Seitenansicht zeigt, ist meist körnig getrübt.

Von den einen zu den Plattenepithelien, von andern zu den Bindegewebszellen gerechnet werden die sogen. **Endothelzellen**

(Fig. 87, 88), die als Auskleidung der Gefässe und als die durchsichtige bezw. unsichtbare Oberflächenbekleidung mancher Organe, z. B. der Lungen, der Därme, stets in einfacher Schicht vorkommen. Schabt man mit dem Messer über solche Flächen, so erhält man die Endothelien als zarte Plättchen mit zackiger Umwandung und bläschenförmigem Kern. Bei Entzündung z. B. des Bauch- oder Brustfells verlieren diese Flächen ihren spiegelnden Glanz.

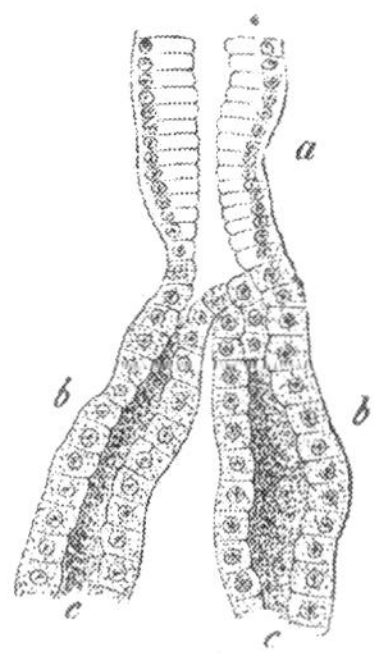

Fig. 89. Schlauchförmige (tubulöse) Drüse. *b*—*c* secernirender Theil m. kubischem, niedrigem Epithel, *a* Ausführungsgang mit hohem Cylinderepithel. (Nach Frey.)

Die **Drüsenepithelien** sind morphologisch von den übrigen Epithelien nicht wesentlich verschieden, auch der Gestalt und Grösse nach keine Einheit; sie sind in dieser Beziehung sogar oft in ein und derselben Drüse verschieden. Was sie als Sondergruppe charakterisirt, das ist die specifische Funktion, und zwar liefert diese Drüse dies, jene ein anderes Produkt, z. B. die Drüsenepithelien des Magens Pepsin oder Säure, die der Leber Galle, diejenigen in der Nachbarschaft des Mundes Speichel oder Schleim, die des Hodens Samenfäden, die der Brustdrüse Milch, u. a. m. Die Drüsenepithelien sitzen immer einer Membrana propria auf,

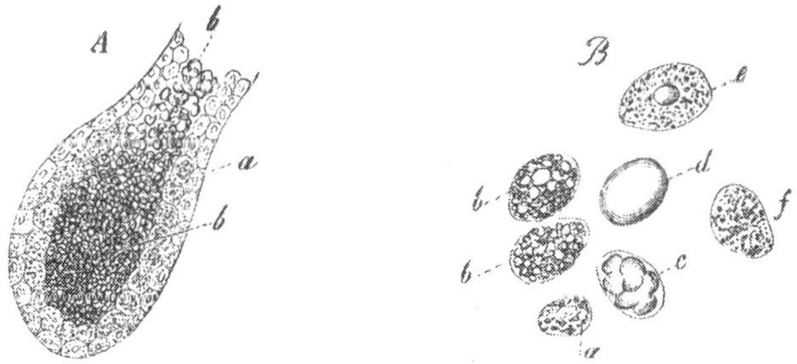

Fig. 90. *A.* Das Bläschen einer Talgdrüse. *a* die der Wand anliegenden Drüsenzellen, *b* die abgestossenen, den Hohlraum erfüllenden fetthaltigen. *B.* Die Zellen in stärkerer Vergrösserung: *a* kleine, der Wand angehörige, fettärmere, *b* grosse, mit Fett reichlicher erfüllte, *c* Zelle mit zusammengetretenen grösseren, *d* eine solche mit einem einzigen Fetttropfen, *e*, *f* Zellen, deren Fett theilweise ausgetreten ist. (Nach Frey.)

einer zarten glashellen Schicht. Das Hauptgerüst jeder Drüse aber bildet das interstitielle Bindegewebe, welches in manchen Organen z. B. in der Leber überaus gering, in anderen wieder sehr reichlich ist. In manchen Drüsen nimmt der ausführende Theil, der meist mit Cylinderepithel ausgekleidet ist, neben dem secernirenden einen grossen Platz in Anspruch. Letztere haben meist rundlich-eckige Gestalt. Sie ordnen sich entweder in Schlauchform (tubulöse Drüsen) oder in Traubenform (acinöse Drüsen). In beiden Fällen kann die Anordnung eine einfache oder eine zusammengesetzte sein. Repräsentanten der tubulösen Form sind die Magen- und Darmdrüsen, der Hoden, solche der acinösen die Leber, die Speicheldrüsen.

Zweier Drüsensekrete müssen wir hier gedenken, weil ihre mikroskopische Untersuchung gelegentlich in Frage kommt. Das Sekret der weiblichen Brustdrüse, **die Milch**, entsteht gegen Ende der Schwangerschaft und nach derselben durch eine fettige Degeneration der Drüsenepithelien. Bereits in den letzten Monaten der Gravidität können wir aus der Brustwarze eine wässrige

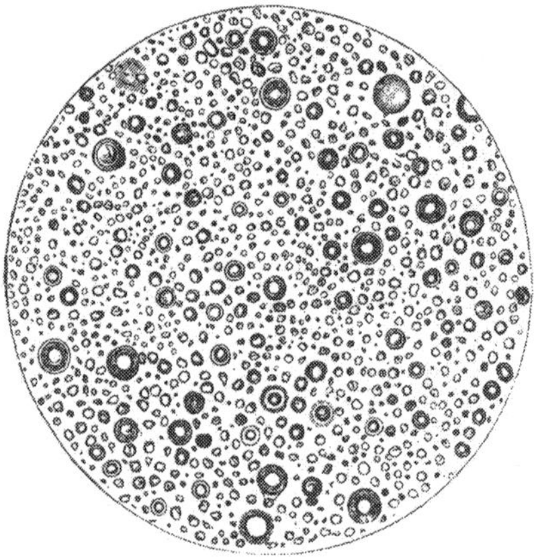

Fig. 91. Milch (bei 200maliger Vergrösserung).

Flüssigkeit entleeren, in der wir grosse zellige Gebilde finden, die aus kleinen Kugeln innerhalb einer Membran bestehen. Man nennt sie Colostrumkörperchen. Späterhin geht diese Hülle verloren, es werden Fettkügelchen frei und eine Emulsion dieser in wasserklarer Flüssigkeit, das ist die Milch.

Die Samenflüssigkeit, die Absonderung des Hodens, der Vorsteherdrüse und einiger Schleimhautdrüsen, ist eine weissliche fadenziehende Flüssigkeit von alkalischer Reaktion und eigenthümlichem Geruch. Wir bekommen sie meist angetrocknet zur Untersuchung; durch Aufschwemmung mit Kochsalzlösung bringen wir ihren charakteristischen Bestandtheil zur Anschauung. Das sind die Samenthierchen (Samenfäden, Spermatozoen). Dieselben sind verhältnismässig widerstandsfähig und auch in mehrere

Tage, ja Wochen altem Sekret noch nachweisbar. Sie bestehen aus einem leicht konischen, im wesentlichen ovalen Kopf oder Körper und einem langen, in frischem Samen peitschenartig sich schwin-

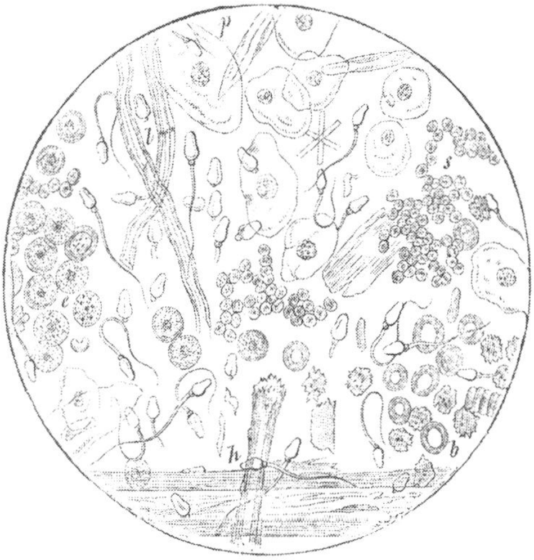

Fig. 92. Durch vorsichtige Waschung der einige Tage alten Flecke in dem Hemde einer gewaltsam Deflorirten gewonnenes Präparat, circa 400 fach vergrössert. *h* Schamhaare, *b* Blutkörperchen, *s* Schleimkörperchen, *e* Eiterzellen, *p* Pflasterepithelialzellen, *l* Leinenfaser. Dazwischen überall Spermatozoen.

genden Faden oder Schwanz. Ihr Kopf ist etwa halb so gross wie ein rothes Blutkörperchen, breiter als dick, daher im Profil einem Scheibenrande ähnlich gleichwie die Blutkörperchen. Die Bewegung des Fadens hört beim Menschen nach 20 Stunden auf.

Bindesubstanzen.

Unter dem Namen **Bindesubstanzen** pflegt man zusammenzufassen das Bindegewebe im engeren Sinne, das Fettgewebe, das Knorpel-, das Knochen- und Zahngewebe. Sie alle sind entwickelungsgeschichtlich verwandt, indem sie vom Mittelblatt der Embryonalanlage abstammen. Im Vergleich zu den Drüsenzellen, Muskeln, Nerven besitzen sie eine niedrigere vitale Dignität. An Volumen zwar überwiegend, nehmen sie funktionell im Organismus nur die Stelle einer Stützsubstanz ein. Von dem Epithelgewebe unterscheidet sie das Vorwiegen der Intercellularsubstanz gegenüber den einzelnen Zellen. Aber das ist ein Merkmal, welches oft nur durch schwierige Untersuchungsmethoden zu erkennen ist. Wer mit einfacheren Mitteln eine Entscheidung treffen muss, wird einen Unterschied darin sehen, dass die Epithelzelle in der Regel mehr als einzelnes, leicht isolirbares, selbständiges Gebilde von leicht übersehbarer Ausdehnung auftritt, während die Bindegewebszelle selten von ihren Nachbarn isolirbar und ob ihrer faserigen Gestalt nicht immer vollständig übersehbar ist.

In allen Theilen des thierischen Organismus findet sich die **faserige Bindesubstanz,** das Bindegewebe schlechtweg. Es bildet das Stützgerüst aller inneren Organe (Interstitium), begleitet die Gefässe und Nerven, umscheidet die Muskelbündel, die Drüsenabtheilungen, es findet sich überall. Seine Grundsubstanz besteht aus (beim Kochen) Leim (Glutin) gebenden und aus elastischen Fasern, die durch Kochen nicht verändert werden. Die ersteren sind schwach lichtbrechende, stets parallel neben einander herziehende nie anastomosirende feine Fasern, die bei dichtem Zusammenliegen im Mikroskop ein graues Aussehen haben. Die elastischen Fasern, welche netzartig anastomosiren, stark Licht brechen und demgemäss als schwarze, scharf konturirte Fäden erscheinen, kringeln sich gern und biegen sich an den Enden krummstabförmig um. Der spiralige, wellige Verlauf dieser Fasern, der der Ausdruck ihrer Elasticität ist, lässt z. B. die Arterienwand von der einer Vene deutlich unterscheiden.

Während sich Epithelien in einer Aufschwemmung unter dem Deckgläschen von selbst genügend vertheilen für die mikroskopische Untersuchung, muss man die Bindesubstanzen zerzupfen, um die einzelnen Elemente zur Anschauung zu bringen. Bei Sehnen ist das erst nach Lockerung mittelst Barytwassers möglich. Leimgebende Fasern nun quellen in Essigsäure, je koncentrirter diese, desto mehr, auf, d. h. sie werden ganz durchsichtig, homogen; in noch höherem Grade bewirkt das stark verdünnte Kalilauge (1—2 $^0/_0$). Elastische Fasern bleiben unverändert. Bei Sputumuntersuchungen ist das von Wichtigkeit: Die Lauge zerstört alles andere; nur die etwa vorhandenen elastischen Fasern, welche auf Zerstörung von Lungengewebe hinweisen, bleiben erhalten. Sie behalten auch Eosinfärbung bei Behandlung mit 40 $^0/_0$ Kalilauge, andere Gewebe nicht.

Wenn man Bindegewebe im dünnen Schnitt mit kernfärbenden Chemikalien (Alaunkarmin, Haematoxylin) behandelt, so bekommt man Kerne zu Gesicht, die sich als runde, punktförmige Gebilde darstellen, wenn das Gewebe quer zur Längsrichtung getroffen ist, dagegen länglich, spindelförmig ausgezogen oder sternförmig erscheinen, wenn der Schnitt der Gewebsrichtung folgte. Es giebt auch pigmenthaltige Bindegewebszellen, z. B. im Auge.

Unter **Fettgewebe** versteht man ein Bindegewebe, von dem ein Theil seiner Zellen im extrauterinen Leben Fettkügelchen in seinen Protoplasmaleib aufnimmt. Diese Kügelchen verschmelzen allmählich zu grossen Kugeln, welche die erweiterte Zellmembran ganz erfüllen. Sie liegen in Haufen zusammen und erscheinen im Mikroskop als grosse blasenartige Gebilde mit dunklem, glänzendem Rande, die mit Luftbläschen verwechselt werden können. Mit Osmiumsäure färben sie sich braun bis schwarz. Ein Kern ist an ihnen nicht erkennbar. Die Zellhülle kann man zur Ansicht bringen, wenn man das Fett entfernt durch längeres Einlegen in Alkohol oder Kochen in absolutem Alkohol

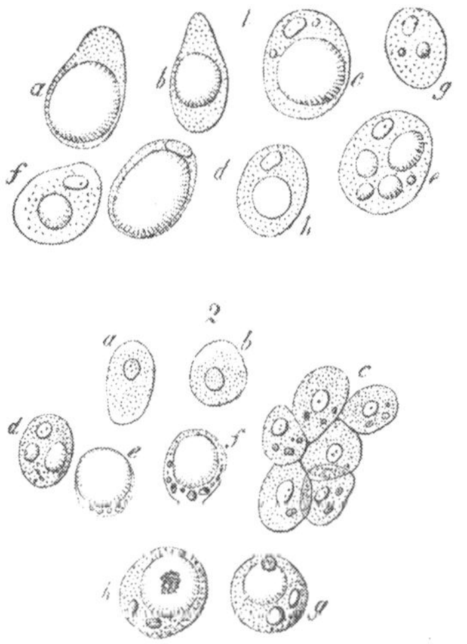

Fig. 93. Fettzellen in den verschiedensten Stadien der Entwickelung. Die grosse Fettkugel (*1. a, b, d*) ist in anderen Zellen (*f, c, g*) in mehrere kleine zerfallen. In *2* veranschaulicht *e, f, g* die excentrische Lage des Zellkernes. (Nach Frey.)

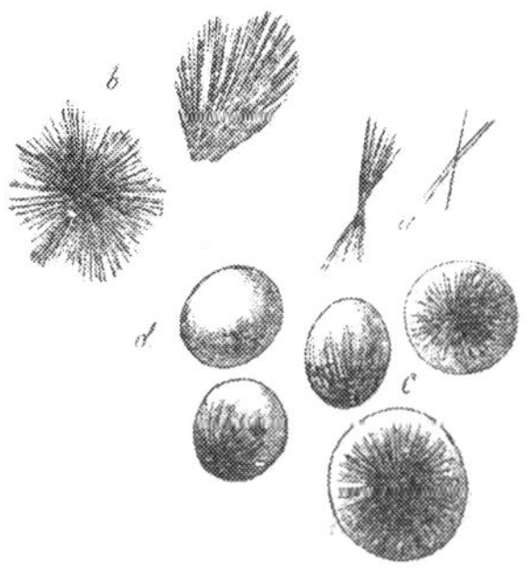

Fig. 94. Mit Krystallen versehene Fettzellen des Menschen. *a* einzelne Nadeln, *b* grössere Gruppen, *c* die Zellen selbst mit derartigen Gruppirungen im Innern, *d* eine gewöhnliche krystallfreie Fettzelle. (Nach Frey.)

und nachher in Aether. Dann zeigt sich der zusammengefallene Zellsack, in dem sich auch noch der Kern durch Färbung zur Anschauung bringen lässt. Zerreissen frische Fettzellen, so findet man die Fettkügelchen frei, einzeln oder zu grösseren Kugeln konglobirt. An älterem Fett (Fig. 94) findet man stets Fettkrystalle, z. B. im Speck. Es sind sternförmige Drusen.

Der Vorläufer des Fettgewebes, das **Schleim- oder Gallertgewebe**, ist beim Erwachsenen nur noch im Glaskörper zu finden, bei Neugeborenen in dem filzigen Gewebe des Nabelstranges, beim Foetus unter der Haut an Stelle des späteren Panniculus adiposus

(Unterhautfett). Seine Zwischensubstanz besteht aus Mucin, welches durch Essigsäure in körnigen Fäden ausgefällt wird. Im Ueberschuss der Säure ist es unlöslich. Der Schleim liegt in einem Maschenwerk von stern- und spindelförmigen Zellen. — Das sogenannte reticuläre Bindegewebe besteht aus einem Netzwerk von Zellen ohne eigentliche Zwischensubstanz; es bildet im Gehirn und Rückenmark und in den Lymphdrüsen das Stützgerüst.

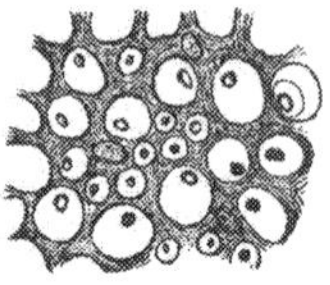

Fig 95. Reticuläres Bindegewebe. (Nach Frey.)

Knorpelgewebe ist ein im Thierkörper vielfach vorkommendes kompaktes Gewebe mit eigenartigen Zellen, die in einer besonders

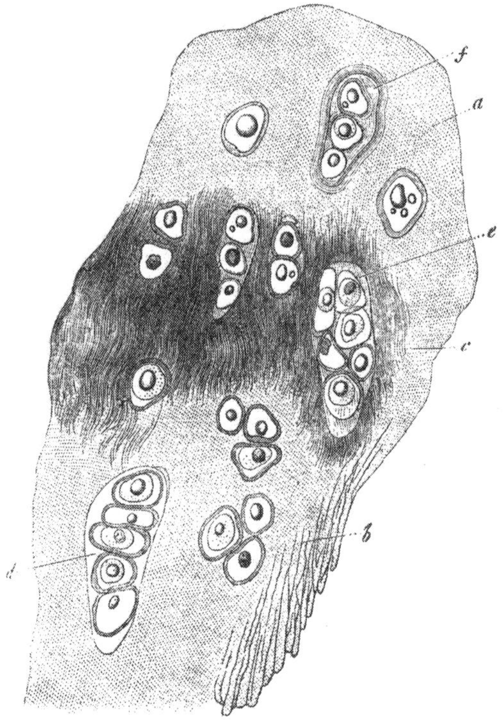

Fig. 96. Rippenknorpel eines älteren Mannes. *a* Homogene, *b* balkenförmig zerklüftete, *c* faserige Zwischensubstanz, *d*, *e* zahlreiche Zellen in einer Höhle, deren Kapsel bei *f* stark verdickt. (Nach Frey.)

voluminösen, ursprünglich homogenen Grundsubstanz liegen. Je jünger die Zellen sind, wie z. B. im embryonalen Knorpel, desto einfachere Gebilde, nämlich grosse Zellen mit einfachem bläschenförmigem Kern sind dieselben; in älterem Gewebe finden wir —

und das ist zur Erkennung charakteristisch — mehrere meist an einander abgeplattete Zellleiber mit kleinem Kern in einem Hofe oder Ringe von homogener oder mehr geschichteter Substanz (Knorpelkapseln). Die ursprünglich stets hyaline, glasartige Zwischensubstanz bleibt entweder hyalin (so z. B. im Gelenk- oder Rippenknorpel, im Kehlkopf- und Luftröhrenknorpel) — hyaliner Knorpel; oder es treten elastische Fasern in derselben auf (so in dem Knorpel des Kehldeckels, im Ohrknorpel) — elastischer Netzknorpel; oder es tritt eine bindegewebige Differenzirung ein (so z. B. in den Zwischenwirbelscheiben, in Sehneneinlagerungen) — bindegewebiger oder Faserknorpel. Ueber die Oberfläche zieht eine bindegewebige Haut, das Perichondrium. Mikroskopisch lässt sich Knorpelgewebe in dünnen Flachschnitten ungefärbt sehr gut untersuchen; die gewöhnlichen Kernfärbemittel (z. B. Hämatoxylin) heben indess die Struktur und besonders die Kapseln schärfer hervor. An manchen Skelettheilen bleibt das Knorpelgewebe dauernd bestehen (permanenter Knorpel), an anderen wird aus ihm im intrauterinen Leben schon oder später Knochengewebe (transitorischer Knorpel).

Knochengewebe unterscheidet sich von jedem thierischen Gewebe, alten verkalkten Knorpel und das verwandte Zahngewebe ausgenommen, durch seine Härte. Es ist ein unschneidbares, dem Fäulnissprocess unbegrenzten Widerstand leistendes Gewebe. Man untersucht es in geschliffenen Plättchen oder nach voraufgegangener Erweichung durch Säuren, welche die erhärtenden Mineralbestandtheile entfernen. Vor der Entkalkung muss das Gewebe in kleinen Stücken mit Alkohol oder MÜLLER'scher Flüssigkeit*) behandelt werden. Dann bringt man den Knochen in gesättigte wässerige Pikrinsäurelösung, oder in 10% Milchsäure oder in EBNER'sche Flüssigkeit (Salzsäure 2.5, Kochsalz 2.5, Alkohol 500.0, Wasser 100.0) oder in eine Mischung von Chromsäure 1.0, Salzsäure 1.0, Wasser 100.0. Das erweichte Objekt wird dann sorgfältig gewässert und in Alkohol nochmals entwässert (gehärtet). Den so schneidbar gewordenen Knochen untersucht man ungefärbt oder nach Hämatoxylinfärbung. In der Praxis ist das selten nöthig, deshalb sei nur knapp hervorgehoben, dass man spongiöse (schwammige) und kompakte Knochensubstanz unterscheidet. Letztere bildet die Oberflächenschicht aller Knochen und ist im Schaft der langen Röhrenknochen am reichlichsten entwickelt. Jene macht die Hauptmasse aller kurzen und

*) Vergl. S. 122.

platten Knochen, sowie die centralen Partieen auch der langen aus. Am meisten in die Augen fallende Merkmale des Knochengewebes sind die bei starker (400—500facher) Vergrösserung sich als spinnenartige Gebilde darstellenden sogenannten Knochenkörperchen, in Wirklichkeit Hohlräume mit auslaufenden Kanälen, in denen die eigentlichen, aber nur schwer zur Anschauung zu bringenden Zellen liegen. Die Grundsubstanz ist wie beim Knorpel stark überwiegend; sie zeigt in der kompakten Knochensubstanz eigenthümliche Struktur, die koncentrisch um kleine Kanäle geordneten Speciallamellen und die der Knochenachse parallel laufenden Grundlamellen. Alle Knochen überzieht eine bindegewebige „Beinhaut“ (Periost), die aus einer zellarmen, äusseren fibrösen und aus einer zellreicheren inneren Schicht besteht.

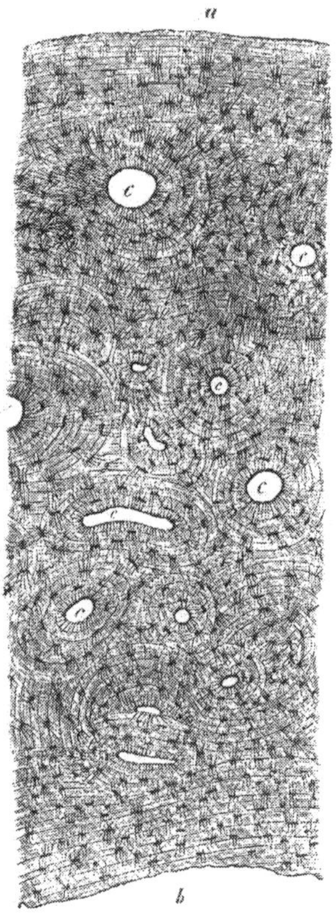

Fig. 97. Durchschnitt durch kompakte Knochensubstanz. a, b Randlamellen, um c, die Havers'schen Kanäle, koncentrische Lamellen, in allen das kleine Kanalsystem der spinnenartigen, sogen. Knochenkörperchen. (Nach Frey.)

Für die Bestimmung des Alters eines Individuums ist es gelegentlich wichtig zu wissen, dass das Mark in der centralen Markhöhle der langen Röhrenknochen bei Embryonen und Kindern roth aussieht (lymphoides Knochenmark); seine wesentlichen Bestandtheile sind farblose Zellen verschiedenster Form. Das Mark Erwachsener ist gelb (Fettmark) und enthält ausschliesslich Fettzellen. Bei alten oder abgezehrten Personen ist das Mark von gallertigem Aussehen. Hier sei auch erwähnt, dass ein Knochenkern in der Knorpelsubstanz des unteren Oberschenkelendes beim neugeborenen Menschen auf Reife des Individuums schliessen lässt.

Das dem Knochengewebe nahe verwandte **Zahngewebe** kommt für mikroskopische Untersuchung zur Aufklärung von Verwechselungen nicht in Betracht, da es durch seine Härte und die äussere Form mit blossem Auge erkennbar ist.

Muskelgewebe.

Muskelgewebe ist ein weiches langfaseriges Gewebe, welches die physiologische Eigenthümlichkeit hat, dass es sich unter dem Einfluss der motorischen Nerven verkürzen kann. Man unterscheidet glatte oder unwillkürliche Muskulatur und quergestreifte oder willkürliche. Die erstere findet sich vornehmlich in der Wand des ganzen Verdauungskanals, der Gefässe, der Harnausführungsgänge, der Eileiter, am mächtigsten aber entwickelt im Uterus und in der Prostata.

Im ungefärbten Zupfpräparat oder im gefärbten Flachschnitt untersucht, erweist sich die **glatte Muskulatur** zusammengesetzt aus langen Fasern mit eigenthümlich stäbchenförmigem, langem Kern.

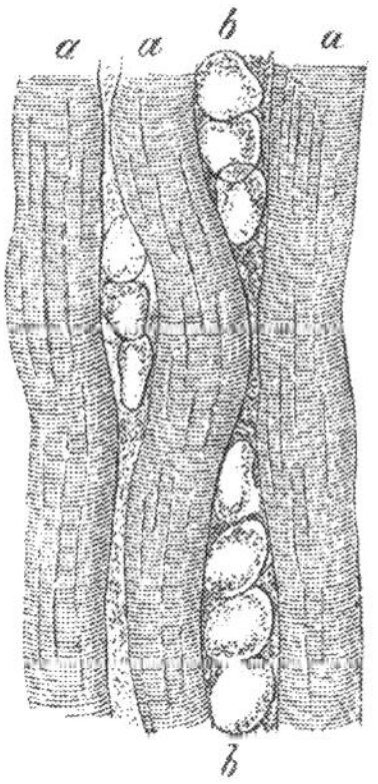

Fig. 98. Fettzellendurchwachsener menschlicher Muskel. *a* muskulöse Fäden, *b* Reihen der Fettzellen. (Nach Frey.)

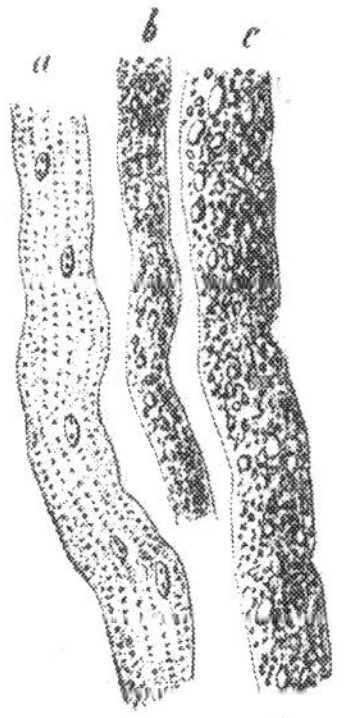

Fig. 99. Fettig degenerirte Muskelfäden des Menschen. *a* geringerer, *b* hoher, *c* höchster Grad. (Nach Frey.)

Das Zerzupfen gelingt am ehesten, wenn man das Gewebe mit 33%iger Kalilauge behandelt. Schwer ist die Unterscheidung nur von Bindegewebe mit grossen Spindelzellen. Auf Querschnitten erscheint auch die glatte Muskelfaser mit ihrem Kern als Rundzelle.

Die **quergestreifte Muskulatur** macht einen wesentlichen Bestandtheil der Bewegungsorgane aus; aus ihr bestehen die Muskeln des Rumpfes, der Extremitäten, aber auch einiger innerer Organe, so der Zunge, des Zwerchfells. Die grossen Muskeln setzen sich zusammen aus Bündeln, welche das bindegewebige Perimysium umhüllt, diese wieder aus den runden Muskelfasern. Eine solche besteht aus einer durchsichtigen Hülle mit eingelagertem Zellkern, dem Sarcolemma, und aus einem kontraktilen Inhalt, der Muskelsubstanz, die eine schwer sichtbare Längs- und eine leichter sichtbare und sehr charakteristische Querstreifung (Fig. 98) zeigt. Diese ist aber bei faulenden oder krankhaft entarteten (Fig. 99) Muskeln leicht durch ein körniges Aussehen verwischt. Quergeschnitten zeigt ein Muskelbündel eine eigenartige Felderung, weil jede Muskelfaser umscheidet ist. Untersucht man solche in Wasser, so hebt dieses bald das Sarcolemma blasig ab und macht es so gut sichtbar.

Die nicht willkürliche, aber doch quergestreifte Muskulatur des Herzens nimmt auch dadurch eine Sonderstellung ein, dass die Fasern schmäler sind, keine Hülle haben und unter einander netzartig verbunden sind. An ihnen ist die Querstreifung besonders deutlich. — Zwischen den Fasern können Fettzellen liegen (fettdurchwachsen), Fig. 98; Fettkügelchen innerhalb der Muskelfasern sind ein Zeichen von krankhafter Entartung (Fig. 99).

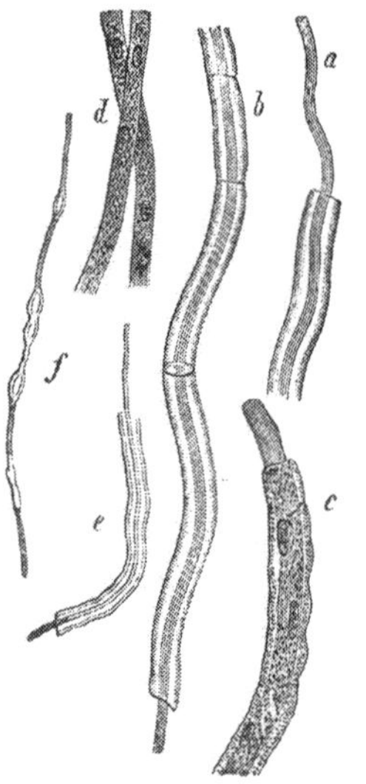

Fig. 100. Verschiedene Nervenfasern. *a* freier, unten mit Markscheide umgebener Axencylinder, bei *b* Markscheide mit Schnürringen, bei *c* aufgequollen, bei *d* mit Kern. *e* und *f* degenerirte Fasern. (Nach Frey.)

Nervengewebe.

Das **Nervengewebe** besteht aus zwei funktionell wie morphologisch sehr verschiedenen Elementen: aus den im wesentlichen Leitungsbahnen darstellenden Nervenfasern und aus den selbstthätigen Ganglienzellen. Erstere bilden die weisse Substanz im Gehirn und Rückenmark und die Hauptmasse der peripheren Nerven, in denen ähnlich wie im Muskel einzelne Bündel von Bindegewebe umschlossen werden. Wir machen Zupfpräparate und untersuchen in Kochsalzlösung. Eine vollausgebildete Nervenfaser (Fig. 100) besteht aus einem centralen Axencylinder, am ehesten bei Behandlung mit $33\frac{1}{3}\%$ Alkohol oder durch Färbung darstellbar, aus einer Markscheide, d. i. eine im Leben flüssige, eiweisshaltige Hülle des Axencylinders, und endlich aus der kernhaltigen Hülle beider, dem Neurilemma (Schwann'sche Scheide). Letztere fehlt in der weissen Substanz des Gehirns und des Rückenmarks und wird hier durch das oben erwähnte reticulirte Bindegewebe, die Neuroglia, ersetzt. Die Markscheide fehlt den Fasern des Sympathikusnerven, die deshalb ein graues Ansehen haben. Nackte Axencylinder bilden die Endausläufer der Nervenfasern. Indem das Myelin der Markscheide leicht gerinnt, bekommen die einzelnen Fasern bald ein gekerbtes, gerunzeltes, variköses Aussehen; an manchen bemerkt man tiefe Schnürringe. An den Enden tritt gelegentlich das Mark in kleinen Klümpchen heraus aus dem Neurilemmaschlauche; man nennt sie Myelintropfen.

Die **Ganglienzellen** (Fig. 101), vornehmlich in der grauen Substanz des Centralnervensystems, sind erkennbar an dem grossen, fein gekörnten, meist pigmentirten Zellleibe, der einen grossen bläschenförmigen Kern enthält. Jede Zelle hat einen oder mehrere

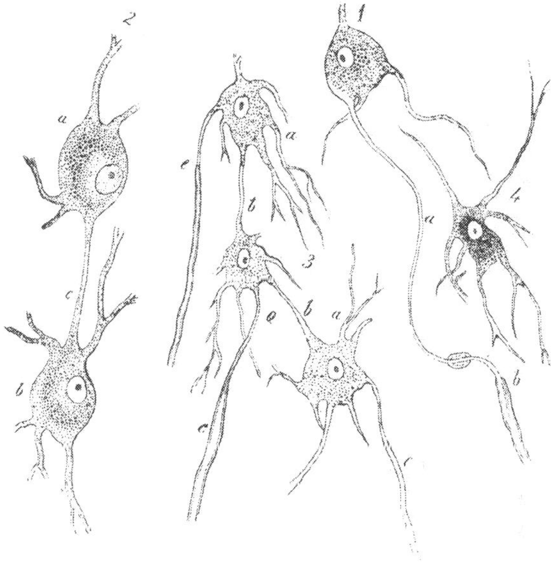

Fig. 101. Multipolare Ganglienzellen aus dem Gehirn des Menschen. *1* eine Zelle, deren einer Fortsatz *a* zum Axencylinder einer Nervenfaser *b* wird: *2* eine Zelle *a* mit der andern *b* durch eine Kommissur *c* verbunden; *3* Schema dreier Zellen *a* durch Kommissuren *b* zusammenhängend und in Nervenfasern *c* ausgehend; *4* eine mit schwarzem Pigment erfüllte multipolare Zelle. (Nach Frey).

Ausläufer. Das Nervengewebe ist so empfindlich gegen alle Einflüsse, dass nur mit besonderer Sorgfalt geübte, sehr komplicirte Methoden brauchbare Untersuchungsergebnisse liefern. Deshalb beschränken wir uns hier auf das Gesagte.

Im allgemeinen hier von **niederen Thieren** stammende Objekte zu besprechen, hat bei der geringen Bedeutung, welche dieselben für die Praxis besitzen, keinen Zweck. Bei den genaueren Ausführungen über wichtige mikroskopische Objekte wird auf das für den Praktiker Wissenswerthe eingegangen werden.

B. Praktisch wichtige, auf mikroskopische Weise zu untersuchende Objekte.

I. Objekte aus dem Pflanzenreich.

1. Höhere (Gefäss-) Pflanzen.

a) Von Samen und Früchten stammende Objekte.*)

Mehl, Stärke.

Das **Mehl** besteht seiner überwiegenden Masse nach aus **Stärkekörnern**; ausser diesen finden sich aber in jedem Mahlprodukt noch Reste der Fruchthülle (Kleienbestandtheile). Die Art des Mehls ist durch die Form der Stärkemehlkörner, welche grösstentheils sehr charakteristisch ist, sowie durch die Untersuchung der Kleienbestandtheile in den allermeisten Fällen ohne Schwierigkeit zu bestimmen.

Es ist jedoch nicht zu übersehen, dass die Trennung der Getreidesamen verschiedener Arten von Cerealien in der Praxis keine sorgfältige zu sein pflegt. Wie auf dem Acker in einem Weizenfeld einzelne Roggenpflanzen stehen, so wird auf der Tenne Weizen nach Roggen gedroschen ohne dass auf eine peinlich genaue Reinhaltung der Sorten besonderer Werth gelegt wird. Dem entsprechend pflegen häufig im Weizenmehl sich einige Bestandtheile des Roggenkorns, im Roggenmehl einige Stärkemehlkörnchen des Weizens, der Gerste und des Hafers zu finden. Soll eine Verfälschung oder Unterschiebung eines fremden Mehls konstatirt werden, so muss in erster Linie auf die Zahl der betr. fremdartigen Elemente Rücksicht genommen werden.

---

*) Der Uebersichtlichkeit halber wurden auch die aus Knollen und Stämmen stammenden Stärkesorten hier aufgeführt.

Das Stärkekorn.

Alle Stärkekörner werden im Innern von Zellen gebildet und stellen Inhaltsbestandtheile, keine ganzen Zellen dar.

Um recht charakteristische Stärkekörner kennen zu lernen, nehmen wir eine Kartoffel, schneiden von derselben ein Stück ab, schaben mit einem Skalpell ein klein wenig die Schnittfläche und bringen nun die weissliche Flüssigkeit, welche am Skalpell hängt, in einem Tropfen Wasser, vom Deckglas bedeckt, unters Mikroskop.

Wir sehen (Fig. 102) dann fast wasserhelle, sehr stark licht-

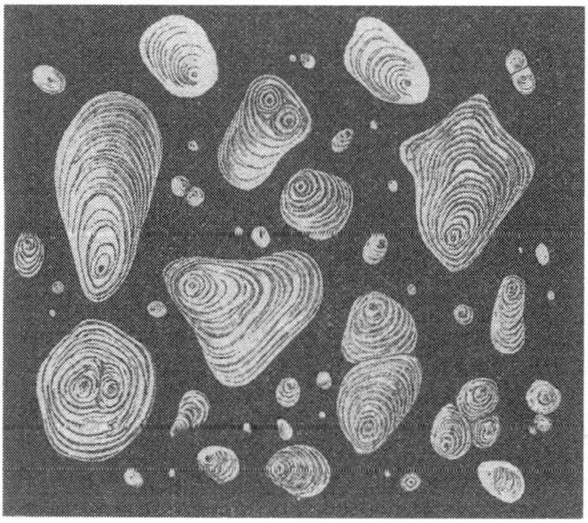

Fig. 102. Kartoffelstärke. $^{300}/_{1}$ (nach Moeller).

brechende, elliptische Körner im Gesichtsfeld, an denen mehrere Beobachtungen zu machen sind.

1. Diese Stärkekörner sind nicht homogen, sondern wir unterscheiden an jedem deutlich einen (bei der Kartoffelstärke nicht im Centrum gelegnen) Mittelpunkt, welcher weniger dicht ist als die umgebende Masse des Korns und daher aus optischen Gründen dunkler und häufig etwas röthlich gefärbt aussieht.

2. Auch die um den Mittelpunkt (Kern) des Stärkekorns gelegene Masse ist keineswegs homogen, sondern sie zeigt (bei der Kartoffelstärke besonders schön sichtbar) hellere und dunklere Streifen, welche von einer Schichtung des Korns, d. h. von übereinanderliegenden wasserreicheren und wasserärmeren Stärkelagen herrühren.

3. Diese Schichten liegen um den Kern herum, sie sind aber gewöhnlich excentrisch, d. h. sie sind nach der einen Seite zu meist breiter als nach der andern.

4. Wenn wir die Stärkekörner in polarisirtem Licht betrachten, so zeigen dieselben bei gekreuzten Nicols 4 dunkle, vom Kern ausgehende Streifen. Dies beweist uns, dass die Körner doppeltbrechend sind, und zwar kommt dies daher, dass die kleinsten Stärketheilchen einen krystallartigen Bau haben müssen.

5. Wenn wir den Stärkekörnchen Speichelflüssigkeit zusetzen, so beobachtet man, dass dieselben durchsichtiger werden, ohne

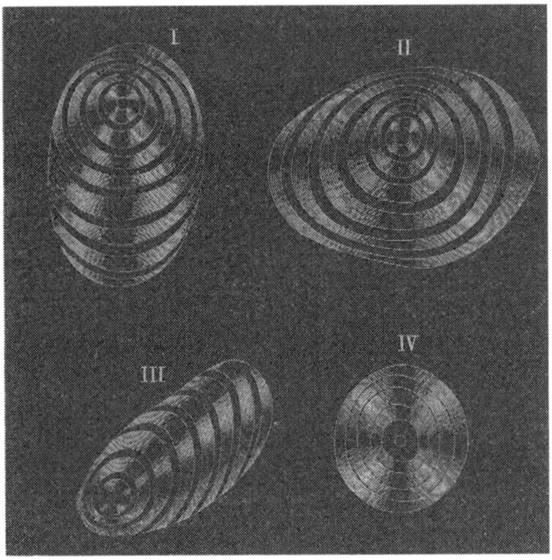

Fig. 103. Stärkemehlkörnchen in polarisirtem Licht. $^{600}/_{1}$.

doch vollkommen zu verschwinden; im Gegentheil, ihre ganze Gestalt bleibt bestehen. Daraus erkennt man, dass durch das Speichelferment etwas aus den Körnern herausgelöst wird, was in einer andersartigen, die Gestalt des Korns bedingenden Grundmasse eingelagert war. Wenn wir zu geeigneter Zeit die gleich anzugebende Jodreaktion ausführen, so werden die Körner dann nicht mehr blau, sondern weinroth oder schliesslich gelb. Diese Erscheinung zeigt, dass die Stärke ausgezogen ist und ein dem Stärkekorn gleichgestaltetes Skelett (wahrscheinlich von Amylo-Dextrin) übrig blieb.

6. Wenn wir den Stärkekörnern einen Tropfen Kalilauge zusetzen, so quellen dieselben zunächst auf, lösen sich dann aber vollständig. Ein Gleiches tritt durch Kochen der Körner in Wasser ein. Das Sich-Auflösen beim Kochen der Stärke wird als Verkleisterung bezeichnet. Alle mit Wasser erhitzte Stärke (z. B. in den in der Hitze getrockneten Curcuma-Rhizomen, in durch Destillation theilweise ihres ätherischen Oels beraubten Gewürzen etc.) ist mehr oder weniger verkleistert.

7. Die hauptsächlichste Reaktion der Stärke besteht in ihrer Eigenschaft, sich mit Jod behandelt blau zu färben. Dabei ist zu bemerken, dass diejenigen Jodreagentien, welche Jodwasserstoff oder Jodkalium enthalten, keine reine blaue, sondern eine violettbraune Farbe ergeben; ebenso ist wichtig, dass das Blau bei starkem Jodzusatz momentan in ein tiefes Blauschwarz übergeht.

Kartoffelstärke. (Vgl. Fig. 102.)

Die Stärkekörnchen der Kartoffel, welche wir eben genauer betrachtet haben, sind durch die bedeutende Grösse (70—90 μ), welche sie erreichen, durch den deutlichen Kern und die excentrische, sehr deutliche Schichtung, ihre meist unregelmässige, entweder an einem Ende schmälere (keilförmige) oder drei- bis viereckige Gestalt unzweifelhaft charakterisirt. Aber ausser diesen grossen, ausgewachsenen Kornern enthält die Kartoffel stets auch noch kleinere, runde Körner, welche mit Sicherheit von den Stärkekörnern des Roggens oder Weizens nicht unterschieden werden können. Hier ist ein, wenn auch nicht untrügliches Merkmal, dass diese kleineren Kartoffelkörner nicht oder nur selten vom Kern ausgehende Spalten aufweisen. — Man halte sich aber bei der Diagnose stets an die grossen Körner, welche bei jeder Kartoffelstärke enthaltenden Probe erkennbar sind.

Die Kartoffelstärke wird mehrfach dem Mehl zugesetzt; meist ist dieser Zusatz ein nur geringer (2—3 $^0/_0$); angeblich dient diese Fälschung dazu, die Backfähigkeit des Mehls zu erhöhen. Insbesondere soll sie den Zweck haben, das aus dergestalt gemischtem Mehl gebackene Brot länger feucht („frisch“) zu erhalten. Aller Zusatz von Kartoffelstärke zu Mehl ist unstatthaft. — Viel häufiger kommt es allerdings vor, dass das „Kartoffelmehl“ nur zum geringsten Theil aus Kartoffelstärke, grösstentheils aus Cerealien-Mehl besteht. Diese Nachahmung wird durch das Mikroskop sehr leicht erkannt.

Grössere Bedeutung für die Praxis hat die Verwendung der Kartoffelstärke zur Tapioca-Fabrikation. Als Sago oder Tapioca werden halbverkleisterte Fabrikate bezeichnet, welche aus den verschiedensten Stärkearten hergestellt werden; die echte Tapioca hat als Material das Mehl von Manihot utilissima, welches durch Siebe gepresst, dadurch zu Körnern geformt und dann in offenen Pfannen erhitzt wird. In der Kartoffel-Tapioca lassen sich stets noch leicht die Kartoffel-Stärkekörner erkennen.

Roggenmehl. (Fig. 104.)

Die Stärkekörner des Roggens sind stets in der Weise in ihrer Grösse verschieden, dass man im selben Mehl zwei Sorten von Stärkekörnern, nämlich grosse und kleine, unterscheiden kann.

Fig. 104. Roggenmehlstärke. $^{300}/_{1}$ (nach Moeller).

Dies hat seine Ursache darin, dass in den Zellen des Roggenkorns einige Körner jeweils sich gut ausbilden, während sehr viele dies nicht können und als Füllmaterial zwischen den grossen Körnern und den Zellwänden dienen. Nur die grossen Stärkekörner sind charakteristisch; sie sehen allermeist rund aus, messen meist 0,03—0,035 mm (0,055 mm ist als ausnahmsweise erreichte höchste Grösse zu betrachten) und zeigen zarte, koncentrische Schichtung. Ganz besonders bemerkenswerth ist, dass diese Stärkekörner gewöhnlich vom Centrum ausgehend 3—5 breite und kurze Spalten aufweisen. Ferner kommen in der Roggenstärke manchmal unregelmässige Körner (in Fig. 104 mit * bezeichnet) vor.

Diese Gestalt der Stärkekörner ist aber nicht genügend verschieden von derjenigen, welche bei Weizen und Gerste vorkommt um zu sicherer Entscheidung zu kommen, wenn man Mehlmischungen vor sich hat. In diesem Fall müssen noch andere, der Fruchtschale der Getreidearten entnommene Merkmale zur Beurtheilung mit herangezogen werden.

Weizenmehl. (Fig. 105.)

Weizenstärke ist der Roggenstärke ganz ausserordentlich ähnlich; gleichwie bei jener kommen auch beim Weizen zwei durch ihre Grösse scharf geschiedene Sorten von Stärkekörnern vor. Die grossen Stärkekörner, welche allein bei der Untersuchung beachtenswerth sind, zeigen nur sehr schwache Schichtung; auch kommt bei ihnen nur selten die vom Centrum ausgehende

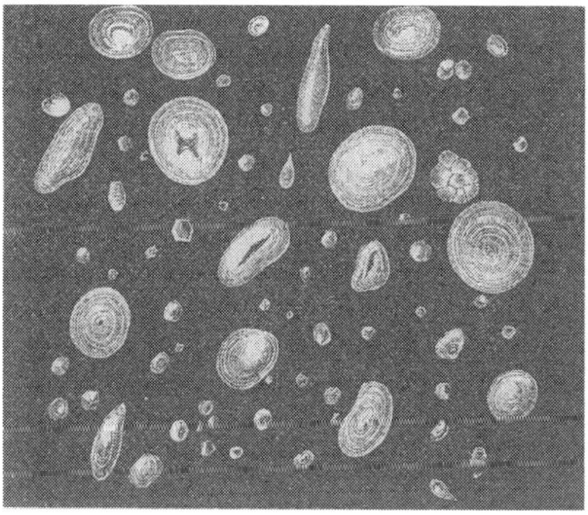

Fig. 105. Weizenmehlstärke. $^{300}/_{1}$ (nach Moeller).

spaltenförmige Zerklüftung vor, welche bei der Roggenstärke Regel ist. Die grossen Körner sind bis 0,04 mm breit.

Nachweis von Weizenmehl- und Roggenmehl-Mischungen.

Der Nachweis einer Mischung des Roggenmehls mit Weizenmehl hat für die Praxis der Nahrungsmittel-Untersuchung grosse Bedeutung. Wenn Weizenmehl mit Roggenmehl versetzt wurde, wird das Auftreten der in Fig. 104 dargestellten, starke Spalten aufweisenden Stärkekörner einen Hinweis auf derartige Verfälschung bieten, doch ist diesem Merkmal keine ausschlaggebende Bedeutung beizumessen.

Sichere Unterscheidungen können nur durch die Untersuchung der Kleienbestandtheile gewonnen werden, welche in jedem Mehl, je nach seiner Nummer in grösserer oder geringerer Zahl, vorhanden sind. Dabei ist aber stets zu beachten, dass in der Praxis eine geringe Zahl von Weizenkörnern häufig dem zu mahlenden Roggen beigemengt ist (und umgekehrt).

Hat man ein Mehl darauf zu untersuchen, ob es ein Gemisch von Roggen- und Weizenmehl ist, so verfährt man folgendermassen:

1. Man tropft auf einen Objektträger etwas Glycerin, bringt in diese Flüssigkeit etwas von dem zu untersuchenden Mehl, legt ein Deckglas auf und betrachtet die Stärkekörner auf ihre oben angegebenen Eigenschaften.

2. Man nimmt 5 g Mehl, rührt dasselbe mit etwas Wasser zu einem Brei und giebt während des Umrührens 500 g Wasser zu. Die so entstandene dünne Flüssigkeit setzt man auf die Flamme, kocht sie und giebt während des Kochens allmählich 10—15 Tropfen koncentrirter Salzsäure zu. Durch das Kochen mit der verdünnten Säure wird die Stärke in Zucker übergeführt. Hat die Flüssigkeit etwa 1 Stunde gekocht, so filtrirt man sie, schwemmt den Filterrückstand in die Spitze des Filters zusammen, durchstösst dasselbe und spritzt den Rückstand mit möglichst wenig Wasser in ein kleines Spitzglas. Dann lässt man dies $^1/_2$ Stunde stehen, bis sich die festen Bestandtheile abgesetzt haben. Ist dies geschehen, so saugt man mit einer Pipette von dem Satz etwas auf, bringt den Tropfen auf einen Objektträger, bedeckt mit Deckglas und betrachtet ihn nun unter dem Mikroskop.

In diesem Präparat, welchem wir vorsichtig ein ganz klein wenig Kalilauge zusetzen, sehen wir vor allem zwei verschiedene Bestandtheile, nämlich röhrenförmige Gebilde, welche Haare oder Haarfragmente darstellen und zerrissene, flächenartige oder hautartige Theile, dies sind Kleientheile.

Um nun diesen Detritus für die Diagnose zu verwerthen, müssen wir uns mit der Anatomie der Getreidekörner genauer vertraut machen.

Wenn wir ein Roggenkorn (Fig. 106) quer schneiden und die Randpartie des Schnittes betrachten, so lassen sich zunächst auf den ersten Blick die Zellen des eigentlichen Korns und diejenigen der Umhüllung voneinander unterscheiden. Das ganze Innere des Korns wird von den in Fig. 105 inhaltlos gezeichneten, aber in Wirklichkeit dicht mit Stärke erfüllten dünnwandigen Stärkezellen eingenommen. Rings um das Korninnere herum liegt eine einfache Reihe grosser, dickwandiger Zellen *(K)*, welche mit Jod sich gelbbraun färbenden Inhalt haben und als Kleberzellen bekannt sind.

Gehen wir nun weiter nach aussen, so folgen drei Zellschichten, welche allermeist nur wenig deutlich sind und auch für die Diagnose nicht in Betracht kommen; dies ist die hyaline Schicht *(h)*, die braune Schicht *(br)* und die Schlauchzellschicht *(sch)*. Die Zellen dieser drei Schichten sind sehr zart; sie pflegen nur bei subtilster Präparation deutlich gesehen zu werden und treten bei Kleienbestandtheilen aus Mehl nur in den seltensten Ausnahmefällen hervor.

Dagegen sind die nun folgenden drei Zellschichten für die Diagnose von der höchsten Bedeutung; sie sind in den durch Kochen mit verdünnter Säure erhaltenen Kleienbestandtheilen allermeist gut erhalten und können leicht erkannt werden. Um ihr für die Mehluntersuchung charakteristisches Bild zu gewinnen, muss man sie aber in der Flächenansicht betrachten.

Macht man einen feinen Längsschnitt von der oberflächlichsten Lage des Roggenkorns und betrachtet denselben, so sieht man, dass die beiden äusseren, in Fig. 106 als *ep* und *m* (Epidermis und Mittelschicht) bezeichneten Zellschichten aus in der Längsrichtung des Korns gestreckten Zellen bestehen. Die

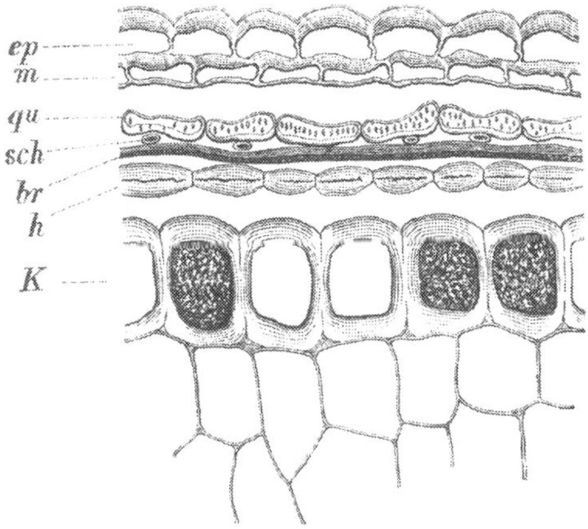

Fig. 106. Querschnitt durch die äusseren Partieen des Roggenkorns. $^{300}/_1$. *ep* Oberhaut, *m* Mittelschicht, *qu* Querzellenschicht, *sch* Schlauchzellen, *br* braune Schicht, *h* hyaline Schicht, *K* Kleberzellen. (Nach Moeller.)

dritte, mit *qu* bezeichnete, dagegen (die Querzellen-Schicht) besteht aus in der Querrichtung des Korns gestreckten Zellen (vergl. Fig. 107).

Auch beim Weizen sind die gleichen Schichten der Kornumhüllung vorhanden und werden bei gleicher Präparation resp. in den Kleienbestandtheilen aufgefunden. In der Ausbildung der Zellwände dieser Schichten sowie in der Länge ihrer Zellen liegt das Haupt-Unterscheidungsmerkmal zwischen Weizen- und Roggenmehl.

Beim Weizen sind die Zellen, sowohl die Längs- wie die Querzellen dickwandig und so stark getüpfelt, dass sie wie aus einer Perlenkette gebildet aussehen; beim Roggen dagegen sind diese Zellenwände viel dünner und schwächer getüpfelt. Den Gegensatz des Weizens zu den in Fig. 107 dargestellten Strukturverhältnissen des Roggens stellen die Fig. 108 und Fig. 109 dar. Dabei ist zu beachten, dass die Längszellen des Weizens meist ebenso lang sind wie die Querzellen, während beim Roggen die Längszellen allermeist viel länger sind als die

Querzellen. Ferner, und auf dies Merkmal ist das grösste Gewicht zu legen, sind die Zellwände der Querzellen dort, wo dieselben aneinander stossen (also die kurzen Seiten dieser Zellen), wie Fig. 107 deutlich zeigt, besonders stark

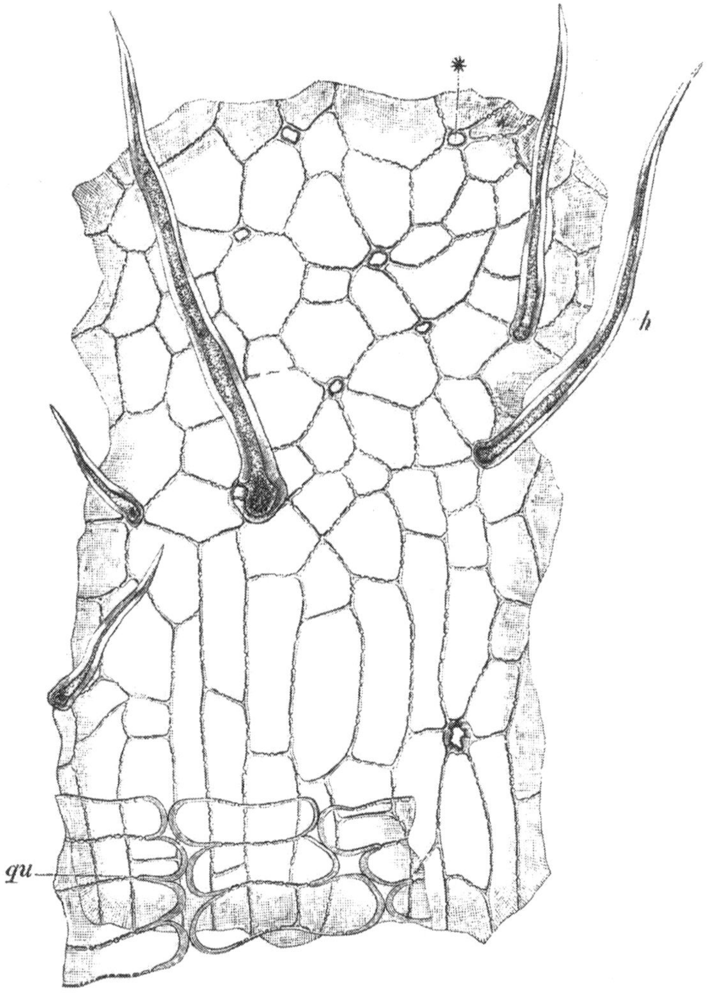

Fig. 107. Epidermis der Roggenschale. $^{300}/_{1}$. Oben die unregelmässig polyedrischen Zellen in der Nähe der Spitze des Korns mit langen Haaren und zahlreichen Haarspuren; unten longitudinal gestreckte Zellen mit kürzeren und spärlichen Haaren; *q* ein Fragment der Querzellenschicht. (Nach Moeller.)

verdickt und tragen keine Tüpfel, während beim Weizen diese Wände (vergl. Fig. 109) nicht besonders verdickt und gleich den anderen stark getüpfelt (rosenkranzförmig gestaltet) sind.

Auf das Verhalten der in der Flächenansicht der Kleienbestandtheile ohne weiteres sichtbaren äussersten Kleien-Zellschichten ist hauptsächlich der Unterschied zwischen Roggen- und Weizenmehl resp. der Nachweis einer Mischung beider zu begründen. Wenn die Querzellschicht (über ihr Aussehen etc. orientire man sich unter Zuhilfenahme der eben gegebenen Beschreibungen an rasch angefertigten Präparaten von Weizen- und Roggenkörnern) durchbrochene kurze (Quer-) Wände hat, so gehört das betr. Kleien-

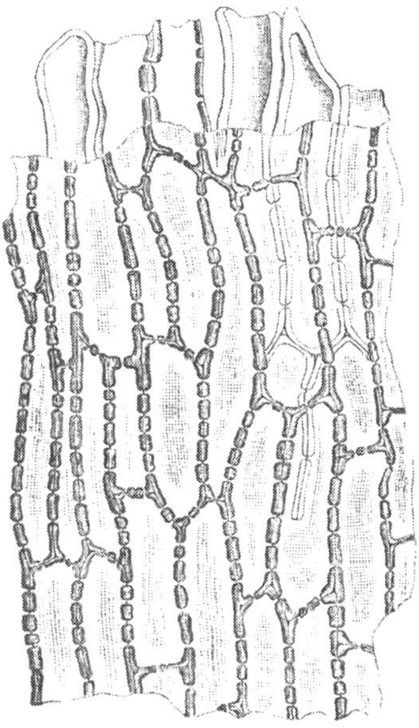

Fig. 108. Längszellschichten des Weizens. 300/1. (Nach Moeller.)

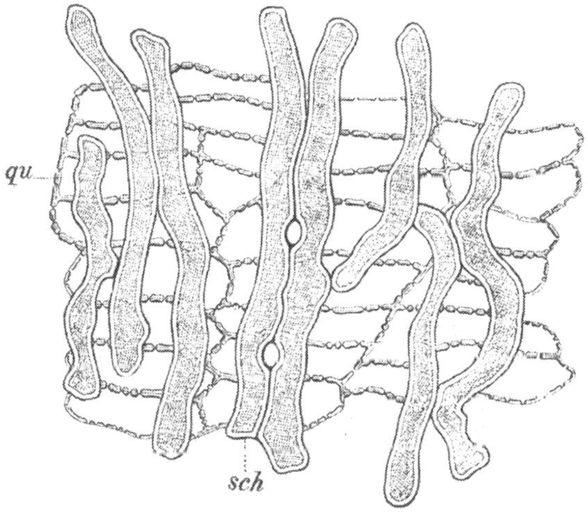

Fig. 109. Querzell- (*qu*) und Schlauchzellschicht (*sch*) des Weizens. 300/1. (Nach Moeller.)

partikel zum Weizen; sind die Querwände aber stärker verdickt als die Längswände und zugleich nicht durchbrochen, so hat man es mit Roggen zu thun.

Ein fernerer, höchst wichtiger Unterschied besteht in der Beschaffenheit der Haare beider Getreidesorten. Beim Weizen sind alle Haare, ausgenommen wenige ganz besonders grosse (welche als „bandförmige Haare" bezeichnet werden) mit so starken Wandungen versehen, dass etwa in der Mitte des Haars jede Wand deutlich dicker ist als der Innenraum der Haarzelle (Fig. 110 B). Beim Roggen dagegen (Fig. 110 A) sind die Wände der Haare (wieder etwa in der Haarmitte gemessen) deutlich und meist sehr beträchtlich viel schmaler als die Höhlung. Hat man ein Roggenmehl oder Weizenmehl, in welchem mehr als $5^0/_0$ der Haarformen nicht zu dem Typus der betr. Getreidefrucht gehören, so wird man mit Vorsicht die Verfälschung des Mehles behaupten können. Sicherheit gewinnt man dann durch das Studium der Querzellen. — Die Haare sind die leichtest sichtbaren, leichtest auffindbaren Objekte zur Beurtheilung solcher Fragen; an sie halte man sich zuerst, verificire dann aber das Resultat durch Studium der Merkmale, welche die Samenhaut bietet.

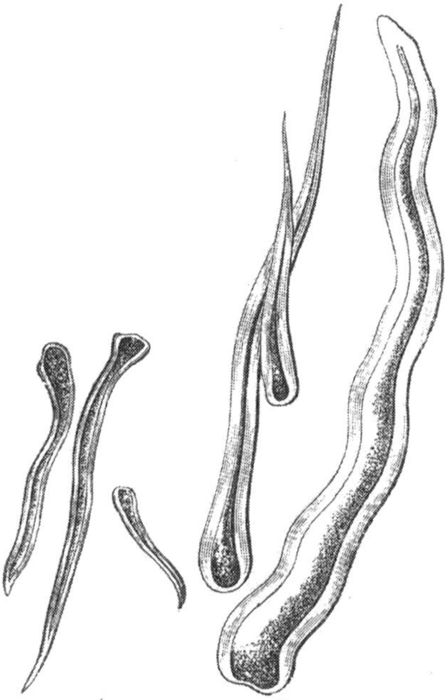

Fig. 110. Haarformen *A* des Roggens, *B* des Weizens. $^{300}|_1$. Das grosse Haar unter *B* eines der uncharakteristischen, „bandförmigen". (Nach Moeller.)

Nachweis fremder Bestandtheile im Mehl.

Mineral-Bestandtheile. — Die verschiedensten Mahlprodukte weisser Mineralien wurden bereits als Mehlverfälschungen gefunden. Wenn man in den Mehlpräparaten durch ihre scharfen Kanten, unregelmässigen Flächen, ihr starkes Lichtbrechungsvermögen ausgezeichnete und sich dadurch schon unzweideutig als Mineralsubstanzen manifestirende Körner sieht (man kann auch die S. 97 angegebenen Prüfungen auf Mineralsubstanzen unter dem Mikroskop noch ausführen), so lässt man zweckmässig jede weitere mikroskopische Untersuchung und beginnt die chemische Analyse der Aschenbestandtheile. — Als häufigste Mehlverfälschungen mineralischer Art sind kohlensaurer Kalk, Gips und Schwerspat zu nennen. Besonders bemerkt sei, dass mineralische braune Körner, welche sich häufig im Mehl finden, keineswegs immer absichtliche Fälschung erschliessen lassen, sondern von den Mühlsteinen stammen.

Alaun. — Von den Fälschungen des Mehls mit löslichen Mineralbestandtheilen hat hauptsächlich diejenige mit **Alaun** Bedeutung. Zum Nachweis rührt man etwa 10 gr des Mehls mit

50 ccm Wasser zu einem dünnen Brei, filtrirt und setzt dem Filtrat einige Tropfen alkoholische Cochenilletinktur zu. Ist Alaun vorhanden, so färbt sich die ursprünglich gelbrothe Cochenilletinktur sofort schön karminroth.

Mutterkorn. — Als Mutterkorn werden durch das Wachsthum eines Kernpilzes *(Claviceps purpurea)* krankhaft veränderte, vergrösserte und mit dem Pilzgeflecht durchzogene, schwarzgefärbte Getreidekörner bezeichnet. Die Entwickelung des Mutterkorns aus dem jungen Fruchtknoten des Getreides sowie das Aussehen desselben wird durch Fig. 111 dargestellt. Als „Mutterkorn" wird das Gebild bezeichnet wegen der specifischen Wirkung des in ihm enthaltenen Giftstoffes (Ergotin) auf den gebärenden weiblichen Orga-

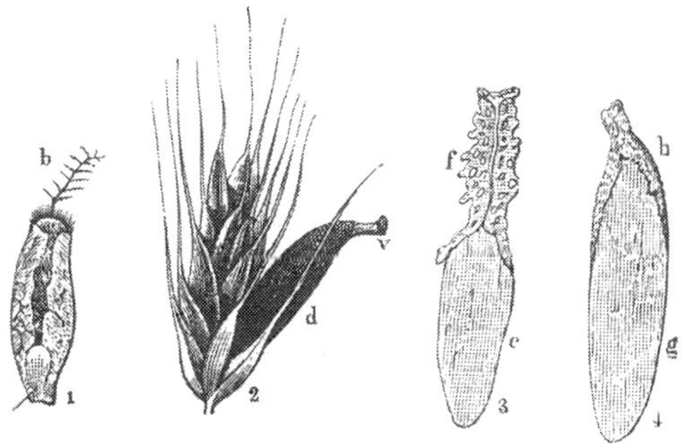

Fig. 111. Bildung des Mutterkorns aus dem von Claviceps befallenen Fruchtknoten des Roggens. 1, 3, 4 schwach vergr., 2 nat. Gr.

nismus. Bei der starken Giftwirkung des Mutterkorns (dasselbe ist die Ursache der besonders im Mittelalter in furchtbarster Weise aufgetretenen Kriebelkrankheit [Antoniusfeuer]) ist auch eine kleine Beimischung des Mutterkorns zum Mehl gefährlich. Das eigentliche Mutterkorn wird aus sterilem Pilzgeflecht gebildet und als Sklerotium bezeichnet; selbst kleine Fragmente desselben sind im Mehl sehr leicht nachzuweisen. Die der Gesundheit nachtheiligen Mengen Mutterkorn in Brot und Mehl sind aber nur auf chemischem Weg sicher zu bestimmen.

Ist in einem Mehl Mutterkorn vorhanden, so ist der nach Behandlung des Mehls mit verdünnter Salzsäure (vergl. S. 144) erhaltene Filterrückstand nicht gelb gefärbt, sondern weist rothe Pünktchen auf. Wird in der oben bezeichneten Weise dieser Filterrückstand mikroskopisch geprüft, so erscheinen die Gewebetrümmer des Mutterkorns rosenroth und erscheinen bei schwacher Vergrösserung als Haufen sehr stark lichtbrechender Kügelchen. Nimmt man stärkere Vergrösserung, so sieht man (Fig. 112, *a*), dass diese Kügelchen Oeltröpfchen sind, welche theils in den Zellen des Mutterkorns, theils um die Fragmente desselben herum liegen. Lässt man ein Präparat eintrocknen, extrahirt mit Aether und betrachtet dasselbe dann, so sind die Tröpfchen verschwunden (Fig. 112, *b*). Als Oel werden, ausser durch die Löslichkeit in Aether, die Tröpfchen durch die Alkanna-Reaktion (vergl. S. 81) erkannt.

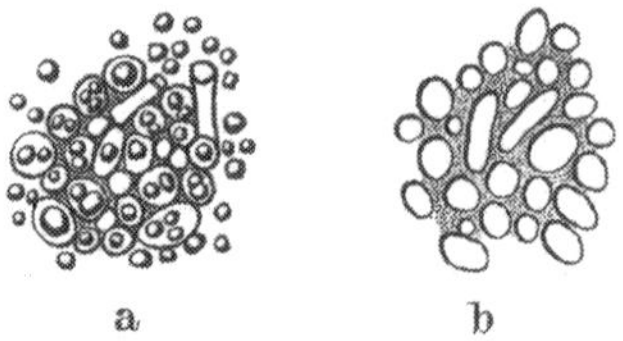

Fig. 112. Mutterkorn-Fragmente. $^{270}/_1$. *a* mit Oeltropfen, *b* durch Aether vom Oel befreit.

Kornrade. — Auch die Samen der Kornrade *(Agrostemma Githago)* haben toxische Wirkung, und ein mit Kornradenmehl ver-

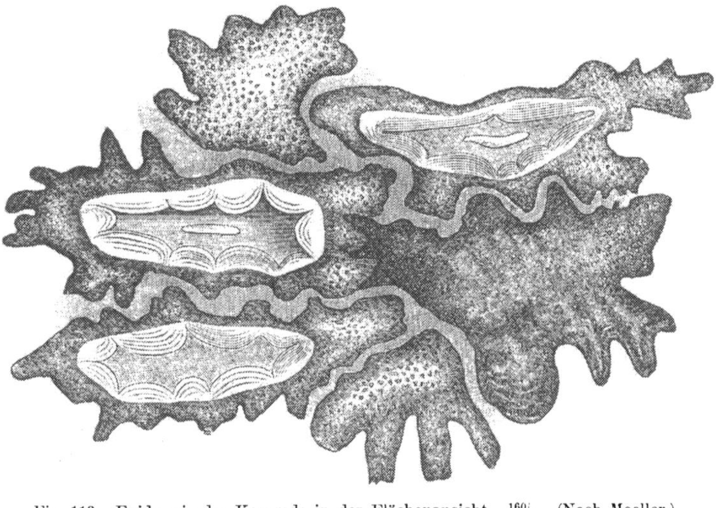

Fig. 113. Epidermis der Kornrade in der Flächenansicht. $^{160}/_1$. (Nach Moeller.)

unreinigtes Mehl ist gesundheitsschädlich. Bei der Prüfung des Mehls auf Kornrade kommen als charakteristische Theile derselben sowohl die Fragmente der Samenschale wie die Stärkekörner in Betracht.

Sehr leicht kenntlich sind die Stückchen der Samenschale, welche beim Lösungsverfahren des Mehls als braune Körnchen schon dem unbewaffneten Auge sichtbar werden. Unter dem Mikroskop erscheinen dieselben (Fig. 113) gleichfalls braun, unregelmässig mit Zacken und Höckern versehen; die Wände der Zelle sind gewellt; deren ganze Oberfläche ist mit feinen Wärzchen besetzt.

Die Stärkekörper der Kornrade (Fig. 114) sind allermeist langgestreckt, eiförmig oder ellipsoidisch; sie bestehen aus vielleicht in Schleim und Saponin eingebetteten kleinsten Stärkekörnern und können mit keiner Form von Stärke, welche sonst dem Praktiker vorkommt, verwechselt werden. Um diese Stärkekörper leicht aufzufinden, verfährt man nach Schimper's Anweisung folgendermassen: Man beleuchtet das in Wasser liegende Mehlpräparat nicht von unten, sondern dreht den Spiegel des Mikroskops ab, so dass nur auffallendes Licht vorhanden ist. Dann erscheinen die Stärkekörner des Weizens oder Roggens auf schwarzem Grund als dünne, weisse Ringe resp. (bei Klümpchen derselben) als Haufen von solchen, die Radekörper dagegen sehen glänzend weiss, wie Zuckerbrocken aus. Diese Methode ist zum Auffinden der Kornrade-Verunreinigung des Mehls sehr brauchbar.

Fig. 114. Stärkekörper der Kornrade. $^{250}/_{1}$.

Brandpilz-Sporen. — Von den Sporen der Schmarotzerpilze, welche Getreidekrankheiten hervorrufen, kommen hauptsächlich diejenigen von *Tilletia Tritici* (= *T. caries*) und von *Ustilago segetum*, selten die von *Tilletia laevis* auch im Mehl vor. Früher waren sie häufiger in den Mahlprodukten, doch werden diese Pflanzen-Krankheiten nun durch das „Einbeizen" des Saatweizens mehr und mehr zurückgedrängt und bei der vollkommenen Reinigung des Mahlguts werden die mit Pilzsporen erfüllten („brandigen") Getreidekörner vor dem Mahlprocess ausgeschieden.

Sind Brandpilz-Sporen im Mehl, so findet man dieselben in den auch dem Aufsuchen der andern Verunreinigungen dienenden Präparaten und zwar als bräunliche, dickwandige, rundliche Zellen. Die drei hauptsächlich vorkommenden Arten sind leicht zu unterscheiden: *Tilletia Tritici* (Schmierbrand, Fig. 115, *a*) ist unverkennbar bezeichnet durch elegante, netzmaschige Leisten auf der äusseren Sporenhaut; ihre Sporen sind allermeist 0,01 mm breit, trüb olivenbraun.

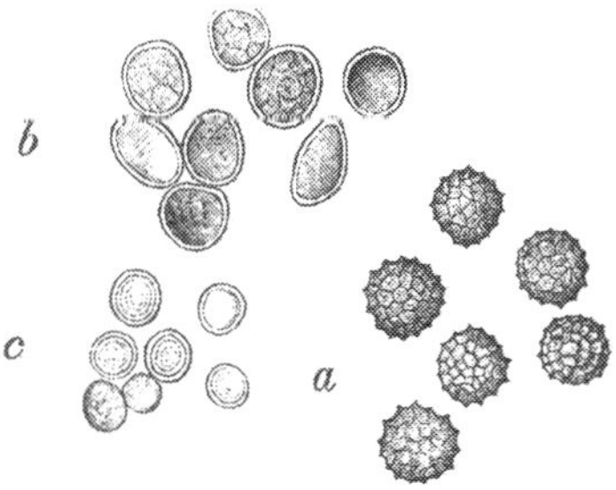

Fig. 115. Sporen von Getreidebrandpilzen: *a* *Tilletia Tritici*; *b* *Tilletia laevis*; *c* *Ustilago segetum*. $^{300}/_{1}$. (Nach Moeller.)

Tilletia laevis (Fig. 115, *b*) hat kugelige, elliptische, eiförmige, nicht selten auch unregelmässig längliche oder eckige Sporen, welche (die länglichen) bis 0,028 mm lang werden. Die Sporen sehen hellbraun aus und haben kein Maschennetz.

Ustilago segetum (Fig. 115, *c*, Flugbrand oder Russbrand) hat kugelige oder längliche, öfters gleichfalls unregelmässig eckige, glatte oder undeutlich punktirte, gelblich-olivenbraune Sporen, die meist 0,0045—0,006 mm messen.

Brandpilz-Sporen in reichlicher Menge enthaltendes Mehl oder Brot besitzt einen widerlichen Geruch nach Trimethylamin, doch werden gesundheitliche, durch Brandpilzsporen bewirkte Schädigungen nicht angenommen.

Leguminosenmehl. — Gleich dem Kartoffelmehl (vergl. S. 141) wird manchmal auch ein geringes Quantum von Bohnenmehl (2—3 %) besonders dem Weizenmehl beigemischt, um angeblich die Backfähigkeit desselben zu erhöhen. In nicht sorgfältig gereinigtem Mahlgut bleiben manchmal Wickensamen, welche ver-

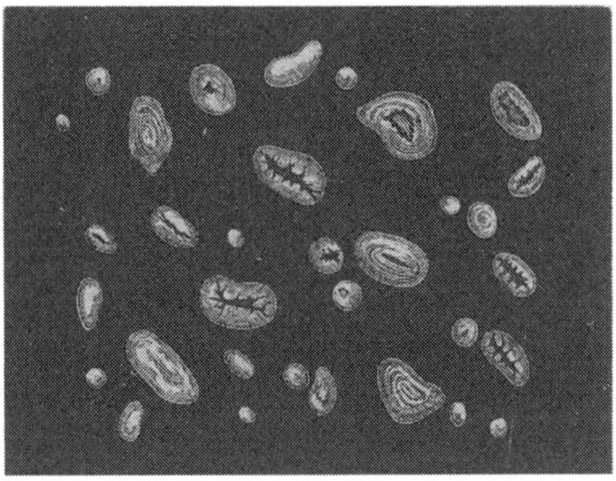

Fig. 116. Stärkekörner der Linse. 300/1. (Nach Moeller.)

mahlen sich sowohl durch ihre besonderen Stärkekörner wie durch den auffallenden Bau der Samenschale verrathen. Die Stärkekörner der Leguminosen, welche in Betracht kommen können (Erbse, Bohne, Linse, Wicke), sind alle so gleichmässig gestaltet, dass ihre Unterscheidung nur schwer möglich ist. Allen kommt gemeinsam (Fig. 116) eine dick-gedrungene Gestalt und ganz besonders ein starker Spalt im Innern zu, von welchem aus kurze, breite Spalten nach der Peripherie des Stärkekorns ausstrahlen.

Die Leguminosen-Stärkekörner werden bei aufmerksamer Betrachtung der Mehlpräparate unschwer gefunden. Ferner aber sind, wenn nicht geschälte Leguminosensamen vermahlen wurden, die Elemente ihrer Samenschalen sehr leicht unter den Kleienbestandtheilen des Mehls aufzufinden. Kann man dort garbenartig zusammenliegende, dickwandige, kurz pfahlförmige Zellen oder Gewebereste konstatiren, deren Zellen grosse Luftlücken zwischen sich frei lassen und mit vorgestreckten Enden sternförmig zusammenhängen, so sind dies Elemente der Leguminosen-Samenschalen, insbesondere häufig der Bohne.

Ausgewachsenes Getreide. — Ein minderwerthiges, für viele Zwecke nicht verwendbares Mehl wird aus „ausgewachsenem" Getreide ermahlen. Wenn das Getreide infolge ungünstiger Witterung nicht eingebracht werden kann, so beginnt in den Körnern der Keimungsprocess; die Stärkekörner werden behufs Ernährung des wachsenden Keimlings durch das Diastase-Ferment angegriffen und theilweise verzuckert, d. h. aufgelöst. Die Lösung der Stärkekörner wird deutlich besonders daran erkannt, dass die Schich-

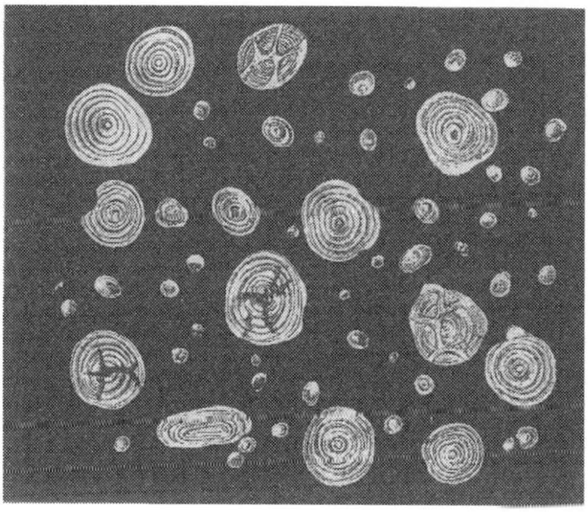

Fig. 117. Stärkekörner aus „ausgewachsenem" Getreide. $^{300}/_{1}$. (Nach Moeller.)

tungen aussergewöhnlich klar hervortreten und zugleich Spalten sowohl in tangentialer wie besonders auffällig in radialer Richtung entstehen. Von den normalen Spalten unterscheiden sich die bei der Auflösung der Stärkekörner sich zeigenden leicht dadurch, dass jene auch beim Roggen, wo sie häufig besonders stark ausgebildet sind, niemals bis in die äussersten Schichten des Korns vordringen, während die Lösungsspalten dies thun, ja häufig direkt die Oberfläche des Stärkekorns erreichen (vergl. Fig. 117).

Dumpfiges Mehl. — Durch feuchtes Lagern wird das Mehl dumpfig und verliert seinen Wohlgeschmack. Die Ursache dieser Erscheinung sind Schimmelpilze, welche sich im Mehl angesiedelt haben und mit ihren specifischen, übel schmeckenden und dumpfig riechenden Stoffwechselprodukten das Verderben des Mehls bewirken. Man kann diese Schimmelpilze bei der einfachen mikroskopischen Untersuchung als feine, farblose, doppelt konturirte Fäden manchmal nachweisen; häufig ist es aber empfehlenswerth, die Schimmelpilze durch Kultur direkt sichtbar zu machen.

Zu diesem Zweck nimmt man reinsten, grobkörnigen Quarzsand und digerirt denselben zwei Stunden lang in einem Kolben mit koncentrirter Schwefelsäure. (An Stelle des Sandes können auch Glasperlen genommen werden.) Dann giesst man die Säure ab und wäscht den Sand unter der Wasserleitung so vollständig aus, dass alle Säure weg ist.

Von diesem Sand füllt man soviel in eine Krystallisirschale, bis der Boden derselben $^1/_2$ cm hoch bedeckt ist, und legt eine Glasplatte als Deckel auf.

Ist dies geschehen, so erhitzt man das ganze Gefäss entweder im Trockenschrank oder auf offener Flamme (was weniger zweckmässig ist, weil die Gläser zu leicht springen) auf etwa 150 bis 200^0 und sterilisirt dadurch das Ganze. Die Prüfung des Mehls geschieht nun in der Weise, dass man 5 gr. Mehl mit 50 gr. destillirtem, ausgekochten und dadurch sterilisirtem Wasser unter Beobachtung aller Vorsicht (damit keine Schimmelpilzkeime von der Luft aus dazu kommen) anrührt, den dünnen Brei gleichmässig über den sterilen Sand schüttet, die Glasplatte wieder auflegt und nun das Wachsthum abwartet. Gutes Mehl soll Schimmelpilzkeime nicht oder nur in geringer Menge enthalten; dumpfiges Mehl dagegen bedeckt sich bei dieser Behandlung schon nach 24 Stunden mit den feinflaumigen Räschen der Schimmelformen.

Milbiges oder **miethiges Mehl** erkennt man bei 50- bis 100facher Vergrösserung, ein stark milbiges sogar mit guter Lupe, denn die dauernde Bewegung der Milben ist auffallend. Das beste Mittel, die Milben, auch wenn sie in geringer Anzahl vorhanden sind, leicht zu finden, ist folgendes: Man drückt ein Glas oder einen ähnlichen Gegenstand mit dem Boden gegen die Mehl-Oberfläche, so dass dadurch eine vollkommene ebene Fläche entsteht. Diese betrachtet man nun aufmerksam mit der Lupe. Die sich an die Oberfläche des Mehls herausarbeitenden Milben heben sich von der glatten Umgebung sofort ab und können so nicht übersehen werden.

Die fedrige Mehlmilbe (*Acarus plumiger*, Fig. 118) ist eine ekelhafte, aber keineswegs giftige oder der Gesundheit Nachtheil bringende Milbe. Die gemeine Mehlmilbe (*Acarus farinae*) unterscheidet sich von der vorerwähnten nur dadurch, dass sie an Stelle der Federn Haarborsten trägt. Das Weizenälchen, Weizenschlängelchen (*Tylenchus scandens*) ist die Ursache des Radigwerdens oder des Kaulbrandes des Weizens. Ein krankes Weizenkorn, welches bräunlich oder schwarzbraun ist und ein gelbes Pulver einschliesst, fasst gegen 10 geschlechtslose Aelchen. Diese Parasiten verschwinden nicht mit der Saat und gehen in das sich neu bil-

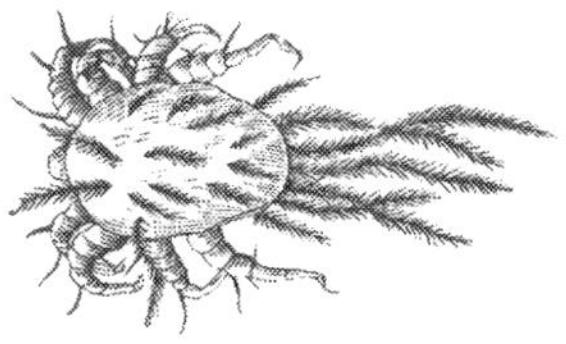

Fig. 118. Federige Mehlmilbe. $^{30}/_{1}$.

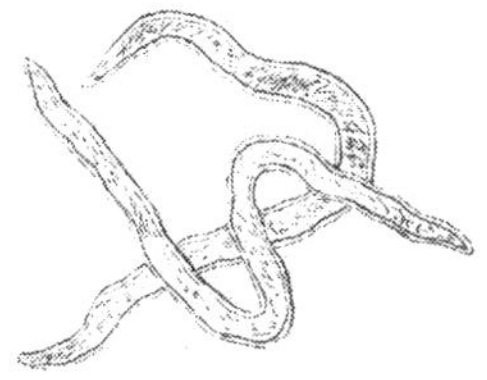

Fig. 119. Weizenälchen. $^{30}/_{1}$.

dende Weizenkorn über. Auch im Mehle findet man sie, ohne dass dasselbe ungeniessbar ist. Bei Gelegenheit der von Thieren veranlassten Pflanzenkrankheiten wird auf das Weizenälchen noch näher einzugehen sein.

Stärkemehl von anderen Cerealien.

Gerste. — Am leichtesten mit den Stärkekörnern des Weizens zu verwechseln sind diejenigen der Gerste. Auch im Gerstensamen sind Gross- und Kleinkörner vorhanden und auf den ersten Blick zu unterscheiden (vergl. S. 142). Die grossen Körner sind gestaltet wie die grossen Stärkekörner des Weizens, doch sind sie dadurch ausgezeichnet, dass sie alle ungefähr gleich gross sind (kaum jemals über 0,035 mm) und dass bei ihnen Zerklüftungen resp. Risse noch seltener sind als beim Weizen. Wenn Risse sich finden, sind dieselben fast stets auf einen einfachen, feinen Spalt beschränkt. Immerhin wäre die für die Praxis bei hohen Weizen- und Roggenpreisen äusserst wichtige Unterscheidung von Gersten- und Weizen-

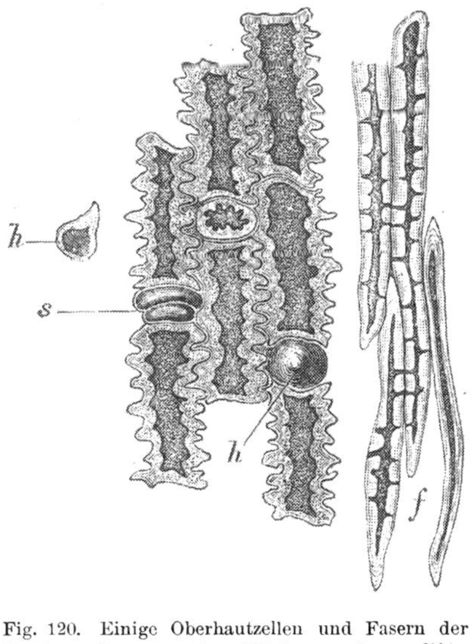

Fig. 120. Einige Oberhautzellen und Fasern der Gerstenspelze von der Fläche gesehen. $^{300}/_{1}$. *h* kurze, konische Haare, *s* paarige halbmondförmige Zellen, *f* Fasern. (Nach Moeller.)

mehl nach den Stärkekörnern allein sehr schwierig, wenn nicht noch ein anderes Merkmal das Gerstenmehl charakterisirte. Bekanntlich umschliesst bei den allermeisten Formen der Gerste die Spelze das Korn dauernd und ist mit demselben verwachsen. Deswegen finden sich in jedem Gerstenmehl die nach der S. 144 angegebenen Methode im Filterrückstand der verkleisterten Mehlproben zu suchenden Spelzentheile. Diese zeichnen sich (Fig. 120) durch die dicken, sehr stark gewellten Zellen ihrer Epidermis unverkennbar aus.

Hafer. — Die Stärkekörner des Hafers bieten einen ganz andern Anblick als diejenigen der bisher behandelten Cerealien, und zwar wird dies durch das regelmässige massenhafte Vorkommen grosser zusammengesetzter Stärkekörner bewirkt. Ein gleiches

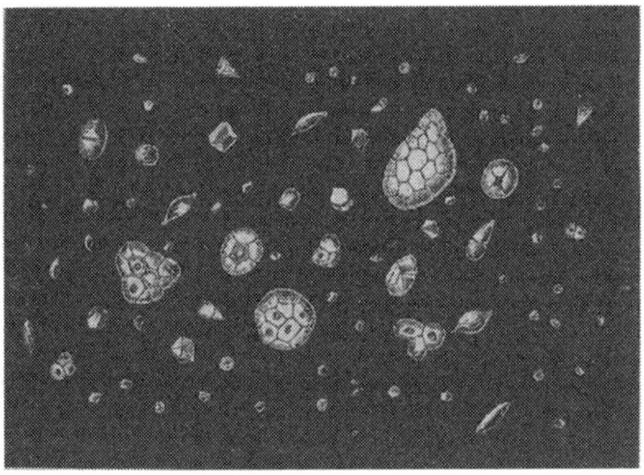

Fig. 121. Stärkekörner des Hafers. $^{300}/_1$. (Nach Moeller.)

Aussehen besitzen hauptsächlich die Reis-Stärkekörner, doch werden unten die Unterschiede angegeben werden.

Im Hafermehl unterscheiden wir nämlich unter dem Mikroskop (vergl. Fig. 121) auf den ersten Blick sehr grosse und sehr kleine Körner. Die grossen, welche ungefähr die Ausdehnung der Grosskörner des Weizens besitzen, erweisen sich bei genauerer Betrachtung als aus vielen kleinen Körnchen zusammengesetzt. Durch den Mahlprocess werden dieselben häufig zertrümmert; ihre scharfkantigen Konstituenten werden leicht als Hauptmasse der kleinen Körnchen erkannt. Ausser diesen Fragmenten kommt aber dem Hafer noch eine Form von Kleinkörnern regelmässig zu, nämlich beiderseits zugespitzte, spindelförmige Körnchen. Diese sind für die Diagnose entscheidend.

Reis. — Die Reisstärke ist der Haferstärke so sehr gleichgebaut, dass eine Unterscheidung beider wenn es sich (was kaum vorkommt) um ein Gemisch handeln sollte, für die Praxis nicht in Frage kommt. Dagegen ist reines Reismehl von reinem Hafermehl unschwer zu unterscheiden und zwar erstens daran, dass einfache Körner (natürlich abgesehen von den kleinen eckigen Körnchen, welche durch Zertrümmerung der grossen zusammengesetzten entstehen) dem Reis vollständig oder fast vollständig fehlen, zweitens aber besonders leicht daran, dass die Reisstärkekörnchen zwar zerfallen sind, ihre Fragmente aber sich wieder zu grossen, eckigen Klumpen zusammengeballt haben.

Reismehl wird vielfach der Kleinheit der Körner wegen als bester Puder, aber auch als Verfälschung von Kakao, Gewürzen etc. verwendet und ist in diesen Fällen leicht zu erkennen.

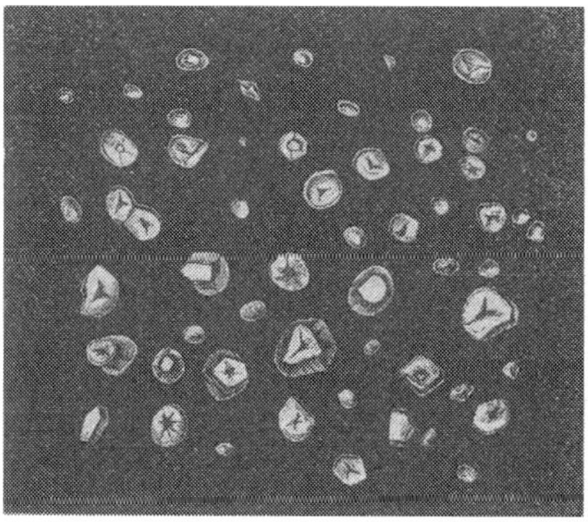

Fig. 122. Stärkekörner des Mais. $^{300}/_{1}$. (Nach Moeller.)

Mais (Fig. 122). — Das Maismehl ist durch die scharf eckige, polyedrische Form, den meist deutlichen Kern und die fehlende Schichtung sowie die geringere Grösse der Stärkekörner von Weizen-, Roggen- und Gerstenmehl unterschieden. Auch eine Verwechselung desselben mit dem Hafer- und Reismehl ist ausgeschlossen, da erstens beim Mais keine zusammengesetzten Körner vorhanden sind, zweitens die Grösse derselben (bis 0,035 mm) diejenige der genannten Cerealien-Stärkekörner um das Doppelte übertrifft. — Maismehl kommt verhältnissmässig selten zur Untersuchung, ist aber ohne weiteres erkennbar.

Stärkemehle aus Knollen und Stämmen.

Abgesehen von der Kartoffelstärke, welche bereits oben (S. 141) als Studienobjekt für Stärkekörner im Allgemeinen behandelt wurde, kommen im Handel noch eine Anzahl anderer, ausländischer Stärkesorten vor, welche Knollen- und Stammorganen von Pflanzen entstammen.

Arrowroot. — Im Handel wird hauptsächlich das Westindische Arrowroot geführt, welches von *Maranta*-Arten (hauptsächlich *Maranta arundinacea*) stammt. Dieses ist der Kartoffelstärke recht ähnlich und wird gewöhnlich mit derselben vermengt resp. verfälscht. Bei genauerer Untersuchung ist die *Maranta*-Stärke jedoch hauptsächlich durch folgende Merkmale von der Kartoffelstärke zu unterscheiden:

1. Die bei der Kartoffelstärke allermeist sehr deutliche Schichtung ist bei der *Maranta*-Stärke sehr schwach, oft kaum zu erkennen. 2. Die Stärkekörner der *Maranta* zeigen sehr oft scharf keilförmig zugespitzte Enden, und zwar ist das vom Kern entfernt

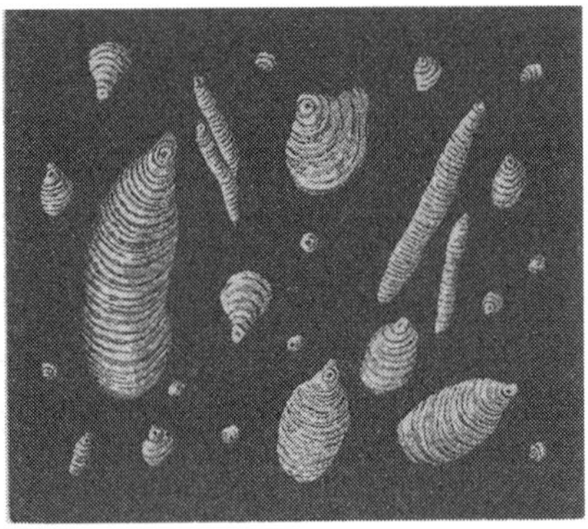

Fig. 123. Ostindisches Arrowroot. $^{300}/_{1}$. (Nach Moeller.)

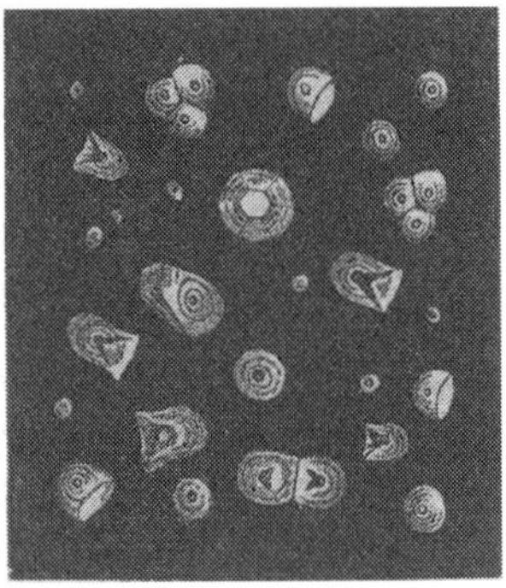

Fig. 124. Brasilianisches Arrowroot. $^{300}/_{1}$. (Nach Moeller.)

liegende Ende spitz, während bei der Kartoffelstärke, wenn ein Ende spitzig zuläuft, es meist dasjenige ist, in welchem der Kern liegt. 3. Die Stärkekörner der *Maranta* zeigen allermeist zwei grosse, breite Spalten, welche infolge ihres Luftgehalts schwarz aussehen und vom Kern so ausgehen, dass sie einen sehr stumpfen Winkel (eine ⌵-förmige Figur) bilden. Grosse Stärkekörner mit dieser Spalte kommen bei der Kartoffel nicht vor. 4. Die *Maranta*-Stärkekörner werden nur in seltenen Ausnahmefällen über 0,05 mm gross, während dies bei den Kartoffelstärkekörnern sehr häufig der Fall ist.

Ostindisches Arrowroot (Fig. 123). — Stammt von verschiedenen *Curcuma*-Arten und ist nicht nur das charakteristischste, sondern auch unter dem Mikroskop betrachtet das hübschste Stärkemehl, welchem man bei der Nahrungsmittel-Untersuchung begegnet. Die

Curcuma-Stärke ist zunächst dadurch auffallend, dass ihre Schichtung sehr stark ist und dass die Schichten nicht um den Kern herum gehen, sondern sich ganz regelmässig am Rand des Kornes auskeilen (vergl. Fig. 123). Ferner ist ausserordentlich charakteristisch, dass der Kern des Kornes am äussersten Ende desselben und zwar in einer demselben aufgesetzten, kleinen Spitze liegt, sowie dass die Körner sehr stark abgeplattet sind. Man sieht deshalb beim Betrachten des Mehls zweierlei vollständig verschieden erscheinende Figuren, nämlich verhältnissmässig breite, spatelförmige Körner — die Flächenansicht — und sehr schmale, band- oder langgestreckt spindelförmige — die Seitenansicht der Körner. — Kartoffelmehl, welches auch hier hauptsächlich als Fälschung vorkommt, wird sofort an der abweichenden Gestalt und Schichtung sowie daran erkannt, dass bei der Kartoffelstärke der Kern nie in ähnlicher Weise aufgesetzt ist wie bei der *Curcuma*-Stärke.

Brasilianisches Arrowroot (Fig. 124). — Stammt von *Manihot utilissima* her. In der Knolle der Stammpflanze sind fast alle Stärkekörner aus 2—7 ungefähr gleichgrossen Körnern zusammengesetzt, welche dort wo sie mit den andern Theilkörnern verbunden sind, gerade, nach aussen zu aber sehr stark gewölbte Flächen aufweisen. In der Handelswaare (Fig. 124) sind die zusammengesetzten Körner allermeist zerfallen; verhältnissmässig selten begegnet man noch aus 2—3 Theilstücken bestehenden intakten Körnern. An dem Merkmal, dass diese Stärkesorte aus von derart verschiedenartigen Flächen begrenzten Körnern besteht, welche alle ungefähr gleich gross sind (0,018—0,023 mm) wird die *Manihot*-Stärke unschwer erkannt. Auch in der echten Tapioka, welche sowohl in Brasilien wie in Frankreich aus der Stärke von *Manihot utilissima* hergestellt wird (vergl. oben S. 142), ist trotz der partiellen Verkleisterung der Charakter der *Manihot*-Stärke noch deutlich erkennbar.

Sago (Fig. 125). — Aller echte Sago stellt verkleistertes Stärkemehl aus Stämmen von Palmen (hauptsächlich *Sagus Rumphii* und *Borassus flabelliformis*) und *Cycadaceen* (*Cycas*- und *Zamia*-Arten) dar. Da die Palmenstärke aus den weichen Innengeweben der Stämme gewonnen wird, führt dieselbe stets in recht bedeutender Menge Trümmer von Geweben, sowie Krystalle von Kalkoxalat; nicht selten begegnet man auch Haaren. Auf diese Bestandteile des Handelsartikels wird man in erster Linie achten, wenn man die Diagnose stellen soll, ob eine Waare als echter Sago anzusehen ist oder nicht. Man löst zu diesem Zweck das Stärkemehl (vergl. S. 144) und untersucht den Bodensatz resp. den Filterrückstand. Dabei wird man bei echtem Palmensago (vergl. Fig. 125) Gewebereste (*p* = Parenchym, *st* = Steinzellen, *h* = Haare) sowie drusen- (*d*), nadelförmige (*r*) und schön ausgebildete säulenförmige (*K*) Krystalle von Calciumoxalat finden. Auch die Stärkekörner als solche sind charakteristisch. Soweit sie durch den Verkleisterungsprocess noch nicht bis zur Formlosigkeit verändert wurden, zeigen sie einen sehr grossen Kern und an der Oberfläche erhöhte Stellen,

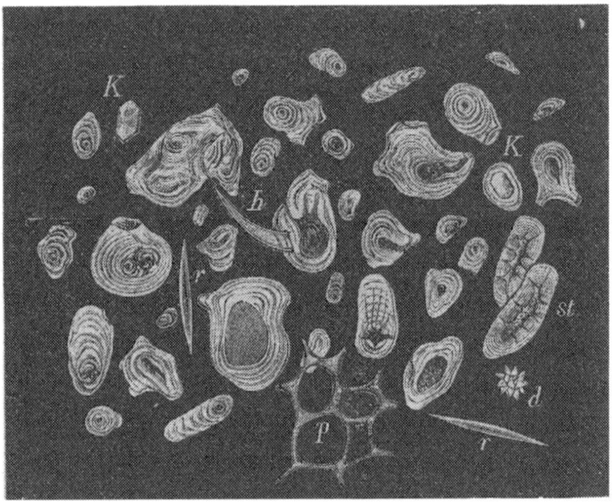

Fig. 125. Sago. $^{300}/_{1}$. (Nach Moeller.) (Erklärung der Zeichen im Text.)

die mit glatten Ebenen enden und welche beweisen, dass die Körner ursprünglich zusammengesetzt waren.

Kaffee.

Die mikroskopische Untersuchnng hat nur beim gemahlenen Kaffee einen Zweck, hier aber ist sie höchst wichtig, da gemahlener Kaffee ausserordentlich häufig verfälscht wird.

Die Kaffeebohne besteht aus dem Endosperm der Frucht von *Coffea arabica.* Ihre wohlbekannte Form zeigt in der Mitte der flachen Seite eine tiefe Längsfurche und in dieser finden sich festgeklemmt Reste der Samenschale. Reines Kaffeepulver darf also keine weiteren Bestandtheile enthalten als die Gewebe des Endosperms (und des bei der Untersuchung nur sehr selten zu Gesicht kommenden, daher leicht zu vernachlässigenden Keimlings) sowie der Samenschale. Diese Gewebe sind so charakteristisch, dass die Frage, ob ein Kaffeepulver rein sei oder nicht eine der leichtesten ist, welche bei der Nahrungsmitteluntersuchung gestellt werden kann. Schwieriger zu entscheiden pflegt dann zu sein, womit die Fälschung bewirkt wurde.

Um Kaffee zu untersuchen, verfährt man folgendermassen: Man nimmt den gemahlenen Kaffee, trocknet ihn bei 100°, zerreibt im Porcellanmörser etwa $^1/_4$ gr desselben so lange, bis sich das Pulver eben noch körnig anfühlt. Dieses Kaffeemehl noch mehr zu zerkleinern ist nicht praktisch, da sonst die Partikel keine genügend zusammenhängenden Bilder mehr gewähren. Dann übergiesst man das Pulver in einem Uhrschälchen mit Eau de Javelle und lässt dies $^1/_2$—$1^1/_2$ Stunden lang einwirken. Darauf wird die Flüssigkeit vorsichtig abgesogen, durch reines Wasser ersetzt und nun werden aus dem Bodensatz 5—6 Präparate gemacht.

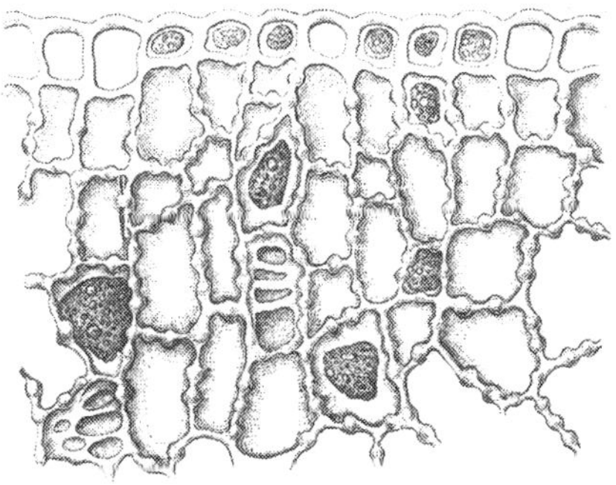

Fig. 126. Endosperm des Kaffees. $^{300}/_1$. (Nach Moeller.)

Bei Betrachtung derselben sieht man, dass die Körnchen unregelmässig eckig sind. Die kleineren sind gebleicht, bei den grösseren trifft dies wenigstens an den Rändern zu, und die Zellstruktur ist deutlich erkennbar.

Diese Körner müssen nun aus einem Gewebe gebildet sein, welches (vergl. Fig. 126) sehr dicke, auffallend knotenartig verdickte Wände aufweist. Bei Zellen, welche in der Fläche gesehen werden, scheinen grosse, meist etwas breit gezogene Löcher in der Zellwand zu sein. Aus derartig aussehenden Zellen gebildetes Kaffeepulver ist unbedingt echt. — In den Zellen finden sich die gebräunten Ueberreste des Protoplasmas oft in grossen Klumpen sowie grosse oder kleinere, stark lichtbrechende Oeltropfen.

Das Gewebe der Samenhaut, welche natürlich nur in sehr vereinzelten Fragmenten vorliegen kann, ist durch sehr charakteristische, langgestreckte, hier und da mit stumpfen, kurzen Auswüchsen versehene Zellen (Fig. 127) gekennzeichnet. Diese Zellen besitzen schief gestellte feine Poren (Tüpfel); sie haben für die Untersuchung grosse Bedeutung.

Ein Kaffeepulver darf nur diese beiden Gewebeelemente enthalten; jede andere unter dem Mikroskop hervortretende Erscheinung (abgesehen von sehr spärlich auftretendem, den Keimlingen entstammendem Parenchym) weist auf eine Verfälschung hin.

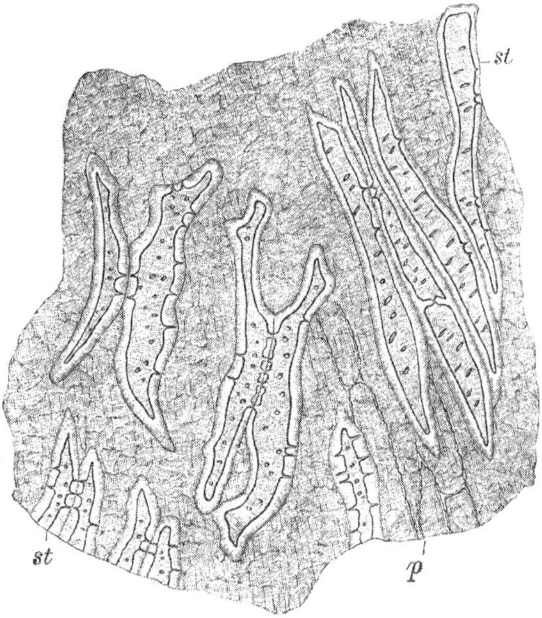

Fig. 127. Steinzellen mit Resten der Samenschale vom Kaffee. $^{160}/_{1}$. *st* Steinzellen, *p* eine Zellschicht der Grundmembran. (Nach Moeller.)

Surrogate des Kaffees.

Cichorienkaffee. — Dieses Kaffeesurrogat wird hergestellt aus den gerösteten, zu einem feinen Pulver zermahlenen Wurzeln der Cichorienpflanze *(Cichorium Intybus)*. Die im Handel vorkommende Waare enthält häufig auch andere geröstete Wurzeln, z. B. der Runkelrübe, Mohrrübe etc., auf welche weiter unten eingegangen wird. Als Verfälschung sind diese Substanzen nicht aufzufassen, denn gerade diese Stoffe in ihrer Mischung liefern eine Waare, welche dem Konsumenten besonders gefällt. Man hat daher unter dem Namen Cichorienkaffee nicht allein die Cichorienwurzel, sondern ein Kaffeesurrogat häufig verschiedener Mischung zu verstehen.

Soll Cichorienpulver nachgewiesen werden, so verwendet man die nach der oben (S. 161) mit Eau de Javelle gebleichten Proben und achtet auf folgende Merkmale: 1. In der dicken Rinde der Cichorienwurzel sind reichlich Milchsaftschläuche vorhanden, welche auch im Untersuchungsobjekt aufzusuchen sind. Diese Schläuche treten (vergl. Fig. 128) als dunkle, etwa wurmförmige Gebilde in den gebleichten Geweben auf den ersten Blick hervor; sie besitzen keine Querscheidewände, sind verästelt und die Aeste vereinigen sich an vielen Stellen mit benachbarten Milchsaftschläuchen. Dabei ist zu bemerken, dass auch die Siebröhren

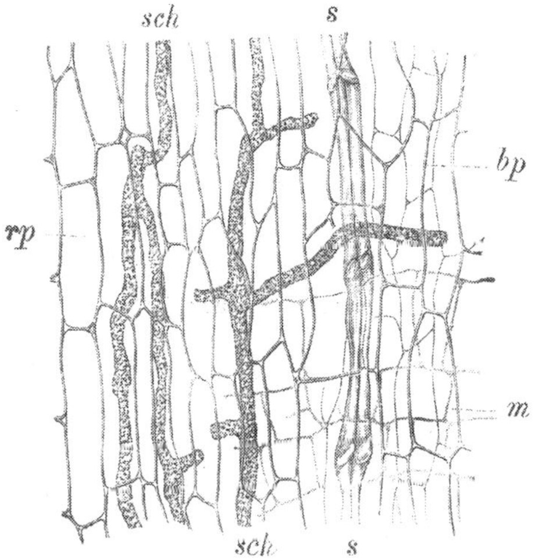

Fig. 128. Milchsaftschläuche der Cichorienwurzel. $^{160}/_{1}$. *rp* Rindenparenchym, *sch* Milchschläuche, *s* Siebröhrenbündel, *bp* Bastparenchym, *m* Markstrahl. (Nach Moeller.)

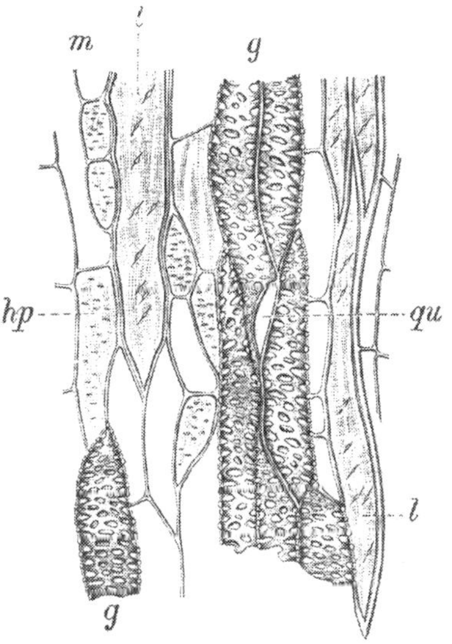

Fig. 129. Holzgewebe der Cichorienwurzel. $^{160}/_{1}$. *g* Gefässe mit der Perforation *qu*, *hp* Holzparenchym, *l* Holzfasern, *m* Markstrahl. (Nach Moeller.)

dunkler aussehen und langgestreckte Gebilde sind; dieselben werden aber leicht dadurch unterschieden, dass sie nie verzweigt sind und deutliche Querwände besitzen.

2. Von noch grösserer Bedeutung für die Erkennung des Cichorienkaffees sind die Holzzellen (Tracheiden), welche auch in kleinsten Fragmenten deutlich beobachtbar und charakteristisch sind. Man achte (Fig. 129) auf derbwandige, breite Zellen, deren Wände mit schmal elliptischen (lochartig aussehenden) Tüpfeln versehen sind. Diese Tüpfel selbst sind nie mehr als $^1/_3$ der Zellbreite breit.

Hat man die gleichen Gewebeelemente (also Milchsaftschläuche, Parenchymzellen und Tracheiden) vor sich, erreicht die Breitenerstreckung der Tüpfel aber die halbe Breite der Tracheiden-Zellen oder übertrifft dieselbe, so hat man es nicht mit aus *Cichorium Intybus*, sondern aus der Wurzel des Löwenzahns (*Taraxacum officinale*) hergestelltem Cichorienkaffee zu thun. Einem derartigen Kaffeesurrogat begegnet man allerdings nur ausserordentlich selten.

Rübenwurzeln. — Wie oben bemerkt, sind in vielen Cichorienkaffeesorten Rübenwurzeln in grösserer oder geringerer Menge vorhanden. Das hauptsächlichste Merkmal des Rübenkaffees ist, dass demselben die Milchsaftschläuche abgehen und dass die Gefässelemente (Tracheiden und Tracheen) bei demselben durchaus zurücktreten, während sie bei der Cichorie (und Löwenzahnwurzel) sehr massenhaft vorhanden sind. Zu Rübenkaffee werden vielfach die als „Schnitzel" bezeichneten, ausgelaugten Rückstände der *Beta vulgaris* verarbeitenden Zuckerfabrikation verwendet.

Hat man Cichorienkaffee, in welchem geröstete Rübenwurzeln nachgewiesen werden sollen, so bleicht man das Präparat mit Eau de Javelle und sucht dann nach Gewebepartikeln, welche keine Milchsaftschläuche enthalten. Bestehen diese aus Parenchymgewebe ohne Tracheiden oder Gefässe und sind deren Zellen durchnittlich über 0,08 mm breit (während diejenigen der Cichorie nur sehr selten 0,04 mm überschreiten), so ist der Zusatz von Rübenwurzel festgestellt.

Feigenkaffee. — Dieses vornehmste Kaffeesurrogat besteht aus gerösteten zerstampften Feigen (Fruchtstand von *Ficus Carica*). Die Untersuchung des Feigenkaffees hat grosse praktische Bedeutung, da er häufig mit minderwerthigen Kaffeesurrogaten verfälscht wird. Der Feigenkaffee (Fig. 130) besitzt wie die Cichorie Milchsaftschläuche, dagegen nur ausserordentlich wenig Tracheen resp. Tracheiden; überdies sind letztere häufig mit schön spiraliger Wandverdickung versehen und sehr viel schmaler als bei Cichorie und Löwenzahn. Die Parenchymzellen enthalten sehr häufige morgensternförmige Drusen von Kalkoxalat. Ferner sind in der Feige massenhaft kleine Samen enthalten, welche in den meisten Fällen noch mit blossem Auge sichtbar sind (das Publikum verlangt diese Kernchen als Kriterium für die Echtheit des Feigenkaffees), von denen aber auch viele zerstampft wurden und als sehr leicht kenntliche Steinzellelemente im Feigenkaffee enthalten sind. Diese Steinzellen liegen stets in Gruppen zusammen, besitzen nur einen sehr kleinen (rundlichen oder gestreckten) Hohlraum im Innern, von dem zahlreiche fein strichförmige Poren wie Spinnenbeine durch die dicke Wand hindurchgehen. Schliesslich finden sich (vereinzelt) im Feigenkaffee noch grosse, keilförmige Haare. Da der Zellinhalt der Feige wesentlich aus Zucker besteht, fehlen im Feigenkaffee Stärkekörner. — Wird die Frage nach einer Verfälschung des Feigenkaffees gestellt, so handelt es sich meistens um Beimengung von Cichorie oder Rübenwurzeln zu demselben. Um die Untersuchung auszuführen, zerkleinert man das Kaffeesurrogat wie oben (S. 161) angegeben, entfernt den Zucker durch Auslaugen des Pulvers mit Wasser, bleicht mit Eau de Javelle und untersucht dann, wobei man die Cichorie an den grossen, aus Gefässen gebildeten Fragmenten, die

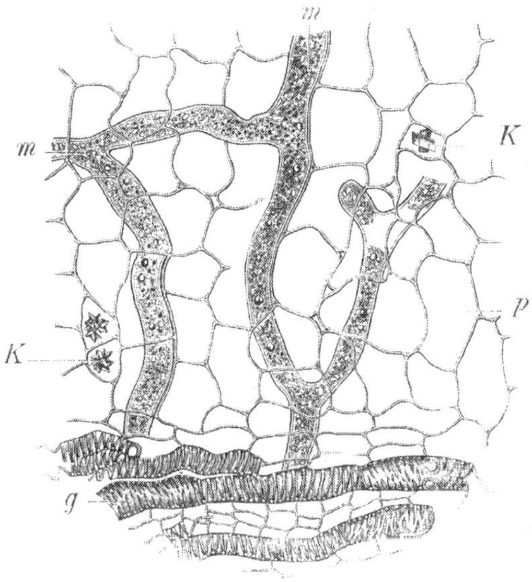

Fig. 130 Längsschnitt durch das Fruchtfleisch der Feige. $^{160}/_{1}$. *m* Milchsaftschläuche, *g* Gefässe, *K* Krystalle. (Nach Moeller.)

Rübe an den grossen Parenchymzellen, die keine Kalkoxalatdrusen führen, erkennt. Ferner ist die Schmalheit der Feigen-Gefässe, ihre häufig spiralverdickte Wand zu beachten und Rübenfragmente sind am Fehlen der Milchsaftgefässe zu erkennen.

Eichelkaffee. — Dies Kaffeesurrogat kommt nur unter seinem richtigen Namen in den Handel und wird kaum jemals als Verfälschung von Kaffee oder andern Surrogaten verwendet. Eichelkaffee besteht aus den gerösteten und gemahlenen Cotyledonen verschiedener *Quercus*-Arten, seine Erkennung ist sehr leicht. In der Hauptmasse besteht er aus den Stärkekörnchen (Fig. 131) der Eichel-Cotyledonen, welche im allgemeinen den Stärkekörnern der Leguminosen ziemlich ähnlich sehen, sich von denselben aber dadurch unterscheiden, dass radiale Spalten nicht oder nur sehr selten und dann nur in sehr geringer Zahl (1—4) vorkommen. Behandelt man die Stärke des Eichelkaffees mit Eisenchlorid, so färbt sie sich infolge ihres Gerbsäuregehaltes deutlich schmutzig blau. Diese Reaktion tritt besonders schön bei Stärkekörner-Klumpen und grossen

Fig. 131. Stärkekörner der Eichel. *a* 120/1, *b* 200/1.

Einzelkörnern auf. Grosse Stärkekörner, welche diese Reaktion nicht geben, dürfen im Eichelkaffee nicht vorhanden sein, sondern deuten auf eine (sehr häufig vorkommende) Verfälschung mit Mehl.

Getreidekaffee. — Alle Getreidearten einschliesslich des Mais werden entweder in normalem oder in gekeimtem Zustand (Malz) geröstet und als Kaffeesurrogate verwendet. Ihr Nachweis ist infolge des Stärkereichthums dieser Samen sehr leicht; ihre Unterscheidung wird nach den oben (142—157) gegebenen Anweisungen ausgeführt.

Carobenkaffee. — Die schlechtesten Sorten der Carobenfrucht (*Ceratonia Siliqua,* Johannisbrod) werden hier und da zu Kaffeesurrogat verarbeitet. Ohne auf die weniger wichtigen Punkte, welche zur Erkennung des Carobenkaffees dienen können, einzugehen, sei hier nur auf das untrügliche Merkmal desselben hingewiesen. Das Fruchtfleisch der Carobe besteht grösstentheils aus dünnwandigem Parenchym, dessen Zellen je einen grossen, spiralig oder quer gefalteten Sack enthalten (Fig. 132). Nimmt man etwas ungebleichtes Carobenpulver unters Mikroskop, so erscheinen diese Säcke als grosse, sehr auffallende braune Schollen, an denen man nun nach der Streifung sucht. Ist der Carobenkaffee nicht oder nur schwach geröstet, so nehmen diese Säcke bei Zusatz von Kalilauge eine prachtvoll violette Farbe an; im gerösteten Surrogat dagegen werden sie mit Kalilauge schmutzig grau.

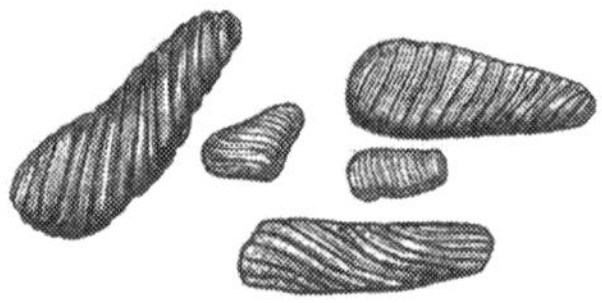

Fig. 132. Inhaltssäcke des Carobenkaffees. 120/1.

Hat man diese niemals fehlenden Inhaltssäcke gefunden, so braucht man keine weitern Elemente mehr zu suchen und kann mit voller Sicherheit die Diagnose auf Carobenkaffee stellen.

Leguminosenkaffee. — Eine ganze Anzahl von Leguminosensamen werden als Surrogate oder zur Verfälschung des Kaffees verwendet. Es kann hier nicht unsere Absicht sein, alle irgendwie schon beobachteten derartigen Vorkommnisse kennen zu lernen; wichtig ist nur, die praktisch vorkommenden Surrogate resp. Verfälschungen vorzuführen. Als solche sind zu nennen:

Erbsen, Bohnen, Linsen. — Das Mehl dieser drei Hülsenfrüchte wird recht häufig in Kaffeesurrogaten, seltener in gemahlenem Kaffee gefunden. Da (mit Ausnahme des Getreidekaffees und des Eichelkaffees) weder die gebräuchlichen Surrogate noch die Kaffeebohne Stärke in grösseren Mengen, jedenfalls aber keine grossen Stärkekörner enthalten, ist der Nachweis der genannten Leguminosensamen, wenn die Struktur der Stärkekörner auf sie hinweist (vergl. oben, S. 152) sichergestellt. Ausser diesen Stärkekörnern bieten aber auch noch in den allermeisten Fällen die Reste der Samenschale Erkennungsmerkmale hervorragender Art. Die Samenschale der Leguminosen wird in ihrer äussersten Schicht aus einer Lage langer, pallisadenartig dicht nebeneinander stehender, sehr starkwandiger Zellen gebildet. Diese Zellen (Makrosklereïden) kommen in allen Mahlprodukten der Leguminosensamen als garbenähnliche, sehr auffallende Gebilde zur Ansicht; sie werden bei Besprechung des Lupinenkaffees genauer beschrieben werden.

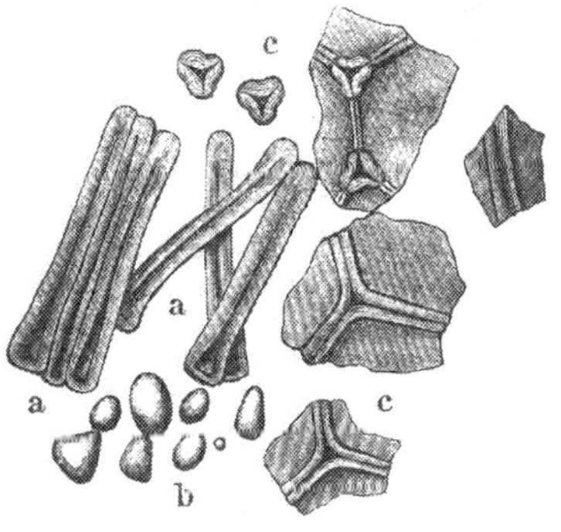

Fig. 133. Elemente des Lupinenkaffees. 260/1.

Lupinen. — Theils als Fälschung, aber auch als Surrogat werden die Lupinensamen dem Kaffee beigemengt; dies geschieht entweder indem man die giftigen Lupinensamen direkt in geröstetem Zustand zerkleinert, oder indem man ihnen zuvor den Giftstoff entzieht und sie dann verarbeitet. Gleich den eben abgehandelten Leguminosensamen besitzt die Lupine (oder vielmehr die Lupinen-Arten, da mehrere derselben als Kaffeesurrogat Verwendung finden) die pallisadenförmige äusserste Schalenansicht, deren Zellen einzeln oder meist garbenförmig zusammengelagert im Präparat (Fig. 133, *a*) liegen. Hat man derartige Figuren gefunden, so kann noch irgend ein anderer Leguminosensamen vorliegen; zur weitern Diagnose der Lupine verhilft der Umstand, dass dieselbe keine Stärke sondern nur Aleuron als Reservestoff führt. Die Aleuronkörner *(b)* müssen in koncentr. Glycerin untersucht werden, da sie in Wasser zerfallen. Sie stellen glänzende, gelbe oder bräunliche, unregelmässig kugelige oder ellipsoidische Körnchen dar, welche mit Jod behandelt eine tiefbraune Färbung annehmen. Ferner aber sind die Parenchymzellen der Cotyledonen bei der Lupine dadurch charakterisirt, dass ihre Wände grosse, breite Intercellularräume führen. Man suche nach Fragmenten *(c)*, in welchen drei Zellwände zusammenstossen. Kann man hier deutlich sehen, dass eine dunkle Linie die Mitte der Zellwand einnimmt und dass diese Linien dort, wo die Zellwände im Dreieck zusammenstossen, ein schwarzes Dreieck bilden, so ist der Lupinensamen diagnosticirt.

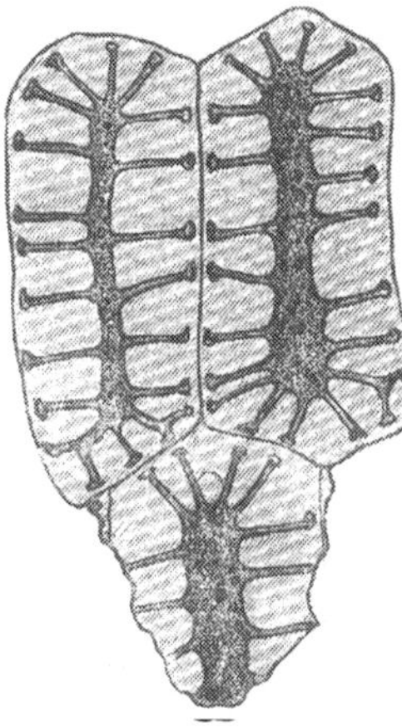

Fig. 134. Zellgruppe aus dem Endosperm der Steinnuss. $^{200}/_{1}$.

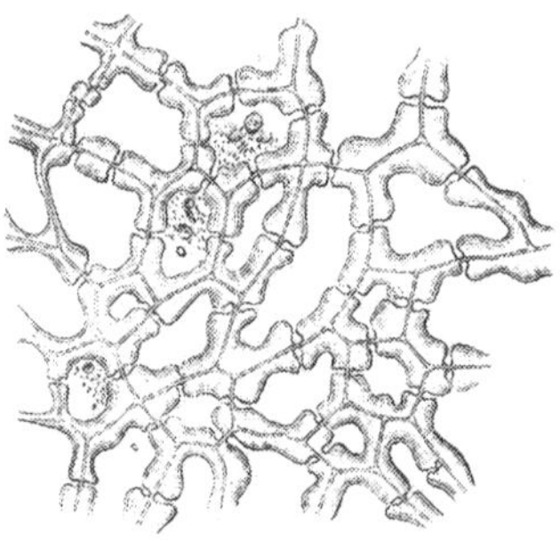

Fig. 135. Endospermgewebe des Dattelkerns. $^{160}/_{1}$. (Nach Moeller.)

Verfälschungen des Kaffees und seiner Surrogate.

Steinnussmehl. — Das bei der Verarbeitung der Steinnuss *(Phytelephas macrocarpa)* zu Knöpfen abfallende Mehl wurde öfters als Verfälschungsmittel des Kaffees verwendet. Abgegeben von den äussern Gewebeschichten der Steinnuss, welche viel seltener zu Gesicht kommen, sind im Steinnussmehl in grösster Menge die auf den ersten Blick kenntlichen Endospermzellen vorhanden. Diese (Fig. 134) zeichnen sich durch eine ganz unglaublich dicke Zellhaut aus (der Reservestoff des Samens ist Cellulose und wird eben als dicke Zellwände gespeichert). In den scharfkantigen Fragmenten des Steinnusskerns pflegen, besonders wenn eine Behandlung mit Jod vorhergeht, schmale, mit vielen Beinen versehene (tausendfussartige) gelbe Körper in einer gleichmässig hellen Masse eingebettet zu sein. Diese gleichmässige Masse sind die Zellwände, die gelben Körper aber die mit eiweisshaltigen Inhaltsstoffen versehenen Zellhöhlungen. Die Linien, welche von den Körpern ausgehen, sind die dünnen Poren, welche behufs gegenseitiger Kommunikation der Zellen die dicken Wände durchsetzen. Dies Bild ist zur Erkennung der Steinnussfragmente ohne weiteres geeignet.

Dattelkernmehl. — Auch gemahlene Dattelkerne sollen manchmal zur Verfälschung des Kaffees verwendet werden. Dieser Zusatz ist gleichfalls durch die besondere Gestalt der Endospermzellen ohne weiteres nachweisbar. Auch das Endosperm der Dattel (Fig. 135) besteht aus sehr dickwandigen Zellen; von denjenigen

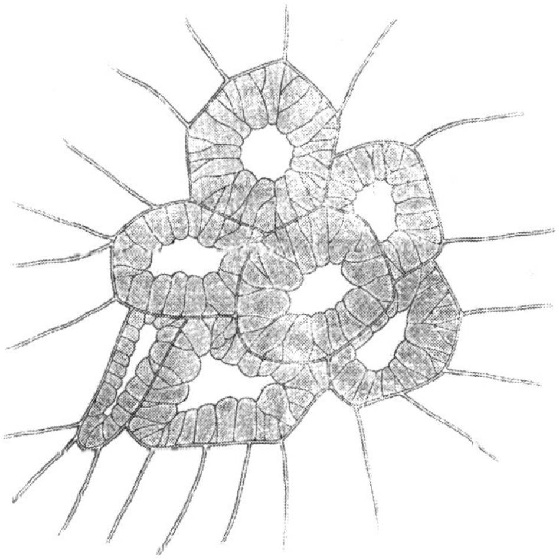

Fig. 136. Steinzellgruppe aus dem Fruchtfleisch der Birne. $^{160}/_{1}$. (Nach Strasburger.)

der Steinnuss unterscheidst es sich aber leicht durch die grössern Zellhöhlen, sowie dadurch, dass nicht viele schmale, sondern wenige (1—2) breitere Poren (Tüpfel) die zwischen je 2 Zellen gelegene Zellwand durchsetzen. — Weitere Merkmale zur Erkennung der Dattelkerne sind unnöthig.

Dörrobst. — Besonders häufig wird Dörrobst zur Verfälschung des Feigenkaffees verwendet, und zwar kommen allermeist gestossene, angeröstete Birnen in Betracht. Soll ein Feigenkaffeepulver auf einen Zusatz von Dörrobst untersucht werden, so achte man in erster Linie auf Steinzellgruppen (Fig. 136), welche von rundlichen, sehr dickwandigen, mit feinen Poren versehenen Zellen gebildet werden. Diese Zellen haben zwar Aehnlichkeit mit den in der Schale der Feigenkerne enthaltenen, aber sie sind viel grösser und liegen niemals in einer Schicht, sondern stets als körperhafte Klumpen beisammen. Ferner sei beachtet, dass im Parenchymgewebe der Obstsorten keine Milchsaftschläuche und keine Krystalldrusen vorkommen, während beide bei der Feige massenhaft vorhanden sind und auch in kleinen Fragmenten zur Anschauung gelangen.

Sägespähne. — Sowohl im Kaffeepulver wie neuerdings besonders häufig bei rohem Kaffee findet sich ein Beisatz von feinen Sägespähnen. Bei Rohkaffee haben dieselben den Zweck, die breite, tiefe Spalte des im Preis niedriger stehenden Santos-Kaffee zu verschliessen und denselben den höherwerthigen Jamaika- und Portorikokaffees ähnlich zu machen. Bei rohem Kaffee erkennt man die Behandlung mit Sägespähnen leicht, wenn man mit einem Messer in der Spalte kratzt. Dabei fällt das Sägemehl, wenn solches vorhanden ist, heraus. Auch im Kaffeepulver sind die Holzelemente leicht zu entdecken. Man achte insbesondere auf dickwandige, am Ende zugespitzte, mit schräg stehenden Tüpfeln versehene Fasern (Libriformfasern) sowie auf Reste der grossen Gefässe.

Mineralbestandtheile. — Nicht selten wird Kaffeepulver mit Mineralien, insbesondere mit Ziegelmehl verfälscht. Unter dem Mikroskop erscheinen die eckigen, kantigen, unregelmässigen Körner, welche für anorganische Körper (vergl. S. 95) charakteristisch sind. Der weitere Nachweis, sowie die Mengenbestimmung fällt in das Gebiet der chemischen Analyse.

Kaffeesatz. — Mit dem Mikroskop nicht nachweisbar ist die Fälschung gemahlenen Kaffees mit bereits benutztem, ausgelaugtem Kaffeepulver. Auch diese Fälschung muss durch chemische Analyse bestimmt werden.

Kakao, Chokolade.

Die Kakao-Präparate werden aus den gepulverten Cotyledonen des Kakaobaumes *(Theobroma Cacao)* hergestellt. Diese Cotyledonen stellen grosse, aus dünnwandigem Parenchym gebildete, tief zerklüftete Gewebemassen dar. Sie sind mit einer feinen Epidermis überkleidet (Fig. 137) welche ausser feinsten nadelförmigen Kryställchen *(K)* auch Fettsäure-Krystalle *(f)* enthält. Ganz besonders bemerkenswerth aber sind die keulenförmigen, nach der Spitze zu aus mehreren Zellreihen gebildeten Haargebilde *(h)*, welche aus dieser Epidermis entspringen. Dieselben wurden von Mitscherlich entdeckt, zuerst für Thiere gehalten und führen den Namen „Mitscherlich'sche Körperchen". Die grosse Uebermasse der gepulverten Waare aber wird von dem Parenchymgewebe der Cotyledonen gebildet.

Dieses ist vollgepfropft mit Fett (Kakaobutter) und enthält auch kleine Stärkekörnchen; einzelne Zellen aber sind ohne diesen körnigen Inhalt, sie werden von einer schön violetten Kugel eines mit den Gerbstoffen verwandten Farbstoffs eingenommen. Ferner ist bemerkenswerth, dass infolge eines Gährungsprocesses (dem „Rotten"), welchem die frischen Kakaobohnen ausgesetzt werden, um sie weniger bitter zu machen, die Oberfläche der Cotyledonen sehr häufig mit dichtem Schimmelpilzgeflecht überzogen ist und dass nicht nur die Fäden desselben, sondern auch massenhafte Schimmelsporen besonders in minderwerthigen Kakao-Präparaten vorkommen. Sehr selten erscheinen die Elemente der noch nicht vollkommen entwickelten Gefässbündel, nämlich kleine Fragmente von Spiralgefässen.

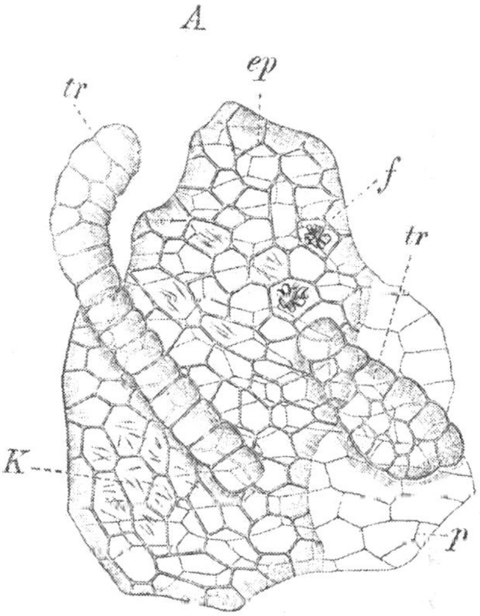

Fig. 137. Epidermis der Kakao-Cotyledonen. $^{160}/_{1}$. *ep* Epidermis, *tr* Haare (Mitscherlich'sche Körperchen), *K* Krystalle (Theobromin?), *f* Fettsäure-Krystalle, *p* Parenchym. (Nach Moeller.)

Hat man Kakao-Pulver auf seine Reinheit zu untersuchen, so stellt man sich zunächst ein Präparat in Wasser her und mustert dasselbe durch. Es darf nur die soeben angeführten Elemente enthalten. Insbesondere achte man auf Stärkekörner, welche durch besondere Grosse auffallen. Die Stärkekörner der Kakaobohne sind sehr klein (beträchtlich kleiner als die aller Cerealien, auch als die des Reis), rundlich, allermeist einfach, nur selten aus (2 bis 3) Theilkörnern zusammengesetzt; sie färben sich mit Jod später blau als diejenigen der Cerealien. An einem Wasserpräparat führe man die Jodreaktion aus, ein anderes dagegen versetze man vom Rand her vorsichtig mit Schwefelsäure und folge dem Vordringen der Säure. Man wird dann sehen, dass die Farbstoff-Klumpen sich mit blutrother Farbe lösen.

Ferner ist es zweckmässig, behufs Entfernung des Fetts eine Messerspitze voll Pulver mit Aether zu übergiessen, die Kakaobutter zu extrahiren und dann mit Eau de Javelle das Pulver zu bleichen. In einem derartig behandelten Präparat dürfen nur die dünnwandigen Zellelemente des Parenchyms (als Hauptmasse), der Epidermis und der MITSCHERLICH'schen Körperchen (sowie sehr selten Fragmente von Spiralgefässen) vorhanden sein.

Verfälschungen des Kakaopulvers. — Kakao wird hauptsächlich durch Mehl-Zusatz verfälscht. Bereits oben wurde darauf hingewiesen, auf die grossen Stärkekörner der Cerealien zu achten. Wenn die Gestalt der Stärkekörnchen sich derjenigen der Eichel-Stärke (vergl. S. 166, Fig. 131) nähert, so untersuche man, ob dieselben durch Eisenchlorid schmutzig blau gefärbt werden.

Eine weitere Verfälschung wird häufig durch das Zumengen der Kakao-Schalen bewirkt. Die Kakao-Cotyledonen sind mit (als Kakao-Thee bekannten) holzig-pergamentartigen Samenschalen bedeckt, welche zwar eine geringe Menge von Theobromin (0,75 %), aber kein Aroma enthalten. Man suche, um diese Verfälschung nachzuweisen, in den mit Eau de Javelle gebleichten Präparaten nach Schollen oder Splittern von ziemlich dickwandigen, netzförmig angeordneten Zellen und achte, wenn man solche gefunden hat, darauf, ob unter der Lage netzartiger Zellen sich noch eine andere von dünnwandigen, quergestreckten findet. Der Nachweis solcher derbwandigen Elemente macht das Vorhandensein von Kakaoschalen wahrscheinlich; hat man die Querzellschicht in denselben gefunden, so hat man dadurch Sicherheit erlangt. — Ferner pflegt das reichliche Auftreten von Pilzfäden und Pilzsporen mit ziemlicher Wahrscheinlichkeit auf den Zusatz von Kakaoschalen schliessen zu lassen.

Untersuchung der Chokolade. — Die Chokolade wird durch das Verreiben der fettreichen Kakaosamen mit einem Zusatz von (50 % oder mehr) Zucker und Gewürzen hergestellt. In dem dergestalt hergestellten Produkt sind die Zellelemente sehr viel mehr zerkleinert als im Kakaopulver; dem entsprechend ist es schwieriger, aus Chokolade charakteristische Bilder zu erhalten.

Um Chokolade zu untersuchen, zieht man zunächst durch Erwärmen mit Aether in einem Probirröhrchen das Fett aus, löst dann mit kaltem oder lauwarmem (30—35°) Wasser den Zucker, und der in Aether und Wasser unlösliche Rückstand wird dann der mikroskopischen Betrachtung in gleicher Weise unterworfen, wie man dies mit dem Kakaopulver (S. 171) macht. Ausser den Elementen des Kakaosamens finden sich nun mehrere Bestandtheile häufig, nämlich: 1. Stärkekörner von Cerealien. Es ist ein sehr weit verbreiteter Gebrauch, der Chokolade ein geringes Quantum Mehl zuzusetzen, und zwar geschieht dies, um das daraus bereitete Getränk etwas schleimig zu machen. Ob ein solcher Mehlzusatz, wenn er sich in bescheidenen Grenzen hält, als Fälschung anzusehen ist, wurde von Vielen bestritten, von Andern bejaht. Diese Frage ist aber nun erledigt durch den Beschluss der deutschen Chokolade-Fabrikanten, dass unter Chokolade nur ein Gemisch von Kakao, Zucker und Gewürzen zu verstehen sei. Dem entsprechend muss jede weitere Beimengung (z. B. Hafermehl etc.) auf dem Umschlag deklarirt sein. 2. Reste der Gewürze, wenn die Chokolade nicht mit Vanillin oder mit Perubalsam gewürzt war. Man achte in den Präparaten auf grosse, feine Nadeln von Kalkoxalat und auf die später zu beschreibenden Samen der Vanille: beides beweist eine Zumengung von Vanille. Auch die Bestandtheile anderer Gewürze (Zimmet, Gewürznelken, Muskatnuss, Macis, Kardamomen) finden sich manchmal; ihre Erkennung wird weiter unten bei Behandlung dieser Gewürze beschrieben werden.

Verfälschungen der Chokolade. — Nach den eben citirten Erklärungen des Vereins deutscher Chokoladefabrikanten ist reine Chokolade ein allein aus Kakaobohnen und Zucker hergestelltes Präparat. Dem entsprechend würde auch der Zusatz von Mehl schon als Fälschung zu betrachten sein. Als hauptsächlicher Verfälschungen sei hier gedacht: 1. Des Zusatzes von Kakaoschalen (vergl. oben S. 172); diese werden wie im Kakaopulver aufgesucht und erkannt. 2. Nicht selten kommt es vor, dass die Samen der Erdnuss *(Arachis hypogaea)* mit den Kakaobohnen zugleich vermahlen werden; diese Verfälschung ist sehr leicht zu entdecken. Die Samenschale der Erdnuss (vergl. Fig. 138) wird nämlich von drei Zellschichten gebildet, deren oberste *(ep)* aus pflasterartig festgefügten, rothbraunen Zellen besteht, deren Wände dicht zahn- oder kammartig gestellte Verdickungen aufweisen. Dann kommt noch unten eine gelbe Schicht von Schwammparenchym *(p)* und schliesslich eine innerste Lage von farblosen, ziemlich dickwandigen Zellen *(en)*. Auch nur das kleinste Fragment der kammartig verdickten Zellwände kann kaum übersehen werden und beweist die Anwesenheit der Erdnuss. 3. Ebenfalls häufig kommt eine Verfälschung der Chokolade mit Mineralsubstanzen, insbesondere mit feinst gemahlenem Ziegelmehl vor. Die Mineralkörnchen werden ohne weiteres unter dem Mikroskop erkannt, die Menge des Zusatzes aus dem Aschengewicht

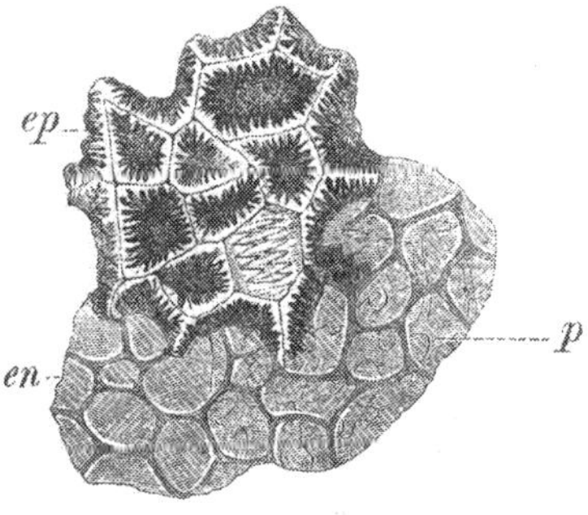

Fig. 138. Samenhaut der Erdnuss. $^{160}/_{1}$. *ep* Oberhaut der Aussenseite, *en* der Innenseite *p* Schwammparenchym zwischen beiden. (Nach Moeller.)

bestimmt. Dabei ist zu bemerken, dass bei Anwesenheit von (mikroskopisch nachzuweisenden) Kakaoschalen der Aschengehalt bis $9\,\%$ steigen kann, ohne dass absichtlich Mineralsubstanzen als Verfälschungsmittel angewendet wurden.

Pfeffer.

Pfeffer ist das am stärksten konsumirte Gewürz. Er ist die Beerenfrucht des in Ostindien heimischen Kletterstrauches *Piper nigrum*. Der sogenannte schwarze Pfeffer ist die nicht völlig reife, an der Sonne oder in Oefen getrocknete; der weisse

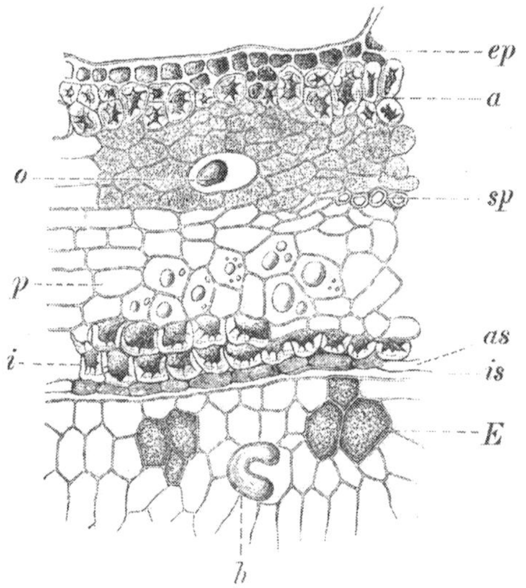

Fig. 139. Querschnitt durch den schwarzen Pfeffer. $^{160}/_1$. *ep* Epidermis, *a* äussere Steinzellschicht, *i* innere Steinzellschicht, *p* ölführendes Parenchym, *o* grosse Oelzelle, *sp* Spiroidengruppe, *as* äussere braune, *is* innere farblose Samenhaut, *E* Endosperm, *h* Harzzelle. (Nach Moeller.)

Pfeffer die reife, nach dem Einweichen in Meer- oder Kalkwasser von der äussern Fruchtschicht befreite Frucht. Ersterer hat einen schärfer brennenden Geschmack als letzterer.

Das Pfefferpulver des Kleinhandels ist so allgemein Fälschungen ausgesetzt, dass es schwer hält, dasselbe unverfälscht zu kaufen. Wer Pfeffer auf seine Verfälschungen untersuchen soll, muss sich an einem eigens gepulverten Pfeffer genaue Kenntniss des Aussehens der darin normalerweise vorkommenden Gewebeelemente verschaffen, sowie die Fälschungsmittel gleichfalls in Pulverform zum Vergleich bereit stehen haben.

Ueber die Elemente, welche im Pfefferpulver vorkommen dürfen, orientirt man sich leicht aus dem Querschnitt (Fig. 139). Man sieht, dass die Frucht eine Epidermis *(ep)* besitzt, unter welcher eine starke Lage von Steinzellen *(a)* sich findet; dann folgt eine dicke Lage von Parenchym *(p)*, deren obere Hälfte grosse Oelzellen *(o)* mit darin liegenden Harzklumpen führt, während in der unteren Hälfte das Oel als solches in Tropfen fast in jeder Zelle enthalten ist. Zwischen äusserer und innerer Schicht dieses Parenchyms begegnen streckenweise spiralwandige Tracheiden *(sp)*, die Reste rudimentärer Gefässbündel. Nach Innen grenzt das Parenchym an eine Lage nur nach innen, also einseitig verdickter Steinzellen (*i*). Zwei schwerer erkennbare Zelllagen *(as, is)* stellen die Samenschale dar, darauf folgt das aus unregelmässig polyedrischen, dünnwandigen Zellen gebildete Endospermgewebe des Samens *(E)*. Dieses Endosperm, die Hauptmasse des Pfefferkorns, ist erfüllt mit sehr kleinen, zusammengesetzten, kantigen Stärkekörnchen; einzelne Zellen desselben aber sind frei von diesem Inhaltsstoff und enthalten wieder gelbe Harzklümpchen *(h)*.

Für die Untersuchung des Pfeffers eignet sich Chloralhydrat als Aufhellungsmittel besser als Eau de Javelle. In reinem Pfefferpulver, welches 24 Stunden lang in Chloralhydrat gelegen hat, unterscheidet man leicht Elemente, welche dreierlei verschiedene Färbungen aufweisen, nämlich: 1. graue oder grauweisse Klümpchen Diese erkennen wir bei Jodzusatz leicht als die stärkeerfüllten Endospermzellen. 2. Dunkelbraune Körner; in diesen suche man die peripheren Steinzellen, denn diese Körner stellen die äusseren Lagen der Pfefferfrucht dar. 3. Braungelbe Fragmente, durch die einseitig verdickten darin enthaltenen Steinzellen als der innersten Lage der Fruchtschale gekennzeichnet. Ausserdem kommen aus ihrem Zusammenhang vollständig herausgerissene Zellelemente aller in Betracht kommenden Gewebe sowie lose kleinste Stärkekörnchen reichlich vor.

Auch das aus dem weissen Pfeffer gewonnene Pulver unterscheidet sich meist nicht wesentlich von demjenigen des schwarzen Pfeffers, da erfahrungsgemäss gerade die unvollkommen geschälten und deshalb unansehnlichen Körner vorzugsweise gepulvert werden. Die Elemente der Fruchtschale treten gegenüber denen des Endosperms etwas zurück.

Verfälschungen des Pfefferpulvers.

Jedes Pfefferpulver, welches andere als die beschriebenen Zell- resp. Gewebetheile enthält, ist verfälscht. Grosse Schwierigkeit kann es allerdings bereiten, die Art der Verfälschung zu bestimmen, da bereits die unmöglichsten Dinge darin gefunden wurden. Immerhin wird es auch dem minder Erfahrenen gelingen, wenigstens die häufigeren Verfälschungen rasch und sicher kennen zu lernen.

Brot, Mehl. — Insbesondere trockenes, gemahlenes Brot wird im Pfefferpulver sehr häufig gefunden. Um dasselbe zu erkennen, setze man dem Präparat vom Rand her sehr vorsichtig stark verdünnte Jodlösung zu. Bräunliche oder gelbliche Schollen, welche sich allmählich vollständig blau, schliesslich schwarzblau färben, deuten mit Sicherheit auf Brotkrümel. — Auch Mehl wird (besonders im weissen Pfefferpulver) sehr häufig nachzuweisen sein. Die Gestalt der Stärkekörner lässt Kartoffel-, Weizen-, Roggen-, Gerstenmehl sofort erkennen (vergl. S. 142 ff.); schwieriger ist die Frage zu entscheiden, ob Reismehl beigemengt wurde. Zur Sicherheit kommt man durch den Vergleich einer Reismehl-Probe: die Stärkekörner des Reis sind deutlich grösser, sehr viel scharfkantiger als die des Pfeffers.

Kleie. — Findet man im Pfeffer feine Häute, welche aus langgestreckten Zellen bestehen und zugleich mit gelbem, bei Jodzusatz sich tiefer bräunendem Inhalt erfüllte dickwandige Zellen (Kleberzellen), so ist die Fälschung mit Kleie wahrscheinlich. In diesem Fall fertige man ein Präparat, welches nicht mit Wasser in Berührung gekommen ist, sondern in konc. Glycerin liegt, suche darin eine solche Kleberzelle auf und setze dann vom Deckglasrand aus reichlich Wasser zu. Ein Zerfallen des Zellinhalts in feinste Körnchen bei Zutritt des Wassers beweist, dass es sich um Kleber handelt und beweist damit zugleich die Kleienverfälschung.

Sägemehl. — Auf den ersten Blick erkennt man unter dem Mikroskop eine etwaige Beimischung dieser kleinsten Holzfragmente an den langen Holzfasern, den Hoftüpfeln der Tracheiden etc. — Um sich einen Ueberblick über etwa vorhandenes Sägemehl in der Pfefferprobe zu verschaffen, wende man die Phloroglucin-Salzsäurefärbung an. Zellkomplexe, welche sich roth färben, betrachte man genauer. Sind dieselben aus langgestreckten Elementen gebildet und kann man nun die Tüpfel erkennen, so ist die Diagnose auf Sägemehl gesichert.

Baumrinde. — Auch die Baumrinden enthalten grosse Bündel mit Phloroglucin-Salzsäure sich roth färbender Fasern, daneben (und oft mit letzteren in Zusammenhang) aber auch grosse Steinzellen. Da solche auch im Pfeffer vorkommen, sind sie nur dann charakteristisch, wenn sie eben mit Fasern zusammenliegen. Ganz besonders charakteristisch für Rinden aber ist, dass dieselben stets grosse Gruppen meist ziemlich dünnwandiger Zellen enthalten, welche von konc. Schwefelsäure nicht angegriffen werden. Dies sind Korkzellen. Hat man den Verdacht geschöpft, dass eine Verfälschung des Pfeffers mit Baumrinde besteht, so lässt man konc. Schwefelsäure 12 Stunden lang auf das Präparat einwirken und wäscht dasselbe dann mit reichlichem Wasser aus. Sind nach dieser Frist tafelförmige oder isodiametrische, noch unversehrte Zellen vorhanden, so ist die Fälschung nachgewiesen.

Nussschalen. — Verhältnissmässig schwer mit Sicherheit festzustellen ist eine Verfälschung des Pfeffers mit gepulverten Nussschalen. Diese Falschung kommt besonders in Süddeutschland nicht selten vor. Hat man ein Präparat gemacht und findet in demselben Gruppen von Steinzellen, welche nicht gelb, sondern weiss aussehen, so erregt dies den Verdacht, dass sie von Nussschalen stammen könnten. Die Steinzellen der Nussschale sind recht verschieden gestaltet, je nachdem sie aus den äussersten *(a)*, mittleren *(m)* oder inneren *(i)* Schichten der Schale stammen. Charakteristisch sind besonders die in Fig. 140 unter *a* und *m* dargestellten Formen.

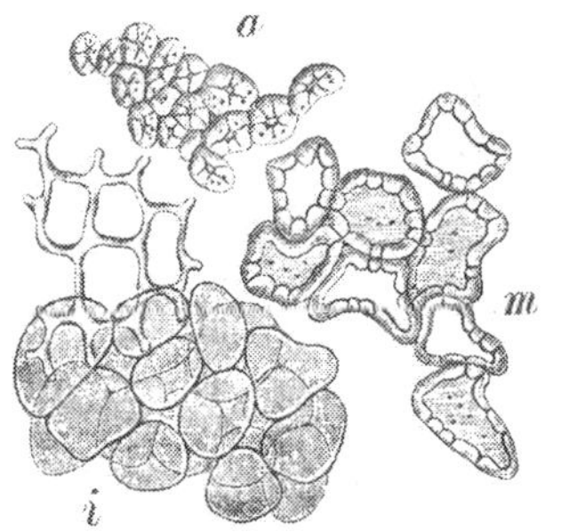

Fig. 140. Zellen der Nussschale ($^{160}/_{1}$): *a* der äussersten, *m* der mittleren, *i* der innersten Schicht. (Nach Moeller.)

Um die Diagnose sicher zu stellen, mustere man eine grosse Anzahl (20—30) Praparate durch. Alle Steinzellgruppen, welche in organischer Verbindung mit dünnwandigem Parenchymgewebe stehen, gehören der Nussschale nicht an, ebenso Steinzellen, welche nur nach einer Seite hin verdickte Wand aufweisen. Dagegen beweist das häufige Vorkommen weisser, nicht in Verbindung mit Parenchym stehender Zellen die Anwesenheit von Nussschalenpulver.

Olivenkerne. — Hauptsächlich in Frankreich ist die Verfälschung des Pfefferpulvers mit gemahlenen Olivenkernen resp. mit zerkleinertem Oliven-Presskuchen sehr häufig. Um diese Fälschung nachzuweisen, verfährt man folgendermassen: Als Vorprüfung übergiesst man das Pfefferpulver mit konc. Schwefelsäure. Sieht man nun mit der Lupe dunkel orangerothe Fleckchen, so sind dies die Reste des Fruchtfleisches der Olive; die genauere Untersuchung wird dann mikroskopisch ausgeführt. Im Präparat begegnet man, wenn Olivenkerne als Fälschungsmittel verwendet wurden, zahlreichen langgestreckten Steinzellen. Hier besonders ist der Besitz eines Polarisationsapparats für die genaue Durchführung der Untersuchung wünschenswerth. SCHIMPFR macht darauf aufmerksam, dass die Steinzellelemente der Olivkerne bei gekreuzten Nicols (bei schwacher Vergrösserung betrachtet) glänzend weiss, jene des Pfeffers aber glänzend gelb sind. Alle derartigen glänzend weissen Körper rühren von einer Verfälchung her: sind es Steinzellen, was sofort erkennbar ist, und sind sie langgestreckt, so gehören sie zum Olivenkern; sind sie dagegen isodiametrisch, so sind sie allermeist Bestandtheile der Nussschalen.

Palmkernmehl. — Weitaus die wichtigste Verfälschung des Pfeffers ist diejenige mit dem Pressrückstand fetthaltiger Palmkerne. Als solche kommen hauptsächlich die Presskuchen der Oelpalme *(Elaeis guineensis)* und der Kokospalme *(Cocos nucifera)* in Betracht. So häufig diese Fälschung ist, so leicht ist dieselbe zu entdecken. Zunächst verrathen sich die Pressrückstände aller Oelsamen durch Tropfen fetten Oels (Alkannin-Probe, vergl. S. 81); ferner sind die grossen, theils dunkel-undurchsichtigen, theils glashellen Schollen im Präparat höchst verdächtig. Um zur Sicherheit zu gelangen, extrahire man das Fett eines kleinen Quantums des zu untersuchenden Pulvers mit Aether, spüle mit Alc. absol. nach und mache dann Präparate. Sind dann Parenchymzellen ohne Stärkeinhalt vorhanden, deren Wandungen ganz ähnlich wie diejenigen der Kaffeebohne (vergl. Fig. 161, S. 126) rosenkranzartige Verdickungen aufweisen, so ist der Nachweis von Palmkernmehl *(Elaeis)* geliefert. Haben diese Zellen dagegen keine derartig verdickten Wände und besteht ihr Inhalt aus einem grossen Klumpen von Eiweiss-Substanz (färbt sich mit Jod gelb), so gehören sie zur Kokosnuss.

Erdnüsse. — Wie zur Verfälschung des Kakao (vergl. S. 173), so auch zu der des Pfeffers wird die Erdnuss *(Arachis hypogaea)* verwendet. Das oben angegebene Merkmal der säge- oder kammartig verdickten Samenhaut-Zellwände (vergl. Fig. 138) lässt die Pressrückstände der *Arachis* leicht erkennen.

Leinkuchen, Rapskuchen. — Die Anwesenheit dieser beiden verhältnissmässig häufig vorkommenden Verfälschungen wird auf sehr einfache Weise unter dem Mikroskop erkannt. Sowohl der Lein- wie der Rapssamen enthalten grössere Mengen von Pflanzenschleim, welcher (vergl. S. 80) mittelst der Tuschereaktion nachgewiesen wird. Man verfährt dabei folgendermassen: Auf dem Objektträger wird in dem Wassertropfen chinesische Tusche solange angerieben, bis der Tropfen vollkommen undurchsichtig, schwarz geworden ist. Dann bringt man etwas trockenes zu untersuchendes Pfefferpulver in die Tuscheemulsion und bedeckt mit einem Deckglas. Ueberall, wo ein Stückchen der Samenoberhaut von Lein oder Raps liegt, entsteht nach wenigen Minuten ein durchsichtiger Fleck, welcher durch das Zurückdrängen der

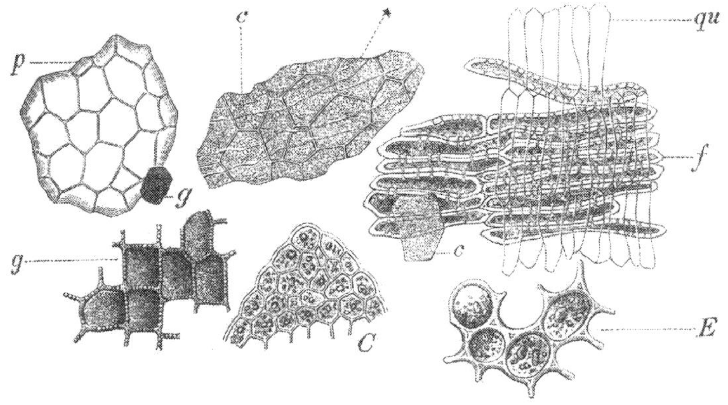

Fig. 141. Elemente der Lein-Presskuchen in der Flächenansicht. $^{160}/_1$. *p* Parenchym, *c* Cuticula mit Sprunglinien *, *f* Faserschicht mit Querzellen *qu*, *g* Gerbstoffzellen, *c* Spitze eines Keimblattes, *E* ölhaltiges Endosperm. (Nach Moeller.)

Tuscheflitterchen durch den aufquellenden Pflanzenschleim gebildet wird. Hat man auf diese Weise die Anwesenheit des einen der beiden Verfälschungsmittel erkannt, so ist nun die Unterscheidung derselben sehr leicht. Die leichtest kenntlichen Elemente der Leinkuchen sind in Fig. 141 unter *g* dargestellt. Es sind dies viereckige Plättchen, erfüllt mit dunkelbraunem Farbstoff-Inhalt sowie in Bündeln liegende Faserzellen *f*, welche von sehr feinen und durchsichtigen Querzellen *q* gekreuzt werden.

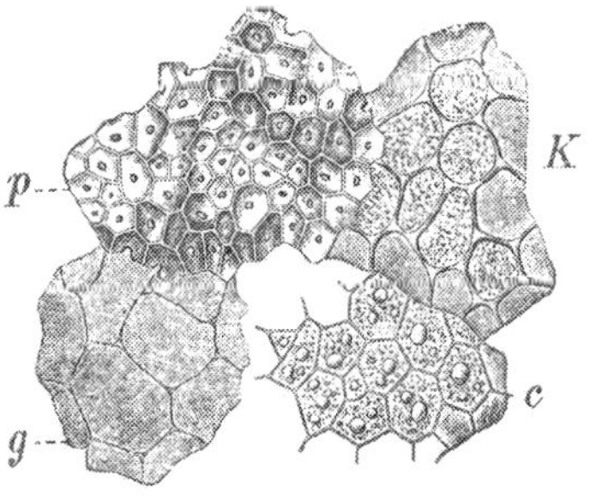

Fig. 142 Gewebe des Raps. $^{160}/_1$. *p* Palissadenschicht, *g* Pigmentschicht, *K* Kleberschicht, c Embryonalgewebe. (Nach Moeller.)

Derartige Elemente fehlen dem Rapskuchen vollständig. Dort sind (vergl. Fig. 142) zwar auch dunkelbraun gefärbte Gewebe vorhanden, aber dieselben (*p*, *g*, *k*) zeigen niemals ähnlich viereckigen Bau der einzelnen Zellen; insbesondere das mit *p* bezeichnete Gewebe, die Palissadenschicht des Rapssamens ist durch die sehr stark verdickten Zellwände leicht kenntlich.

Schliesslich sei noch auf einen Unterschied hingewiesen, welcher es erlaubt, die beiden Verfälschungen bei einiger Uebung sehr leicht zu erkennen. Sowohl bei Raps wie bei Lein kommen rein weisse Gewebefetzen vor (Fig. 141, *C*, 142, *c*), welche mit Oeltropfen versehen sind, dagegen keine Stärke führen und daran leicht als nicht zum Pfeffer gehörig erkannt werden. Diese Gewebestückchen gehören den Embryonen der Pflanzen an. Sie sind ohne weiteres gar nicht unterscheidbar, fügt man aber einen Tropfen Kalilauge zu, so werden diese Zellfetzen sofort schön gelb, wenn sie zum Raps gehören, sie bleiben dagegen farblos, wenn sie vom Lein stammen.

Mineralische Beimengungen. — Ihre Anwesenheit zeigt das Mikroskop ohne weiteres; über Natur und Menge giebt die chemische Untersuchung Auskunft. Schwarzer Pfeffer soll nicht über 5 %, weisser nicht über 2 % Asche geben.

Piment.

Als Piment oder Nelkenpfeffer sind die Früchte von *Pimenta officinalis* im Gebrauch. Dieselben sehen den Pfefferkörnern ungefähr ähnlich, unterscheiden sich aber leicht von denselben durch bedeutendere Grösse (bis 7 mm), warzige (nicht runzlige) Aussenfläche, vierzähligen Kehlrand auf dem Scheitel und besonders (was beim Durchschneiden sofort sichtbar wird) durch die von einer Scheidewand durchzogene, gedoppelte Höhlung im Innern.

Auch Piment wird als Pulver verkauft und ist in diesem Zustand das Objekt häufiger Fälschungen. Behufs Untersuchung wird das Gewürzpulver im Mörser soweit zerkleinert, dass seine Fragmente bequem unter dem Deckglas Platz haben, dann bleicht man es 1—2 Stunden in Eau de Javelle.

Bei der Untersuchung findet man im unverfälschten Piment folgende Elemente: 1. einfache, sehr kleine Härchen, welche sich auf der Epidermis der Frucht befanden. Diese Härchen sind sehr charakteristisch, aber nur spärlich vorhanden. 2. Der voluminöseste Bestandtheil sind grosse Steinzellen (Fig. 143, *C*. Diese stammen aus der Fruchtschale; ihre Membran ist verschieden stark verdickt; die Porenkanäle, welche die Membranen der stärkst verdickten durchsetzen, sind verästelt. Man merke sich als wichtige Eigenschaft der Steinzellen des Piment, dass sie in Wasser betrachtet weiss (nicht gelb), und dass sie niemals faserartig verlängert sind. 3. Sehr auffallend pflegen in den Pulverproben flache Gewebefetzen (Fig. 143, *B*) zu sein, welche deutlich gewölbt sind und eine zellartige Netzzeichnung aufweisen. Es sind dies die Wände der grossen Oelräume, welche das ätherische Oel der Pimentfrucht enthalten. Bei Betrachtung in Wasser sind diese Gewebestücke tief braun.

4. Gleichfalls braun oder rothbraun sind zartwandige Zellen (Fig. 143, *A*), welche sowohl aus dem Fruchtfleisch wie aus der Scheidewand der Fruchthöhle stammen. 5. In Wasserpräparaten können besonders bei Jodzusatz die reichlich vorhandenen, sehr kleinen Stärkekörner nicht übersehen werden. 6. Sehr auffällig sind ferner die Tropfen des grünlich gefärbten ätherischen Oels, welche sich reichlich im Präparat vorfinden. 7. Endlich enthält das Pimentpulver regelmässig kleine Krystalldrusen von Calciumoxalat.

Verfälschungen des Pimentpulvers. — Fast alle beim Pfeffer aufgeführten und beschriebenen Verfälschungen können auch beim Piment vorkommen. Ausser diesen ist aber für Piment von be-

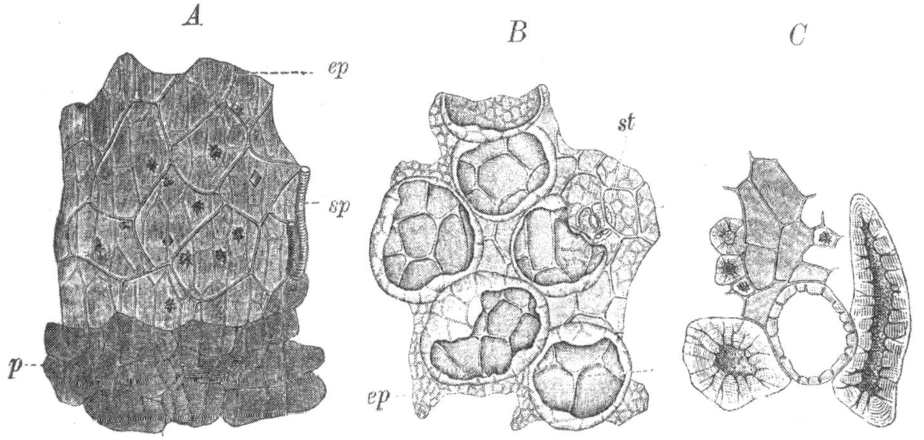

Fig. 143. Gewebe der Fruchtschale des Piment. $^{160}/_{1}$. *A* die häutige Scheidewand, *ep* Oberhaut, *p* braunes Parenchym, *sp* Spiroiden; *B* die äusseren Schichten des Fruchtgehäuses, *ep* Oberhaut, *st* Spaltöffnung, *p* grosszelliges braunes Parenchym mit kugeligen Oelräumen; *C* Steinzellgruppe; *K* oxalsaurer Kalk. (Nach Moeller.)

sonderer Wichtigkeit der Zusatz gepulverter Nelkenstiele. Diese Fälschung ist sehr leicht zu entdecken. Auch die Nelkenstiele enthalten reichlich dickwandige Zellelemente, welche mit den Steinzellen des Piments eine gewisse Aehnlichkeit haben, doch sind dieselben beim Nelkenstiel-Pulver stets gelb gefärbt, beim Piment dagegen farblos. Ferner begegnen beim Nelkenstielpulver massenhafte, langgestreckte, sehr dickwandige Fasern, während die Steinzellen des Piments nicht langgestreckt sind. Auf dies Merkmal achte man besonders aufmerksam, da das Vorhandensein von Fasern auch auf die Verfälschung des Pimentpulvers mit Holz- und Rindenbestandtheilen verschiedenster Herkunft hinweist und solche leicht erkennen lässt.

Paprika.

Das beissend scharfe Gewürz, welches als „Paprika“ oder „spanischer Pfeffer“ (Cayennepfeffer etc.) bezeichnet wird, stammt allermeist von *Capsicum annuum,* seltener von *Capsicum fastigiatum.* Das Paprikapulver des Kleinhandels ist gewöhnlich verfälscht.

Die allermeist tief rothe Farbe der Paprika-Frucht wird durch massenhaft vorhandene rothe Oeltropfen in den äussern Schichten des Fruchtfleischs bedingt. Diese Oeltropfen sind das beste Erkennungsmerkmal für die allermeisten Gewebepartikel, welche bei der mikroskopischen Untersuchung von Paprikapulver begegnen. Es giebt zwar auch nicht tief rothe, ja sogar grüne Sorten von Paprika, welche nicht weniger scharf schmecken als die rothen. Als Pulver kommen diese Sorten im Kleinhandel aber kaum vor, da das Publikum unter Paprika das Pulver der rothen Formen versteht.

Seiner grössten Menge nach besteht das Paprikapulver aus den zerkleinerten Geweben des Fruchtfleisches; Reste der Samen treten zurück, werden aber doch bei aufmerksamerem Suchen stets gefunden. Das hervorstechendste Merkmal des Pulvers auch bei mikroskopischer Betrachtung stellt seine rothe Farbe dar, und zwar lehrt das Mikroskop, dass diese Farbe bedingt wird durch massenhafte rothe oder gelbe Oeltröpfchen. Diese Tröpfchen liegen theils in Zellen eingeschlossen, theils frei im Präparat; sie werden durch Wasser nicht verändert, deshalb untersucht man Paprikapulver zweckmässig als Wasserpräparat.

Ferner ist als negatives Merkmal beachtenswerth, dass grössere Parthien von Gefässbündeln und andern sehr langgestreckten Elementen im Paprikapulver vollständig oder fast vollständig fehlen (die kleineren Gefässbündel desselben kommen kaum in Betracht, doch können als seltene Erscheinung bei der Untersuchung sich Bruchstücke des Holzkörpers des Fruchtstiels zeigen); endlich sind die Stärkekörner der Paprikafrucht nur in recht geringer Zahl vorhanden und ausserordentlich klein. Alle Stärke, welche deutliche grosse Körner darstellt oder welche in einiger Menge vorhanden ist, deutet auf eine Verfälschung.

Ganz besonders charakteristisch aber sind die Fragmente der Samenschale von *Capsicum.* Dieselben stellen (vergl. Fig. 144) derbwandige Fetzen von ganz eigenthümlicher Struktur dar. Die Innenwände ihrer Zellen sind nämlich in unregelmässig gewundener Weise knollig verdickt. Moeller hat für diese Zellen den treffenden

Ausdruck „Gekrösezellen“ eingeführt; an dem gekröseartigen Aussehen, welches die Flächenansicht bietet, werden diese Fragmente der Samenschale leicht erkannt.

Die Untersuchung des Paprikapulvers wird sich in folgender Weise abzuspielen haben: Man nimmt eine Prise des Pulvers und weicht sie 24 Stunden lang in Wasser (welchem zweckmässig einige Tropfen Ammoniakflüssigkeit zugesetzt sind); darauf fertigt man Präparate und durchmustert dieselben zunächst ohne Zusatz eines Reagens.

Alle Gewebetheile, welche rothe oder gelbe Punkte (Oeltropfen) enthalten, sowie farblose dünnwandige Parenchymfetzen sind ebenso unverdächtig wie die als Fragmente der Samenschale erkannten Gekrösezellen. Dagegen sind langgestreckte, dünnwandige sowie alle als Steinzellen sich charakterisirende Elemente verdächtig. Ebenso dürfen im Paprikapulver sich keine Krystalle vorfinden. Ferner werden unter dem Mikroskop sofort alle Elemente, welche braun gefärbt sind, den Verdacht erregen, dass eine Fälschung vorliegt, da die Paprikafrucht keine braunen Theile enthält.

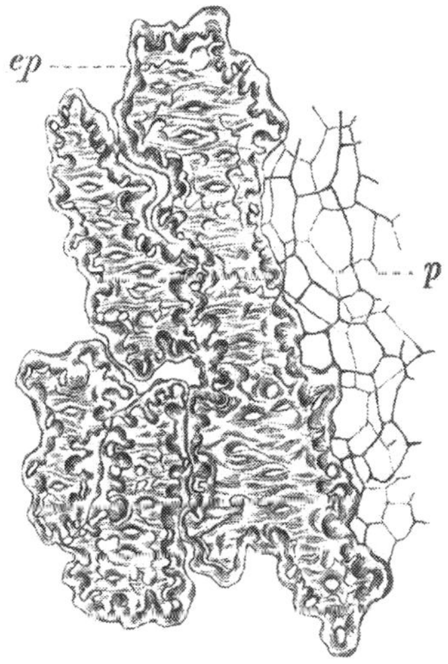

Fig. 144. Samenschale des Paprika in Flächenansicht. $^{160}/_{1}$. *ep* „Gekrösezellen“, darunter Parenchym *p*. (Nach Moeller.)

Hat man auf diese Weise sich mit dem Präparat völlig vertraut gemacht, so setzt man etwas Jod zu, um die Stärkekörner zu finden und zu untersuchen.

Welcher Art eine Verfälschung ist, wird, wenigstens was die verbreiteteren Fälschungsmittel betrifft, aus unsern oben beim Pfeffer gegebenen Ausführungen leicht bestimmt werden. Man achte vorzüglich auf Zusatz von Mehl, klein gestossener Brotrinde, auf Pressrückstände von Oelsamen, Rindenmehl, Holzmehl und Ziegelmehl.

Senf.

Eine mikroskopische Untersuchung von Senf sowie von zu Genusszwecken bestimmtem, präparirtem Senfpulver könnte nur den Zweck haben, darin Substanzen zu bestimmen, welche den Nahrungs- und Genussmitteln nicht angehören und genossen nachtheilige Wirkungen haben. Ferner könnte es sich eventuell darum handeln, die Gegenwart des Pulvers der Senfsamen festzustellen für den Fall, dass der Geschmack des Präparats dies zweifelhaft erscheinen liesse. Speisesenf wie Speisesenfpulver sind zusammengesetzte Genussmittel, welche nur den Ansprüchen des Geschmacks entsprechen sollen. Zur Erreichung dieses Zwecks ist die Vermischung des Senfpulvers mit Salz, allen möglichen Gewürzen, Mehl, Essig, Wein, Zucker etc. etc. allgemein gebräuchlich. Solche Beimischungen können nicht als ungehörige oder als Fälschungen angesehen werden, da man den Werth der Senfpräparate nach der äussern Beschaffenheit und dem Geschmack beurtheilt und eine einfache Mischung von reinem Senfpulver mit Wasser, Wein oder Essig keineswegs wohlschmeckend ist. Mehl giebt die schleimige Konsistenz des Präparats.

Anders verhält es sich mit dem Senfmehl, welches für Arzneizwecke (Senfumschläge etc.) bestimmt ist oder welches im Grosshandel als Rohstoff für die Senfbereitung verkauft wird. Dieses muss selbstverständlich rein sein.

Senfmehl stellt die gemahlenen Samen mehrerer der *Cruciferen*-Familie angehöriger Pflanzen, nämlich von *Sinapis alba* (weisser Senf), *Sinapis juncea* (Sarepta-Senf) und *Brassica nigra* (schwarzer Senf) dar. Je nach den verschiedenen gebräuchlichen Fabrikationsweisen wird der geschälte oder ungeschälte, der durch Auspressen seines Oels grossentheils entledigte oder der ölhaltige Samen gemahlen. Dem entsprechend kann die Qualität verschiedener Senfmehle eine verschiedene sein.

Bekanntlich ist die scharf schmeckende Verbindung, welche den Senf zum häufig gebrauchten Gewürz eignet (Senföl), nicht als solche in den Senfsamen enthalten, sondern entsteht erst bei der Zubereitung. Im schwarzen und im Sarepta-Senf ist ein Sinigrin genanntes Glykosid enthalten, welches durch die Einwirkung eines in besonderen Zellen der Senfsamen sich befindenden Ferments (Myrosin) gespalten wird und das Senföl entwickelt. Ebenso ist im weissen Senf ein anderes Glykosid von ähnlichen Eigenschaften, das Sinalbin enthalten.

Die Hauptmasse des Senfpulvers wird von den dünnwandigen Parenchymzellen des Keimlings gebildet. Diese Zellen enthalten Aleuronkörner von beträchtlicher Grösse, sowie reichlich fettes Oel in kleinen Tröpfchen. Stärke findet sich im Senfsamen nicht; wenn solche im Präparat auftritt, ist sie beigemengt worden. — An den Zellelementen des Keimlings können die verschiedenen Senfarten und ebenso die Beimischung von Rapskuchen zum Senfmehl nicht unterschieden werden. Dem entsprechend ist es unmöglich, die Stammpflanze eines aus geschälten Samen hergestellten Senfpulvers auf mikroskopischem Wege zu ermitteln.

Dagegen bieten die Samenschalen einige Erkennungsmerkmale, welche zur Diagnose verwendet werden können.

Die Anatomie der Senfschalen erhellt aus Fig. 145. Zu oberst liegen als Epidermis *(ep)* grosse, farblose und glänzende Zellen. Die Haupteigenthümlichkeit derselben besteht darin, dass ihre Membran eine dicke Schleimschicht darstellt. Legt man trockenes Senfpulver in der S. 80 beschriebenen Weise in Tusche-Verreibung, so kann man das Aufquellen dieser Schleimschicht auf's Deutlichste beobachten. — Diese Zellschicht kommt den sämmtlichen Senfarten gleichmässig zu.

Unter der Epidermis liegt eine Parenchymschicht *(se)*, deren Bedeutung für die Diagnose (ebenso wie diejenige der aus dünn-

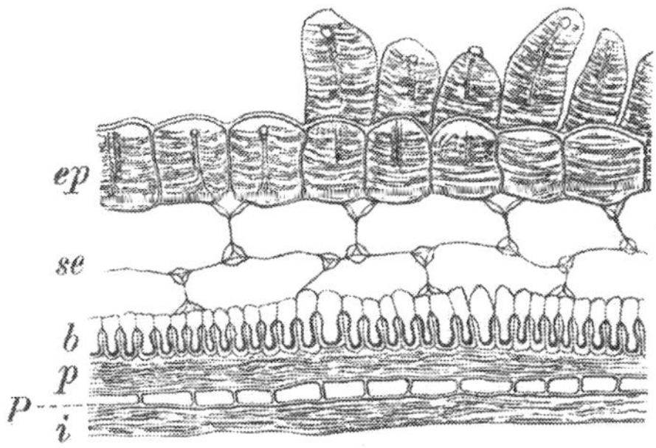

Fig. 145. Querschnitt durch die Samenschale des weissen Senf. $^{160}/_{1}$ *ep* Oberhaut, theilweise mit herausgequollenem Schleim, *se* zwei Reihen collenchymatischer Zellen, *b* becherförmige Zellen, *p* dünnwandiges Parenchym, *P* einreihige Plasmazellschicht, *i* Parenchym der inneren Samenhaut. (Nach Moeller.)

wandigen Parenchymzellen gebildeten, weiter nach innen gelegenen Schichten *p* und *i*) gering ist. Dagegen sind die als *b* und *P* bezeichneten Zelllagen von grosser Wichtigkeit.

Wie Fig. 145 zeigt, besteht die Schicht *b* (auch als Becher- oder Palissadenschicht bezeichnet) aus Zellen, deren Innenwände vollständig, deren Seitenwände bis etwa zur Mitte stark verdickt sind, während die Aussenwände und die übrige Hälfte der Seitenwände unverdickt blieben. Diese Palissadenzellen sind bei schwarzem und Sarepta-Senf dunkel rothbraun, beim weissen Senf dagegen fast ungefärbt. Die intensive Färbung dieser Schicht *b* (sowie der darunter liegenden *p*), welche das verschiedene Aussehen der dunklen Samen von *Brassica nigra* und *B. juncea* sowie die helle Farbe der Körner der *Sinapis alba* erklärt, bietet das beste Merkmal für die Unterscheidung der Sorten.

Die Erkennung des Senfpulvers überhaupt wird durch die Plasmaschicht *P* begünstigt, welche aus polyedrischen, ziemlich dicht mit Plasma erfüllten Zellen gebildet wird.

In Fig. 146 ist die Flächenansicht dieser Gewebe geboten, wie sie im Untersuchungspräparat hervortritt (wobei zu bemerken, dass das Cotyledonar-Gewebe *c* weitaus am massenhaftesten vorhanden ist). — In der Flächenansicht fallen insbesondere die bei den dunkeln Senfsorten dunkel, bei *S. alba* hell gefärbten Fragmente der Palissadenschicht *(b)* auf; daneben sind die Zellen der Plasmaschicht *(P)* sehr leicht zu finden und zu erkennen. Ist daneben noch durch Tusche nachzuweisende Schleimepidermis *(ep)* vorhanden, so ist die Diagnose gesichert.

Einzig die nicht eben selten als Verfälschung des Senfpulvers

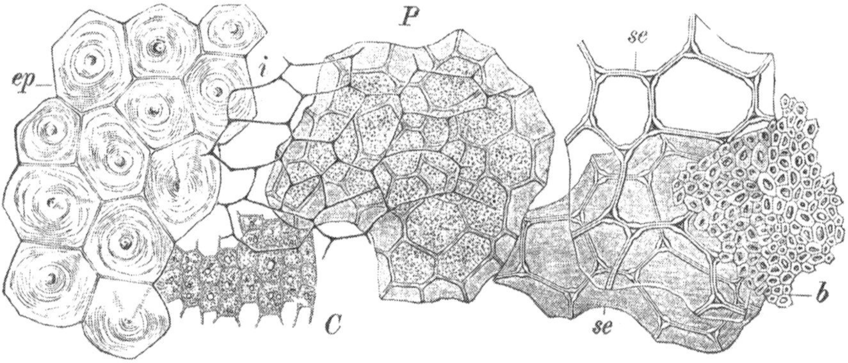

Fig. 146. Zellschichten der Samenschalen des weissen Senf in der Flächenansicht. $^{160}/_{1}$. Bedeutung der Buchstaben wie bei Fig. 145; *C* Cotyledonar-Gewebe. (Nach Moeller.)

verwendeten Samen des Rapses *(Brassica oleracea, B. Napus)* resp. ihre Pressrückstände, die Rapskuchen, zeigen so vollkommen gleichartige Elemente wie diejenigen des Senf, dass eine in der Praxis durchführbare sichere Unterscheidung der aus den verschiedenen *Brassica*-Arten gewonnenen Mahlprodukte auf mikroskopischem Wege unmöglich ist.

Dagegen ist eine Beimischung anderer Verfälschungsmittel, vorzüglich der Lein-Pressrückstände nach dem Charakter der Zellelemente derselben (vergl. S. 178, Fig. 141) ebenso leicht festzustellen wie diejenige von mineralischen Verfälschungsmitteln.

Nochmals bemerkt sei aber, dass von Verfälschung des Senfmehls nicht gesprochen werden kann, wenn Speise-Senfmehl zur Untersuchung vorliegt.

Muskatnuss und Macis.

Die Muskatnuss ist der Samenkern des tropischen Kulturbaums *Myristica fragrans (Myristicaceae)*; Macis (Muskatblüthe) der Samenmantel (Arillus) derselben *Myristica*. Da sowohl Muskatnuss wie Macis nicht als Pulver im Handel sind, werden sie kaum verfälscht; sie begegnen bei der Nahrungsmittel-Untersuchung recht selten.

Bekanntlich ist die **Muskatnuss** des Handels stets mit einem wenigstens in den Furchen fest haftenden weissen Ueberzug versehen. Dieser besteht aus Kalk und rührt von dem Gebrauch her, die Kerne vor dem Export mit CaO zu kalken. Im wesentlichen bestehen die Muskatnüsse aus dem grossen Endosperm; der kleine Embryo liegt als braunes Körperchen in einer nahe dem Nabel gelegenen Höhlung. Auf dem Schnitt oder Bruch zeigt die Muskatnuss ein zierlich marmorirtes Gefüge: dies wird dadurch bewirkt, dass die braune Samenhaut in tiefen Falten und Schleifen in das grau-gelbliche Endospermgewebe hineinwächst (zerklüftetes [ruminates] Endosperm).

Der Nachweis gepulverter Muskatnuss (besonders häufig als Würze der Chokolade verwendet) ist ausserordentlich schwierig, da die Zellformen derselben nichts Auffallendes haben. Man muss sich dazu an die verhältnissmässig zarten Zellinhaltsbestandtheile halten.

Vor allem charakteristisch, aber schwer aufzufinden sind die Eiweisskrystalloide, welche sich ziemlich reichlich in den Endospermzellen vorfinden. Diese stellen kleine Würfel oder Oktaeder dar, welche sich bei Jodzusatz tief braun färben. Ferner ist die in dem Endosperm von *Myristica fragrans* reichlich vorhandene Stärke dadurch ausgezeichnet, dass sie stets aus 2—4 (selten mehr) kleinen (+ 10 μ grossen) Theilkörnern zusammengesetzt ist und dass diese stets einen deutlich erkennbaren Kern besitzen. Endlich enthält die braune Samenhaut eine beträchtliche Menge von ziemlich grossen Krystallen, welche aus einer Fettsäure (Myristicinsäure) bestehen (Fig. 147). Dieselben werden durch Kalilauge rasch verseift, von Säuren dagegen nicht angegriffen.

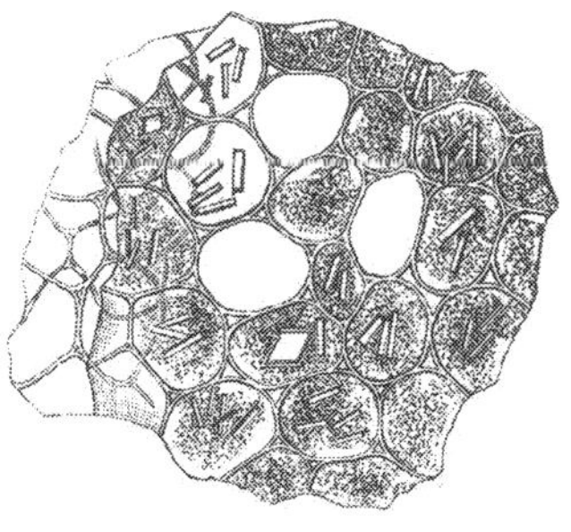

Fig. 147. Samenhaut der Muskatnuss mit Myristicinsäure-Krystallen. $^{160}/_1$. (Nach Moeller.)

Um den Muskatnusszusatz zur Chokolade nachzuweisen, verwendet man (vergl. S. 172) den Rückstand, welcher bei der Behandlung der Chokolade mit Aether übrig geblieben ist. Derselbe wird mit Jod behandelt und lässt dadurch die Stärkekörner sowie die etwa vorhandenen Eiweiss-Krystalloide (erstere in blauschwarzer, letztere in tiefbrauner Farbe) hervortreten. Da die Stärkekörner der Kakaobohnen gleichfalls manchmal zusammengesetzt sind, sei man mit der Verwendung derselben zur Diagnose vorsichtig. Diese ist dagegen feststehend, wenn der Nachweis der Krystalloide gelingt.

Macis. — Im Gegensatz zur Muskatnuss enthält der Arillus derselben niemals Stärke. Macis wird auch in Fragmenten leicht erkannt an den ausserordentlich langgestreckten und dickwandigen (aber reine Cellulosereaktion gebenden) Zellen der Oberhaut, an welche ein kugelige Oelzellen führendes Parenchym sich anschliesst; eine Untersuchung dieses Gewürzes kommt aber in der Praxis kaum vor.

Kardamomen.

Dies selten zur Untersuchung gelangende Gewürz stammt von der ostindischen *Zingiberacee Elettaria Cardamomum*; von dieser Art scheint wesentlich die nach der Fruchtgestalt auf den ersten Blick unterscheidbare *Elettaria major* verschieden zu sein. Die Früchte der ersteren Art liefern die echten oder Malabar-Kardamomen; die zweite Art ist in Ceylon einheimisch, ihr Produkt kommt als Ceylon-Kardamomen in den Handel. Auch im Geschmack sind beide Formen derart verschieden, dass die Ceylon-Kardamomen als minderwerthig zu bezeichnen sind. Trotzdem wird gerade diese Sorte häufig als Gewürz verkauft, da sie von der pharmaceutischen Verwendung ausgeschlossen und billiger ist.

Der klarst erkennbare Unterschied der beiden Sorten wird durch ihre Grösse gebildet: die echten Kardamomen sind etwa 1, selten bis 2 cm lang und fast 1 cm dick; die Ceylon-Waare dagegen wird zwar nicht dicker als die Malabar-Kardamomen, ist aber stets 3—4 cm lang. Wie die Kapseln, so sind auch die Samen von *E. major* grösser (etwa doppelt so gross) wie diejenigen der echten Pflanze.

Die Unterscheidung beider Arten ist in gepulvertem Zustand recht schwierig, doch nach Moeller's Untersuchungen keineswegs unmöglich.

Das Kardamomenpulver sollte eigentlich nur aus den zerkleinerten Samen bestehen; da dieselben aber sich nicht leicht aus der (sehr viel weniger aromatischen) Fruchthülle herauslösen lassen, sind stets Theile der letztern im Pulver enthalten, und es ist schwierig, eine Grenze für die zulässige Menge der Schalenelemente zu ziehen.

Reichlich finden sich in den Zellen der Schale beider Arten gelbe bis braune Harzklumpen; Fragmente, welche solche enthalten, betrachte man bei der Untersuchung genau daraufhin, ob an ihnen vielleicht ein Rest der Frucht-Epidermis sichtbar ist. Da die Epidermis der Frucht von *Elettaria major* behaart ist, diejenige von *E. Cardamomum* dagegen nicht, ist das Auffinden von Haaren geeignet, Aufschluss darüber zu geben, welcher Specis das Pulver angehört. Die zu suchenden Haare sehen genau wie die kleinen Haare des Weizens (S. 148, Fig. 110, *B*) aus. Ferner sei beachtet, dass aus den Figuren, welche aneinander stossende Zellwände der Oberhaut bilden, das Vorhandensein von Haaren auch dann erschlossen werden kann, wenn diese bereits abgefallen sind. Bei den echten Kardamomen stossen nie mehr als 4 Zellwände in einem Punkt zusammen; bei den Ceylon-Kardamomen dagegen zeigt die Epidermis in Menge Stellen, wo 5—7 Zellwände auf einen Punkt (die Haarbasis) zulaufen und sich in einem kleinen Kreis vereinigen. Ferner kann in einem Ceylon-Kardamomen enthaltenden Pulver der besondere Bau der Oberhaut des Samens nicht entgehen. Findet man Gewebefetzchen, welche aus dickwandigen, parallel nebeneinander liegenden, sehr langgestreckten (30—60 mal länger als breit) Zellen gebildet sind, so ist damit gleichfalls die Anwesenheit von Ceylon-Kardamomen erwiesen. Schliesslich achte man noch auf Zellen, welche fast vollständig sklerosirt, d. h. fast bis zum Verschwinden des Lumens verdickt sind. Hat man solche gefunden, so untersuche man, ob eine schmale Zellwand von der Verdickung vollständig frei geblieben ist *(E. Cardamomum)* oder ob die Verdickung auch auf diese Zellwand übergreift und nur ein kleiner Raum in ihrer Mitte frei geblieben ist *(E. major)*.

Um eine Verfälschung des Kardamomen-Pulvers mit völlig fremdartigen Substanzen zu erkennen, beachte man ferner, dass in der Fruchtschale recht ansehnliche Gefässbündel (von nicht besonders charakteristischer Gestalt) sowie in der Samenhülle Krystalldrusen von Calciumoxalat vorkommen. Ferner wird der Haupttheil guten Pulvers von den Geweben der Samen gebildet, in welchem hornartig festgepresst theils Aleuron und fettes Oel, theils ausserordentlich kleine, aber zu grossen Klumpen zusammengeballte Stärkekörner sich finden. — Alle andern Elemente gehören nicht in das Gewürzpulver und deuten auf Verfälschung desselben.

Vanille.

Die mikroskopische Erkennung der Vanille hat verhältnissmässig geringe Bedeutung, da die Verwendung des künstlich dargestellten Vanillins allmählich den Gebrauch der Droge mehr und mehr einschränkt, anderseits die Frucht unzerkleinert in den Handel kommt. Allein in Chokolade und andern Süssigkeiten kann unter Umständen ein Nachweis der Vanille gefordert werden.

Vanille ist die vor der vollständigen Reife gepflückte und getrocknete Frucht der *Vanilla planifolia (Orchidaceae)*, einer ursprünglich in Mexiko heimischen, nun in den Tropen vielfach kultivirten Pflanze. Drei Hauptmerkmale sind unter den Umständen, welche für den Nachweis der Vanille in der Praxis zur Untersuchung gelangt, besonders zu betonen, nämlich:

1. Die Oberhaut der Vanille ist mit kleinen, rundlichen Spaltöffnungen versehen. Man suche in einer auf Vanille zu prüfenden Waarenprobe nach länglichen, braunen Gewebefetzen, welche aus derbwandigen, hier und dort mit schmalen, einfachen Tüpfeln versehenen Zellwänden gebildet werden, und achte, wenn man solche gefunden hat, darauf, ob Spaltöffnungen sichtbar sind. Gemeinsam mit den beiden folgenden Merkmalen sichert das Auffinden von Spaltöffnungen führender Epidermis die Diagnose.

2. Man suche mit dem Polarisationsapparat nach langen, nadelförmigen, nach beiden Enden zu scharf zugespitzten Krystallen. Wie sehr viele monocotyle Pflanzen enthält auch die Vanille sogenannte Rhaphiden (Krystallnadeln) von Kalkoxalat. Diese oder ihre scharf zugespitzten Bruchstücke geben bei der Untersuchung ein vorzügliches Merkmal ab. Dabei hüte man sich aber, Krystalle, an denen überhaupt Flächen deutlich erkennbar sind, für Rhaphiden zu halten. Diese sind anscheinend durchaus rundnadelförmig und stets recht klein.

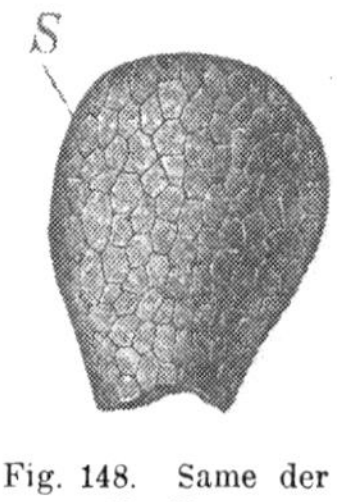

Fig. 148. Same der Vanille. (Nach Moeller.)

Schliesslich bilden die kleinen, fast schwarzen Samen der Vanille (Fig. 148) ein sehr wichtiges diagnostisches Merkmal. Diese erscheinen unter dem Mikroskop als vollkommen undifferenzirte Körner, fügt man aber Kalilauge bei und kocht das Präparat mit ihr auf, so zerplatzt der Same bei genügendem Druck auf das Deckglas, und man erkennt die zellige Struktur desselben.

Eine Unterscheidung der echten Vanille in dem Zustand, in welchem sie als Gewürz zerkleinert zur Untersuchung gelangt, von dem selten im Handel vorkommenden Vanillon *(Vanilla Pompona)* ist für die Praxis der Nahrungsmittel-Untersuchung weder leicht möglich noch bedeutsam.

Von Blüthen- und Blüthentheilen stammende Objekte.

Gewürznelken.

Die Gewürznelken sind die Blüthenknospen von *Eugenia aromatica (Myrtaceae)*. Da sie fast nur unzerkleinert in den Handel kommen, ist eine Fälschung derselben sehr selten. Immerhin muss der Mikroskopiker die Charaktere kennen, um in gemischten Pulvern etc. die Gewürznelken zu erkennen.

Eine mikroskopisch nicht kontrollirbare betrügerische Verfälschung der Gewürznelken besteht darin, dass durch Destillation ihres Oels beraubte Waare der vollwerthigen beigemengt wird. Derartige Nelken (sowie alte, minderwerthige Waare) erkennt man daran, dass sie bei einem Druck des Fingernagels kein Oel auf die Oberfläche gelangen lassen (was bei guter Waare der Fall ist) und dass sie auf Wasser schwimmen, während tadellose Nelken untersinken. Diese auf das hohe specifische Gewicht guter Nelken begründete Prüfungsmethode lässt sich auch (mit Vorsicht) auf die Beurtheilung von Nelkenpulver anwenden. Wird gutes Nelkenpulver auf Wasser geschüttet, so sinkt es sofort unter, und nur sehr wenige Partikel verbleiben im Niveau des Wassers. Ist dieses dagegen dicht mit einer Partikelschicht bedeckt, so liegt auch Verfälschung vor. Pulver aus durch Destillation beraubten Nelken verhält sich so, dass es im Wasser eingerührt anfangs oben bleibt, nach etwa einer halben Stunde aber abwärts sinkt.

Bei Kenntnissnahme vom anatomischen Bau der Gewürznelken muss man sich darüber klar sein, dass man es mit einer ganzen Blüthe, also mit einer Summe von recht verschiedenartigen Organen zu thun hat. Der „Stiel“ der Gewürznelke ist ein fast bis zur Spitze unfruchtbarer Fruchtknoten oder besser das Receptaculum desselben; die 4 derben Zipfel am obern Ende des „Stiels“ stellen Kelchblätter dar; die kugelige Kuppe wird gebildet durch 4 Blumenblätter, welche eine grosse Zahl von Staubgefässen umschliessen.

Der Bau des die Hauptmasse der Droge ausmachenden Stiels wird durch Fig. 149 erläutert, und zwar zeigt die Figur nur den centralen Theil des genannten Nelkentheils. Die Mitte desselben wird nämlich eingenommen durch ein parenchymatisches Mark, dessen Rand durch einen Ring von Gefässbündeln eingenommen wird (*v*). Um dies Mark liegt eine Zone von dickwandigen, reihenweise geordneten und grosse Zwischenzellräume (*t*), zwischen sich lassenden Zellen (*f*), daran schliesst sich weiter nach aussen ein Kranz von kleinen, von einzelnen Sklerenchymfasern begleiteten Gefässbündeln (*d*). In dem unter der Oberfläche gelegenen Gewebe begegnet man grossen, mit gelbem mehr oder weniger eingetrocknetem Oel versehenen Oelräumen, die Oberfläche selbst wird von einer lederigen, nach aussen sehr dickwandigen Epidermis gebildet. Die Kelchblätter bestehen aus Parenchym; ihre Epidermis führt zerstreute Spaltöffnungen. Von Blumenblättern und Staubgefässen begegnen im Gewürzpulver nur ausnahmsweise kenntliche Reste;

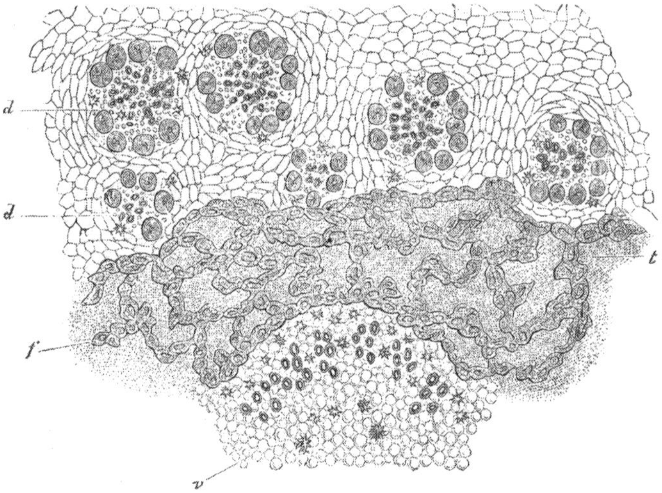

Fig. 149. Querschnitt durch die inneren Partien des „Stiels" der Gewürznelke. $^{120}/_{1}$ *d* äussere, *v* centrale Gefässbündel, *f* lockeres Zellgewebe, *t* Intercellularräume.

höchstens ist dann und wann ein Pollenkorn zu finden, welches als kleines, gleichseitiges Dreieck im Präparat liegt. Die Ecken dieser Pollenkörner zeigen für den Durchtritt der Pollenschläuche bestimmte Poren. Sehr bemerkenswerth ist, dass sämmtliche Theile der Gewürznelke in reichlichster Menge kleine Krystalldrusen von Kalkoxalat enthalten.

Für die Untersuchung des Pulvers ist dies Kalkoxalat von grosser Wichtigkeit; nicht weniger bedeutsam ist, dass die Gewürznelke durchaus keine Stärke enthalten darf, dass die Oelräume meist deutlich erkennbar sind; dass vereinzelte Sklerenchymfasern und feine Spiralgefässe, aber weder Steinzellen noch netz- oder leiterförmig verdickte Gefässe vorkommen. Ferner bietet die ausserordentlich dicke Epidemis ein beachtenswerthes Merkmal.

Kommt im Präparat Stärke vor (Jodreaktion!), oder finden sich Steinzellen, Treppengefässe, überhaupt reichlicher sehr dickwandige Elemente, so liegt ohne Zweifel Verfälschung vor.

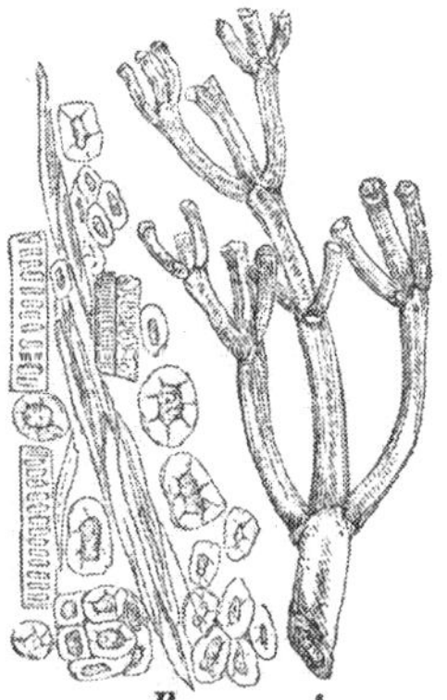

Fig. 150. *A* Nelkenstiel in nat. Grösse. *B* Gewebe-Elemente der Nelkenstiele. $^{100}/_{1}$.

Die häufigste Verfälschung des Nelkenpulvers geschieht mit stärkemehlhaltigen Samen; insbesondere wurde häufig Eichelkaffee als Fälschung gefunden. Derartig gefälschte Waare ist leicht zu erkennen. Ferner wird ein Theil des Gewürznelkenbaumes selbst gerade in neuerer Zeit, wo der Preis der Nelken sehr gestiegen ist, zur Fälschung verwendet, nämlich die **Nelkenstiele** (Stipites oder Festucae Caryophyllorum). Es sind dies (vergl. Fig. 150A) die Blüthenstandstheile, von welchen die Blüthen abgenommen sind. Diese Nelkenstiele enthalten auch ätherisches Oel, doch viel weniger als die Nelken selbst; sie sind im Pulver derselben an ihren massenhaft vorhandenen dickwandigen Elementen (Fig. 150 B), insbesondere den Steinzellen, dicken Bastfasern und Treppengefässen leicht zu erkennen.

Im übrigen sind im Nelkenpulver so ziemlich alle häufiger als Gewürz-Verfälschungen bekannten Beimengungen schon gefunden worden. Man vergleiche darüber Seite 176—180.

Safran.

Safran wird von den getrockneten Narben des *Crocus sativus (Iridaceae)* gebildet; er gelangt sowohl unzerkleinert wie gepulvert in den Handel. Die ganze Waare ist sehr häufig, die gepulverte fast stets verfäscht.

Nur die tief gelbroth gefärbten Narben stellen den Safran dar; der Griffel, welcher je 3 Narben trägt, ist minderwerthig oder werthlos. Deshalb soll bei guter Waare möglichst wenig vom Griffel vorhanden sein. Trotzdem ist dies allermeist der Fall, ja die Griffel (Feminell genannt) werden nicht nur besonders gesammelt, sondern auch künstlich gefärbt und der Waare beigemengt. Ausser dem „Feminell" finden sich gewöhnlich die gelben Blumen einiger Kompositen (insbesondere der Ringelblume, *Calendula officinalis,* sowie des Safflors, *Carthamus tinctorius*, seltener der Arnika (*Arnica montana* etc.) im Safran. Aber auch andere Fälschungsmittel, wie z. B. rothes Santelholz, künstlich gefärbte Theile aller möglicher Pflanzen werden häufig in dem theuren Safran gefunden.

Wer Safran zur Untersuchung erhält, gebe in einen weissen Teller soviel Wasser, dass der Boden reichlich bedeckt ist und streue die Droge so auf das Wasser, dass die einzelnen Partikel durch möglichst weite Zwischenräume getrennt sind. Nach sehr kurzer Zeit ist dann leicht Folgendes zu beachten: die als Fälschung beigemengten Kompositen-Blüthen nehmen ebenso wie die Safrannarben beim Einweichen ihre natürliche Gestalt an. Zugleich sieht man, besonders wenn man mit der Lupe betrachtet, dass um jedes echte Safranstückchen herum sich ein gelber Hof bildet, während um andere Partikel herum diese Erscheinung gar nicht eintritt oder der gefärbte Hof karminroth ist. Diese abweichenden Partikel stellen Verfälschungen dar, werden nun herausgesucht und für sich geprüft. Keine Farbe geben an das Wasser ab die Kompositen-Blüthen und Santelholz; mit karminrothem Hof sind alle künstlich (mit Fuchsin) gefärbten Fälschungsmitsel, auch das Feminell, umgeben.

Auch für die Untersuchung des Safranpulvers ist es höchst wichtig, dass diese Droge ihre Farbe an Wasser abgiebt, und zwar vollständig. Um dies Pulver zu untersuchen, legt man eine Messerspitze voll einen Tag lang in Wasser, filtrirt dann ab und wäscht auf dem Filter nochmals gründlich aus. Ist der Filterrückstand dann noch roth resp. gelb oder zeigt wenigstens einzelne rothe Punkte, so ist damit eine Fälschung erwiesen, weil der Safran seinen Farbstoff vollkommen verliert. Gefärbte Partikel untersuche man 1. auf Stärke (*Curcuma*-Pulver); 2. auf gelbe Oeltropfen in den Zellen (*Calendula*); 3. auf Holzstruktur (Santelholz, wird mit Kalilauge behandelt violett). Liegt keine dieser Verfälschungen vor, so ist die Diagnose auf *Carthamus* zu stellen.

Auch die entfärbten Parthien des Pulvers mustere man dann genau. Sie müssen beim Safran aus lauter sehr dünnwandigen, nur wenige, sehr zarte Gefässe führenden Geweben bestehen.

Insektenpulver.

Eine ganze Anzahl *Chrysanthemum*-Arten (*Compositae*) liefert Blüthenköpfchen, welche in getrocknetem und gemahlenem Zustand imstande sind, Insekten zu tödten. In hervorragendster Weise ist dies bei dem in Dalmatien und Montenegro häufigen *Chrysanthemum*

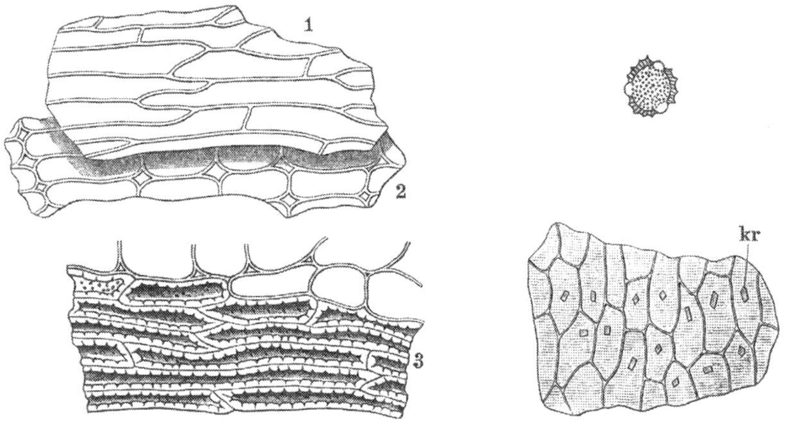

Fig. 151 *A*. Längsschnitt durch ein äusseres Hüllkelchblatt von ***Chrysanthemum cinerariifolium*** Links: *1* Epidermis, *2* unverdickte Mittelschicht, *3* Sklerenchymschicht. Rechts oben: Pollenkorn; unten: Stück eines Blumenblattes mit Krystallen *(kr)* von Kalkoxalat. (Nach Tschirch und Oesterle.)

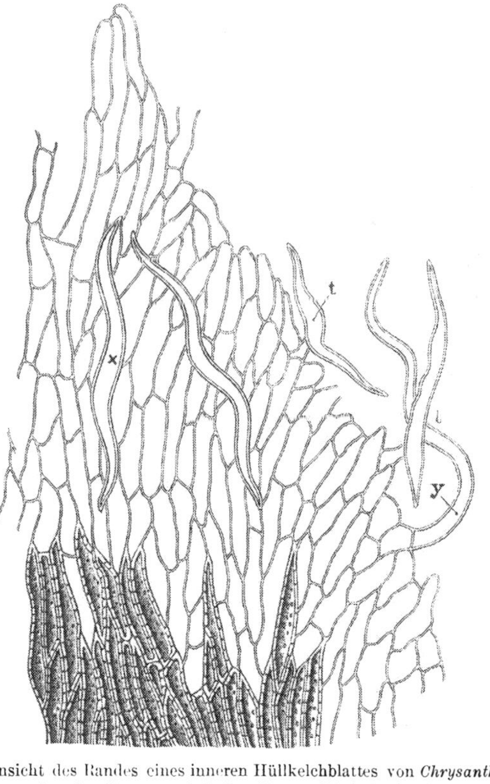

Fig. 151 *B*. Flächenansicht des Randes eines inneren Hüllkelchblattes von ***Chrysanthemum cinerariifolium.*** *t*, *x* zweiarmige Haare, *y* einfaches Haar. (Nach Tschirch und Oesterle.)

cinerariifolium sowie bei dem kaukasisch-armenischen *Chrysanthemum roseum* der Fall. Die jungen Büthenköpfe der ersten Art liefern das Dalmatiner, die der zweiten das kaukasische („persische") Insektenpulver.

Die mikroskopische Untersuchung des Insektenpulvers ist ziemlich leicht zu bewirken, da eine ganze Anzahl von leicht kenntlichen Elementen vorhanden sind, welche dasselbe charakterisiren (vergl. Fig. 151 *A*, *B*).

Das Präparat wird mit Wasser hergestellt, da die Elemente genügend durchsichtig sind, um ohne Reagentien erkannt zu werden. Höchstens kann man etwas Chloralhydrat beifügen.

Zunächst fallen im Pulver die in reichlichster Menge enthaltenen Pollenkörner auf. Dieselben sind gelbbraun und an ihrer allseits bestachelten Membran leicht zu erkennen. Die Pollenkörner bieten ein gutes Mittel zur Kontrolle der Güte des Insektenpulvers. Dieses soll aus noch geschlossenen Blüthenköpfen gewonnen sein. In den bereits geöffneten, ein weniger wirksames Präparat liefernden, ist stets schon eine Menge Pollen verloren gegangen. Deshalb beweist eine reichliche Pollenmenge im Pulver die Verwendung junger Blüthenköpfe.

Ein ferneres Erkennungszeichen bieten die „zweiarmigen" Haare, welche ursprünglich an den Hüllblättern der Blüthenköpfe sassen, im Pulver aber überall reichlich vorhanden zu sein pflegen. Diese Haare stellen grosse, dünnwandige, nach beiden Enden zu allmählich zugespitzte Schläuche dar, welche ursprünglich wie Wagebalken quer auf einem kurzen Stiel sassen, in dem Pulver aber meist vom Stiel losgelöst sind. Bei genauem Suchen wird man in der Mitte dieser wasserhell aussehenden (seltener gelblich gefärbten) Haare einen Schlitz oder einen feinen Ring (die Ansatzstelle des Stiels) finden.

Besitzt der Untersucher einen Polarisationsapparat, so möge er diesen nun einschalten, um nach den Krystallen von Kalkoxalat zu suchen, welche für das echte Insektenpulver charakteristisch sind. Die Blumenblätter der Insektenpulver-Pflanzen besitzen eine aus ziemlich regelmässig gestellten Zellen gebildete Epidermis, deren Zellen je einen Krystall von Kalkoxalat enthalten. Auch in den Sklerenchymzellen der Hüllkelchblätter findet man meist einen solchen Krystall eingeschlossen.

Bei der Untersuchung merke man, dass dickwandige Zellen des Insektenpulvers stets nur einfache, ganz feine Poren aufweisen und höchstens 10 Mal so lang als breit sind. Andere dickwandige Elemente müssen fehlen; die Hauptmasse des Pulvers muss unter dem Mikroskop aus dünn-durchscheinenden Partikeln bestehen.

Als Fälschung kommen in erster Linie mineralische Beimengungen zum Pulver vor (Chromgelb, Baryumchromat). Die Menge der Asche guten Insektenpulvers darf 7,6 % nicht übersteigen. Das Fehlen der 2-armigen Haare weist auf die Verwendung anderer *Chrysanthemum*-Arten (insbesondere von *Chr. corymbosum*) hin. Fragmente mit gelben Oeltropfen werden leicht als die nicht selten beigemengten Reste von *Calendula*-Blüthen erkannt.

Von Blättern stammende Objekte.

Thee.

Die Blätter der in Ostasien seit undenklicher Zeit angebauten *Camellia Thea (Ternstroemiaceae)* liefern den Thee. Wir haben bereits oben (S. 86) die anatomischen Eigenthümlichkeiten des Theeblattes kennen gelernt. Dieselben bieten so ausgezeichnete Erkennungsmerkmale für den Theestrauch, dass die Untersuchung dieses Genussmittels eine der leichtesten ist, welche in der Praxis gefordert werden.

Als charakteristisch für die Theeblätter sind in erster Linie die Spikularzellen (Sklerenchymzellen) zu nennen, welche das ganze Blatt von einer zur andern Epidermis durchsetzen und sehr dickwandige, in seltsamer und bezeichnender Weise ausgebildete, knorrige Zellen (Fig 57, S. 86) darstellen. Diese Spikularzellen kommen von allen überhaupt bei der Theeuntersuchung in Betracht kommenden Blättern einzig und allein dem Theestrauch zu, sie sind in den meisten Blättern desselben massenhaft vorhanden, in einigen seltener, nirgends werden sie vollständig vermisst.

Das zweite Kennzeichen des Thees stellen die in Fig. 152 unter *h* abgebildeten langen, einzelligen, dickwandigen Haare dar. Diese kommen in grösster Massenhaftigkeit bei den aus ganz jungen Blättern gefertigten Pecco-Thees vor, während sie in Thee, zu dem ältere Blätter verwendet wurden, nicht mehr so häufig sind. Immerhin wird man keine Theeprobe vergeblich nach ihnen durchsuchen.

Um Thee auf seine Echtheit zu untersuchen, verfährt man folgendermassen: Man übergiesst die Blätter mit heissem Wasser und legt die Blattstücke auf einem weissen Porzellanteller flach auseinander, um die scharfen Sägezähne mit der Lupe zu betrachten. Sowohl die Sägeeinschnitte wie die Sägezähne müssen spitz sein.

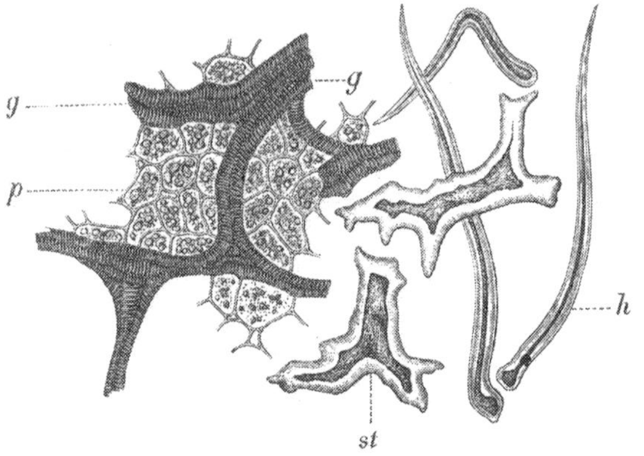

Fig. 152. Zerquetschte Gewebetheile des Theeblatts. $^{160}/_1$. *g* Endigungen der Blattnerven, *p* Parenchym mit Chlorophyll, *st* Spikularzellen, *h* Haare. (Nach Moeller.)

Zweitens prüfe man die Dicke der so aufgeweichten Blätter, indem man sie zwischen die Finger nimmt. Nicht lederartig anzufühlende Blätter gehören dem Thee nicht an.

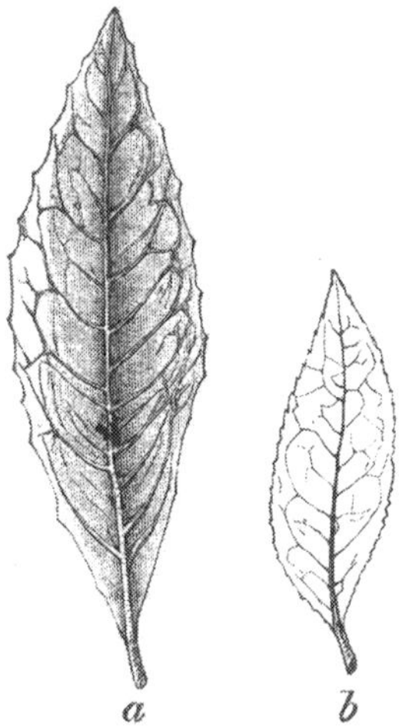

Fig. 153. Chinesischer Thee. *a* Congo-Thee, vollständiges Blatt, *b* sehr junges Blatt.

Fig. 154. Blätter von *Lithospermum officinale*. *a* jung, *b* ausgewachsen. Die Punkte stellen mit Calciumkarbonat inkrustirte Haare dar.

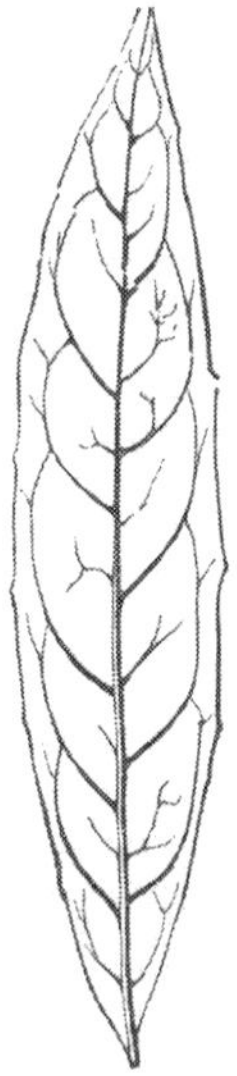

Fig. 155. Blatt von *Epilobium angustifolium*.

(Fig. 153—155 nach Dammer, Lexikon der Verfälschungen.)

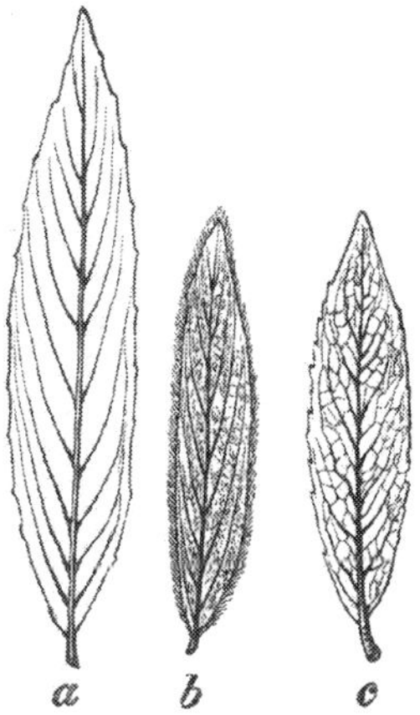

Fig. 156. Weidenblätter. *a* Ausgewachsenes, *b* junges Blatt von *Salix alba*, *c* Blatt von *Salix amygdalina*.

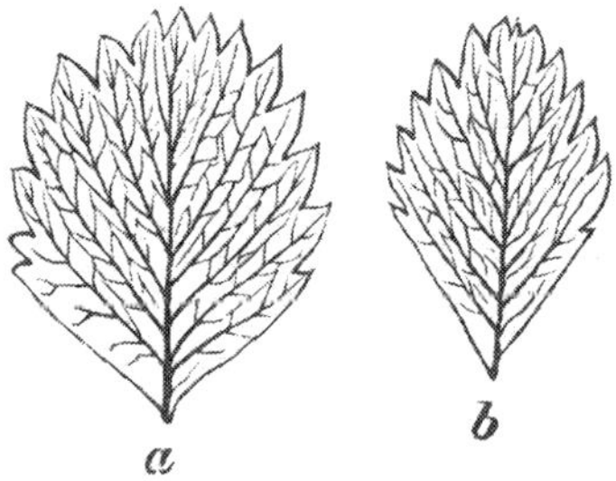

Fig. 157. Theilblättchen der Erdbeere.

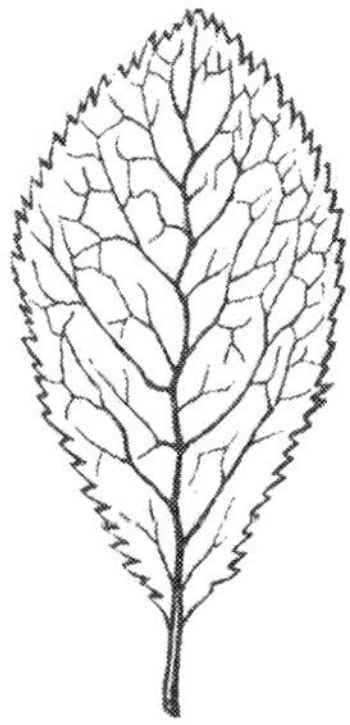

Fig. 158. *Prunus spinosa* (Schlehe).

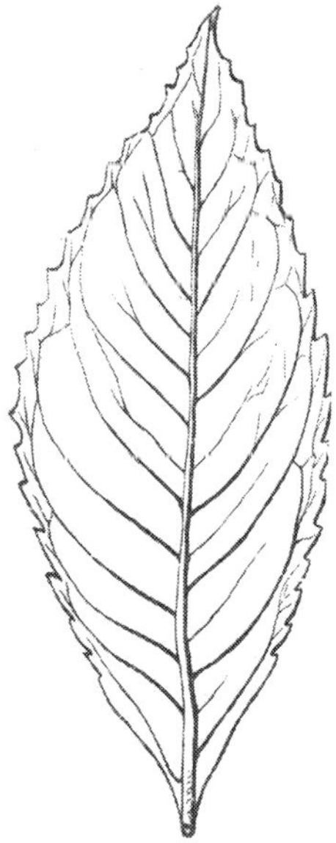

Fig. 159. *Fraxinus excelsior* (Esche): Theilblatt.

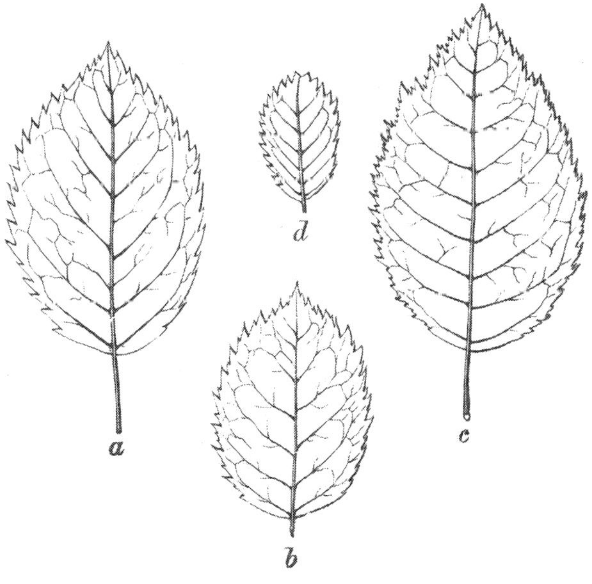

Fig. 160. Rosenblätter. *a Rosa canina*, *b R. dumalis*, *c R. glauca*, *d R. spinosissima* Theilblätter

(Fig. 156—160 nach Dammer, Lexikon der Verfälschungen.)

Die mikroskopische Prüfung wird zweckmässig in der Weise vorgenommen, dass man ein Fragment der (gebrühten) Blätter mit Kalilauge aufkocht, dann auf den Objektträger legt und mit dem Deckglas zerpresst. In den dergestalt gewonnenen Präparaten liegen die Elemente dann etwa wie in Fig. 152 dargestellt. Spikularzellen und Haare sind deutlich erkennbar, zwischen ihnen finden sich die Reste des übrigen Blattes, insbesondere Parenchym *(p)* und feine Gefässbündel *(g)*.

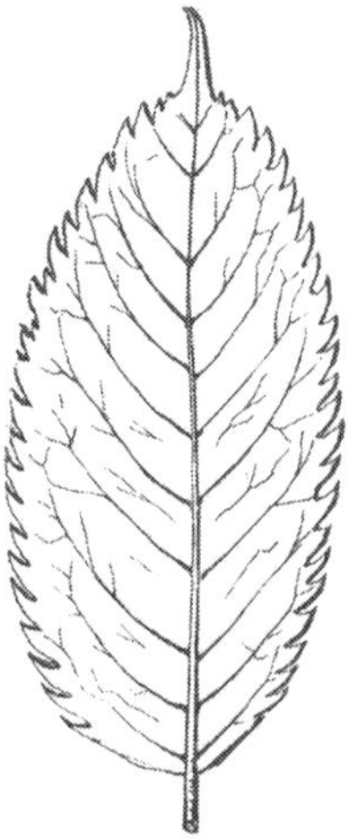

Fig. 161. *Sambucus nigra* (Hollunder); Theilblatt. (Nach Dammer, Lexikon der Verfälschungen.

Eine andere, gleichfalls vorzügliche Prüfungsmethode ist die, dass man die zu untersuchenden Blätter so lange in Eau de Javelle legt, bis sie weiss gebleicht sind. Dann werden sie mit durchfallendem Licht betrachtet und lassen ausser den bereits bezeichneten charakteristischen Elementen auch die massenhaft im Theeblatt vorhandenen Krystalldrusen von Kalkoxalat leicht erkennen.

Ein bereits gebrauchter Thee lässt sich auf mikroskopischem Weg von dem noch nicht gebrauchten nicht unterscheiden.

Hat man im Thee dünne Blätter ohne die charakteristischen Elemente gefunden, so ist damit die Fälschung bewiesen. Anatomische Charaktere solcher Fälschungen hier angeben zu wollen, würde zu weit führen.

Dagegen ist es auch ohne anatomische Untersuchung, nur nach den Gestaltungs- und Aderungsverhältnissen der aufgeweichten Blätter häufig leicht, sich über ihre Abstammung Klarheit zu verschaffen. Die Figuren 153—161 stellen nach Natur-Selbstdrücken gezeichnete Abbildungen der Blätter des echten Thees und seiner häufigsten Verfälschungen dar.

Tabak.

Mehrere Arten der Gattung *Nicotiana (Solanaceae)*, insbesondere *N. Tabacum* und *N. rustica* liefern die Tabakblätter. Diese werden in verschiedenster Weise (Fermentation, Beizung etc.) vor der Verarbeitung behandelt; trotzdem bleiben ihre charakteristischen Merkmale stets so deutlich sichtbar, dass die mikroskopische Erkennung des Tabaks niemals grössere Schwierigkeiten bietet.

Hat man Tabak (ausser Schnupftabak) zu untersuchen, so verfährt man folgendermassen: Man weicht das Objekt in warmem

Wasser auf und trennt die einzelnen Blätter desselben mit den Fingern so gut es geht. Dann sucht man sich möglichst verschieden aussehende Blätter heraus und schneidet von diesen mit der Scheere je $^1/_2$ qcm grosse Stückchen ab. Diese legt man in Eau de Javelle, bis sie weiss gebleicht sind. Ist dieser Zeitpunkt erreicht, so nimmt man die Stückchen heraus, wäscht sie in Wasser ab und legt je eines auf einen Objektträger. Darauf wird jedes Stückchen mit dem Skalpell halbirt, die eine Hälfte umgedreht, Deckglas aufgelegt, Wasser zugefügt und betrachtet. Bei derart bereiteten Objekten ist man sicher, Ober- und Unterseite des Blattes zu Gesicht zu bekommen.

Am derart gebleichten Tabakblatt sieht man nun bei durchfallendem Licht dunkle (fast schwarze) Punkte oder bei stärkerer Vergrösserung Zellen, welche mit Krystallsand (kleinsten Kryställchen) von Kalkoxalat dicht erfüllt sind. Diese Krystallsandzellen, welche in keinem vom Tabak gemachten Präparat fehlen, sind eines der vorzüglichsten Erkennungsmittel desselben.

Nachdem man nun das Licht genügend abgeblendet, durchmustere man die Epidermis der Ober- und der Unterseite des Blattes. Diejenige der Oberseite wird an den fast geradlinigen Zellwänden erkannt; die Epidermiszellen der Unterseite dagegen haben stark, buchtig gewellte Ränder, auch treten die Nerven deutlich nach der Blattunterseite hervor. Beim Tabaksblatt muss es gelingen, auch auf der Blatt-Oberseite Spaltöffnungen nachzuweisen. Zwar sind dieselben hier nicht so reichlich wie auf der Unterseite, immerhin aber werden sie bei einigem Suchen aufgefunden werden.

Schliesslich beachte man an beiden Hälften des Präparats die Haarformen, welche der Epidermis aufsitzen (Fig. 162). Man unterscheidet leicht zwei verschiedene Haupttypen von Haaren am Tabaksblatt, nämlich Haare mit deutlich abgesetztem, mehrzelligem Kopf (Drüsenhaare) und gewöhnliche, nicht secernirende Haare.

Die Drüsenhaare des Tabaks (von welchen man bei genauerer Durchmusterung des Präparats lang- und kurzgestielte Formen unterscheiden kann) bestehen allermeist aus einem von farblosen, durchsichtigen, nach oben allmählich schmäler werdenden Zellen gebildeten Stiel und einem von meist gelblichem, ölartigem Inhalt erfüllten ellipsoidischen, mehrzelligen Kopf. Die nicht secernirenden Haare sind gleichfalls mehrzellig, laufen gleichfalls nach der Spitze allmählich zu, entbehren aber des Drüsenkopfes. Dieselben sind manchmal gabelig verzweigt. — Andere Haarformen, insbesondere einzellige Haare kommen beim Tabak nicht vor.

Bei der Untersuchung müssen diese drei angegebenen Merkmale des Tabaks konstatirt werden, um das Tabaksblatt mit Sicherheit zu diagnosticiren. Insbesondere die Krystallsandzellen sind von höchster Wichtigkeit. Andere Formen von Calciumoxalat (abgesehen von winzigen spärlichen Drusen in den Köpfchen der Drüsenhaare), also grössere, deutlich unterscheidbare Einzelkrystalle, Drusen oder Raphiden kommen im Tabak nicht vor; sie weisen stets auf Fälschungen hin, wenn sie in Tabakpräparaten erscheinen.

Merkwürdiger Weise sind im Gebiet des deutschen Reiches zwei Surrogate des Tabaks erlaubt; für die Herstellung von Cigarren

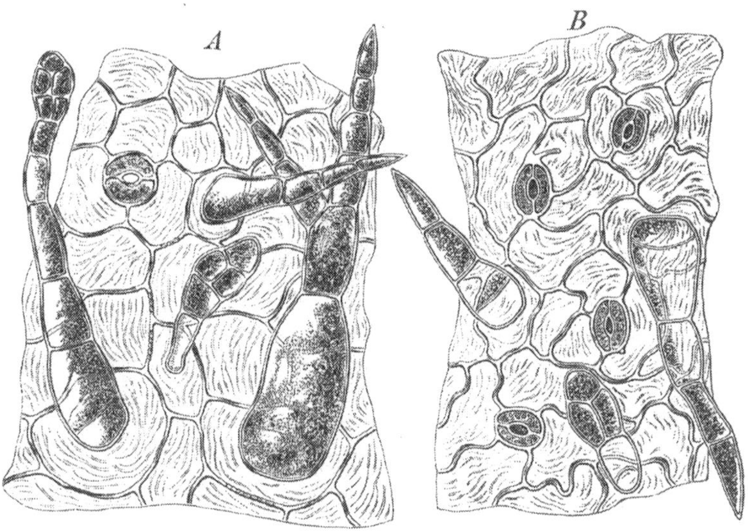

Fig. 162. Oberhaut des Tabakblattes *(Nicotiana rustica)*, *A* der Ober-, *B* der Unterseite. $^{160}/_{1}$. (Nach Moeller.)

wurde durch Beschluss des Bundesraths in seiner Sitzung vom 19. Mai 1897 die Verarbeitung der Blätter des Eibisch *(Althaea officinalis)* und der Wegerich- *(Plantago-)*Arten gestattet. Da es sich bei Auffindung fremdartiger Blätter in geringwerthigen Cigarrensorten natürlich darum handeln muss, festzustellen, ob diese Blätter den genannten Surrogaten angehören, muss hier auf die Erkennung derselben näher eingegangen werden.

Eibischblätter (Fig. 163, 164). — Schon durch ihre dichte, angedrückt-sammetartige, graue Behaarung sind die Blätter von *Althaea officinalis* sofort sowohl von Tabaksblättern wie von den allermeisten Tabaksverfälschungen zu unterscheiden. Diese Behaarung bietet auch mikroskopisch das vorzüglichste Erkennungsmerkmal der Eibischblätter. Die starkwandigen Haare stehen

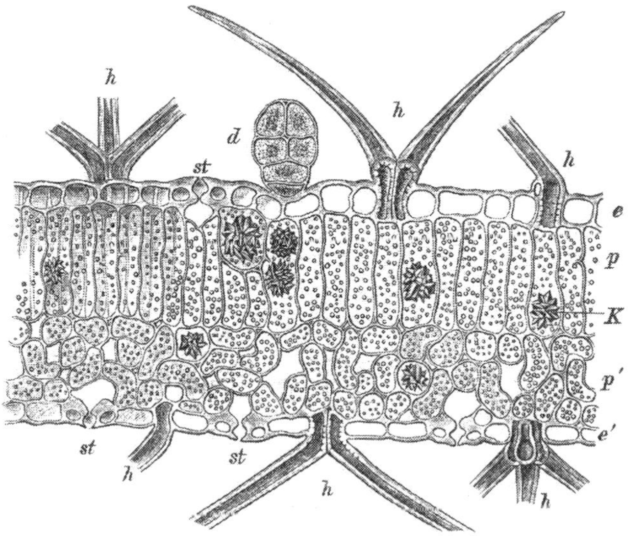

Fig. 163. Querschnitt durch das Eibischblatt. *e* Epidermis der Blattoberseite, *e'* der Blattunterseite, *p* Palissadenzellen, *K* Kalkoxalatdrusen, *h* Büschelhaare, *st* Spaltöffnungen, *d* Drüsenhaar *p'* Schwammparenchym. (Nach Vogl.)

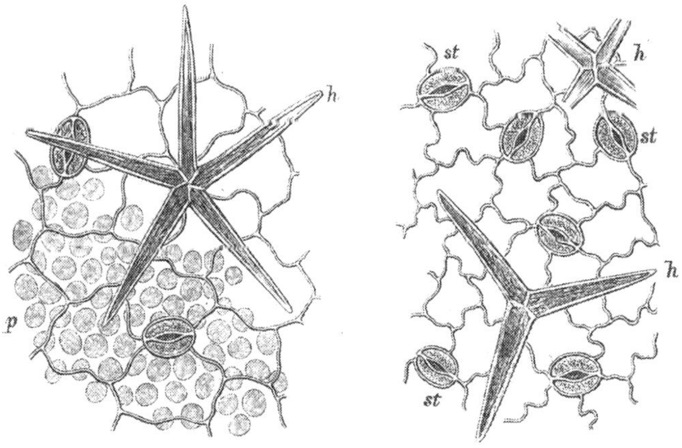

Fig. 164. Epidermis des Eibischblattes, *A* der Blattober-, *B* der Blattunterseite. *h* Büschel- (Stern-) Haare, *p* durchscheinende Palissadenzellen, *st* Spaltöffnungen. (Nach Vogl.)

nämlich selten einzeln, sondern meist in Büschel vereinigt derart, dass 2—7 mit ihren Basaltheilen dicht aneinander gedrückt in der Epidermis stecken (vergl. Fig. 163), während die Haarschäfte dann sich weit auseinander spreizen. Dadurch entstehen auf der Flächenansicht (Fig. 164) ganz regelmässige, sternartige Figuren. Ausser diesen Büschelhaaren kommen noch mehrzellige, farblose oder gelbliche, fast ungestielte Drüsenhaare vor. Im Blattgewebe sind reichlich Krystalldrusen von Kalkoxalat vorhanden. Ferner ist das Blatt ausgezeichnet durch reiche Mengen von Pflanzenschleim, welcher vermittelst der S. 80 beschriebenen Tuschereaktion leicht nachgewiesen wird.

Wegerichblätter (Fig. 165). — In Betracht kommen vorzüglich die Blätter von *Plantago major* und *P. media*, weniger die-

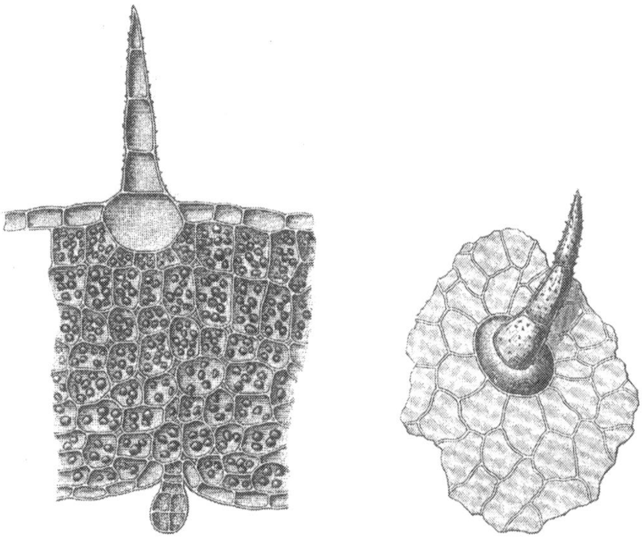

Fig. 165. Blatt des grossen Wegerich (*Plantago major*). *A* Querschnitt, *B* Stück der Oberhaut mit Haar. $^{200}/_{1}$.

jenigen von *P. lanceolata*. Liegen grössere Blattstücke der Untersuchung vor, so weist schon der parallele Verlauf der grossen Nerven auf die Abstammung hin; bei kleinen Fragmenten fällt dies Merkmal allerdings weg. Dann achte man bei Lupenbetrachtung darauf, dass bei Wegerichblättern nur die Haupt- und die von ihnen abzweigenden Nerven 1 Grades deutlich vorspringend sichtbar sind, während von feinerem Nervennetz nichts bemerkbar ist.

Ferner bieten die anatomischen Querschnitts- und Flächenbilder ein recht charakteristisches Aussehen. Am Querschnitt (Fig. 165, *A*) sieht man, dass ein ausgeprägtes Palissadengewebe nicht vorhanden ist, sondern dass die gesammten Zellen des Mesophylls ungefähr gleich gross sind; die kleinen Nerven, welche der Querschnitt zeigt, liegen als vollkommen kreisförmige Gebilde im Mesophyll eingeschlossen. Besonders aber sei auf die ziemlich spärlichen Haare aufmerksam gemacht. Die einen, häufigeren, sind kegelförmig, 3- bis 5-zellig und zeichnen sich dadurch unverkennbar aus, dass ihre Basis als grosse, zwiebelförmige Zelle tief unter das Niveau der übrigen Epidermiszellen herabreicht. Bei *Pl. major* und *media* sind diese Basalzellen der Haare unten breit gerundet, bei *Pl. lanceolata* dagegen häufig dreieckartig zugespitzt. — Auch eingesenkte, kleine Drüsenhaare kommen allen Arten zu. Der beste Unterschied der *Pl. lanceolata* von den übrigen in Betracht kommenden Arten, die langen, vielzelligen, schlaffen Haare, welche hier besonders reichlich vorkommen, ist an als Tabakersatz dienenden Blättern leider nicht mehr erkennbar.

Untersuchung eines gemischten Thees.

Ausserordentlich häufig wird in der Praxis die Untersuchung gemischter Thees vom Mikroskopiker gefordert. Derartige Prüfungen verlangen eine sehr genaue Kenntniss der dem Arzneischatz sowohl wie den „obsoleten" Mitteln zugerechneten Drogen. Nicht selten wird auch ein umfassenderes Vertrautsein mit den Pflanzen der europäischen Flora nothwendig, um eine derartige Untersuchung mit Erfolg zu erledigen. Immerhin wird es auch dem erfahrensten Praktiker nicht selten begegnen, dass der eine oder andere Bestandtheil entweder gar nicht oder nur annäherungsweise bestimmt werden kann. Diejenigen Bestandtheile, welche erfahrungsgemäss am häufigsten in derartigen Präparaten vorkommen, sollen hier analytisch geordnet aufgeführt werden.

Als Vorbereitung für die Untersuchung wird zunächst ein Quantum des zu untersuchenden Thees auf einen grossen Bogen weisses Papier (Filtrirpapier) ausgeschüttet und makroskopisch geprüft. Man sucht mit der Pincette alle verschieden aussehenden Bestandtheile und sortirt dieselben auf besondere Häufchen. Die einzelnen Häufchen werden dann in Papierkapseln gebracht, um gesondert weiter untersucht zu werden. — Auf diese Weise erhält man zunächst eine vorläufige Uebersicht über die Zahl der Bestandtheile und einigermassen reines Untersuchungsmaterial. Insbesondere wird man Blüthen-, Blatt-, Stengel- und Holztheile leicht unterscheiden.

Bei der nun folgenden Bestimmung gilt als Leitschnur die Erfahrungsthatsache, dass zur Herstellung derartiger Thees fast nur billige und beinahe ausschliesslich im Grosshandel erhältliche Bestandtheile verwendet werden. Bezüglich der Bestimmungsmethode ist zu bemerken, dass den Geübten Geruch und Geschmack der einzelnen Theile oft ohne genauere Untersuchung zum Ziel führt. Doch sei stets beachtet, dass bei Anwesenheit aromatischer Pflanzentheile diese auch an sich geschmacklosen ihren Geruch und Geschmack mittheilen können und (in geringem Maasse wenigstens) meist mittheilen.

Man nimmt nun die ausgelesenen Bestandtheile der Reihe nach vor und versucht nach folgender Tabelle zu bestimmen:

A. Keine Blatt-, Blüthen- oder Samentheile.

I. Hölzer: Die Objekte bestehen aus langgestreckten, dickwandigen Fasern und Gefässen; Steinzellen und Korkgewebe fehlen.*)

a) Farbe dunkel roth: *Lignum Santali.*

b) Farbe nicht so.

1. Geschmack intensiv bitter; ohne Oelzellen: *Lignum Quassiae.*

2. Geschmack etwas fenchelartig; mit Oelzellen: *Lign. Sassafras.*

3. Geschmack süss: *Rad. Liquiritiae.*

II. Rinden: Die Objekte bestehen ausser aus langen Fasern aus massenhaftem Parenchym; Steinzellen stets, Korkgewebe meist reichlich vorhanden; Gefässe fehlen.

a) Geschmack intensiv aromatisch; Zimmt: *Cortex Cinnamomi.*

b) Geschmack nicht so.

1. Geschmack sehr deutlich bitter.

α) Rinde ohne Milchröhren: *Cort. Chinae.*

β) Rinde mit Milchröhren: *Cort. Condurango.*

2. Geschmack schwach bitter oder nicht bitter.

α) Mit zahlreichen Schleim enthaltenden Zellen: *Cort. Frangulae.*

β) Ohne solche.

* Mit deutlichem Lohe-Geschmack: *Cort. Quercus.*

** Ohne solchen: *Cort. Granati.*

III. Andere nicht blatt-, blüthen- oder samenartige Pflanzenorgane.

a) Stark aromatische Pflanzentheile.

---

*) Wenn Steinzellen fehlen, Korkgewebe aber vorhanden ist, vergl. *Cort. (rad.) Granati.*

1. Mit sehr grossen, sehr excentrisch gebauten Stärkekörnern oder Kleisterklumpen.
   α) Fragmente lebhaft rothgelb; Stärke verkleistert: *Rhiz. Curcumae.*
   β) Fragmente weisslich; Stärke nicht verkleistert: *Rhiz. Zingiberis.*
2. Ohne solche Stärkekörner resp. Kleisterklumpen.
   α) Geschmack intensiv nach Baldrian: *Rad. Valerianae.*
   β) Geschmack anders.
      * Geschmack nach Kalmus: *Rhiz. Calami.*
      ** Geschmack anders.
         § Rinde der aufgeweichten Wurzel dicker als der Holzkörper: *Rad. Levistici.*
         §§ Rinde dünner oder nicht dicker als der Holzkörper: *Rad. Angelicae.*

b) Nicht oder kaum aromatische Pflanzentheile.
1. Geschmack auffallend süss: *Rad. Liquiritiae.*
2. Geschmack nicht so.
   α) Gelbe Theile mit Rhabarbergeschmack: *Rhiz. Rhei.*
   β) Nicht so.
      * Ein mikroskopischer Schnitt zeigt im Parenchymgewebe Lücken, in welche gelbe, drüsenartige Gebilde hineinragen: *Rhiz. filicis.*
      ** Innere Drüsen nicht vorhanden.
         § Glasige Fragmente ohne langgestreckte Zellbestandtheile; mit Rhaphiden und Schleimzellen: *Tub. Salep.*
         §§ Fragmente mit langgestreckten Zellelementen.
            × Höchstens federkieldicke, häckselartige, runde Stückchen; auf dem Querschnitt mit grossen Lufthöhlen: *Rhiz. Graminis.*
            ×× Anders gestaltet, meist mit Rinde, ohne Lufthöhlen.
               0 Querschnitt mit vielstrahligem, radspeichenartigem Gefässbündel: *Rad. Sarsaparillae.*
               00 Querschnitt nicht so gestaltet.
                  † Weisse Fragmente, auf der Zunge stark schleimig: *Rad. Althaeae.*
                  †† Nicht schleimig.
                     . Mit Rhaphiden (Nadeln) von

Kalkoxalat; Wurzelrinde dicht geringelt: *Rad. Ipecacuanhae.*

.. Ohne Rhaphiden.

| Geschmack intensiv bitter; ohne Stärke: *Rad. Gentianae.*

|| Nicht bitter.

– Fragmente als solche von dünnen Wurzeln deutlich erkennbar.

Roth oder röthlich; Holzkörper geschlossen; ohne Kiel: *Rad. Ratanhiae.*

Nicht roth; Holzkörper mit keilförmigem Parenchym - Einschnitt; Wurzel gekielt: *Rad. Senegae.*

= Fragmente aus dickem Rhizom; ohne Stärke: *Rhiz. Enulae.*

B. Blatt-, Kraut-, Blüthen- oder Samentheile.

I. Blatt- oder Krauttheile.

Δ Echte Blätter (kein Pilzgewebe, welches grüne Zellen umschliesst).

a) Theile mit Haarbekleidung, welche allermeist mit blossem Auge deutlich erkennbar sind.

1. In ganz feine Zipfel zerschlitztes Blatt; sehr schwach aromatisch: *Herb. Millefolii.*

2. Grössere, breitere Blatttheile.

α) Blatttheile deutlich bitter.

§ Grosse, dornig gezähnte Blätter oder Fragmente von solchen; Behaarung spinnenwebartig: *Herb. Cardui benedicti.*

§§ Gefiederte Blätter oder schmale Abschnitte derselben oder schmale Einzelblätter resp. ihre Theile.

* Oberseite der Blätter grubig - runzelig; trockene Blätter eingerollt: *Fol. Rosmarini.*

** Oberseite der Blätter glatt.

X Blätter beiderseits seidig behaart: *Fol. Absinthii.*

×× Blätter oberseits kahl, unterseits filzig; Theile sehr schmal:
Blätter von *Artemisia vulgaris.*

β) Blatttheile nicht oder nur sehr schwach bitter.

§ Blatt durch die Behaarung rauh kratzend; die Haare enthalten kohlensauren Kalk, der in Säure aufbraust.

* Geschmack charakteristisch aromatisch:
Herb. Cannabis.

** Geschmack adstringirend, schleimig:
Herb. Lithospermi.

§§ Behaarung der Blätter nicht kratzend.

* Blätter nicht aromatisch, oft schleimig.

× Weisse Filzbehaarung nur auf der Blattunterseite, welche sich leicht ablöst:
Fol. Farfarae.

×× Behaarung auf beiden Blattseiten ungefähr gleichstark.

0 Blatttheile weissfilzig: *Fol. Althaeae.*

00 Blatttheile trotz der Behaarung grün.

† Blätter mit Sternhaaren:
Fol. Malvae.

†† Blätter mit einfachen, oft seidigen Haaren: *Erdbeerblätter.*

** Blätter aromatisch.

× Blatttheile dick, fast lederartig.

0 Behaarung dicht filzig; Blatttheile gegen das Licht gehalten ohne feine helle Punkte: *Fol. Salviae.*

00 Behaarung nicht filzig; Blatttheile in durchfallendem Licht feine schwache Punkte aufweisend: *Herb. Serpylli.*

×× Blatttheile dünner, krautig.

0 Mit Pfefferminzgeschmack:
Fol. Menthae.

00 Mit Melissengeschmack:
Fol. Melissae.

b) Ohne oder ohne deutliche Haarbekleidung.

1. Zweigspitzen mit schuppenartigen Blättchen oder Schuppenblätter mit Harzgängen: *Summit. Sabinae.*

2. Blätter nicht schuppenartig.

a) Geschmack stark bitter.

* Blätter und Blatttheile dick lederartig, aromatisch: *Fol. Lauri.*

** Nicht dick lederartig, nicht aromatisch.

§ Blatthälften mit 1—2 Seitennerven; kleines Blatt: *Herb. Centaurii.*

§§ Blätter reich netzig geädert, gross: *Fol. Trifolii fibrini.*

β) Geschmack nicht oder nur undeutlich bitter.

* Blätter resp. Blatttheile dick, lederartig.

§ Der Blattquerschnitt zeigt beiderseits Palissadengewebe: *Fol. Sennae.*

§§ Der Blattquerschnitt zeigt nur auf der Oberseite Palissadengewebe.

× Blätter gross, scharf gesägt, mit Spikularzellen (vergl. S. 197): *Fol. Theae.*

×× Blätter klein, ganzrandig, mit starkem Adernetz: *Fol. uvae ursi.*

** Blätter dünner, krautig.

§ Mit starkem Pfefferminzgeschmack: *Fol. Menthae pip.*

§§ Ohne solchen.

× Theile grosser Blätter mit mehrschichtigem Palissadengewebe: *Fol. Juglandis.*

×× Theile kleiner, scharf gezähnter Blättchen, mit einschichtigem Palissadengewebe: *Fol. Meliloti.*

ΔΔ Scheinbar blattartige Gebilde bestehen aus Pilzfäden, welche grüne Zellen umschliessen: *Lichen islandicus.*

II. Blüthentheile.

a) Blüthen mit 5 verwachsenen Staubbeuteln (Compositae).*)

1. Gelbe Zungen- oder Scheibenblüthchen; auf dem Kelch mit aus Haaren gebildetem Pappus: *Flor. Arnicae.*

2. Blüthchen ohne Haarpappus.

α) Kleine, fast stets intakte Köpfchen mit dunkel geränderten Hüllschuppen; Blüthchen weiss.

* 4—5 Strahlblüthchen: *Flor. Millefolii.*

** Etwa 10 Strahlblüthchen: *Flor. Ptarmicae.*

β) Grössere Köpfchen, meist zerrissen oder Einzelblüthen.

---

*) Die kleinen Blüthen finden sich in den Thees fast stets in intaktem, gut erkennbarem Zustand.

* Gelbe Zungen- oder Scheibenblüthchen auf kahnförmig gebogenem Fruchtknoten: *Flor. Calendulae.*

** Weisse Zungen-, gelbe Scheibenblüthchen; Geschmack intensiv nach Kamille: *Flor. Chamomillae.*

b) Blüthen mit freien Staubbeuteln.

1. Mit vielen Staubgefässen; Geschmack schleimig.

α) Gelbliche Blüthen; Staubfäden frei: *Flor. Tiliae.*

β) Rothe oder röthliche Blüthen; Staubfäden in eine Säule verwachsen: *Flor. Malvae.*

2. Mit 2, 4—5 Staubgefässen.

α) Blaue Blumenkronen.

* 2 Staubgefässe: *Flor. Rosmarini.*

** 4 Staubgefässe: *Flor. Lavandulae.*

β) Andersfarbige Blumenkronen.

* Kleine Blüthen; Staubgefässe am Grund ohne langen Bart.

§ Blüthen roth, mit langer Kronröhre: *Flor. Centaurii.*

§§ Blüthen weisslich, mit sehr kurzer Kronröhre: *Flor. Sambuci.*

** Grosse gelbe Blüthen oder deren Theile; 3 Staubgefässe mit langem, gelbem Haarbart: *Flor. Verbasci.*

III. Frucht- oder Samentheile.

a) Ohne weiteres als Früchtchen von *Umbelliferen* erkennbar; auch in kleinen Theilen stark und charakteristisch aromatisch.

1. Früchtchen behaart. *Fruct. Anisi.*

2. Früchtchen kahl.

α) Mit sehr charakteristischem Koriander-Geschmack: *Fruct. Coriandri.*

β) Mit sehr starkem Fenchel-Geschmack: *Fruct. Foeniculi.*

γ) Mit eigenthümlich scharfem Geschmack; Rippen der Frucht wenig hervorragend: *Fruct. Phellandrii.*

b) Keine Umbelliferen-Früchtchen.

1. Samen im Schnitt mit starker Schleimentwickelung.

α) Samen flach, ohne von aussen erkennbares Würzelchen (vergl. auch S. 179): *Sem. Lini.*

β) Samen mit von aussen deutlich erkennbarem Würzelchen: *Sem. foeni graeci.*

2. Samen ohne Schleimentwickelung, holzig, mit einer Höhlung im Innern, ziemlich klein: *Sem. Cynospathi* (Heckenrose).

Selbstverständlich war es unmöglich, in der vorstehenden Tabelle alle eventuell in gemischten Thees vorkommenden Bestandtheile aufzuführen. Hat man die Theile so vollständig wie möglich bestimmt, so ist es unumgänglich nothwendig, dieselben mit vorräthig gehaltenen oder ad hoc hergestellten Objekten gleicher Art auf's Genaueste zu vergleichen.

Von Stammorganen herrührende Objekte.

Ingwer.

Ingwer ist der geschälte oder ungeschälte, getrocknete Wurzelstock der im tropischen Amerika einheimischen Ingwerpflanze *(Zingiber officinale, Zingiberaceae)*. Meist wird er im Ganzen gehandelt und ist dann Fälschungen nicht ausgesetzt. Seltener kommt Ingwerpulver zum Verkauf.

Die Echtheit von Ingwerpulver wird an der charakteristschen Form der Stärkekörner (Fig. 166) erkannt. Diese Körner sind relativ gross (0,02—0,04 mm lang) und stark geschichtet. Dabei läuft die Schichtung so, dass sie sich (mit Ausnahme der nächsten Umgebung des ganz an einem Ende gelegenen Kerns) am Rand des Stärkekorns auskeilt. Ausserdem ist bei diesen Stärkekörnern zu beachten, dass sie abgeplattet sind. Die langen schmalen Körner, welche unsere Fig. 166 darstellt, sind von der Seite gesehene Körner. — Echte Ingwerstärke darf (von oben gesehen) nur unbedeutend länger als breit sein.

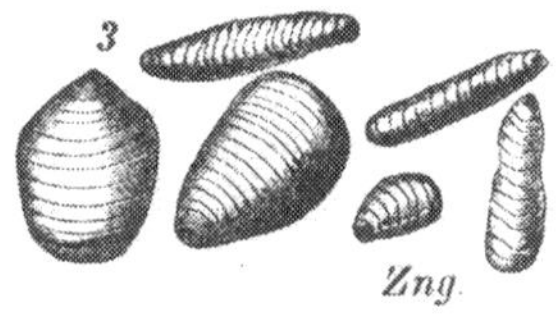

Fig. 166. Stärkemehlkörnchen des Ingwers. $^{400}/_{1}$.

Ausser diesem charakteristischen Bestandtheil des Pulvers finden sich normaler Weise darin noch mit braunen Harzklumpen erfüllte Zellen (Oelzellen), einzelne grosse, derbwandige Netzgefässe und gleichfalls dickwandige Sklerenchymfasern. Wurde ungeschälter Ingwer gepulvert, so kommen auch tafelförmige, koncentrirter Schwefelsäure widerstehende, braune, inhaltslose Korkzellen vor.

Fälschungen des Ingwerpulvers sind: Mehl, Brot, Eicheln, Raps- und Leinkuchen sowie Curcumapulver. Die Stärkekörner weder der Cerealien noch der Eichel können mit denen des Ingwers verwechselt werden. Curcuma verräth sich durch die Anwesenheit gelber Partikel, welche mit Kleisterballen erfüllt sind. Die Reste von Raps und Lein (vergl. S. 178) verrathen sich sofort und werden leicht erkannt.

Curcuma.

Curcuma (Gelbwurz) ist der gekochte und dann getrocknete Wurzelstock von *Curcuma longa (Zingiberaceae)*. An sich sind die Stärkekörner der Curcuma denjenigen des Ingwer durchaus ähnlich (Fig. 167, *a*); aber durch das Kochen wird die ganze Stärke verkleistert und dadurch entstehen ausserordentlich charakteristische Kleisterballen (Fig. 166, *b*).

Durch das Kochen wurde ferner das in den Harzzellen *(h)* vorhandene Curcumin in der ganzen Droge vertheilt und färbte die

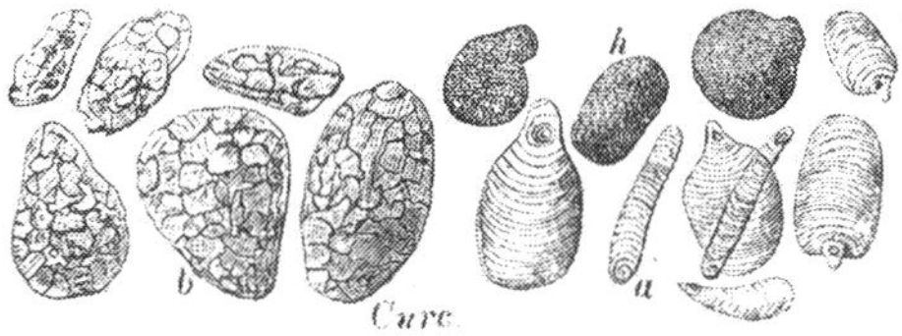

Fig. 167. Curcumapulver. *a* Stärkemehlkörner ($^{300}/_1$), *b* Kleistermassen, *h* Harzzellen ($^{100}/_1$).

Kleisterballen schön gelb. Jodlösung lässt diese Farbe sofort in blauschwarz übergehen. — Ausser der Stärke kommen im Curcuma-Pulver sämmtliche für das Ingwer-Pulver beschriebene Gewebeelemente vor mit Ausnahme der dickwandigen Sklerenchymfasern; diese fehlen hier vollständig.

Obgleich das Curcumamehl eine billige Waare ist, wird es doch nicht selten verfälscht; die Stärkeballen lassen gute Waare aber leicht erkennen. Der gelbfarbene Aufguss wird durch Alkalilösungen braunroth gefärbt.

Zimmt.

Als Zimmt kommen hauptsächlich drei verschiedene Sorten in den Handel: 1. Zimmt, Zimmtkassie; 2. Holzkassie oder Malabarzimmt; 3. Ceylonzimmt. Ueber die gegenseitige Verwandtschaft der Stammpflanzen dieser Sorte sind wir noch sehr ungenügend unterrichtet. Im Preis steht Ceylon-Zimmt am höchsten, dann folgt die Zimmtkassie, und die billigste aber auch schlechteste Waare ist die Holzkassie. Ceylonzimmt kommt kaum als Pulver im Handel vor.

Ceylonzimmt und Zimmtkassie unterscheiden sich in ungepulvertem Zustand am leichtesten dadurch, dass der Kork bei Ceylonzimmt regelmässig entfernt wurde, bei Zimmtkassie dagegen noch an vielen Stellen vorhanden ist. Ferner ist der Steinzellring im Innern der Ceylonwaare zusammenhängend, bei der Zimmtkassie dagegen vielerorts durch dünnwandiges Gewebe unterbrochen. Dies Merkmal wird an mikroskopischen Querschnitten leicht aufgefunden. Eine konstante Verschiedenheit der Holzkassie von der Zimmtkassie (und von Ceylonzimmt) in dieser Beziehung existiert nicht.

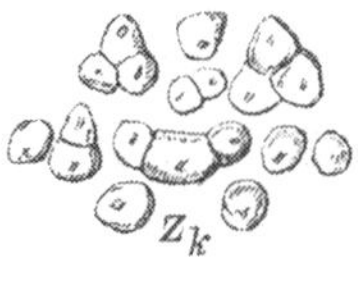

Stärkemehlkörner ($^{300}/_{1}$).

Fig. 168. *Zk* der Zimmtkassie. Fig. 169. *Hk* der Holzkassie. Fig. 170. *Cz* des Ceylonzimmts.

Wohl aber wird die geringwerthige Sorte an der Grösse ihrer Stärkekörner (Fig. 168—170) unschwer erkannt. — Auch in gepulverter, unvermischter Waare ist die Unterscheidung der Holzkassie mit Hilfe der Grösse ihrer Stärkekörner nicht sehr schwierig. Ueber ge-

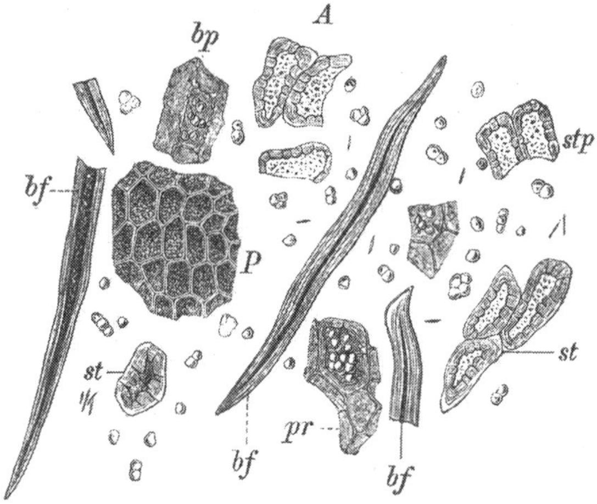

Fig. 171. Elemente des Zimmtpulvers. *bf* Sklerenchymfasern, *st* Steinzellen des Sklerenchymrings, *stp* Steinzellen der Aussenwände, *pr* Parenchym der Aussenwände, *bp* Bastparenchym, *P* Steinkork (in der Flächenansicht. $^{160}/_{1}$. Nach Moeller.)

mischte Zimmtpulver dagegen irgend welche bestimmte Angaben zu machen ist ausserordentlich schwierig.

Dagegen ist es leicht, die Reinheit des Zimmtpulvers zu kontrolliren, wenn es sich um Verfälschungen mit fremden Bestandtheilen handelt.

Das hauptsächlichste Merkmal gepulverten echten Zimmts ist, dass derselbe keinerlei grössere, bei gewöhnlicher Beleuchtung deutlich erkennbare Krystalle aufweist. Wird dagegen der Polarisationsapparat angewendet, so leuchten bei gekreuzten Nikols sofort eine grosse Menge feinster Krystallnadeln auf. Diese können ihrer Kürze und Kleinheit wegen nicht mit Rhaphiden verwechselt werden. Diese kleinen Kryställchen von Kalkoxalat kommen in keiner andern ähnlichen Droge vor; sie sind für den Zimmt sehr charakteristisch. — Ferner sind wichtige Bestandtheile des Pulvers die Stärkekörner, welche bereits besprochen wurden; kurze dickwandige Sklerenchymfasern und Steinzellen, welche nur einseitig (an der Innenspitze) verdickte Wände aufweisen (Fig. 171, *stp*).

Die Stärke wird in einem Wasserpräparat untersucht, alles andere an Präparaten, welche in Eau de Javelle gebleicht sind.

Mit diesen positiven Merkmalen des Zimmtpulvers ist man im Stande, auch Fälschungen leicht zu erkennen.

Zunächst wird man bei Zimmtpulver auf Fälschungen derselben Art aufmerksam sein, wie sie bei allen Gewürzen vorkommen und beim Pfeffer (S. 175—180) abgehandelt wurden. Ferner aber treten hier noch specifische Fälschungen hinzu, von denen diejenigen mit gemahlenem Cigarrenkisten-Holz und mit Baumrindenpulver die wichtigsten sind.

Mit Ausnahme der Coniferen-Hölzer enthält alles Holzmehl die weiten, verholzen Röhren, welche als „Gefässe“ bekannt sind. Findet man in Zimmtpulver Röhren mit starker Tüpfelung, insbesondere Wandstücke, welche dicht mit sechseckigen Facetten bedeckt sind, so ist die Verfalschung mit Holzmehl bewiesen. Sind die Holzsplitter im ungebleichten Präparat eigenthümlich röthlich (nicht gelb oder braun), so ist das Vorhandensein von Cigarrenkisten-*(Cedrela-)*Holz wahrscheinlich. — Coniferen-Holz ist an seinen charakteristischen Hoftüpfeln leicht erkennbar.

Die Verfälschung mit Rindenpulver irgend welcher Art wird leicht durch die massenhaften, grossen Sklerenchymfasern, welche denen des Zimmts unähnlich sind, erkannt. Insbesondere aber bieten häufig vorkommende grosse Krystalle oder Krystalldrusen von oxalsaurem Kalk einen Hinweis auf derartige Fälschung.

Die mikroskopische Unterscheidung der einheimischen Nutzhölzer.

Bevor die für die Praxis in vielen Fällen hochwichtige Bestimmung kleiner Holzfragmente auf mikroskopischem Wege behandelt werden kann, müssen einige für das Verständniss wichtige Erklärungen vorausgesandt werden.

An jedem Dicotylen- und Nadelholz-Stamm lassen sich in drei Richtungen beliebig viele Schnitte anfertigen, wie sie in Fig. 172 dargestellt sind, nämlich: 1. Schnitte, welche genau senkrecht zur Axe den Stamm durchsetzen und die Holztheile desselben quer durchschneiden (Querschnitte); 2. Schnitte, welche durch die Axe des Stammes und die Radien desselben gehen, welche also das Holz längs schneiden und Peripherie mit Axe verbinden (Radialschnitte) und 3. Längsschnitte senkrecht auf die Radien, also in tangentialer Richtung (Tangentialschnitte). Jeder dieser Schnitte, welche als Normalschnitte bezeichnet werden, liefert ein besonderes Bild von der Holzstruktur.

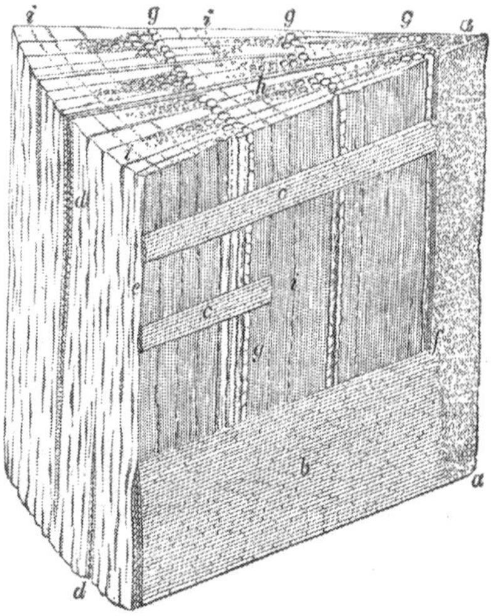
Fig. 172. Schematische Darstellung eines keilförmigen Ausschnittes aus einem Laubholz. (Nach Hartig.)

Wie aus der Fig. 172 hervorgeht, zeigt der Querschnitt zunächst am deutlichsten die Jahresringe *i*, welche in der Weise entstehen, dass jede neue Wachsthumsperiode eine neue Holzschicht rings um die bereits vorhandenen legt und zugleich, dass im Frühjahr grossporiges (dünnwandiges), im Herbst dagegen kleinporiges (dickwandiges) Gewebe gebildet wird. Wo in scharfer Trennungslinie Herbstholz und Frühjahrsholz aneinander stossen, ist ein Jahresring. Ferner zeigt der Querschnitt am übersichtlichsten die Vertheilung der Einzelelemente des Holzes.

Der radiale Längsschnitt giebt als mit den Fasern des Holzes verlaufender Schnitt zunächst ein vollständiges Bild von der Struktur der Holzelemente (ob dieselben Gefässe [längs verbundene Röhren mit durchbrochenen oder resorbirten Querwänden] oder Tracheiden [ebensolche, beiderseits geschlossene Röhren] oder Libriformfasern [dickwandige, langgestreckt spitz zulaufende, mit schiefen feinen Spaltenporen versehene Zellen] oder Holzparenchym [dünnwandige Parenchymzellen mit lebendem Inhalt] darstellen). Ferner aber legt dieser Längsschnitt die Markstrahlen („Spiegel"; Fig. 172*b*, *c*) in ihrer ganzen Ausdehnung bloss.

Der tangentiale Längsschnitt liefert gleichfalls ein Bild von der Beschaffenheit der Holzelemente, schneidet aber die Markstrahlen *(d)* quer und lässt dadurch ihre Zusammensetzung klarer erkennen.

Von ebenso grosser Wichtigkeit für das Studium der Holzstruktur wie die mikroskopischen Schnitte ist ferner die Macerationsmethode, welche ohne grosse Mühe die Holzelemente voneinander trennt, sie einzeln vollständig und charakteristisch zur Anschauung bringt. Dies geschieht in folgender Weise:

Man nimmt einen etwa streichholzdicken, 1—2 cm langen Spahn des Holzes, übergiesst ihn in einem Reagensglas mit 2 ccm gewöhnlicher, koncentrirter Salpetersäure, fügt einige Körnchen chlorsaures Kali hinzu und kocht kurz in offener Flamme auf. Dann wartet man einige Minuten, bis das Holz vollkommen weiss geworden ist, giesst den Inhalt des Reagensglases in ein mit Wasser gefülltes Becherglas und nimmt von hier einige Partikel des zerfallenen Holzes heraus. Diese werden dann mit Nadeln auf dem Objektträger zerzupft.

Bei der Betrachtung unterscheidet man nun (z. B. im Lindenholz, welches alle typischen Zellformen enthält) folgende durch das Macerationsverfahren freigelegte Elemente:

1. Holzparenchym: Dünnwandige, durch Querwände gefächerte, langgestreckte Elemente oder als viereckige Parenchymzellen sich darstellende Theile derselben.
2. Ersatzfasern: Dünnwandige, ungetheilte (also lang spindelförmige) Elemente.
3. Libriformfasern: Dickwandige, mit schief gestellten, oft nur spärlich vorhandenen, meist einfachen spaltenförmigen Tüpfeln versehene lang spindelförmige Zellen.
4. Tracheiden: Dickwandige, behöft getüpfelte oder mit leistenförmiger Wandskulptur versehene, beiderseits geschlossene Zellen.
5. Gefässe: Dickwandige Elemente, welche sich von den Tracheiden dadurch unterscheiden, dass sie zu Röhren mit durchbrochenen oder resorbirten Querwänden vereinigt sind.

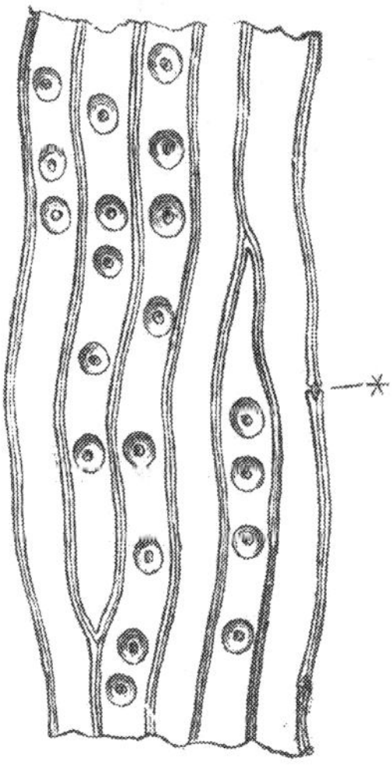

Fig. 173. Nadelholztracheiden mit Hoftüpfeln. $^{160}/_{1}$. Bei * ein Hoftüpfel durchschnitten. (Nach Hartig.)

Als wichtigster Unterschied der Hölzer von Nadel- und Laubbäumen (Coniferen und Dicotylen) ist bekannt, dass den Nadelhölzern die Gefässe fehlen, den Laubhölzern dagegen reichlich zukommen. Ferner sind die Tracheiden, welche mit Holzparenchym allein das Nadelholz bilden, in ganz besonders charakteristischer Weise mit grossen Holztüpfeln versehen, welche (vergl. Fig. 173) aus zwei genau koncentrischen Kreisen gebildet zu sein scheinen.

I. Nadelhölzer: nur aus Tracheiden und Holzparenchym*) gebildet; Gefässe und Holzfasern fehlen.

A. Tracheiden mit schraubenförmiger Membranverdickung (Längsschnitt): **) *Eibe (Taxus).*

*) Letzteres fehlt bei *Taxus*.

**) Die in Klammern gesetzten Bezeichnungen (Längsschnitt, tangent.

B. Tracheiden ohne Schraubenbänder (Längsschnitt).
  1. Mit Harzgängen im Holz (Querschnitt).
    a) Markstrahlen oben und unten eingefasst von Zellen, deren Wände zackig verdickt sind (tang., rad. Längsschnitt): *Kiefer (Pinus).*
    b) Markstrahlen ohne Einfassung von zackig verdickten Zellen.
      α) „Weiches“ Holz; in der Rinde (Längsschnitt) Gruppen von Steinzellen: *Fichte (Picea).*
      β) „Hartes“ Holz; in der Rinde einzelliegende Sklerenchymfasern: *Lärche (Larix).*
  2. Ohne Harzgänge im Holze: *Tanne (Abies).*

II. Laubhölzer: im Holz finden sich Gefässe.
  A. Im (macerirten) Holz fehlen die Tracheiden; dasselbe besteht nur aus Holzparenchym, Ersatzfasern, Libriformfasern und Gefässen.
    1. Gefässe von zweierlei verschiedener Art, im Frühjahrsholz weite, im übrigen viel engere (Querschnitt): *Esche (Fraxinus).*
    2. Gefässe alle gleichartig: *Platane (Platanus).*
  B. Im (macerirten) Holz sind Tracheiden leicht auffindbar.
    a) Ersatzfasern und Libriformfasern fehlen (mac. Präparat).
      α) Gefässquerwände sowohl leiterförmig als auch einfach durchbrochen (mac. Präparat): *Buche (Fagus).*
      β) Gefässquerwände mit einfachen Löchern: *Birnbaum (Pirus).*
    b) Ersatzfasern fehlen, Libriformfasern (mit den übrigen Elementen) vorhanden (mac. Präparat).
      α) Libriformfasern einfach getüpfelt (mac. Präparat): *Ahorn (Acer).*
      β) Libriformfasern mit behöften Tüpfeln.
        * Gefässe nach ihrer Dicke verschieden, die des Frühjahrsholzes viel weiter und grösser als die des Herbstholzes (Querschnitt).
          § Grosse Gefässe nur dicht an der Jahresgrenze; von ihnen aus gehen die kleinen in radial geordneten Streifen durch das Sommerholz (am Querschnitt zu sehen).

Längsschnitt, Querschnitt, mac. Präparat) bezeichnen die Art des Präparats, an welchem die betr. Beobachtung zu machen ist.

0 Markstrahlen aus einer Zellreihe gebildet (Querschnitt): *Kastanie (Castanea).*

00 Markstrahlen aus 2 bis vielen Zellreihen gebildet: *Eiche (Quercus).*

§§ Grosse Gefässe im Frühjahrs- und Sommerholz zerstreut, kleine im Herbstholz (Querschnitt).

0 Gefässquerwände einfach durchbrochen (macerirtes Präparat): *Weissbuche (Carpinus).*

00 Gefässquerwände leiterförmig durchbrochen: *Haselnuss (Corylus).*

** Alle Gefässe gleichartig (Querschnitt); Gefässwand mit Spiralleisten: *Kirschbaum (Prunus).*

c) Holzparenchym, Ersatzfasern, Libriformfasern, Tracheiden und Gefässe vorhanden (macerirtes Präparat).

α) Alle Gefässe gleichartig, weder durch abweichende Grösse noch Struktur sich unterscheidend (mac. Präp.).

* Tracheiden und Ersatzfasern nur in der äussersten Herbstgrenze (rad. Längsschnitt).

0 Libriform mit einfachen Tüpfeln (mac. Präparat).

§ Gefässe ohne Spiralleisten: *Weide (Salix), Pappel (Populus).* *)

§§ Gefässe dort, wo sie an Libriform angrenzen, mit Spiralleisten (Längsschnitt): *Rosskastanie (Aesculus).*

00 Libriform mit behöften Tüpfeln (mac. Präp.).

× Gefässe ohne Spiralverdickung (mac. Präp.).

. Gefässquerwände einfach perforirt (mac. Präparat): *Wallnuss (Juglans).*

.. Gefässquerwände leiterförmig durchbrochen.

† Gefässhoftüpfel 0,0017 mm breit: *Birke (Betula).*

†† Gefässhoftüpfel 0,003—0,004 mm breit: *Erle (Alnus).*

×× Gefässe mit sehr starken Spiralverdickungen: *Linde (Tilia).*

---

*) Weiden- und Pappelholz ist anatomisch nicht mit Sicherheit unterscheidbar.

β) Grosse getüpfelte und kleine spiralig verdickte Gefässe vorhanden (mac. Präparat).

* Gefässe einzeln oder nur in ganz kleinen Gruppen: *Akazie (Robinia).*

** Gefässe allermeist in Gruppen, selten einzeln: *Ulme (Ulmus).*

Mikroskopische Unterscheidung der Gespinnstfasern.

Behufs Erkennung und Untersuchung der Gespinnstfasern in einem Gewebe vermittelst des Mikroskops wird das Gewebe zuvor von aller Appretur durch Auswaschen befreit, die Kettenfäden (Längsfäden) und die Fäden des Einschlags (Querfäden) von einander gesondert und jede Art geprüft. Der Faden wird mit einer Nadel zerfasert und in Wasser eingelegt betrachtet.

Aus dem Pflanzenreich stammende Fasern werden mikroskopisch auf den ersten Blick von den thierischen (Wolle, Haare, Seide) unterschieden: die Pflanzenfasern haben eine innere Höhlung und (mehr oder weniger) glatte Oberfläche; Thierhaare haben einen markerfüllten Hohlraum und stark schuppige oder dicht geringelte Oberfläche; Seide ist massiv und glatt.

Auch auf andere Weise ist die pflanzliche oder thierische Provenienz der Fasern leicht festzustellen: entweder brennt man dieselben an einer Flamme an, wobei vegetabilische Fasern mit ruhiger Flamme brennen, thierische Fasern dagegen eine rasch verlöschende Flamme geben und aufgeblähte Kohle hinterlassen. — Diese Reaktion modificirt sich nun natürlich besonders durch die häufig angewandte „Beschwerung“ der Fasern beim Färben. Sie lässt z. B. „leicht“ gefärbte Seide ohne weiteres von stark „beschwerter“ unterscheiden: die leicht gefärbten Fäden brennen überhaupt kaum sondern blähen sich sofort, die schwer gefärbten dagegen leiten einen kaum sichtbaren Funken weiter, der fortglimmt auch wenn der Faden von der Flamme entfernt wird.

Ferner wird jede animalische Faser durch 10% Natron- oder Kalilauge im Wasserbad spätestens in $^1/_4$ Stunde gelöst, während vegetabilische Fasern intakt bleiben.

Baumwolle. — Die Samenhaare mehrerer *Gossypium*-Arten sind als Baumwolle bekannt. Die Fasern derselben (Fig. 174) stellen bandartig plattgedrückte, mehr oder weniger langgestreckt schraubenähnlich gewundene resp. korkzieherartig gedrehte oder wellig gebogene resp. gekräuselte Gebilde dar. Diese für die Baumwolle höchst charakteristische Eigenthümlichkeit tritt ganz besonders schön in polarisirtem Licht hervor und kann bei gekreuzten Nicols gar nicht übersehen werden. — Obgleich dies Merkmal Baumwolle von Flachs etc. in den allermeisten Fällen sehr leicht unterscheiden lässt, ist es doch nicht völlig konstant; besonders an versponnenen Fasern wird die Drehung manchmal sehr schwer nachweisbar. In solchen Fällen muss nothwendig die mikrochemische Prüfung mit Kupferoxydammoniak*) angewandt werden.

Um diese auszuführen, setzt man dem Präparat, während man dasselbe betrachtet, Kupferoxydammoniak zu. Man sieht nun, wie die Faser sich blasenförmig aufbläht. Nur von Strecke zu Strecke (vergl. Fig. 175) finden sich tiefe Einschnürungen, welche durch gefaltete Gürtel bewirkt werden. Hauptsächlich an solchen Gürteln hängend wird man bei genauster Betrachtung auch feinste Membranfetzen finden können. Die Gürtel sowohl wie die Membranfetzen werden durch die Cuticula, welche die ganze Faser überzieht und im Reagens unlöslich ist, gebildet.

Fig. 174. Baumwollenfaser mit gitterförmigen Streifen. $^{300}/_{1}$.

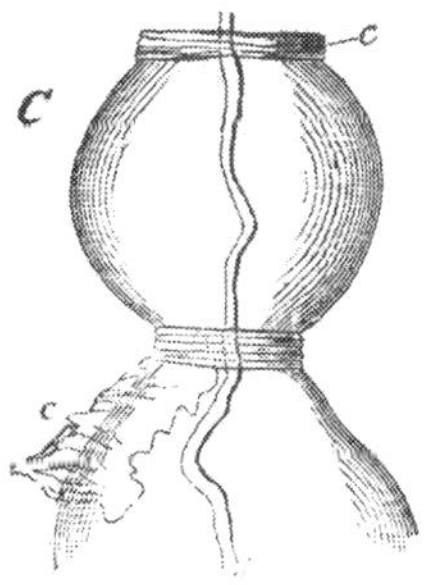

Fig. 175. Baumwollfaser, mit Kupferoxydammoniak behandelt. *c* Cuticula. (Nach Wiesner.)

Eine Cuticula kommt den andern hier in Betracht zu ziehenden Gespinnstfasern nicht zu, da dieselben aus dem Innern von Pflanzenorganen stammen. Deswegen wird durch den Nachweis einer solchen die Baumwolle mit vollster Sicherheit erkannt.

Leinen. — Die Sklerenchymfasern von *Linum usitatissimum* sind walzenförmig, nicht oder nur wenig hin- und hergebogen, glatt, der Länge nach von einem engen Kanal (Zellhöhle) durchzogen. Letzterer erscheint bei 120-facher Vergrösserung wie eine schmale

*) Wird in der Weise bereitet, dass man aus einer Kupfervitriollösung mit verdünnter Natronlauge Kupferhydroxyd fällt, dies mit Wasser durch wiederholtes Dekantiren auswäscht, dann filtrirt und in möglichst koncentrirter Ammoniakflüssigkeit löst (Zimmermann). — Beschränkt haltbar.

Linie. Die Leinenfaser läuft in eine schmale Spitze aus. Je nach der Art der Bearbeitung und der Behandlung ist die Leinenfaser glatt oder rauh. Handgespinnst hat gemeiniglich eine glattere Faser als Maschinengarn. Bei der Bearbeitung wird nämlich die Leinenfaser vielfach geknickt und erleidet auch Längsrisse (vergl. Fig. 176). In Kupferoxydammoniak quillt sie in der Baumwolle sehr ähnlicher Weise, doch sind keine Cuticula-Reste dabei sichtbar.

Für die in der Praxis hochwichtige und dabei ausserordentlich schwierige Unterscheidung von Hanf ist der Querschnitt der Fasern von grosser Bedeutung. Man erhält denselben, indem man nach BERTHOLD's Anweisung die Fäden in dickes Gummi arabicum ein-

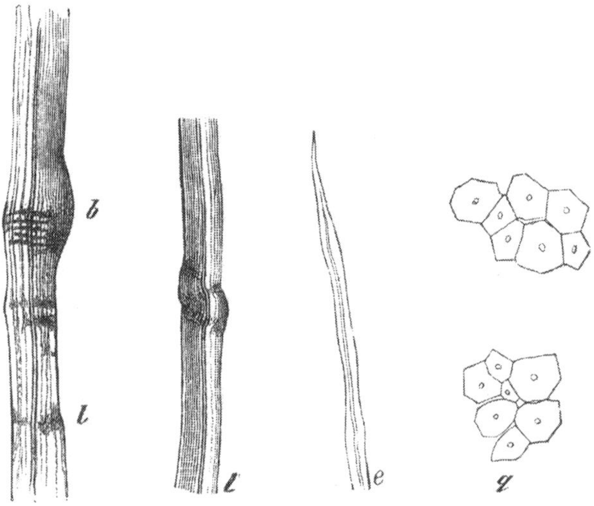

Fig. 176. Flachs. *l* Bastzellen mit Verschiebungen und Ausbauchungen (*b*), *e* Ende einer Zelle, *q* Querschnitt von Flachsfasern. (Nach Berthold.)

legt und dieses eintrocknen lässt, bis es sich wie Horn schneidet. Derartige Querschnitte (Fig. 176, *q*) zeigen die Fasern des Flachses als von geraden Linien umgrenzte Polygone.

Fügt man zu derartigen Schnitten Jod-Schwefelsäure*), so färben sie sich (abgesehen von der als gelber Punkt sichtbaren Mittelhöhle) vollständig und bis zum Rande blau. Diese Reaktion ist deswegen sehr wichtig, weil die Hanffaser-Querschnitte, in gleicher Weise behandelt, von einer gelben Randlinie eingefasst sind.

*) Unter das Deckglas lässt man zunächst eine wässerige Lösung von 0,3% Jod und 1,3% Jodkalium fliessen, lässt dies Gemisch einige Minuten einwirken und fügt dann Schwefelsäure (2 Theile konc. Schwefelsäure, 1 Theil Wasser) zu.

Hanf. — Der Leinenfaser ausserordentlich ähnlich und sehr schwer von ihr unterscheidbar ist diejenige von *Cannabis sativa.* In manchen Fällen ist allerdings ihr gabelig gespaltenes oder gezahntes Ende (vergl. Fig. 177) geeignet, zur Erkennung zu verhelfen, doch meist ist dies nicht der Fall. Von Wichtigkeit für die Diagnose ist dann, dass bei der soeben (unter Leinenfaser) beschriebenen Jod-Schwefelsäurefärbung der Querschnitte diese beim Hanf eine deutliche gelbe Randlinie zeigen. Ferner sind diese Querschnitte selbst (Fig. 177, *v*) nicht durch gerade, sondern gebogene Linien begrenzt. Endlich finden sich im Parenchymgewebe des Hanfs, welches den Fasern stets noch anhaftet, oft gut erhaltene Krystall-

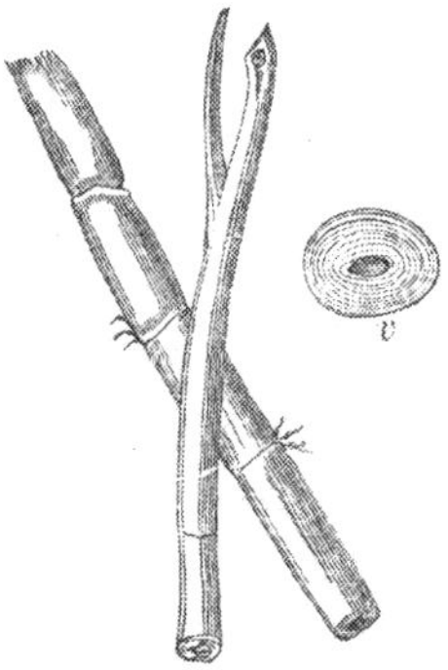

Fig. 177. Hanfbastfaser, am Ende gabelig gespalten. *v* Querschnitt einer Bastfaser. $^{200}/_{1}$.

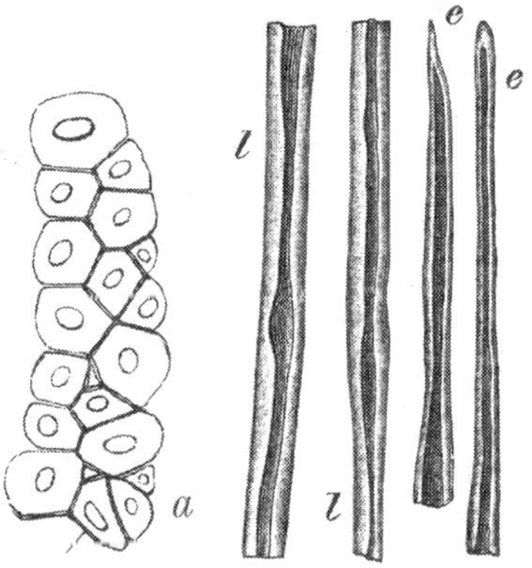

Fig. 178. Jute. *a* Querschnitt einer Faser, *l* Bastzellen mit Lumenverengerungen, *e* Endstücke von Bastfasern. (Nach Berthold.)

drusen von Kalkoxalat und langestreckte, mit rothbraunem Inhalt erfüllte Zellen. Diese beiden Elemente gehen dem Flachs ab.

Jute. — Bastfasern verschiedener Arten von *Corchorus (Tiliaceae).* Die Jutefaser hat die merkwürdige, ihre mikroskopische Erkennung vorzüglich erleichternde Eigenthümlichkeit, dass die Weite des Centralkanals (Zelllumens) eine sehr verschiedene ist (vergl. Fig. 178). Bei aufmerksamer Betrachtung sieht man, dass die Wände bald sich einander nähern, bald auseinanderweichen. Auch auf dem Querschnitt (Fig. 178, *a*) kommt dies Verhältniss dadurch zum Ausdruck, dass die Weite der Centrallöcher eine sehr verschiedene ist. Der Querschnitt der Jute färbt sich mit Jod-Schwefelsäure nicht blau, sondern gelb.

Ramié, Chinagras. — Dieser Textilstoff, welcher von *Böhmeria nivea (Urticaceae)* stammt, gewinnt in neuerer Zeit infolge seines

Glanzes und seiner sonstigen vorzüglichen Eigenschaften immer mehr Bedeutung und macht den geringwerthigen Seidensorten für Stickereizwecke etc. beträchtliche Konkurrenz. Die Bastzellen der Ramié sind, was ihr Verhalten gegen Jod-Schwefelsäure betrifft, dem Flachs darin gleich, dass sie keine gelbe Randlinie haben; durch diese Eigenschaft unterscheiden sie sich auch ohne weiteres vom Hanf. Von beiden sind sie auch durch ihre ganz beträchtliche Dicke (0,04—0,08 mm; Hanf 0,015—0,03; Flachs 0,012 bis 0,026 mm) ohne weiteres unterscheidbar. Auch der Querschnitt der Ramié (Fig. 179) ist durchaus verschieden von dem des Hanfs und Flachses.

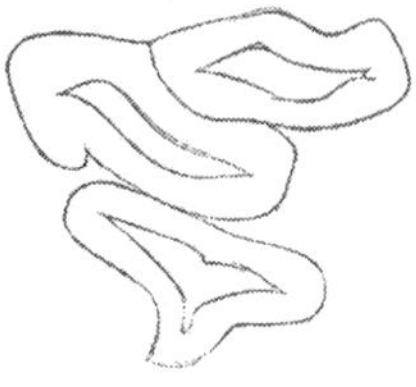

Fig. 179. Querschnitt durch eine Ramiéfaser. (Nach Berthold.)

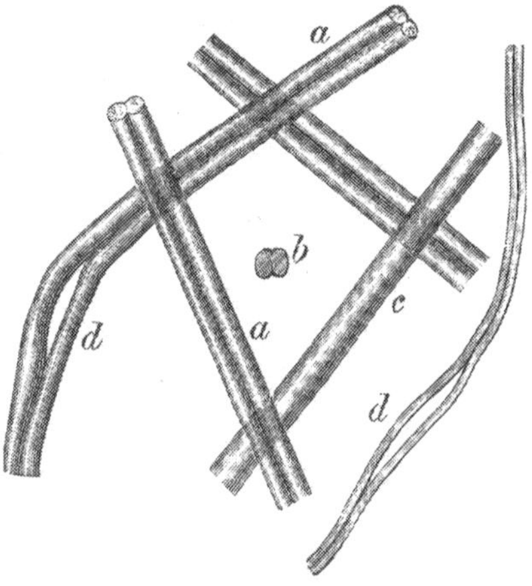

Fig. 180. Seide. *a*, *d* Coconfäden, *b* Querschnitt, *c* Einzelfaden. (Nach Hanausek.)

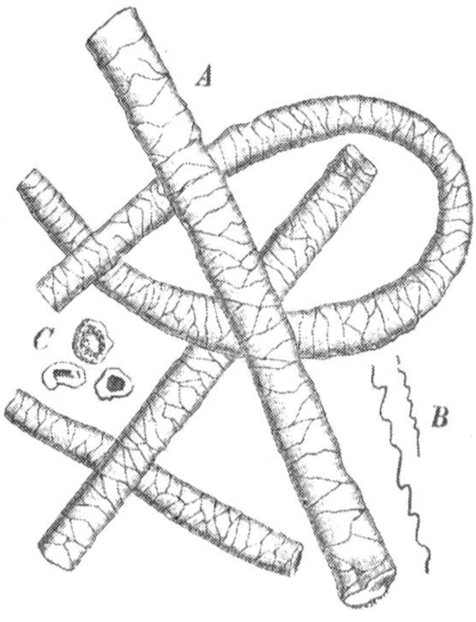

Fig. 181. Schafwolle. $^{200}/_{1}$. *A* Seiten-, *C* Querschnittsansicht, *B* Fasern in nat. Grösse, gekräuselt. (Nach Hanausek.)

Seide. — Die Seide ist das zu Fäden ausgezogene, erhärtete Sekret der Spinndrüsen der Seidenraupe. Sie besteht (Fig. 180), da die Spinndrüsen im Munde paarig zusammenliegen, fast stets aus zwei parallel laufenden und fest zusammengeklebten, glänzenden, dichten, walzenförmigen, strukturlosen Fäden mit gleichförmiger Lichtbrechung. Der Mangel einer Innenhöhle unterscheidet die Seide von allen andern Gespinnstfasern. Bei roher Seide ist die aus Fibroin bestehende Centralfaser von einem dicken, hauptsächlich aus Seidenleim (Sericin) bestehenden Mantel umgeben, welcher bei der Verarbeitung durch neutrale Seifen gelöst wird, weil er den Glanz der Faser stört.

Man unterscheidet reale Seide und Chappeseide; erstere besteht aus den in einem Stück abgewickelten, deshalb ausserordentlich langen Fäden der in regelmässigen Windungen gelegten Mittellamelle des Cocons. Reale Seide zeigt grossentheils (parallel verlaufende, ununterbrochene Einzelfäden. Chappeseide wird aus den gesponnenen Abfällen der realen Seide gewonnen und zwar: die glanzvolle Filoflоss-Seide aus den von der Seidenraupe unregelmässig gelegten äusseren und inneren Schichten der Cocons sowie aus den ausgeschlüpften (durchbohrten) Cocons; die weniger glänzende Filosell-Seide im wesentlichen aus den Fabrikationsabfällen der realen Seide. Chappeseide zeigt an vielen Stellen gewirrte, verhältnissmässig kurze Fäden.

Schafwolle. — Wie oben (S. 124) bereits ausgeführt, ist das Wollenhaar (Fig. 181) (wie alle Säugethier-Haare) ein cylindrisches, röhrenförmiges, von einem Markstrang der Länge nach durchzogenes Gebilde, bekleidet mit ziegelartig sich deckenden Schüppchen, welche sich bei geringer Vergrösserung durch dicht und unregelmässig nebeneinander liegende Linien oder Risse kennzeichnen.

Von den für die Beurtheilung des Werthes der Schafwolle wichtigen Fragen werden nur 2 auf mikroskopischem Weg entschieden, nämlich die Feinheit und die Treue des Haars. Je feiner ein Haar, desto werthvoller (innerhalb gewisser Grenzen) ist dasselbe und desto gekräuselter ist es auch. Nach HANAUSEK und HOYER gilt folgende Tabelle:

Namen	Dicke in mm	Bögen pro cm Länge
Superelekta . . .	0,015—0,017	über 11
Elekta	0,017—0,02	9—11
Prima	0,02 —0,023	7—9
Sekunda	0,023—0,027	6—7
Tertia	0,027—0,033	5—6
Quarta	0,033—0,04	4—5

Unter Treue des Haars versteht man, dass alle Theile desselben gleiche Dicke (und damit auch gleiche Kräuselung) aufweisen. „Untreue“ (abgesetzte) Wolle wird während schlechter Ernährungs- oder Krankheitsperioden des Schafes gebildet.

Alpakawolle (Fig. 182). — Stammt von einer Lama-Art Südamerikas, dem Paco oder Alpaca *(Auchenia Paco)*. Die rohe Wolle ist entweder weiss (geschätzte Qualität) oder schwarz, doch kommt auch gefleckte Alpakawolle vor. Die Struktur ist der Schafwolle ähnlich, doch ist der Markstrang des Haars von Strecke zu Strecke unterbrochen. — Schwarze Alpakahaare sind in ihrer Struktur schwer klar zu erkennen.

Mohairwolle (Angorawolle [Fig. 183]). — Stammt von der Angoraziege in Kleinasien. Die Angorawolle ist in ihrem Bau der Schafwolle nahe verwandt, unterscheidet sich aber leicht von ihr durch die Eigenthümlichkeit, dass die Cuticularplättchen die Breite fast der ganzen Haaroberfläche einnehmen. Dem entsprechend findet man die Mohairwolle fast nur mit grosszackigen Querlinien überdeckt, während die bei der Schafwolle so häufigen schräg gestellten Längs-Verbindungslinien (vergl. Fig. 181) fehlen.

Vicunnawolle (Fig. 184). — Das Wollhaar der *Auchenia Vicunna*: es ist ein zartes, flaumartiges, zimmtfarbenes Haar, in der Struktur

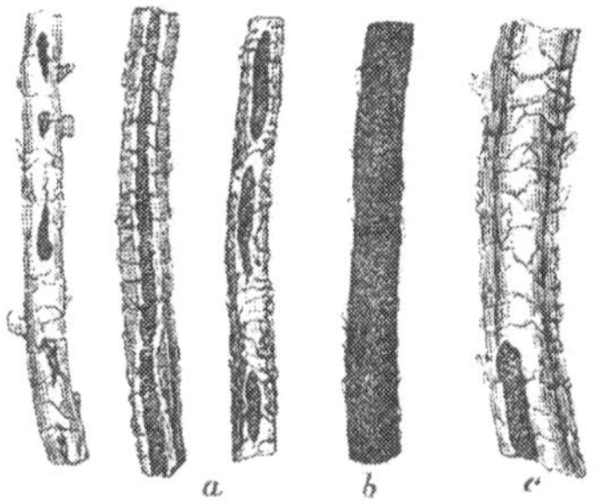

Fig. 182. Alpakawolle. a u. b $^{100}/_{1}$, c $^{200}/_{1}$. a und c weisse, b schwarze.

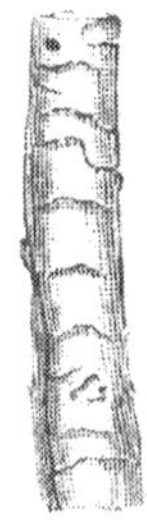

Fig. 183. Mohairwolle. $^{200}/_{1}$.

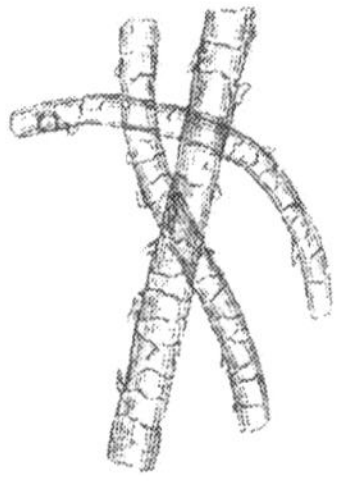

Fig. 184. Vicunnawolle. $^{200}/_{1}$.

der Schafwolle ziemlich ähnlich. Es ist gemeiniglich mit einzelnen dreifach stärkeren Haaren gemischt, welche unter dem Mikroskop schwarz erscheinen. Die Vicunnawolle ist 40—50 mm lang, 0,012 mm dick, feinschuppig und etwas gekräuselt.

Prüfung eines Gewebes.

Ein Gewebe, welches mikroskopisch auf seine Bestandtheile untersucht werden soll, wird in folgender Weise behandelt:

Zunächst kocht man einen etwa 10 cm langen Streifen desselben mit destillirtem Wasser 20 Minuten lang, um alle wasserlöslichen Bestandtheile zu entfernen. Dann trocknet man im Wärmeschrank vollkommen.

Darauf wird der Streifen quer durchgeschnitten, die eine Hälfte zur mikroskopischen Untersuchung aufbewahrt, die andere dagegen als Vorprüfung chemisch behandelt. Zu diesem Zweck theilt man die letztere wieder in 2 Theile, welche wie folgt behandelt werden:

1. Das erste und zweite Stückchen wird mit basischem Zinkchlorid*) gekocht, dann ausgewaschen und getrocknet. — In diesem Reagens löst sich nur Seide.

2. Das zweite der sub 1 mit Zinkchlorid gekochten Stückchen wird mit $10\,^0/_0$ Natronlauge gekocht; dies Reagens löst die Wolle und so bleiben nur die Pflanzenfasern übrig.

Auf diese Weise verschafft man sich zunächst einen Ueberblick über die als Webmaterial verwandten Fasern; dann löst man sowohl in den mit den Reagentien vorbehandelten wie in dem intakt gebliebenen Stückchen (wie S. 220 angegeben) Kette und Einschlag und geht zur mikroskopischen Untersuchung über. Die einzelnen Bestandtheile werden nach den im Vorstehenden gegebenen Anweisungen erkannt.

Der Besprechung der Textilien mögen sich hier einige Abbildungen wichtiger, für die Untersuchung von Pelzwerk Bedeutung besitzender Thierhaare anschliessen. Eine Eigenthümlichkeit des Thierpelzes ist die Zusammensetzung aus den eigentlichen Haaren, den Oberhaaren, und dem Flaum oder Unterhaar. Letzterer ist zart und oft 100 mal dünner als das Oberhaar. Die in den folgenden Figuren dargestellten dünneren Theile gehören dem Unterhaar (Grundwolle) an. Sämmtlich in 300 maliger Vergrösserung.

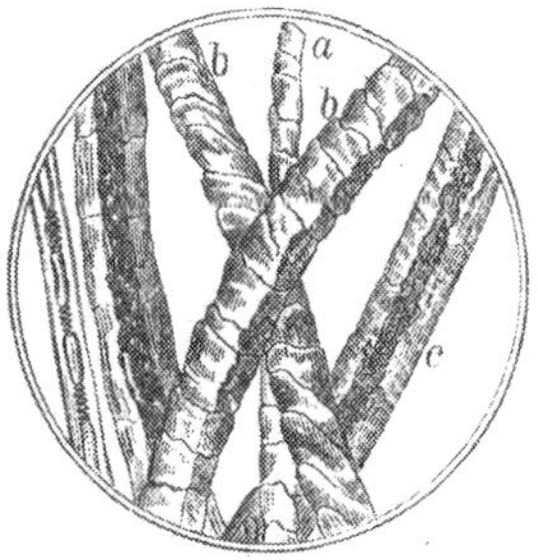

Biber.

Fig. 185. *b, c* Oberhaar, *a* Spitze, links Flaumhaar (Grundwolle). $^{300}/_1$.

Fig. 186. Starkes Oberhaar (Grannen). $^{300}/_1$.

*) Klare Flüssigkeit, erhalten durch Kochen einer Zinkchloridlösung von 1,7 spec. Gewicht mit überschüssigem Zinkoxyd.

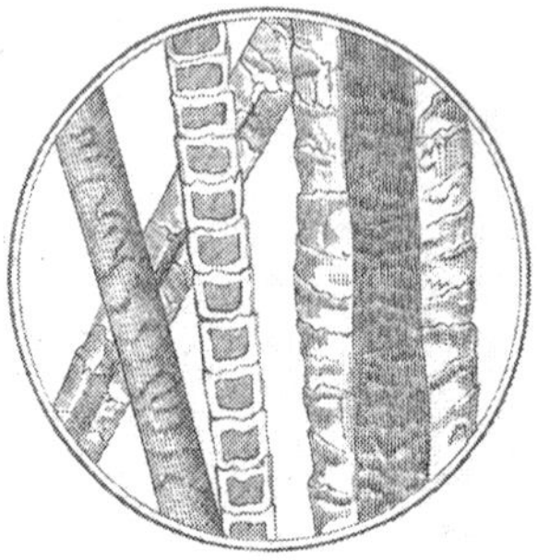

Fig. 187. **Hund (Prairiehund.)** Links Flaumhaar. $^{300}/_{1}$.

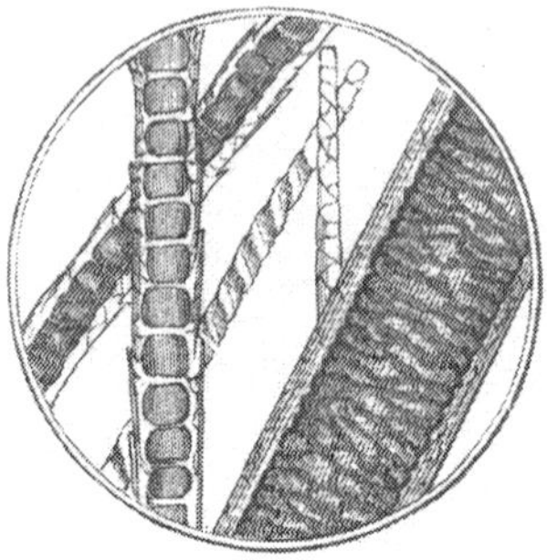

Fig. 188. Zobel. Links Flaumhaar. $^{300}/_{1}$.

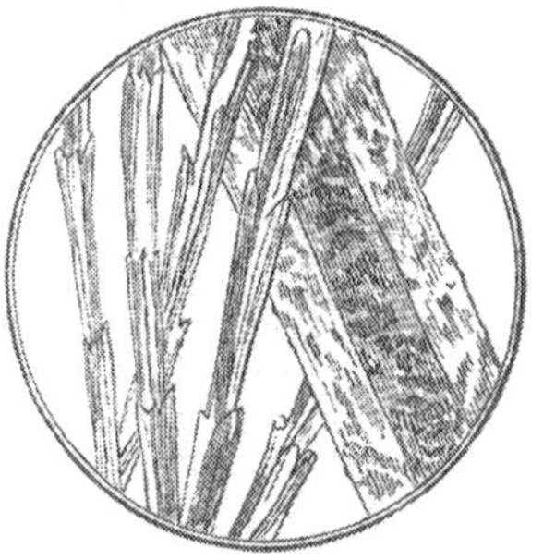

Fig. 189. **Virginische Otter** Links Flaumhaar. $^{300}/_{1}$.

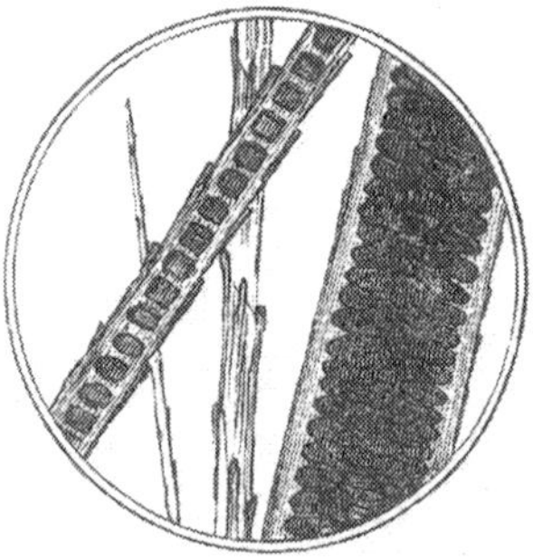

Fig. 190. Nerz, Nörzhaar. Links Flaumhaar. $^{300}/_{1}$.

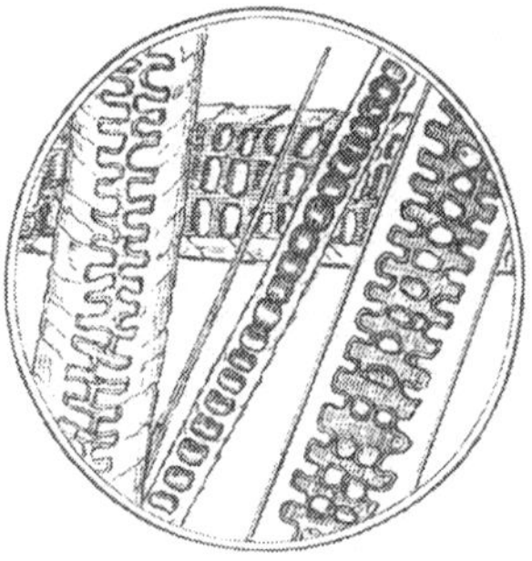

Fig. 191. Hamster. In der Mitte Flaumhaar.

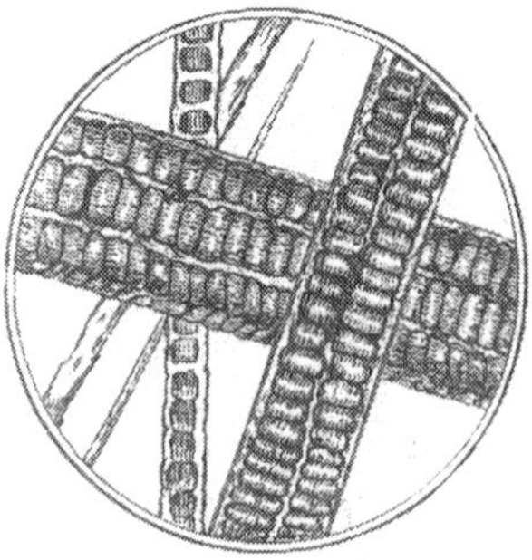

Fig. 192. Kaninchen. Links Flaumhaar

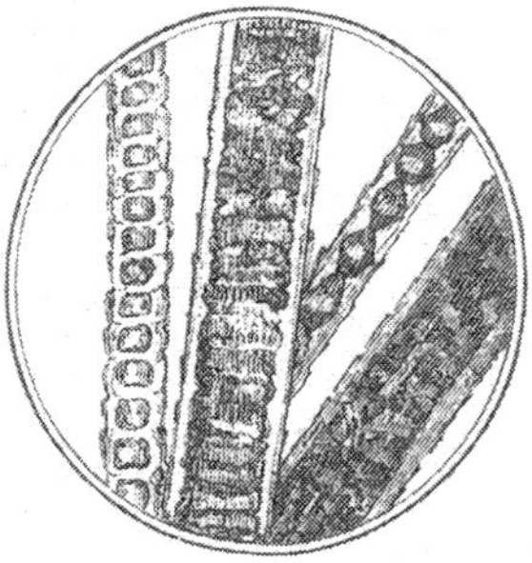

Fig. 193. Katze. Links Flaumhaar.

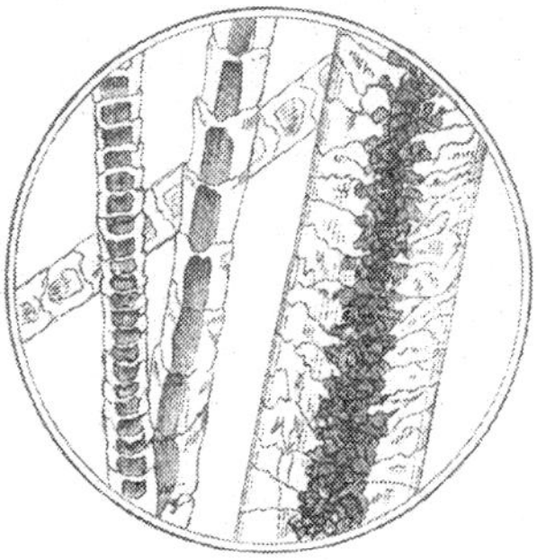

Fig. 194. Bisam. Links Flaumhaar.

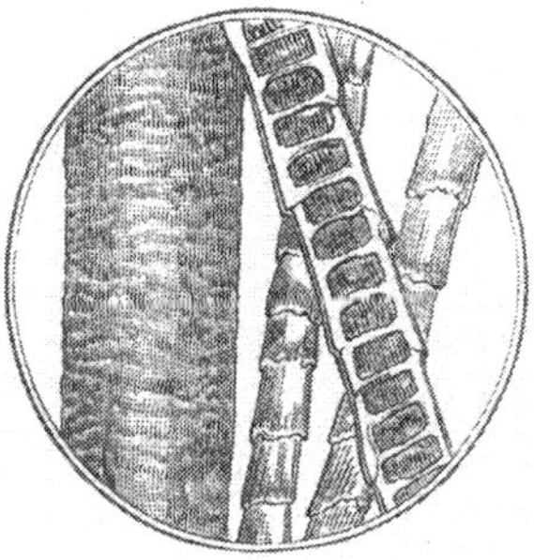

Fig. 195. Fuchs. Rechts Flaumhaar (Grundwolle).

Untersuchung von Papier.

Zur Beurtheilung der Güte von Papiersorten ist die Bestimmung der Fasern, aus welchen das Papier besteht, von grösster Wichtigkeit. Nach Hoyer ordnen sich die Papiere nach ihrem Herstellungsmaterial in folgende Klassen:

1. Klasse: Papier aus Flachs oder Hanf,
2. „ „ „ Baumwolle, Alfa, Jute,
3. „ „ „ Holzcellulose und Strohcellulose,
4. „ „ „ Holzschliff,
5. „ „ „ Wolle, Haar, Seide.

Eine ganze Anzahl dieser Faserstoffe (Flachs, Hanf, Baumwolle, Jute, Wolle, Seide) wurde oben S. 220—225) bereits in ihrem mikroskopischen Aussehen besprochen. Der Untersucher muss sich darüber klar sein, dass bei der Papierbereitung die Fasern in viel stärkerer Weise angegriffen werden als bei der Herstellung von Textilwaaren, dann wird er nach den dort gemachten Angaben auch in Papier die Fasern wieder erkennen. Die dort nicht beschriebenen, für die Papierindustrie vorzüglich wichtigen Fasern sind folgende:

Holzschliff (Fig. 196). — Durch mechanische Vorrichtungen zerriebenes Holz von Nadel-, selten von Laubbäumen. Die einzelnen Partikel des Holzschliffs lassen unter dem Mikroskop allermeist die Holzstruktur noch in vollster Deutlichkeit erkennen; sie

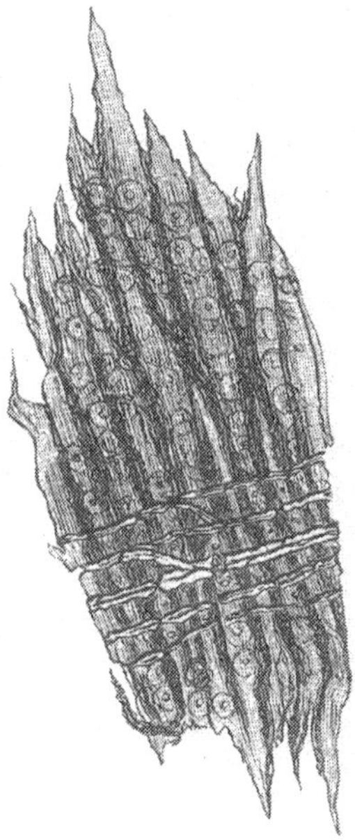

Fig. 196. Holzschliff-Partikel vom Nadelholz. (Nach Herzberg.)

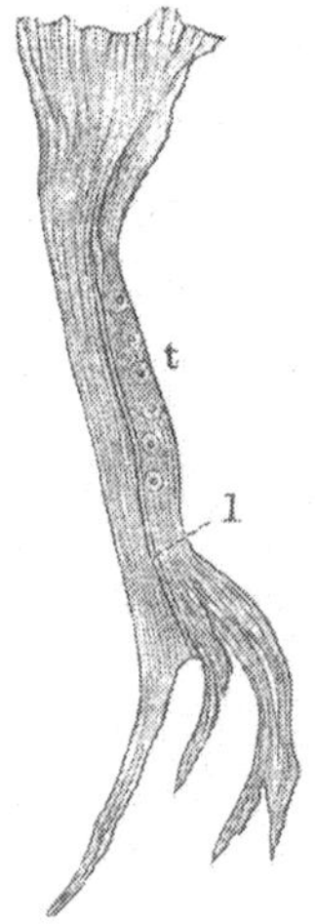

Fig. 197. Cellulosefaser aus Papier, beiderseits abgequetscht. Bei *t* eine Tüpfelreihe, *l* Lumen. $^{750}/_{1}$.

stellen kurze Bündel von Fasern dar, deren Enden eingerissen, oft quergestutzt, fast stets in die Einzelfasern aufgelöst sind. Auch das Markstrahlgewebe (vergl. S. 216) ist häufig in schönster Weise als zusammenhängende Bänder den Fasern querlaufender Zellen zu sehen. — Sind in den Fragmenten des Holzschliffs Gefässröhren vorhanden, so stammt derselbe von einem Laubbaum; dagegen zeigt das Fehlen derselben sowie das Vorhandensein der charakteristischen Holztüpfel (vergl. Fig. 173, 196) die Verwendung von Nadelholz als Ausgangsmaterial an.

Besonders wichtig für die Papieruntersuchung ist die S. 80 beschriebene Reaktion vermittelst Phloroglucin-Salzsäure auf verholzte Membranen. Hat man Holzschliff zu untersuchen, so kocht man das Papier, bis es sich leicht zerfasern lässt, zerfasert ein kleines Fragment desselben auf dem Objektträger mit Hilfe zweier Nadeln möglichst fein und lässt lufttrocken werden. Dann betupft man das angetrocknete Untersuchungsmaterial mit der Lösung einer Spur von Phloroglucin in Alkohol, bringt einen Tropfen Wasser auf das Präparat, bedeckt mit dem Deckglas. Vom Rande des Deckglases aus lässt man dann Salzsäure zufliessen. Man beobachtet nun, wie alle Elemente je nach dem Grad ihrer Verholzung eine mehr oder weniger intensive Rothfärbung annehmen. Holzschliff färbt sich tief roth.

Cellulose (Fig. 197). — Dieser wichtigste Papierstoff besteht aus durch chemische Verfahren (z. B. Kochen mit Calciumsulfit) des Holzstoffs (Lignins) entledigten Nadelholzfasern. Der klarste mikroskopische Unterschied zwischen Holzschliff und Cellulose (Zellstoff) wird durch die soeben beschriebene Phloroglucin-Salzsäurereaktion gegeben. Diese Reaktion beruht auf der Rothfärbung des Lignins im Holzschliff: da im Zellstoff diese Verbindung ausgezogen wurde und nur das Grundgerüst der Zellwände, welches aus Cellulose besteht, übrig blieb, so färbt Phloroglucin-Salzsäure diesen Stoff nicht.

Dabei ist allerdings zu bemerken, dass manchmal unvollkommen entholzte Cellulose vorkommt, bei welcher einzelne Parthien die Rothfärbung, wenn auch in schwacher Weise, doch noch geben.

Mikroskopisch betrachtet besteht die Cellulose aus langen, bandförmigen, nach beiden Enden allmählich spitz zulaufenden, oft hier aber auch breit gequetschten Fasern. Die Holztüpfel des Coniferenholzes sind lange nicht mehr so deutlich zu sehen wie beim Holzschliff, doch gelingt es bei schräg fallendem Licht immer noch unschwer, dieselben aufzufinden. Nur im Herbstholz fehlen sie: die Fasern, welche dieses zusammensetzen, führen spaltenförmige Tüpfel.

Strohcellulose (Fig. 198). — Wie Holz wird auch Stroh vielerorts als Rohmaterial für die Cellulose-Darstellung verwendet, und zwar ist das Stroh aller in Deutschland gebauten Getreidearten im Gebrauch. Strohcellulose ist ohne Schwierigkeit an den Epidermiszellen zu erkennen, deren Rand stets eine charakteristische Wellung (vergl. Fig. 198, *a*) besitzt. Je nach der Art des verwendeten Strohs ist diese Wellung eine etwas verschiedene: sie variirt zwischen seichten Einbuchtungen und tief einschneidenden Zickzacklinien, ist aber stets deutlich zu sehen. Ausser diesen Epidermiszellen wird die Hauptmasse der Strohcellulose von Sklerenchymfasern gebildet, deren Wände von Strecke zu Strecke oft fast bis zum Verschwinden des Lumens verdickt sind (Fig. 198, *b*); in geringer Menge sind dünnwandige Parenchymzellen *(c)* sowie Gefässe *(d)* vorhanden. Trotz dem verhältnissmässigen Zurücktreten des Parenchyms in der Strohcellulose ist dasselbe für die Erkennung des Faserstoffes von grosser Wichtigkeit, da dünnwandiges Parenchym der sonst sehr schwer unterscheidbaren Alfa-Cellulose abgeht.

Alfa-Cellulose (Fig. 199). — Der auch Esparto genannte Rohstoff für die Alfa-Cellulose wird von den stielartig runden Blättern der Graminee *Stipa tenacissima*, welche besonders in Spanien und

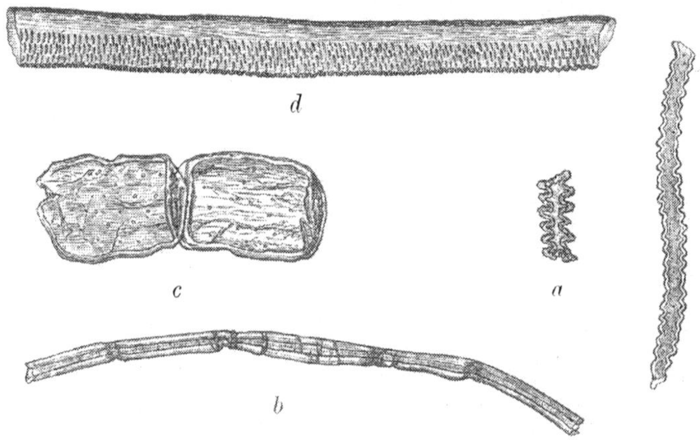

Fig. 198. Elemente der Stroh-Cellulose. *a* Epidermiszelle, *b* Sklerenchymfaser, *c* Parenchym, *d* Gefässstück. (Nach Herzberg.)

Mauretanien häufig ist, gebildet. Alfa-Cellulose ist in jeder Beziehung der Stroh-Cellulose durchaus ähnlich; weder die Epidermis- noch die Bastfaserzellen (Fig. 199 *a*, *b*) sind mit Sicherheit zu unterscheiden; dagegen fehlen beim Esparto die dünnwandigen Parenchymzellen und ein positives Merkmal kommt hinzu, nämlich kleine, krallenförmige Haargebilde *(Z)*, welche in keinem Esparto-Papier vermisst werden.

Nach folgendem Schlüssel wird man die häufiger vorkommenden vegetabilischen Papierfasern bestimmen können.

A. Bei Zusatz von 5 % Jod-Jodkalium-Lösung gelb gefärbte Fasern.

I. Faserbündel mit zerschlissenen Enden, Elemente stark getüpfelt; mit Phloroglucin-Salzsäure stark roth gefärbt: *Holzschliff.*

II. Einzelfasern oder ganz dünne Bündel; Elemente ohne starke Tüpfelung; mit Phloroglucin-Salzsäure schwach roth gefärbt: *Jute.*

B. Bei Zusatz von $5^0/_0$ Jod-Jodkaliumlösung farblos bleibende Fasern.

I. Ohne beigemengte wellig berandete Gras-Epidermiszellen.

a) Ohne Gefässröhren: *Nadelholz-Cellulose.*

b) Mit Gefässröhren: *Laubholz-Cellulose.*

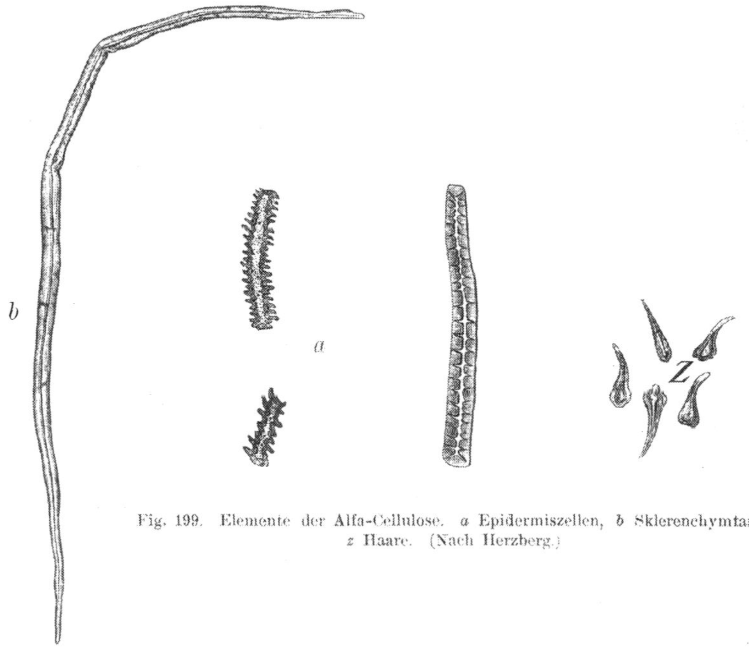

Fig. 199. Elemente der Alfa-Cellulose. *a* Epidermiszellen, *b* Sklerenchymfaser, *z* Haare. (Nach Herzberg.)

II. Mit wellig berandeten Gras-Epidermiszellen.

a) Mit dünnwandigen Parenchymzellen, ohne Krallen-Haare: *Stroh-Cellulose.*

b) Ohne dünnwandige Parenchymzellen, mit Krallen-Haaren: *Alfa-Cellulose.*

C. Bei Zusatz von $5^0/_0$ Jod-Jodkaliumlösung violett-röthlich oder bräunlich gefärbt.

I. Bandförmige, gedrehte Fasern: *Baumwolle.*

II. Cylindrische, nicht gedrehte Fasern: *Hanf, Flachs.*

2. Praktisch wichtige mikroskopische Objekte aus dem Reich der niedern (Zellen-)Pflanzen.

a) Bakterien.

Die Bakterien gehören zu der Pflanzenklasse der Pilze; sie werden als Spaltpilze bezeichnet, weil ihre ganze Vermehrung in einer unter günstigen Umständen sehr rapid verlaufenden Zweitheilung der Zellen besteht und weil die Theilstücke, sich voneinander lösend, getrennte vollständige Individuen darstellen. Bei manchen Spaltpilzen (z. B. den Arten der Gattung *Bacillus*) findet man die Fähigkeit, durch Bildung einer festen Innenmembran in der äussern Körperumhüllung sehr dauerhafte Sporen (Dauersporen) zu erzeugen.

Durch die neueren Forschungen wurde nachgewiesen, dass die Spaltpilze überall, sowohl am menschlichen Körper wie in der freien Natur in grosser Masse verbreitet sind. Insbesondere in Wasser (abgesehen von reinstem Quell- und Grundwasser) sowie in den obern Schichten der Erde finden sie sich in ungeheurer Menge und in vielen Arten.

Da die Spaltpilze (wie alle Pilze) kein Chlorophyll enthalten, so entnehmen sie den zu ihrem Leben nöthigen Kohlenstoff nicht der atmosphärischen Kohlensäure, sondern bereits aufgebauten organischen Substanzen. Diese Substanzen, welche Nahrung an die Bakterien abzugeben vermögen, werden als Nährsubstrate der Pilze bezeichnet. Um aus den Nährsubstraten, in welchen die Nährstoffe allermeist in komplicirt gebauten Verbindungen enthalten sind, die nöthigen Substanzen gewinnen zu können, sind die Spaltpilze allgemein mit zymotischen Eigenschaften versehen, d. h. sie besitzen die Fähigkeit, Gährungen zu bewirken, wobei sie die hochkonstituirten Moleküle der Nahrungsstoffe zertrümmern.

Zu der für alle lebenden Wesen nöthigen Nahrung gehört auch der zur Energieerzeugung nöthige Sauerstoff. Die einen Bakterien entnehmen denselben der Luft (sie werden aërobe Bakterien genannt), andere dagegen gedeihen bloss bei Luftabschluss, indem sie durch Zertrümmerung sauerstoffhaltiger Verbindungen aus diesen ihren Athmungs-Sauerstoff gewinnen (anaërobe Bakterien).

Als Endprodukte ihrer Stoffwechsel-Thätigkeit scheiden die Bakterien (oft intensiv giftige [Toxine]) Abfall-Stoffe aus, welche als die Stoffwechselprodukte der Bakterien bezeichnet werden.

Je nachdem die einzelnen Arten sich von todten Substanzen (faules Laub, Harn, Fäkalien etc.) ernähren oder ihre Nahrungsstoffe aus lebenden Organismen (z. B. dem lebenden menschlichen Körper) beziehen, unterscheidet man die biologischen Gruppen der Saprophyten (Fäulnissbewohner) und der Parasiten. Die letztern zerfallen wieder, je nachdem sie ausschliesslich parasitisch leben (z. B. *Spirochaete Obermeyeri*, Fig. 200, der Pilz des Febris recurrens) oder ausser im Körper auch noch ausserhalb desselben auf geeigneten todten Nährsubstraten vorkommen können (z. B. der Milzbrand-Bacillus) in obligatorische und fakultative Parasiten.

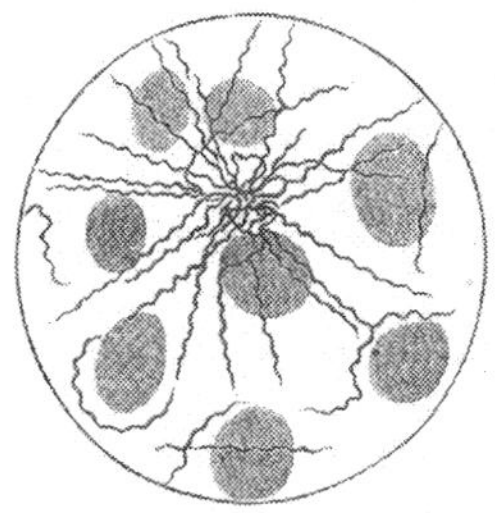

Fig. 200. *Spirochaete Obermeyeri*; Blutpräparat mit feinen schraubenförmigen Fäden. (Nach Lehmann und Neumann.)

In den saprophytischen Bakterien hat man die Ursache der Fäulniss organischer Substanz gefunden. Fäulniss ist nichts anderes, als die Zersetzung organischer Substanzen durch Bakterien unter Auftreten unsern menschlichen Sinnen unangenehmer Spalt- und Stoffwechselprodukte.

Wenn man auf physikalische (Hitze) oder chemische Weise (durch Gifte) die Bakterien tödtet, oder wenn man leicht zersetzliche Stoffe (z. B. Blut) so gewinnt, dass keine Bakterien darin sind und so aufbewahrt, dass keine dazu kommen können, so faulen, zersetzen sich selbst hochgradig fäulnissfähige Stoffe (z. B. Blut, Fleisch) nicht. Das Befreien bakterienhaltiger Objekte von ihren Bakterien nennt man Sterilisation derselben. Auf der Sterilisation beruht z. B. die moderne Konservenfabrikation. Der Nachweis, dass Fäulniss nur dann eintritt, wenn Bakterien zu zersetzlichen Stoffen gelangen können, hat die theoretisch hochwichtige Frage der „Urzeugung" dahin geklärt, dass man den Gedanken an eine fortwährend dauernde Neuzeugung lebender Wesen aus unbelebten Stoffen aus wissenschaftlichen Betrachtungen ausgeschlossen hat.

Von der Annahme, dass ein bestimmter Fäulnissorganismus existire, welchen man in *Bacterium Termo* sah, ist man durchaus zurückgekommen; man weiss, dass neben diesem *Bacterium* noch eine Unzahl anderer an der fauligen Zersetzung fäulnissfähiger Körper sich betheiligen.

Durch die erfolgreichen Forschungen der neuesten Zeit wurde festgestellt, dass eine grosse Anzahl von Infektionskrankheiten gleichfalls durch Bakterien, und zwar durch in dem menschlichen Körper parasitisch lebende Arten bewirkt wird. Die Erkrankung infolge des Wachsthums dieser Parasiten wird, wie in sehr vielen

Fällen mit Sicherheit angenommen werden kann, wesentlich durch die giftigen Stoffwechselprodukte (Toxine) dieser Spaltpilze bewirkt.

Die hauptsächlichsten Krankheiten, welche mit Sicherheit als Wirkung specifischer Bakterien erkannt sind, sind folgende: Cholera *(Microspira Comma)*; Typhus *(Bacterium typhi)*; Pest *(Bacterium pestis)*; Eiterungen (verschiedene *Micrococcus*, *Streptococcus-* und *Bacterium*-Formen); malignes Oedem *(Bacillus oedematis)*; Wundstarrkrampf *(Bac. Tetani)*; Fleischvergiftung *(Bac. botulinus)*; Milzbrand *(Bac. anthracis)*; Aussatz *(Mycobacterium Leprae)*; Tuberkulose *(Mycobacterium Tuberculosis)*; Gonorrhoe *(Micrococcus Gonococcus)*; Diphtherie *(Corynebacterium Diphtheriae)*; Pneumonie (*Bact. Pneumoniae* und verwandte Arten); Rotz *(Bact. Mallei)* etc. Sehr wahrscheinlich ist ferner ein *Bacterium* die Ursache des gelben Fiebers, dagegen kennt man die Erreger von Pocken, Syphilis, Maul- und Klauenseuche, nach denen gegenwärtig intensiv gesucht wird, noch nicht.

Die Eintheilung der Bakterien*) wird wesentlich nach der Gestalt ihrer Zellen sowie nach ihrer Fähigkeit, Dauersporen zu bilden, bewirkt. Sind die Bakterien-Zellen kugelig, so spricht man von Kokken; gerade, stäbchenförmige Formen gehören zu *Bacterium* oder *Bacillus*; gekrümmte stäbchenartige Zellen dagegen zu *Microspira* oder *Spirillum*. Die Unterschiede der wichtigen Gattungen werden durch folgenden Schlüssel dargestellt:

A. Zellen in allen Entwickelungsstadien kugelig (*Coccobacteria*).
  1. Zelltheilung nur nach einer Raumrichtung; es werden zusammenhängende rosenkranzförmige Zellketten gebildet: *Streptococcus.*
  2. Zelltheilung nach drei Raumrichtungen.
    a. Familien stellen regelmässig packetförmige, zu 4, 16 etc. zusammenhaftende kubische Körper dar: *Sarcina.*
    b. Familien stellen unregelmässig haufenartige Massen dar: *Micrococcus.*

B. Zellen stäbchenförmig, länger als breit (*Eubacteria*).
  1. Stäbchen gerade, weder kommaförmig gekrümmt noch korkzieherartig gewunden.
    a. Mit Sporenbildung: *Bacillus.*
    b. Ohne Sporenbildung: *Bacterium.*
  2. Stäbchen gekrümmt.
    a. Kommaförmige, kurze Zellen: *Microspira.*
    b. Korkzieherartige, lange Zellen.
      * Zellen starr: *Spirillum.*
      * * Zellen biegsam: *Spirochaete.*

---

*) Eine ausgedehnte Systematik der Spaltpilze mit Bestimmungsschlüssel für die Arten derselben enthält mein Buch „Mikroskopische Wasseranalyse" (Berlin 1898, Julius Springer).

Eine Anschauung von den meisten dieser Bakterienformen kann man sich verschaffen, wenn man ein Glas mit Schmutzwasser füllt, dasselbe 3—4 Tage stehen lässt und dann einen Tropfen desselben mit dem Deckglas bedeckt unter das Mikroskop nimmt. Als auffallendste Erscheinungen in solchem Wasser (Fig. 201) sieht man zunächst stets die Infusionsthierchen (Fig. 201 *a*, *b*, *c*), weil diese durch Grösse und Bewegungsfähigkeit sich auszeichnen. Bei genauerem Zusehen können dann aber auch die kleinsten Pflanzenformen, nämlich die Bakterien, nicht entgehen: in unserer Fig. 201 sind diese Spaltpilze etwa in 800-facher Vergrösserung dargestellt.

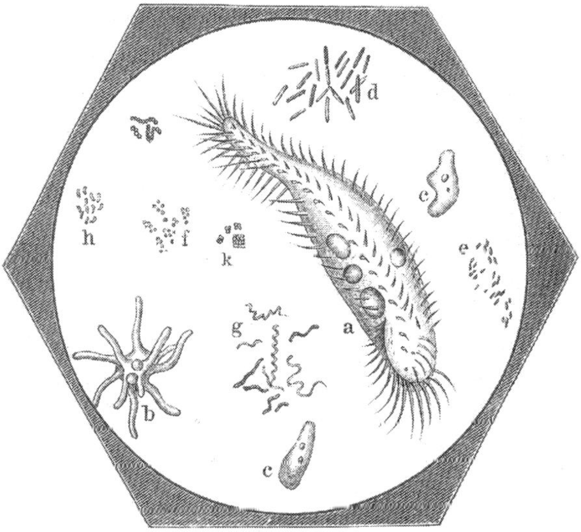

Fig. 201. Lebeformen in einem Tropfen faulenden Wassers. *a—c* Protozoën (*a Uroleptus piscis*, *b Amoeba radiosa*, *c Amoeba limax*), *d Bacillus*, *e Bacterium*, *f Micrococcus*, *g Spirillum*, *h Microspira*, *i Streptococcus*, *k Sarcina*.

Die Spaltpilze liegen nun aber nicht alle ruhig im Präparat: dies thun im wesentlichen nur die den kugelförmigen Gattungen angehörigen Arten (*Micrococcus*, *Streptococcus*, *Sarcina*), während von den anderen Formen die Mehrzahl sehr starke, oft blitzartig schiessende Eigenbeweglichkeit zeigen. Zunächst durch Photographie, dann durch die komplicirtesten Färbungsmethoden hat man vom Körper der Bakterien ausgehende zarte Geisseln (vergl. Fig. 202) sichtbar gemacht, welche als Bewegungsorgane dienen. Diese Geisseln stehen bald in Einzahl an einem Pol des Spaltpilzes (*a*, *b*), bald sind sie in Mehrzahl an den beiden Polen vorhanden (*d*), bald finden sie sich in grosser Anzahl über die ganze Oberfläche zerstreut (*c*).

Da die Spaltpilze so wie sie in natura vorliegen ungefähr das gleiche Lichtbrechungsvermögen haben wie das Wasser, in welchem sie schwimmen, so werden sie behufs genauerer Untersuchung den Färbeverfahren unterworfen.

Alle Spaltpilze haben die Eigenschaft, in todtem Zustand Anilinfarben mit Begierde aufzunehmen und schwer wieder abzugeben. Der Bakterienleib verhält sich ebenso gegen die Farbstoffe, wie die thierische Faser, von welcher allgemein bekannt ist, dass Wolle und Seide sich ungebeizt färben, während die Pflanzenfasern die meisten Farbstoffe erst in gebeiztem Zustande aufnehmen.

Um die in dem oben als Beispiel angeführten Wassertropfen enthaltenen Spaltpilze genauer beobachten zu können, lassen wir einen

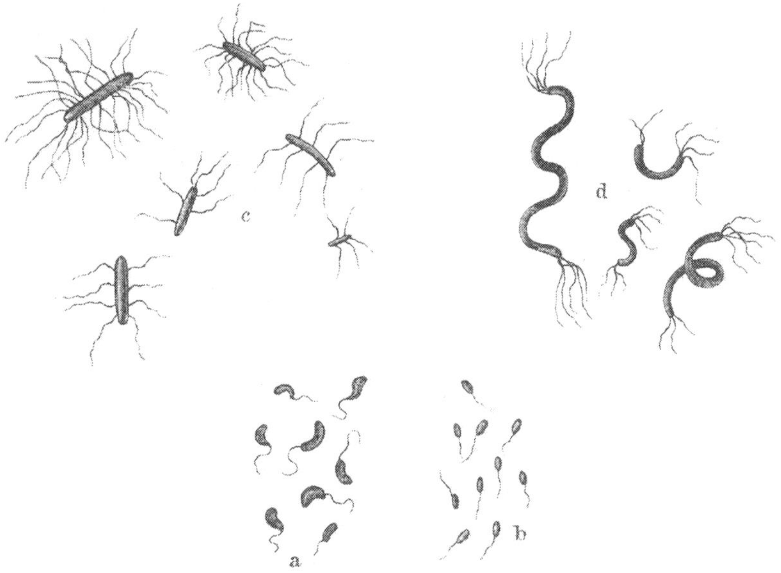

Fig. 202. Begeisselungstypen der Bakterien: *a Microspira Comma*, *b Bacterium fluorescens*, *c Bact. typhi*, *d Spirillum volutans*. a—c $^{1600}/_{1}$, d $^{800}/_{1}$.

Tropfen dieses Wassers auf einem Objektträger eintrocknen, erwärmen das lufttrockene Objekt in der Flamme; geben nach der Abkühlung einen Tropfen koncentr. wässerige Methylviolett-Lösung auf das Präparat, waschen den Farbstoff nach 3—4 Minuten Einwirkung durch Schwenken in Wasser wieder ab und haben nun bei Betrachtung unter dem Mikroskop die Spaltpilze intensiv gefärbt vor uns.

Eine weitere Bestimmung der Spaltpilze ist nun unter dem Mikroskop in den allerseltensten Fällen nur möglich, da die kleinen Zellen nicht genug morphologische Unterscheidungsmerkmale aufweisen.

Man ist behufs Specieserkennung der Spaltpilze auf die Charaktere der Kolonien derselben, auf Kulturen angewiesen. Klarer Weise kann nur dann eine Kultur Auskunft über die specifischen Eigenschaften eines Organismus geben. wenn sie diesen rein, nicht mit anderen Arten gemischt enthält, kurz wenn sie eine Reinkultur ist.

Wenn es gelingt, eine Zelle zu isoliren, dieselbe zur Vermehrung zu veranlassen und die Abkömmlinge vor der Verunreinigung mit anderen Zellen nicht gleicher Abstammung zu bewahren, so muss diese Kultur eine Reinkultur sein.

Reinkulturen in der Weise zu erzeugen, dass man eine einzige Zelle unter dem Mikroskop erfasst und sie auf ein geeignetes Nährsubstrat bringt, ist technisch unmöglich: die einfachste Art, zu diesem Ziel zu gelangen, ist nach R. Koch's Vorgang, die in einer Flüssigkeit vorhandenen Keime durch Schütteln zu isoliren und gleichmässig zu vertheilen, dann die Flüssigkeit erstarren zu lassen, so dass die Abkömmlinge der voneinander räumlich getrennten Keime an ihrem Entstehungsort bleiben müssen, und auf diese Weise jeden Keim zu einer makroskopisch sichtbaren, makroskopisch abimpfbaren Reinkolonie sich ausbilden zu lassen. Dies geschieht, indem man ein genau abgemessenes Flüssigkeits-Quantum mit verflüssigter Nährgelatine*) vermischt.

Wenn die (leider nur in sehr beschränktem Maasse gültige) Voraussetzung gemacht wird, dass jeder Keim sich zu einer Kolonie entwickelt, so muss die Anzahl der in der erstarrten Gelatine sich bildenden Kolonien gleich sein der Zahl der in dem ihr beigefügten Flüssigkeitsquantum enthaltenen Keime. Dies giebt uns ein Mittel an die Hand, den Keimgehalt von Flüssigkeiten zu bestimmen.

Der Gang einer solchen Untersuchung**) ist der, dass man in ein Reagensglas mit sterilisirter, verflüssigter Nährgelatine 1 ccm der zu untersuchenden Flüssigkeit eingiebt, dann durch Neigen und Wiederheben des Reagensglases für vollkommen gleichmässige Vertheilung der Keime in der Flüssigkeit sorgt, dann diese in durch Hitze sterilisirte Schalen mit übergreifendem Deckel (Fig. 203, Petri-Schalen) eingiesst und sie erstarren lässt. Nach 1—14 Tagen entwickeln

*) Fleischwasserpeptongelatine (Nährgelatine): 500 g fettfreien Rindfleisches werden in fein gehacktem Zustand mit 1000 g Wasser 12 Stunden lang angesetzt, darauf durch ein Tuch die Flüssigkeit abgepresst und unter stetem Rühren aufgekocht; durch doppeltes Filtrirpapier filtrirt, 5 g Kochsalz, 10 g Pepton sicc. und 100 g feingeschnittene, beste weisse Gelatine zugegeben, auf 1000 g aufgefüllt und mit Natronlauge oder Lösung von Natriumkarbonat genau neutralisirt (Indikator: Phenolphthaleïn); durch den Heisswassertrichter filtrirt und die klare Nährgelatine in mit Wattestopf versehenem Kolben durch zweimaliges an aufeinander folgenden Tagen stattfindendes je einstündiges Erhitzen auf 100° im Wasserbad oder im Dampfsterilisator sterilisirt. (Um das lästige Zusammenballen des Peptons zu vermeiden, mische man dasselbe mit dem Kochsalz innig durcheinander; das vielfach geübte Sterilisiren der Nährgelatine auf offener Flamme ist nicht zu empfehlen, da durch höhere Wärmegrade als 100° die Erstarrungsfähigkeit der Gelatine leidet.)

**) Genaue praktische Anweisung zu derartigen Untersuchungen findet man in meinem Buch „Mikroskopische Wasseranalyse“ (Berlin 1898, Julius Springer).

sich nun die einzelnen Keime zu (grösstentheils makroskopisch) sichtbaren Kolonien, wie in Fig. 204 dargestellt ist.

Derartige mit Bakterienkolonien besäte Platten können nun unschwer durch Zählung der Kolonien kontrollirt und aus ihnen kann der Keimgehalt der zu untersuchenden Flüssigkeit pro Cubikcentimeter berechnet werden.

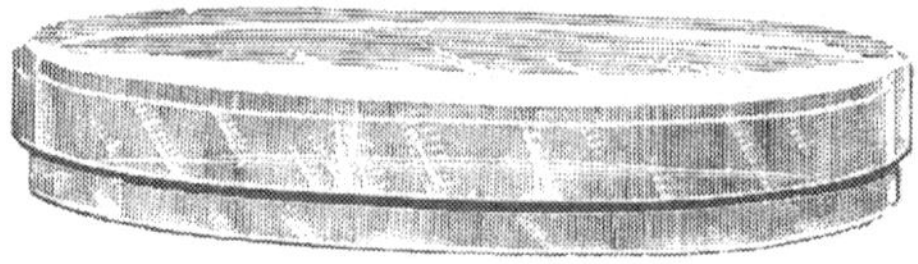

Fig. 203. Petri-Schale.

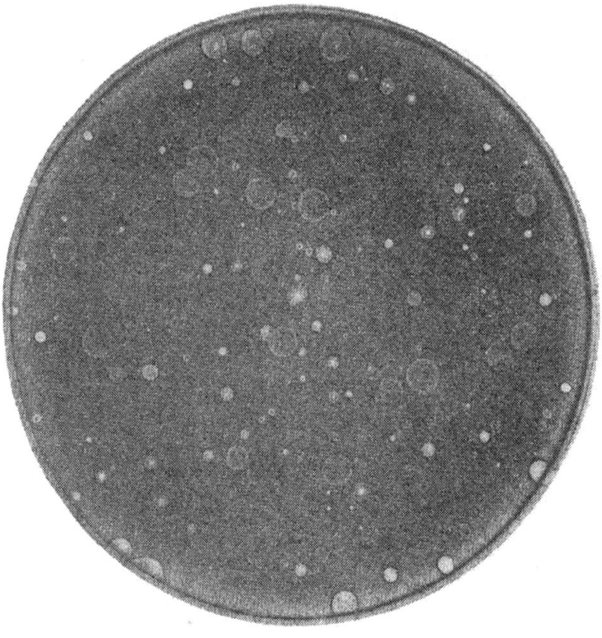

Fig. 204. Dicht besäte Kulturplatte in natürlicher Grösse. Nach Ohlmüller.

Fig. 205. Gelatine-Reinkultur von *Bacterium coli*. Nat. Gr.

Ferner kann man nun leicht mit einer ausgeglühten Nadel die Kolonien anstechen und durch Einstechen der dadurch mit Bakterien behafteten Nadel in neue, sterile Nährgelatine (oder in andere Nährsubstrate wie Agar-Agar, gekochte Kartoffeln etc.) Reinkulturen anlegen. Derartige Reinkulturen (Fig. 205), welche die charakteristischen Eigenschaften der Bakterienarten zeigen, sind zum Bestimmen derselben unerlässlich nöthig.

Bei der oben angewandten Tinktion der Bakterien mit Anilinfarben kommt es häufig vor, dass im Innern grosser Stäbe Parthien ungefärbt bleiben oder die Farbe nur sehr schwach annehmen. Dies weist in vielen Fällen auf eine Sporenbildung. — Die Sporen der Spaltpilze zeichnen sich durch eine ganz ausserordentlich feste, gegen Dürre, Hitze und chemische Einflüsse sehr widerstandsfähige Sporenmembran aus. Auch die Farbstoffe durchdringen dieselbe nur schwer, deshalb bleiben die Sporen länger ungefärbt als die vegetativen Zellen. Je nach der Stellung der Sporen in den Stäbchen unterscheidet man mittelständige Sporen (vergl. Fig. 206, *a*) oder endständige (Fig. 206, *b*).

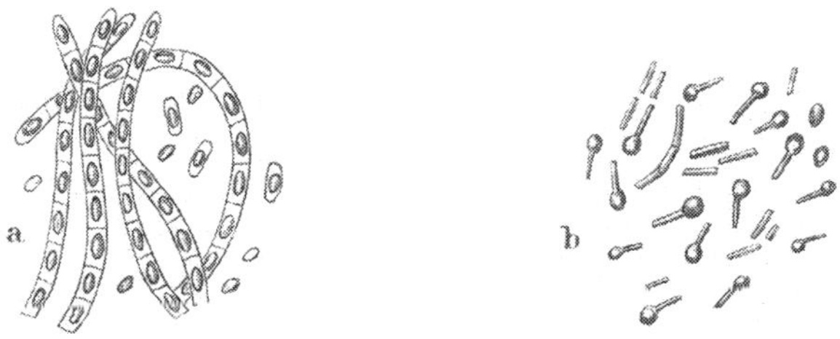

Fig. 206. Sporenbildung von *Bacillus*-Arten. *a* Mittelständige Sporen von *B. Anthracis* (Milzbrandbacillus), *b* endständige vom *B. Tetani* (Starrkrampfbacillus). $^{1000}/_{1}$.

Praktisch wichtige bakteriologische Untersuchungsmethoden.

Nachweis der Tuberkelbacillen im Sputum. — Die Tuberkelbacillen nehmen Anilinfarbstoffe relativ schwer auf; sind sie aber gefärbt, so halten sie den Farbstoff verhältnissmässig fest. Das Sputum der Phthisiker enthält nicht konstant gleiche Mengen von Tuberkelbacillen; oft sind nur wenige zu entdecken.

Man giesse behufs Untersuchung das Sputum in ein grosses Uhrglas und fische mit zwei ausgeglühten Präparirnadeln aus demselben heraus: 1. einige der im tuberkulösen Sputum sich stets findenden gelblichen Knötchen; 2. etwas von der zähen Sputum-Masse. Von beiden bringe man ganz wenig je auf einen spiegelblank gereinigten Objektträger englischen Formats (vergl. S. 70) etwa in $^{1}/_{3}$ seiner Länge, fasse einen unbeschickten, reinen Objektträger gleicher Art mit der andern Hand und zerreibe das Sputum zwischen den beiden Gläsern unter energischem Drücken. Beim Auseinanderziehen der Objektträger bleibt auf jedem ein fein vertheiltes Präparat. Zu demselben darf nur soviel Masse verwendet worden sein, dass es hauchartig dünn ist.

Die beiden so gewonnenen Präparate kommen unter eine Glasglocke um lufttrocken zu werden; dasselbe Verfahren wird so oft wiederholt, bis 12 Präparate vorhanden sind. Wenn die Präparate lufttrocken sind (aber nicht eher!) werden sie über einer Flamme erhitzt. Um die Dauer der Erhitzung zu kontrolliren, setzt man neben der Sputumschicht den Zeigefinger der linken Hand auf. Wenn dieser die Wärme nicht mehr ertragen kann, zieht man das Präparat aus der Flamme.

Darauf werden (vergl. Fig. 207) zwei Krystallisirschalen ineinander gestellt, die innere beschwert, und in den Zwischenraum Karbolfuchsin*) gegossen. Es muss soviel Farbstoff eingegossen werden, dass die Sputumschichten aller Präparate völlig bedeckt sind.

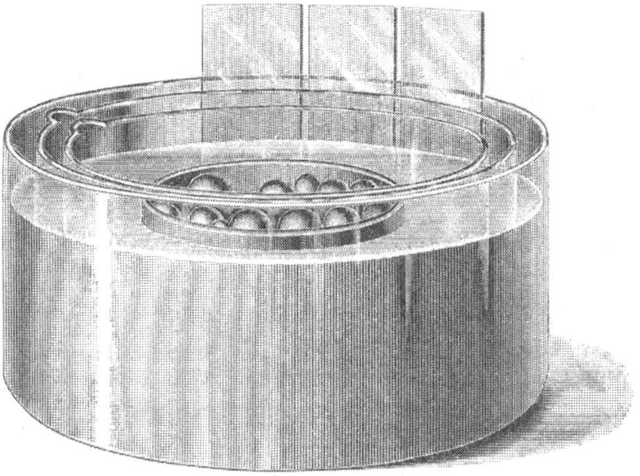

Fig. 207. Apparat zum Färben von Sputum-Präparaten. (Nach Zimmermann.)

In das Karbolfuchsin werden die erkalteten Präparate, Sputumschicht nach aussen, gestellt. Sie bleiben darin bis sie verarbeitet werden, das erste 15 Minuten, alle folgenden länger. — Nach 15 Minuten wird das erste Präparat herausgenommen (die andern bleiben ruhig in der Farbe bis sie der Reihe nach drankommen!), zuerst mit Wasser rasch abgespült und dann solange in officineller (10 %) Salzsäure geschwenkt, bis nur noch ein schwach rother Schein vorhanden ist. Ob die Entfärbung weit genug vorgeschritten ist, sieht man, wenn man das Präparat gegen ein weisses Papier betrachtet. Man höre lieber etwas zu früh als zu spät auf,

*) Fuchsin 1,0; 5 % wässerige Karbolsäurelösung 100,0; Alkohol 10,0. — Karbolfuchsin muss alle 14 Tage neu bereitet werden.

denn die folgende Gegenfärbung entfärbt auch noch ein wenig. Sollten im Präparat tiefrothe Stellen vorhanden sein, an welchen das Sputum zu dick liegt, so warte man nicht auf die Entfärbung derselben, sondern halte sich an die normal, dünn aufgetragenen Parthien.

Ist man mit der Entfärbung fertig, was nach kurzer Uebung sich leicht bemessen lässt (gewöhnlich dauert sie nicht über eine Minute!), so wird die Salzsäure mit Wasser abgespült und das Präparat unter der Glasglocke oder durch ganz leichte Erwärmung getrocknet.

Auf das trockene Präparat kommt alsdann tropfenweis wässerige koncentr. Methylenblau-Lösung (ohne Alkali-Zusatz), welche 1 bis 2 Minuten darauf bleibt und dann in Wasser abgespült wird.

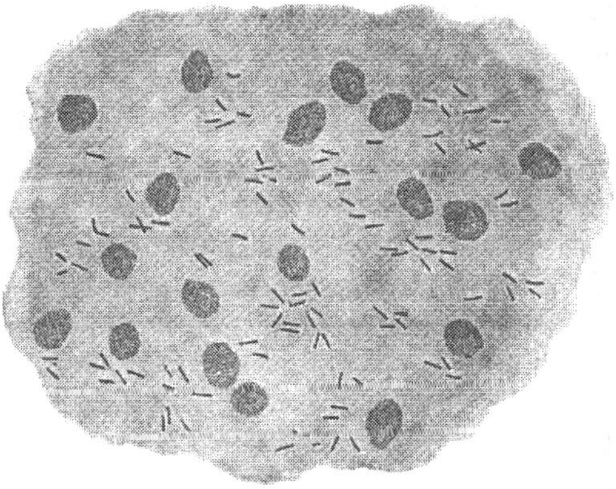

Fig. 208. Sputum-Präparat. $^{800}/_{1}$. (Nach Birch-Hirschfeld.)

Das im Ganzen blau gewordene Präparat wird unter Deckglas in Wasser, Glycerin oder (nach vorherigem Eintrocknen!) in Canadabalsam mit möglichst starker Vergrösserung (Immersion) betrachtet und zeigt die strichförmig dünnen Tuberkelbacillen tiefroth, während alles übrige Gewebe blau ist (Fig. 208).

Ausser Tuberkelbacillen können noch roth gefärbt sein: Bacillensporen (anderer Arten, der Erreger der Tuberkulose bildet keine Sporen,*) Fettkrystalle. Die Sporen sind rund, die Fettsäurekrystalle allermeist viel dicker als die Tuberkelbacillen; Ver-

*) Er gehört gar nicht zu *Bacillus*, sondern zu *Mycobacterium*, einer Schimmelpilz-Gattung; trotzdem wurde er hier dem allgemeinen Sprachgebrauch folgend als „Tuberkel-Bacillus" bezeichnet.

wechselungen dieser Elemente sind nicht zu befürchten, wenn man die Tuberkelbacillen einige Male gesehen hat.

Nachweis der Gonokokken im Tripper-Eiter. — Der Eiter wird so dünn und gleichmässig wie möglich auf einem spiegelblanken Objektträger ausgestrichen, unter einer Glasglocke lufttrocken gemacht und in der Flamme erwärmt, wie oben (S. 242) für die Sputum-Untersuchung beschrieben. Das wieder erkaltete Präparat wird dann mindestens für 10 Minuten in koncentr. alkoholische Eosin-Lösung gestellt. Nach Verlauf dieser Zeit wird es herausgenommen, schräg gehalten (so dass das Eosin möglichst vollständig abläuft) und direkt (ohne vorheriges Abspülen) in eine koncentr. wässerige Methylenblaulösung, welcher $1^0/_0$ Kalilauge zugesetzt war, eingetaucht, sofort wieder herausgezogen und so rasch wie möglich mit Wasser abgespült. (Die Blaufärbung besteht in einmaligem raschem Eintauchen; längere Zeitangaben gefährden eine wirklich schöne Färbung!)

Das so gefärbte Präparat wird in Wasser, Glycerin oder Kanadabalsam betrachtet; die Gonokokken (wie alle andern vorhandenen Spaltpilze, so besonders häufig in Perlschnurketten liegende Streptokokken) sind blau, die Zellen (abgesehen von den grossen, manchmal bei zu starker Einwirkung des Farbstoffs gleichfalls blauen Zellkernen, die aber nicht verwechselt werden können) sind roth.

Als Gonokokken anzusprechen sind nur innerhalb der Zellen (Leukocyten) liegende, meist in grossen Mengen darin vorhandene Kokken, von denen viele die bekannte Semmelform haben, d. h. zu zweien beisammen liegen und an der Berührungslinie etwas eingebuchtet (bohnenförmig) sind.

Bei Anwendung der Gram'schen Färbung (siehe gleich unten, bei Milzbrand) sollen die Gonokokken ihre Färbung verlieren. — Bei Gonokokken-Untersuchungen hüte man sich, Eiter ins Auge zu bekommen.

Nachweis von Milzbrandbacillen. — Von dem milzbrandverdächtigen Kadaver (grösste Vorsicht nothwendig, da Milzbrand auch für Menschen äusserst gefährlich!) werden:

1. Aus Milz, Leber und Herz Bluttröpfchen genommen und auf Objektträgern dünn und gleichmässig ausgestrichen, lufttrocken gemacht und erwärmt wie oben (S. 242) angegeben, dann nach Gram*)

---

*) Färben eines wie oben beschrieben vorbereiteten Präparats mit koncentrirter wässeriger Methylviolettlösung 3 Minuten; Abspülen in Wasser; Auftropfen von offic. Jodtinktur 2 Minuten; Abspülen mit $60^0/_0$ Alkohol, bis keine Farbe mehr abläuft.

gefärbt. Ist Milzbrand vorhanden, so liegen (vergl. Fig. 209) zwischen den entfärbten Blut- und Gewebezellen grosse, blauschwarz gefärbte Stäbe, die Milzbrandbacillen. Damit ist die Diagnose aber keineswegs fertig, sondern es muss noch weiter geprüft werden wie folgt:

2. Aus denselben Organen werden Blutproben weissen Mäusen unter die Haut gebracht. Die Maus wird mit einer Zange gefasst, mit dem Vorderende in einen engen*) Cylinder gesteckt, so dass nur die Schwanzwurzel und der Schwanz herausragen; dann wird das Fell über der Schwanzwurzel mit 0,5 % Sublimatlösung ordentlich abgewaschen, mit frisch ausgeglühter (aber erkalteter) Schere ein Schnitt durch die Haut gemacht und von diesem aus mit frisch ausgeglühtem, stumpfem Skalpell eine kleine Tasche unter der Haut freigelöst. In diese Tasche wird mittelst ausgeglühter, zu einer Oese zusammengebogener Platinnadel das Blut eingebracht und die Tasche dann leicht angedrückt.

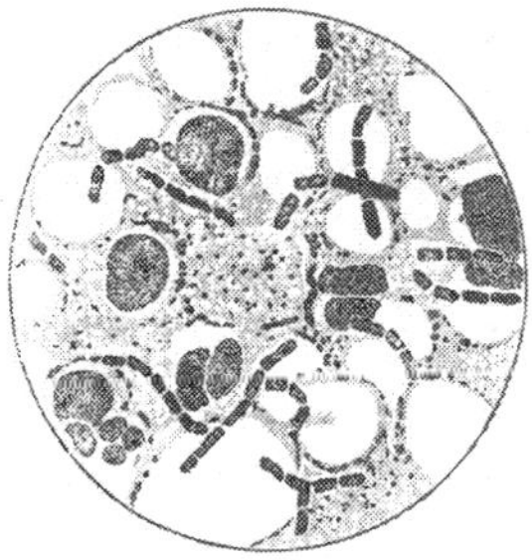

Fig. 209. *Bacillus Anthracis.* Ausstrichpräparat einer Mäuse-Milz (Nach Lehmann u. Neumann.)

Wenn eine oder alle Mäuse nach 24—48 Stunden sterben, wird steril aus ihrem Innern aus Herz, Leber und Milz wieder Blut entnommen und

a) behandelt wie oben ad 1,
b) Stichkulturen in Nährgelatine und Strichkulturen auf Nähragar**) angelegt.

Der Milzbrandbacillus *(Bac. Anthracis)* ist diagnosticirt, wenn er: 1. auf der bei 37° gehaltenen Agarkultur Sporen bildet (vergl. S. 241, Fig. 206), welche nach der für die Tuberkelbacillen-Färbung (S. 241) angegebenen Methode isolirt (d. h. roth, während die Stäbchen blau sind) gefärbt werden können; 2. die Nährgelatine verflüssigt (und vom Gelatinestich aus feine haarförmige Ausläufer in das Nährsubstrat treibt); 3. wenn er auf der Oberfläche der Nährmedien (also bei Luftzutritt) gut wächst; 4. wenn die in Wasser betrachteten lebenden Bacillen (von einer frischen Reinkultur zu entnehmen) keine Eigenbewegung zeigen; 5. wenn er nach der Gram'schen Methode behandelt gefärbt bleibt; 6. wenn eine Probe

*) Der Cylinder muss so eng sein, dass das Thier sich nicht umdrehen kann.

**) Nähr-Agar wird bereitet wie Nährgelatine (S. 239, Anm.) nur wird statt 100 g Gelatine 50 g Agar-Agar genommen.

der Reinkultur (oben, nach 2 behandelt) den Tod eines neuen Versuchsthieres verursacht. Alle diese 6 Merkmale sind zu einer sichern Diagnose nothwendig.

Nachweis von Typhusbakterien im Wasser. Dieser Nachweis ist so schwierig, dass sein Gelingen heute noch als wissenschaftliche Leistung angesehen zu werden verdient. Dem entsprechend ist es bisher auch nur in wenigen Fällen gelungen, den Typhuserreger zweifellos im Wasser nachzuweisen.

Der Praktiker verweigere stets, ein ihm übersandtes Wasser auf Typhusbakterien zu prüfen; er muss die Probeentnahme unter allen Kautelen*) selbst vornehmen, dabei sich genau über die Beschaffenheit des Wassers und seiner Umgebung, Entfernung von Senkgruben, Düngerstätten etc. und Möglichkeit der Infektion des Wassers mit unreinen Zuflüssen orientiren; er muss die mikroskopische Untersuchung auf grüne Algen und Diatomeen (welche einen ungenügenden Abschluss des Brunnens beweisen, daher in Trinkwasser nicht statthaft sind), sowie auf Verunreinigung anzeigende andere Organismen machen; er darf die chemische Analyse auf Chlor, Ammoniak und Abuminoid-Ammoniak, salpetrige Säure und Salpetersäure nicht unterlassen: kurz, es muss eine genaue örtliche, mikroskopische und chemische Untersuchung neben der bakteriologischen Prüfung des Wassers erfolgen.

Diese wird folgendermassen bewirkt: Man nimmt fünf Kölbchen à 150 ccm Inhalt, reinigt dieselben aufs genaueste und füllt in jedes 100 ccm genau neutral reagirender (prüfen!) Bouillon, setzt 0,5 g Citronsäure und 3 g Traubenzucker zu, verschliesst mit Wattepfropfen und sterilisirt vollständig.

Ist dies geschehen, so giebt man in jedes der fünf Kölbchen je 30 ccm verschiedenen, an möglichst differenten Stellen gewonnenen Wassers und stellt die Kölbchen dann zwölf Stunden lang bei 37^0 in den Brutschrank.

Nach dieser Zeit reagirt die Bouillon sehr viel stärker sauer als vorher: dies ist ein Zeichen dafür, dass sich Säure bildende Bakterien darin stark vermehrt haben.

Von dieser angereicherten Bouillon der Vorkultur nimmt man nun 1 ccm, mischt dies mit 100 ccm sterilen destillirten Wassers (um nicht allzu dicht besäte Platten zu erhalten) und giesst Phenolgelatineplatten.

Verfahren nach Chantemesse und Widal. Die zur Anfertigung der Phenolgelatineplatte verwendete Gelatine wird derart bereitet,

---

*) Vergl. z. B. Mez, Mikroskopische Wasseranalyse, S. 375ff., 442ff.

dass man der Gelatine 0,25 % Karbolsäure zugiebt. Eine derart versetzte Gelatine lässt die Coli- und Typhusbakterien sich ohne Schädigung entwickeln, viele andere Arten (doch nicht alle, insbesondere auch nicht *B. aërogenes*) dagegen bleiben im Wachsthum stark zurück oder erscheinen gar nicht.

Nach drei Tagen wird dann die deutliches Wachsthum aufweisende Kulturplatte (ohne den Deckel zu lüften!) umgedreht und mit schwacher Vergrösserung ($^{80}/_{1}$) unter dem Mikroskope durchgemustert. Alle dabei aufgefundenen nicht verflüssigenden, hauchartig dünnen, weissen, mit breiter schneeweisser Randzone versehenen, gezacktrandigen, unregelmässig gefurchten Kolonien werden dann auf Zuckeragar*) abgeimpft und bei 37° gehalten.

Wenn die sich nun entwickelnden Kulturen weiss sind, den Nährboden nicht grün verfärben, das Kondenswasser des Agars und Bouillon nicht fadenziehend machen, aus dem Zucker unter Zerklüftung des Agars Gas bilden, sterilisirte Milch koaguliren, im hängenden Tropfen starke Eigenbewegung zeigen, aus sehr kleinen, ellipsoidischen, nach Gram nicht färbbaren Stäbchen bestehen, welche keine Fäden bilden (und für Versuchsthiere pathogen sind), so ist dies *Bacterium coli*.

Wenn die Zuckeragarkultur aber kein Gas bildet, auf der Gelatineplatte bei mikroskopischer Betrachtung kein Ausschwärmen (Entsenden kleinerer Kolonien) und am Stich der Gelatinestichkultur keine Haarbildung (abstehende Fäserchen) zu erkennen ist; wenn sterilisirte Milch weder koagulirt noch schleimig und Bouillon schwach getrübt wird; starke Beweglichkeit vorhanden ist und Färbbarkeit nach Gram fehlt; die Kultur auf ganz schwach sauer reagirender Kartoffel nur als feuchter Schimmer sich markirt, ohne wirklich sichtbar zu werden; Gelatine nicht fluorescirend sich verfärbt, so kann der Mikroorganismus *Bacterium typhi* sein.

Um ihn weiter zu prüfen, wird eine Kultur in Peptonwasser (Wasser 1000,0; Pepton. sicc. 10,0; Chlornatrium 5,0; sterilisirt) angelegt: tritt nach 1—2 Tagen bei Zusatz des halben Volums 10 %iger Schwefelsäure sowie eines Minimums von Nitrit zur Kultur und beim Erwärmen auf 80° rosa- bis blaurothe Färbung ein, so wurde von der Kultur Indol gebildet (Indolreaktion); da *Bact. typhi* kein Indol erzeugt, schliesst das Eintreten der Reaktion diese Art aus. — Hierbei ist selbstverständliche Voraussetzung, dass man mit Reinkultur gearbeitet hat.

Schliesslich wird noch zu einem in starker Bewegung befind-

*) Nähragar mit Zusatz von 5 % Traubenzucker.

lichen Bakterienschwarm in den hängenden Tropfen ein Minimum Typhusimmunserum (Serum von gegen Typhus immunisirten Thieren) gebracht; wenn momentan eine Zusammenballung und Häufchenbildung der vorher beweglichen Stäbchen erfolgt, ist die Diagnose ziemlich sicher.

Auch im Reagensglas ist die specifische Agglutinationswirkung des Serums gegen Typhus immunisirter Thiere makroskopisch nach 24 Stunden deutlich sichtbar, wenn man einer Bouillonkultur Immunserum im Verhältnis von 1 : 40 zusetzt. Die Bakterien verkleben dadurch zu Haufen und setzen sich als flockiger Niederschlag zu Boden.

Nachweis des Cholera-Vibrio im Wasser. In einem grossen Kolben werden 500 ccm des zu untersuchenden Wassers mit so viel einer deutlich alkalischen Peptonkochsalzlösung (20 % Pepton, 10 % Kochsalz) versetzt, dass eine 1 %ige Peptonlösung entsteht; der Kolben kommt bei 37^0 in den Brutschrank und die sehr stark luftbedürftigen Choleravibrionen sammeln sich an der Oberfläche, schon nach 3 Stunden ein feines Häutchen bildend, welches nach 18—24 Stunden nicht mehr dicker wird.

Sobald das Häutchen bemerkbar wird, werden daraus angelegt: 1. Strichkultur auf Agar; 2. Stichkultur auf Gelatine; 3. (nach starker Verdünnung der das Häutchen bildenden Bakterienmassen mit sterilem destillirten Wasser) Agar- und Gelatineplatten; 4. Strichkultur auf sterilen Kartoffeln.

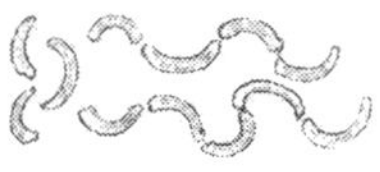

Ch.

Fig. 210. Cholera-Vibrionen. 1500/1.

Sobald irgend möglich, werden von der Agarkultur Ausstrichpräparate gemacht, gefärbt und betrachtet: Choleravibrionen müssen kommaförmig gekrümmt (Fig. 210) und im hängenden Tropfen lebhaft beweglich sein; die Agarkultur darf im Dunkeln nicht leuchten.

Nach 5—6stündiger Kultur wird aus dem Kolben 5 ccm der Flüssigkeit abgeschüttet und nach Umschütteln Schwefelsäure zugesetzt; tritt Rothfärbung ein, so ist Nitrit und Indol in der Bouillon gebildet, was auf das Vorhandensein von Choleravibrionen (mit Vorsicht) schliessen lässt.

Dasselbe Verfahren wird nach 18 Stunden noch einmal wiederholt. Dabei ist zu bedenken, dass diese Indolreaktion nicht mit einer Reinkultur angestellt wurde, um möglichst bald zu einem Resultat zu kommen, dass sie deshalb nochmals wiederholt werden muss, sobald eine Reinkultur gewonnen wurde.

Nach 18—24 Stunden wird die Gelatineplatte bei 60 bis 80facher Vergrösserung durchgemustert; die Vibrionenkolonien sind hellgelbliche, sehr grob granulirte Scheibchen mit krümeliger oder zerschlitzter Randbeschaffenheit und (manchmal erst etwas später bemerkbarer) Verflüssigungszone, sehr stark lichtbrechend. (Zu bemerken ist dabei, dass die Kolonien einiger *Bacterium*-Arten ausserordentlich ähnlich aussehen.)

Nach 24 Stunden ist auf der Kartoffelkultur (37°) gelbbraunes bis braunrothes Wachsthum bemerkbar.

Sind diese Nachweise alle gelungen, so ist das Vorhandensein von Choleravibrionen wahrscheinlich; sicher wird sie erst durch Prüfung der von der Gelatineplatte abzunehmenden Reinkulturen, welche bewegliche, gekrümmte, nicht leuchtende, die Gelatine verflüssigende Stäbchen enthalten müssen. Ist dann Nitroso-Indolreaktion (Cholераroth-Reaktion, Rothfärbung von Bouillon-Reinkultur bei Zusatz von Schwefelsäure) und Bildung linksdrehender Milchsäure aus Milchzucker vorhanden und fehlt Pathogenität für Tauben, so ist der Mikroorganismus der Choleravibrio.

Auch für den Choleravibrio ist die Agglutinationsmethode diejenige, welche die Erkennung am sichersten ermöglicht. Hat man eine verdächtige Reinkultur, bringt etwas davon in den hängenden Tropfen, betrachtet die schwärmenden Zellen und fügt nun ein Minimum Cholera-Immunserum zu, so sieht man die Vibrionen sich sofort in Häufchen ballen und bewegungslos werden, wenn die Kultur wirklich von *Microspira Comma* gebildet wird.

Bakterien als Gährungserreger.

Essig. Durch KÜTZING wurde bereits 1838 behauptet, dass die Oxydation des Alkohols zu Essigsäure durch Mikroorganismen bewirkt werde. Dies wurde durch die folgenden Untersuchungen, insbesondere von PASTEUR und HANSEN bewiesen, und zwar sind es mehrere *Bacterium*-Arten, insbesondere *B. aceti* und *B. Pasteureanum*, welche diese Umsetzung bewirken. Auch in Sauerteig wurde ein Essiggährung hervorrufendes *Bacterium* gefunden. Die Wirkung der Essigbakterien ist die, dass sie Alkohol aufnehmen, denselben mit Hilfe des Luftsauerstoffs verathmen (verbrennen) und Essigsäure ausscheiden.

Bei der Weinessigfabrikation wird einem Quantum erwärmten Essigs allmählich eine steigende Menge Wein zugesetzt; der dergestalt hergestellte Essig besitzt noch das Weinaroma.

Die Schnell-Essigfabrikation beruht darauf, dass Spiritus an Hobelspähnen in Gradirfässern herabrinnt und durch die an den Spähnen haftenden Bakterienmassen oxydirt wird.

In ähnlicher Weise wie der Essig wird auch **Milchsäure** (von vielen *Bacterium*-Arten) und **Buttersäure** (hauptsächlich von *Bacillus Amylobacter)* durch Bakterien gebildet.

Kefir. Kuhmilch, welche durch Vergährung des Milchzuckers etwa $1^0/_0$ Alkohol, Milchsäure und reichliche Mengen gelösten (peptonisirten) Kaseïns enthält, wird als Kefir bezeichnet; dasselbe Getränk, aus Stutenmilch dargestellt, ist der Kumys der asiatischen Nomaden.

Kefir wird in der Weise bereitet, dass man Milch über specifischen, hauptsächlich aus einer Unmenge stäbchenartiger Spaltpilze bestehenden Körnern („Kefirkörner") ansetzt, nach einiger Zeit abzieht, mit gewöhnlicher Milch versetzt und während des bald folgenden Gerinnens durch Schütteln intensiv mit Luft mengt. Der specifische Organismus des Kefirs scheint ein durch seine auffallende Sporenbildung bemerkenswerther *Bacillus, B. caucasicus,* zu sein; dieser bewirkt die Peptonisirung des Käsestoffes. Die Stäbchen dieses Spaltpilzes bilden in jedem Pol je eine grosse Spore, welche die Stäbchenenden derart auftreiben, dass der sporentragende *Bacillus* hantel- oder schenkelknochenförmige Gestalt besitzt. Ausser dem *B. caucasicus* sind in den Kefirkörnern auch noch mehrere Arten von Hefepilzen aufgefunden worden; ihre Rolle scheint die Erzeugung des Alkohols aus dem Milchzucker zu sein.

b) Hefepilze.

Die Gährung unserer alkoholhaltigen Getränke wird durch Hefepilze bewirkt; die Hefepilze *(Saccharomyceten)* heissen auch Sprosspilze, weil sie (Fig. 211) sich in der Weise vermehren, dass ihre Membran an irgend einer Stelle eine kleine Ausbuchtung zeigt, dass diese sich mehr und mehr vergrössert und so als Aussprossung eine der ursprünglichen Zelle gleichartige neue hervorbringt. Durch Wiederholung dieser Sprossbildung entstehen dann opuntienkaktusartige Zellverbände. Abgesehen von dieser Art der Vermehrung kommen bei der grössten Ueberzahl der Sac-

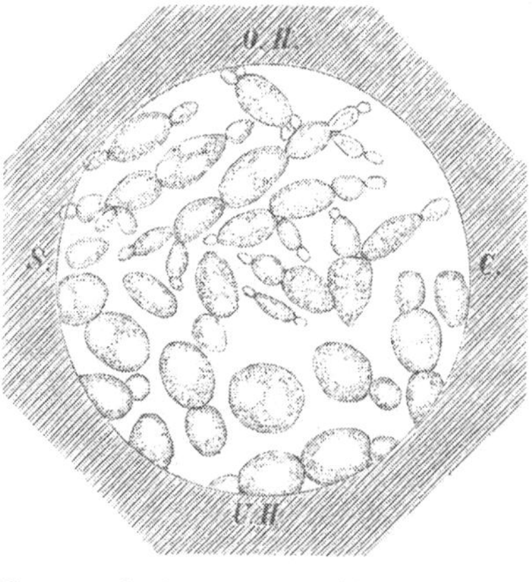

Fig. 211. *Saccharomyces cerevisiae.* O. H. Oberhefe. U. H. Unterhefe. $^{450}/_1$.

charomyceten auch im Innern der Zellen gebildete, derbwandige Sporen vor.

Von allergrösster Wichtigkeit für die Praxis der Gährungsindustrien hat sich die besonders durch HANSEN's Arbeiten festgestellte Thatsache erwiesen, dass verschiedene Arten resp. Racen der Gährungserreger verschiedene Nebenprodukte der Gährung hervorbringen, d. h. dass neben dem Hauptprodukt (Alkohol) eine wechselnde (aber für die einzelnen Racen konstante) Menge von Aroma-bestimmenden Körpern bei der Gährung sich entwickeln. Es hat sich herausgestellt, dass die „Krankheiten" der gegohrenen Getränke, also speciell von Bier und Wein, durch sogenannte „wilde Hefen" (und Bakterien) bedingt werden. Deshalb wird jetzt in modern eingerichteten Brauereien mit rein gezüchteten, d. h. nur aus einer einzigen Race bestehenden Hefen des *Saccharomyces cerevisiae*

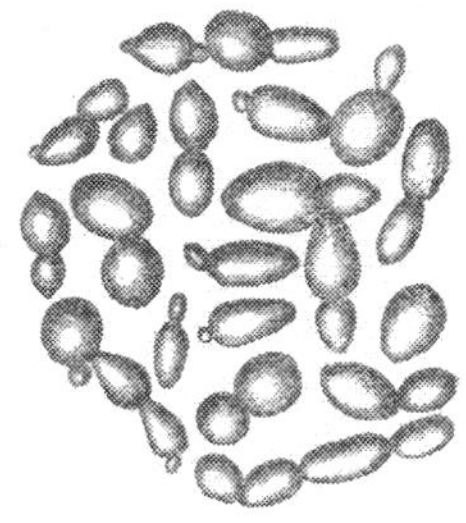

Fig. 212. *Saccharomyces ellipsoideus.* Stark vergrössert. (Nach Jörgensen.)

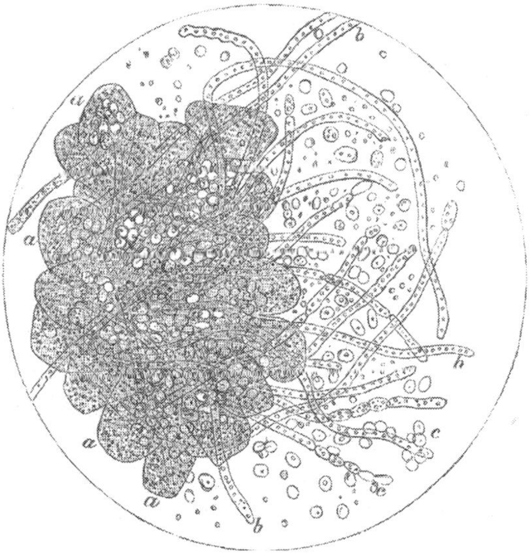

Fig. 213. Soorpilz, stark vergr. *a* Epithelialzellen der Mundschleimhaut, bedeckt mit dem Rasen des Soorpilzes *b* und abgeschnürten Sprossungen desselben *c*. (Nach Robin.)

gearbeitet und dadurch voll schmeckendes, blankes Bier mit Sicherheit erzielt. In gleicher Weise ist man imstande, durch Verwendung rein gezüchteter Racen des *Saccharomyces ellipsoideus* (Fig. 212) Weine mit bestimmendem Bouquet zu erhalten.

Das schönste Beispiel für die specifische Wirkung der Heferacen in Bezug auf die Aromabildung ist, dass man mit rein gezüchteten Weinheferacen auch das Ausgangsmaterial der Bierbereitung, die Malzwürze, zur Gewinnung eines durchaus weinartigen Getränkes („Maltonwein“) benutzen kann.

Soorpilz. Gleichfalls zu den Hefepilzen gehört der Soorpilz *Saccharomyces albicans*, Fig. 213), ein als Parasit häufig vorkommender Pilz, welcher sich besonders im Mund von Kindern oder altersschwachen Personen bei ungenügender Reinlichkeit ansetzt und die sogenannten „Schwämmchen“ bildet. Er giebt der Schleimhaut das Aussehen, als wäre sie mit Käseflocken bedeckt.

c) Die gewöhnlichsten Schimmelpilze.

Der Ausdruck „Schimmelpilz“ ist dem Sprachgebrauch des Volkes entlehnt, welches die verschiedenartigsten Formen damit bezeichnet, wenn sie nur das gemeinsame Merkmal haben, dass lockere, weiche Pilzfäden ein Nährsubstrat überziehen. Der Botaniker dagegen kennt verschiedene Abtheilungen unter diesen Schimmelpilzen: die einen sieht er als vollständige Pflanzen mit abgeschlossener Entwickelung an, das sind die *Mucoraceae*, während die anderen (als „*Fungi imperfecti*“ bezeichneten) nur Entwickelungszustände höherer Pilze darstellen.

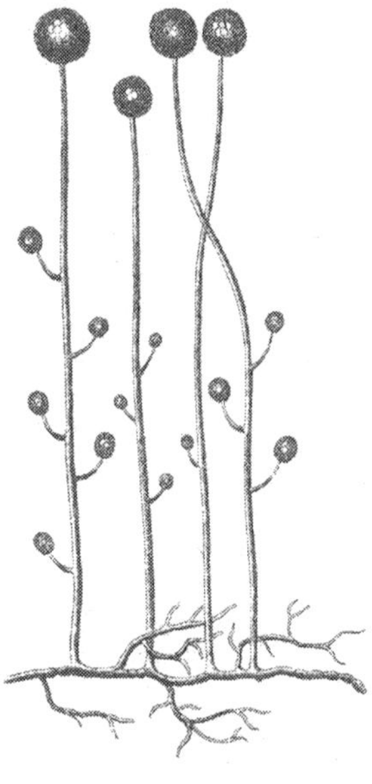

Fig. 214. *Mucor racemosus*. 100/1.

Gemeinsam ist allen „Schimmelpilzen“, dass man sie nicht ohne weiteres unter das Mikroskop bringen darf, weil bei jeder Berührung oder Präparation ihre Sporen abfallen, ihre Fäden zerstört und ihr Aussehen verändert wird, sondern dass man sie direkt auf ihrem Nährsubstrat der Beobachtung unterwerfen muss. Dies geschieht zweckmässig, indem man einen Objektträger durch Hitze sterilisirt, darauf einen Tropfen flüssig gemachter, mit Bierwürze oder Pflaumenabsud versetzter, sterilisirter Gelatine bringt, erkalten lässt und nun Spuren des zu untersuchenden Schimmelpilzes auf das so gewonnene durchsichtige, erstarrte Nährsubstrat auftupft. Man kann auf diese Weise die Schimmelpilze direkt unter dem Mikroskop von der Sporenkeimung bis zur Sporenreife wachsen sehen. Unterschieden werden leicht die Mucoraceen mit in einer kugeligen Blase eingeschlossenen Sporen und scheidewandlosen Fäden von den *Fungi imperfecti*, deren Sporen frei liegen und deren Mycelfäden reichlich Scheidewände aufweisen.

Mucor racemonus (Fig. 214). Dieser Köpfchenschimmel bildet auf Nahrungsmitteln aller Art, insbesondere aber auf Milch ausgebreitete, schneeweise Rasen; er ist leicht daran zu erkennen, dass das Hauptstämmchen (Fruchtträger), welches an seiner Spitze das grosse kugelförmige Sporangium trägt, eine Anzahl kurzer Seitenzweige treibt, die alle ebenfalls mit (kleineren) kugeligen Sporangien enden.

Mucor Mucedo. Eine der vorigen nahe verwandte Art, insbesondere auf Mist weit verbreitet und bis mehrere cm hohe schlaffe Rasen bildend. Die Sporangienträger dieser Art sind nicht verzweigt; die Köpfchen sind in reifem Zustand schwarz. Besonders charakteristisch für diese Art ist, dass die im Innern der Sporangien enthaltene Blase (Columella) mit röthlichem Saft erfüllt ist.

Mucor stolonifer (Fig. 215). Sehr leicht kenntlich ist diese Art daran, dass bei ihr immer ein Büschel von Sporangienträgern

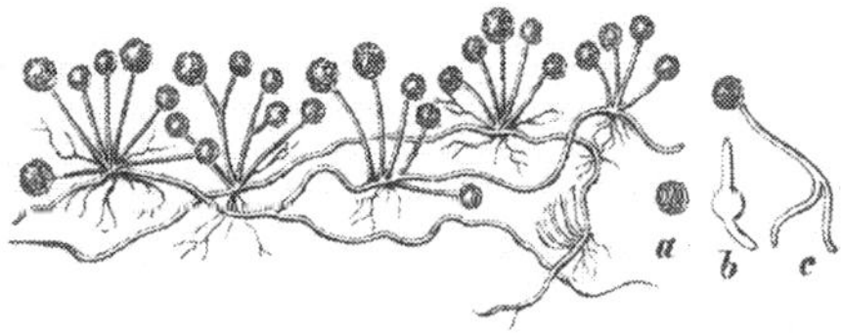

Fig. 215. *Mucor stolonifer.* $^{30}/_{1}$. *a* Spore, *b* u. *c* keimende Sporen. $^{200}/_{1}$.

zusammensteht und dass die Pflanze darunter ein Bündel bräunlicher, wurzelartiger Fasern ins Substrat sendet.

Thamnidium elegans (Fig. 216). Ein weisser Köpfchenschimmel, welcher auf Brot und anderen Nahrungsmitteln sich besonders gern einfindet und dadurch charakterisirt ist, dass der Hauptsporangienträger (meist quirlig gestellte) Seitenzweige treibt, welche eine grosse Masse kleiner Sporangien (Nebensporangien) erzeugen.

Aspergillus herbariorum (Fig. 217). Mit der folgenden Art der gemeinste Schimmelpilz an Nahrungsmitteln etc., blaugrüne Rasen bildend. Aus kriechenden, mit reichlichen Scheidewänden versehenen weissen Fäden erheben sich an der Spitze keulenförmig anschwellende Sporenträger; die obere Keule selbst ist mit kleinen, kegelförmigen Zellen allseits bedeckt, und an deren Spitze werden in Reihen die blaugrünen Sporen abgeschnürt.

Penicillium crustaceum (Fig. 218). Im makroskopischen Aussehen der vorigen Art ähnlich und wenn möglich noch gemeiner als diese; der Schimmel, welcher die blaugrünen Adern im Roquefort-Käse bildet. Die Fruchtträger verzweigen sich oben mehrmals fingerförmig oder besenförmig, und jeder Endzweig schnürt eine Reihe von Sporen ab.

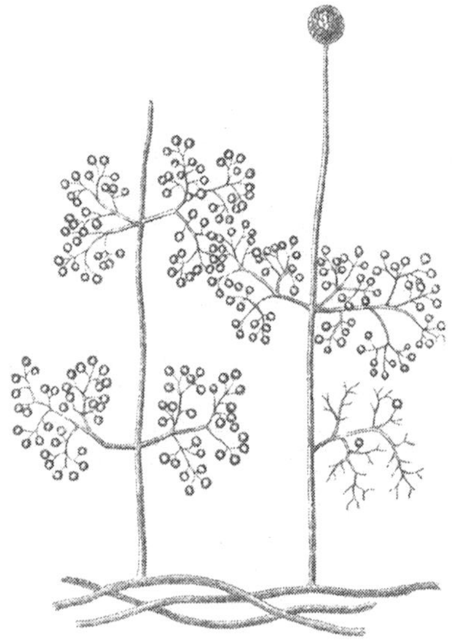

Fig. 216. *Thamnidium elegans.* $^{100}/_{1}$.

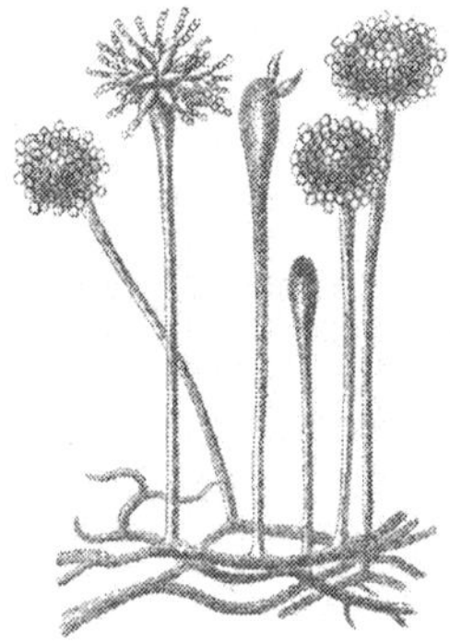

Fig. 217. *Aspergillus herbariorum.* $^{100}/_{1}$.

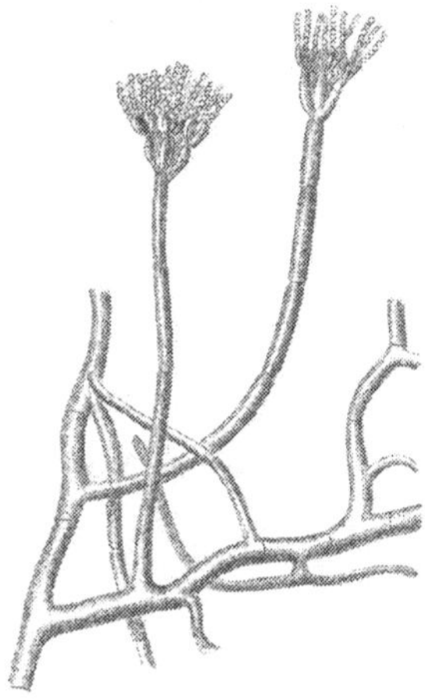

Fig. 218. *Penicillium crustaceum.* $^{100}/_{1}$.

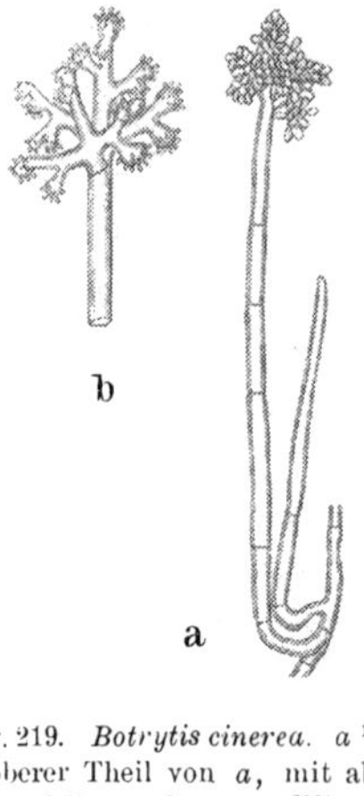

Fig. 219. *Botrytis cinerea.* *a* $^{100}/_{1}$, *b* oberer Theil von *a*, mit abgefallenen Sporen, $^{200}/_{1}$. (Nach De Bary.)

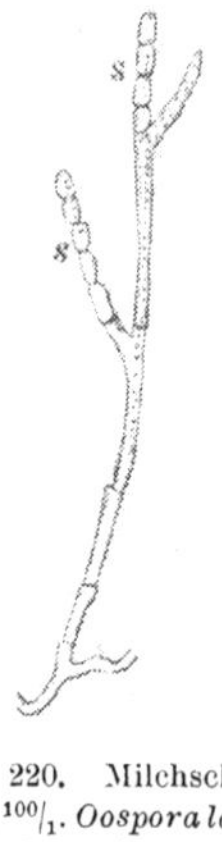

Fig. 220. Milchschimmel. $^{100}/_{1}$. *Oospora lactis.* *s* In Sporenketten umgewandelte Zweige.

Botrytis cinerea (Fig. 219). Kleine graue, bei der Sporenreife graugelbe Rasen, auf modernen Vegetabilien aller Art ausserordentlich häufig. Die Sporen dieses Schimmels werden nicht in Ketten, sondern einzeln gebildet; sie stehen in Menge zusammen auf den Spitzen plumper Auszweigungen der Fruchtträger.

Oospora lactis (Fig. 220). Diese Schimmelart wird meist *Oidium lactis* genannt; sie ist überall dort massenhaft, wo Milch und Milchreste zu finden sind, tritt aber auch sonst auf faulenden Flüssigkeiten auf. *Oospora lactis* bildet feine, schneeweisse Räschen; sie entwickelt keine eigentlichen Fruchtträger, sondern ihre Fäden resp. die Zweige derselben zerfallen dadurch in Sporenketten, dass die einzelnen Zellen sich zu Sporen umbilden und sich von dem Verband der Fäden leicht ablösen.

d) Die wichtigsten Wasserpilze.

Crenothrix polyspora (Fig. 221). Zu den Spaltpilzen gehörige Art, welche hauptsächlich dadurch bekannt wurde, dass sie in

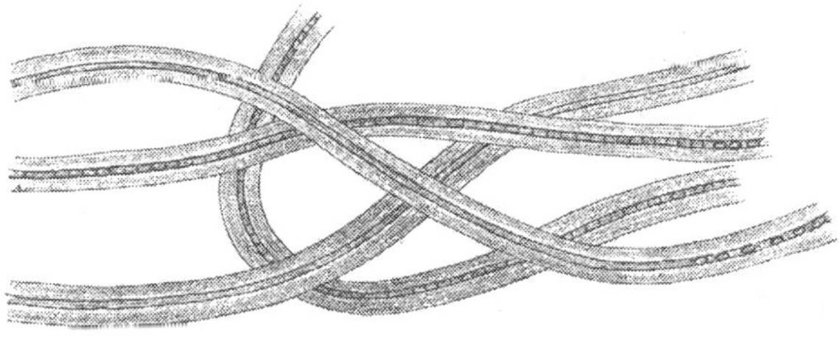

Fig. 221. *Crenothrix polyspora.* $^{750}/_{1}$.

eisenhaltigem Wasserleitungswasser mehrfach (z. B. in Berlin) auftrat und durch Verstopfen der Röhren, sowie durch Abschwimmen ganzer Pilzmassen die Leitungen unbrauchbar und das Wasser für den Genuss ungeeignet machte. *Crenothrix* ist leicht daran zu erkennen, dass sie aus einem dünnen Zellfaden besteht, welcher von einer dicken, mit Eisenhydroxyd rothbraun gefärbten Gallertscheide umgeben ist. Häufig sieht man auch Fäden, welche allein noch aus der Scheide bestehen, während die Zellen ausgewandert oder abgestorben sind. Die fast überall sich findende Angabe, dass *Crenothrix* in mit organischen Abfallstoffen verunreinigtem Wasser sich finde, ist unrichtig; dieser Pilz ist nur an den Eisengehalt des Wassers gebunden und liebt gerade reines, d. h. nicht fäulnissfähiges Wasser. Auch die interessante Lebensgeschichte dieses Pilzes, welcher alle möglichen Formen während seiner Fortpflanzung annehmen soll, ist noch sehr der Bestätigung bedürftig.

Sphaerotilus natans (Fig. 222). Der Charakterpilz in mit organischen Abfallstoffen stark verschmutzten Wasserläufen; bildet in denselben an Steinen oder Holzwerk, sowie an hineinhängenden Zweigen etc. festsitzende, weissliche, schleimige Flocken oder Rasen. Das Bett verschmutzter Wasserläufe ist mit diesem Pilz oft wie mit dicken schaffellartigen Massen ausgepolstert.

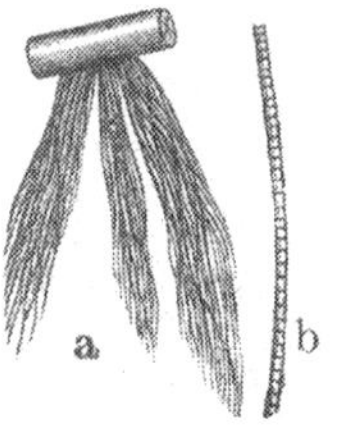

Fig. 222. *Sphaerotilus natans.* *a* nat. Grösse; die als einzelne, makroskopisch sichtbare Fäden gezeichneten Gebilde sind in Wirklichkeit aus sehr vielen Einzel-Fäden bestehende Bündel. *b* $^{300}/_{1}$.

Sphaerotilus ist ausserordentlich leicht daran zu erkennen, dass seine Fäden keine Eigenbewegung besitzen, erst bei starker Vergrösserung deutlich sichtbar werden und dann (vergl. Fig. 221, *b*), aus kleinsten Zellen zusammengesetzt sind. Ferner ist bemerkenswerth, dass stets viele Fäden in gemeinsamer Schleimhülle liegend Büschel bilden, welche bei Betrachtung mit blossem Auge (vergl. Fig. 221a) wie einzelne Fäden aussehen. Dieser Pilz ist das einzige unbewegliche Fadenbakterium, welches in Schmutzwässern in grossen, makroskopisch sofort sichtbaren Rasen auftritt; er kann bei Betrachtung mit blossem Auge nur mit *Leptomitus* (siehe unten) verwechselt werden, ist aber mikroskopisch von jenem sofort zu unterscheiden. In der Literatur geht *Sphaerotilus* meist unter den Namen *Cladothrix*, *Crenothrix* oder *Beggiatoa*.

Beggiatoa alba (Fig. 223). Auch dieses Fadenbakterium ist in Schmutzwässern sehr verbreitet, ohne doch in seinem Vorkommen streng an solche gebunden zu sein. *Beggiatoa* findet sich in jedem Wasser, welches Schwefelwasserstoff enthält: dies für die übrigen Organismen giftige Gas ist ihr Lebenselement. Wie nämlich die übrigen Pflanzen und Thiere kohlehaltige Substanz verbrennen und aus diesem chemischen Process ihre Lebensenergie gewinnen, also als Endprodukt Kohlensäure ausscheiden, so nimmt die *Beggiatoa* Schwefelwasserstoff auf, oxydirt diesen zu regulinischem Schwefel ($H_2 S + O = H_2 O + S$) und oxydirt den so entstandenen Schwefel weiter zu Schwefelsäure ($S + 3 O = S O_3$), welche in Form von Sulfaten ausgeschieden wird. Dem entsprechend findet man die aus Zellreihen bestehenden Fäden der *Beggiatoa* (Fig. 223, *c*) gewöhnlich dicht mit Schwefelkörnchen angefüllt (vergl. Fig. 223, *a*, *b*).

Ferner zeigt dieser Fadenpilz noch die Eigenschaft deutlicher Eigenbewegung unter dem Mikroskop. Die Fäden machen eine pendelnde und schraubende Bewegung, welche bei längerem, ruhigem Betrachten des Präparats nicht übersehen werden kann. An dieser Bewegung und an den Schwefelkörnchen wird *Beggiatoa* leicht erkannt. — Für die Wasserbeurtheilung wichtig ist, dass *Beggiatoa* nur im Wasser vorhandenen Schwefelwasserstoff anzeigt, welcher zwar meist aus den intensiven Fäulnissprocessen, die sich in Abwässern abspielen, herrührt, welcher aber auch anderen Quellen entstammen kann.

Leptomitus lacteus (Fig. 224). Wie *Sphaerotilus* ist auch *Leptomitus* ein Charakterpilz für mit fäulnissfähigen Substanzen verunreinigtes Wasser, in welchem er als grosse, wollartige Rasen auftritt und oft ganze Wasserläufe auspolstert. *Leptomitus* ist sehr leicht daran zu erkennen, dass seine Fäden schon bei schwacher Vergrösserung ($^{80}/_{1}$) deutlich doppelte Kontur zeigen, dass dieselben keine Querwände aufweisen und von Zeit zu Zeit ringförmige Ein-

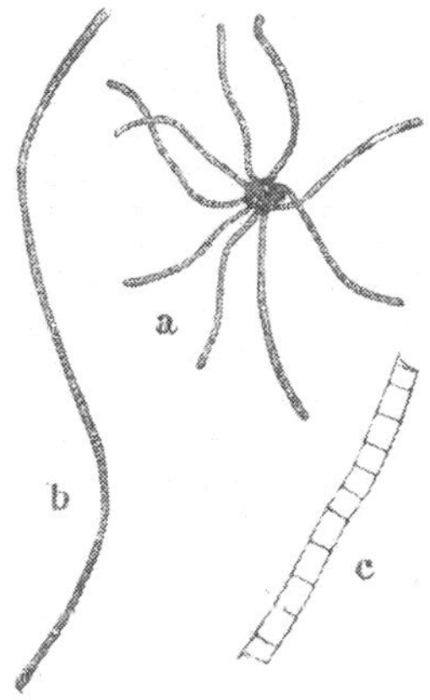

Fig. 223. *Beggiatoa alba.* *a*, *b* $^{300}/_{1}$, *c* $^{720}/_{1}$.

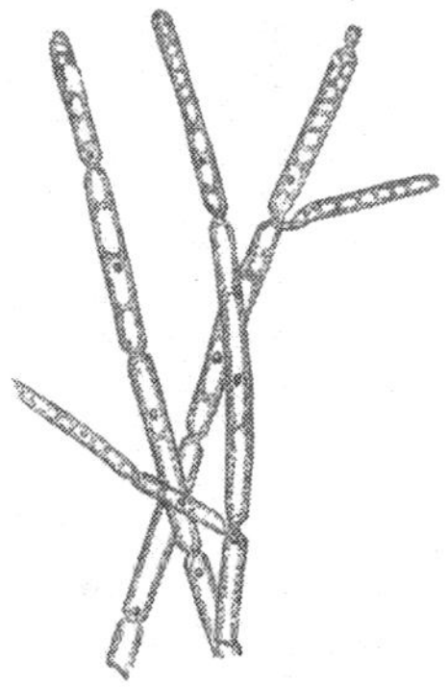

Fig. 224. *Leptomitus lacteus.* $^{150}/_{1}$.

schnürungen zeigen. Diese Strikturen theilen die Pilzschläuche in Glieder ein; in jedem Glied sieht man bei genauerer Betrachtung einen grossen, stark lichtbrechenden Körper (Cellulinkorn) liegen. Diese Körper sind mit den Einschnürungen die besten Erkennungsmerkmale des *Leptomitus*.

Saprolegnia und **Achlya.** Während *Leptomitus* hauptsächlich auf vegetabilischen, putriden Substanzen wächst, sind seine nächsten Verwandten, die ihnen sehr ähnlich sehenden *Saprolegnia-* und *Achlya-*Arten auf thierischen Nährboden angewiesen. Dieselben finden sich ausserordentlich häufig auf todten Fischen und Krebsen, solche mit einem weissfilzigen oder schimmelartigen Ueberzug bedeckend. Ueber diese Pilze ist festgestellt, dass dieselben gut gehaltenen, gesunden Fischen nicht schaden resp. sich nicht leicht auf solchen ansiedeln, dass dagegen sowohl in den Trögen, in welchen Fischbrut aufgezogen wird, wie in Fischbehältern (Fischkästen) durch dieselben grosser Schaden angerichtet werden kann. Die *Saprolegnia*- und *Achlya*-Arten befallen zunächst todte Exemplare, vermehren sich auf solchem Nährboden intensiv und greifen dann, wenn die befallenen Leichen nicht rechtzeitig entfernt werden, auch auf den noch gesunden Bestand der Fischtröge und Fischbehälter über. Infolge mangelhafter Wartung kann so der ganze Besatz eines Fischbehälters in kurzer Zeit zugrunde gehen. Die *Saprolegnia*- und *Achlya*-Arten sind von *Leptomitus* leicht durch das Fehlen der Cellulinkörner zu unterscheiden. In Bezug auf die Strikturen, welche manche als hauptsächliches Unterscheidungsmerkmal hervorheben und welche *Leptomitus* allein zukommen, muss man deshalb vorsichtig sein, weil infolge Durchwachsens alter Fadenenden auch bei *Achlya* strikturenähnliche Bilder auftreten können. — *Saprolegnia* und *Achlya* finden sich in jedem Fluss- und Teichwasser; sie sind kein Anzeichen für verdorbenes Wasser.

e) Die wichtigsten Pilzkrankheiten der Kulturgewächse.

Mutterkorn. Der Mutterkornpilz *(Caviceps purpurea)* kommt auf verschiedenen Gräsern, besonders häufig aber in den Aehren des Roggens vor; nach langen Forschungen wurde erkannt, dass dieser

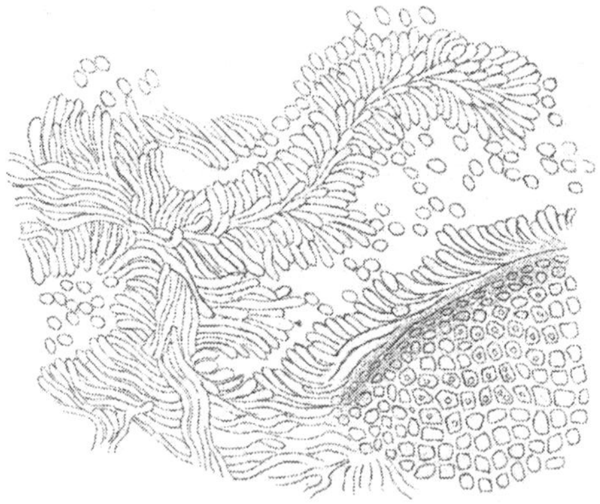

Fig. 225. Mutterkornpilz im ersten Entwicklungsstadium (Honigthau). Ein junges Sklerotium ist bedeckt mit schlauchförmigen Zellen, welche ovale Sporen abschnüren. (Nach Sorauer.)

Pilz nach einander in drei durchaus verschiedenen Formen auftritt, nämlich:

1. Als „**Honigthau**“ (Fig. 225). Unter Honigthau (früher mit dem Namen *Sphacelia segetum* belegt) versteht man die Erschei

nung, dass in jungen Getreideähren sich Tropfen eines süssen, zähen, gelblichen Schleims bilden. Nimmt man einen solchen Tropfen unter das Mikroskop, so sieht man in ihm massenhaft kleine, elliptische Zellchen schwimmen: das sind die Sporen des Honigthaus, welche sammt dem zähen Schleim von einer schimmelähnlichen Lage von Pilzfäden erzeugt werden. Diese Sporen keimen sehr rasch: auf noch unbefallene Getreideähren gebracht, stecken sie dieselben nach kürzester Zeit an.

2. **Das Sclerotium** (Fig. 226). Das zweite Entwicklungsstadium des Mutterkornpilzes geht aus dem von Pilzfäden vollkommen durchsetzten und erfüllten Fruchtknoten der Getreidepflanze hervor. Hat die *„Sphacelia“* genügend Nährstoffe aus der Getreidepflanze gesogen, so lagert sie dieselben in dem Pilzgewebe ab, welches den Fruchtknoten durchzieht: die dort vorhandenen Hyphen werden dickwandig und dicht mit fettem Oel erfüllt. Man nennt solche Dauerzustände von Pilzen Sclerotien und kennt ähnliche aus sehr vielen verschiedenen Verwandtschaftsgruppen. Das Sclerotium von *Claviceps purpurea* ist das in den Apotheken gebräuchliche und allgemein bekannte „Mutterkorn“, welches das giftige Ergotin enthält und dessen Genuss im Brot die Ursache der im Mittelalter als furchtbare Epidemien aufgetretenen „Kriebelkrankheit“ („St. Antoniusfeuer“) ist.

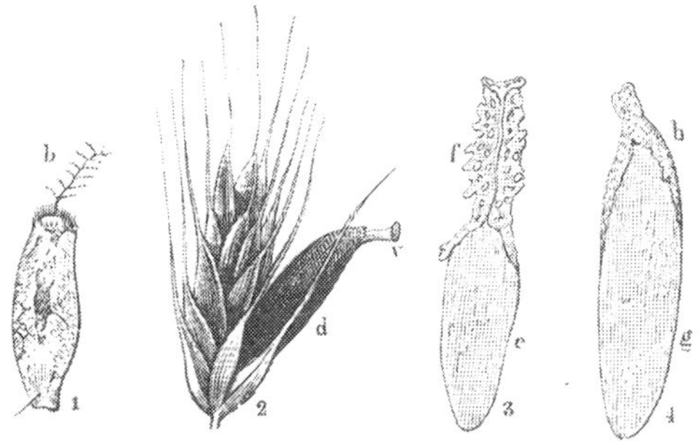

Fig. 226. Mutterkornpilz im zweiten Entwickelungsstadium.

1. Roggenfrucht von Hyphen des Mutterkornpilzes durchsetzt (Vertikaldurchschnitt, $1\frac{1}{2}$fache Linearvergrösserung). *a* Ansatz des sterilen Fruchtlagers (Sclerotium).
2. Aehrentheil des Roggens mit einem Mutterkorn (Sclerotiumstroma). Natürliche Grosse.
3. Vertikaldurchschnitt (4fache Linearvergrösserung) des sterilen Fruchtlagers oder Sclerotiumstroma (*e*).
4. Dasselbe mehr entwickelt. *g* Sclerotium, *b* Sphacelia-Lager, Vertikaldurchschnitt ($1^1/_2$fache Linearvergrösserung).

3. **Der ausgebildete Pilz** (Fig. 227). Das dritte und letzte Entwicklungsstadium tritt ausserhalb des Bereiches der Getreideähre auf. Gelangt nämlich das Sclerotium auf feuchte Erde, so

löst sich nach etwa drei Monaten Ruhe von der violetten Oberflächenschicht hier und da ein Läppchen ab, und an den entblössten Stellen erscheinen weisse Knöpfchen, die sich später strecken, schmutzig-violett färben und je in einen langen Stiel, sowie in einen rundlichen Kopf differenzieren. Diese Form ist die eigentliche *Claviceps*, ein der Klasse der *Pyrenomyceten* angehöriger Pilz. Die Köpfchen sind dicht von Wärzchen bedeckt und enthalten unter jedem Wärzchen einen eiförmigen Fruchtbehälter (Perithecie), welcher mit zahlreichen, gegen den Scheitel konvergirenden, linienförmigen, 8sporigen Schläuchen (Sporenschläuchen) gefüllt ist. Bei der Reife öffnet sich jede Perithecie mit einem Loche inmitten des deckenden Wärzchens. Aus dem oberen Ende des Sporenschlauches treten die fadenförmigen Sporen in Bündeln zusammenhängend aus

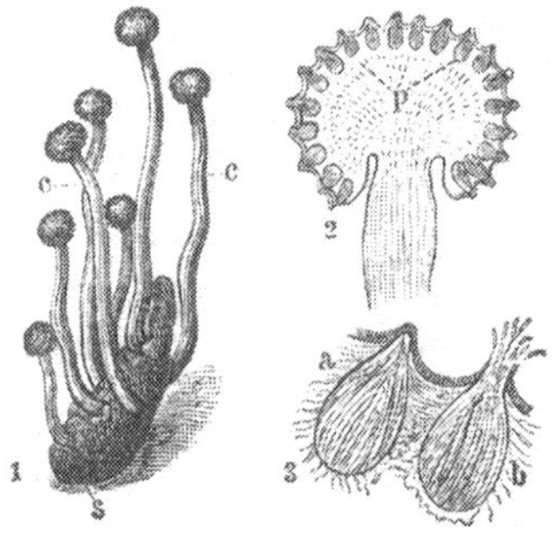

Fig. 227. Mutterkornpilz im dritten Entwickelungsstadium.

1. Sclerotium mit Pilzfrüchten (natürliche Grösse). *s* Sclerotiumlager, *c* Früchte des Mutterkornpilzes (fruchtbares Pilzlager).
2. Ein Fruchtknöpfchen vergrössert im Vertikaldurchschnitt, Fruchtbehälter, Perithecien (*p*) zeigend.
3. Zwei Perithecien stark vergrössert, 8sporige Sporenschläuche enthaltend. *a* Noch geschlossene Perithecie, *b* geöffnete Perithecie Sporen auswerfend.

und schieben sich durch die Perithecienöffnung nach aussen. Nach näherer Untersuchung kann ein Sclerotium 20—30 Kernpilzchen tragen, welche mehr denn eine Million Sporen entwickeln. Diese Sporen rufen auf Gräsern wieder Honigthau hervor.

Die Bekämpfung des Mutterkornpilzes hat in der Weise zu geschehen, dass man die Ernte eines mit Mutterkorn befallenen Feldes möglichst frühzeitig vornimmt, um die Sclerotien nicht aus den Aehren ausfallen zu lassen; dass man die ausgedroschenen Mutterkorn-Sclerotien besonders aus dem Saatgut sorgfältig durch Werfen und Seihen von den schwereren Getreidekörnern trennt und die Schädlinge dann in die Apotheken verkauft oder in die Jauchegruben schüttet, wo sie verfaulen. Ferner aber mähe man die in der Umgebung der Getreidefelder vorhandenen wilden Gräser vor der Blüthe, damit sich nicht von ihnen aus der Honigthau auf das Getreide verbreite.

Getreiderost. Diese Krankheit des Getreides wird nicht von einem, sondern von drei verschiedenen Pilzen bewirkt, nämlich (meist) von *Puccinia graminis* oder *P. straminis*, (seltener) von *P. coronata.* Ihren Namen haben die Rostpilze daher, dass sie als rostrothe Flecke oder Pusteln an den befallenen Getreidepflanzen erscheinen. Die Pilzfäden durchziehen nämlich erst das Gewebe der Nährpflanzen, durchbrechen dann aber in dicht geknäuelten Massen die Epidermis derselben und bilden nun erhabene, staubige Häufchen. Sieht man sich eines derselben von der häufigen Art, *P. graminis*, im Frühsommer an, so findet man (vergl. Fig. 228), dass dieselben gebildet werden von elliptischen, dünnwandigen Zellen ohne Scheidewand, mit feinstacheliger Membran, welche auf dünnen Stielchen stehen. Diese Sporen, welche als Uredo-Sporen bezeichnet werden, sind sofort keimfähig und verbreiten die Krankheit, wenn sie vom Wind fortgeführt werden, über weite Strecken der Getreidefelder.

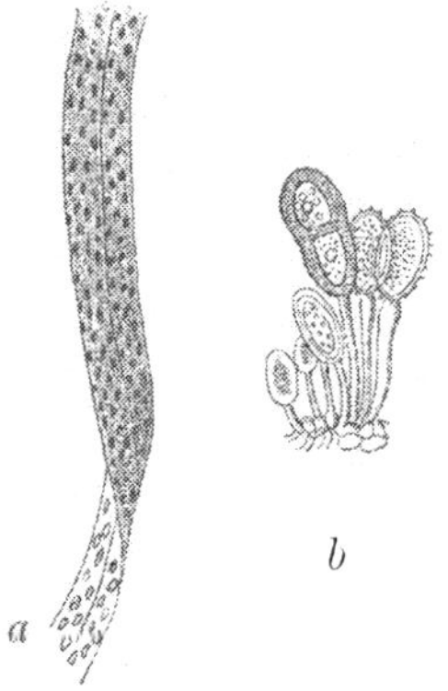

Fig. 228. *Puccinia graminis.* *a* Grasblatt mit Rostpilz-Häufchen, *b* Uredo-Sporen (einzellig) und eine Teleuto-Spore (zweizellig). (Nach Sorauer.)

Später im Jahre bilden dann dieselben Pusteln, welche erst Uredo-Sporen hervorgebracht hatten, dickwandige, zweizellige Sporen (Fig. 228, *b*), welche nicht sofort keimfähig sind, sondern den Beruf haben, den Pilz über den Winter weg zu bringen. Diese Sporen werden als Teleutosporen bezeichnet.

Im Frühjahr keimen diese Teleutosporen in der Weise aus (vergl. Fig. 229), dass sie durch vorgebildete Keimporen dicke, mit Scheidewänden versehene Schläuche (Promycelien) heraussenden, an welchen auf dünnen Fädchen (Sterigmen) kleine dünnwandige Sporen (Sporidien, *sp*) entstehen.

Diese Sporidien der *Puccinia graminis* keimen nun niemals auf Gräsern, sondern sie kommen nur zur Entwickelung, wenn sie auf die Blätter des Berberitzen-Strauches *(Berberis vulgaris)* gelangen. Hier dringen sie ein und bilden nun dichte Fadengeflechte, welche bald wieder als rothe Pusteln erscheinen und nun zweierlei verschiedene Fruchtbildungen hervorbringen. Auf der Oberseite der Blätter (vergl. Fig. 230) entstehen krugförmige Behälter, welche kleinste Zellchen (Spermatien) hervorbringen. Die Bedeutung dieser

Spermatien ist noch unbekannt. Auf der Unterseite dagegen entwickeln sich grössere Becher, welche in Reihen dicht gedrängt die Aecidium-Sporen hervorbringen. Diese Aecidium-Sporen sind nur auf Gräsern keimfähig und bringen von neuem die Uredo-Sporenform hervor.

Wie *Puccinia graminis* für ihr Aecidium die Berberitze, so benutzt *P. straminis* verschiedene *Boraginaceae (Anchusa, Symphytum, Pulmonaria* etc.); *P. coronata* hat ihr Aecidium auf *Rhamnus*-Arten.

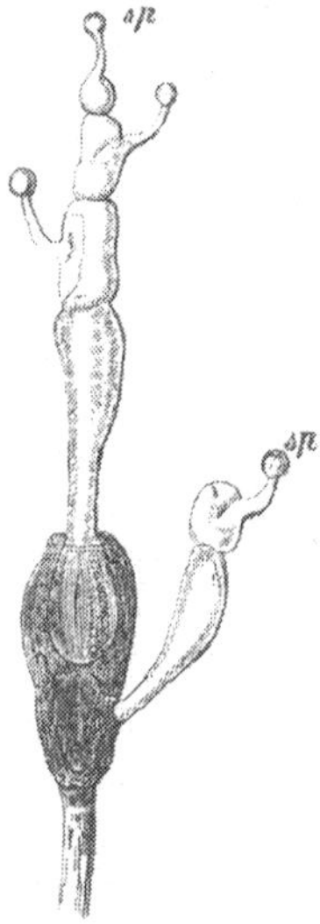

Fig. 229. Keimende Teleuto-Spore mit einem Promycelium, welches Sporidien (*sp*) abschnürt. $^{400}/_{1}$.

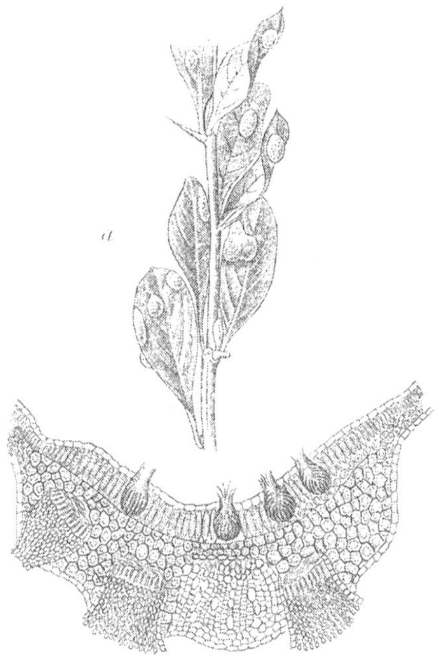

Fig. 230. *Puccinia graminis.* *a* Aecidien auf einem Zweig von *Berberis vulgaris*; *b* Durchschnitt durch ein solches Aecidium, nach oben die Spermatienbehälter, nach unten die Sporenbecher. (Nach Sorauer.)

Bei Bekämpfung der Rostkrankheit ist man auf grosse Schwierigkeiten gestossen. Die Verbreitung der *P. graminis* kann zwar durch Wegschaffen der *Berberis*-Sträucher eingedämmt werden; dies ist aber bei *P. straminis* nicht der Fall, weil deren Aecidium-Form auf verbreiteten Ackerunkräutern vorkommt. Man hat als Auskunftsmittel mit grossem Erfolg von der Thatsache Gebrauch gemacht, dass manche Getreidesorten dem Rost starken Widerstand leisten resp. von demselben nur wenig ergriffen werden und baut daher in gefährdeten Lagen nur solche Sorten.

Steinbrand des Weizens. — Als „brandige“ Weizenkörner sind solche bekannt, deren ganzes Inneres von der schwarzen Sporenmasse von Pilzen erfüllt ist. Die Verursacher des Weizen-Steinbrandes sind die beiden nahe verwandten Arten *Tilletia Tritici* und *T. laevis*. Die Ausbildung ihrer Sporen unterscheidet diese Arten: bei *T. Tritici* sind regelmässige, deutliche Netzleisten auf der Sporenwand zu erkennen (Fig. 231, *a*); *T. laevis* (Fig. 231, *b*) zeigt solche nicht.

Die Erkrankung der Weizenpflanzen am Steinbrand ist verhältnissmässig schwer zu erkennen. Die von den Fäden desselben durchzogenen Pflanzen scheinen im allgemeinen üppiger zu gedeihen als die gesunden; ihre Blätter sind mehr blaugrün. Erst bei der Fruchtreife erkennt man an der fehlenden Neigung der Aehren,

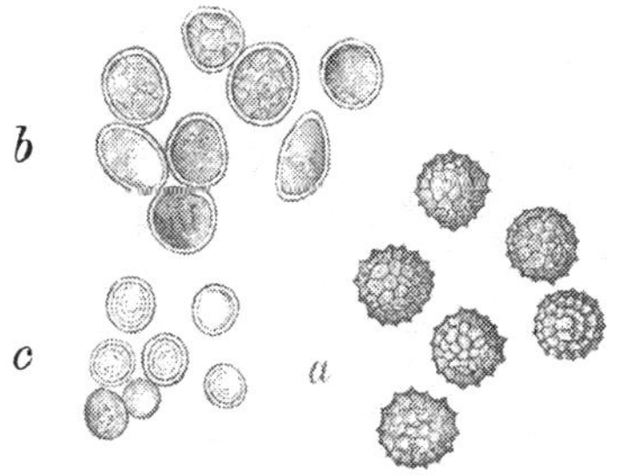

Fig. 231. Sporen *a* von *Tilletia Tritici*, *b* *Tilletia laevis*, *c* *Ustilago carbo*. $^{300}/_{1}$. (Nach Moeller.)

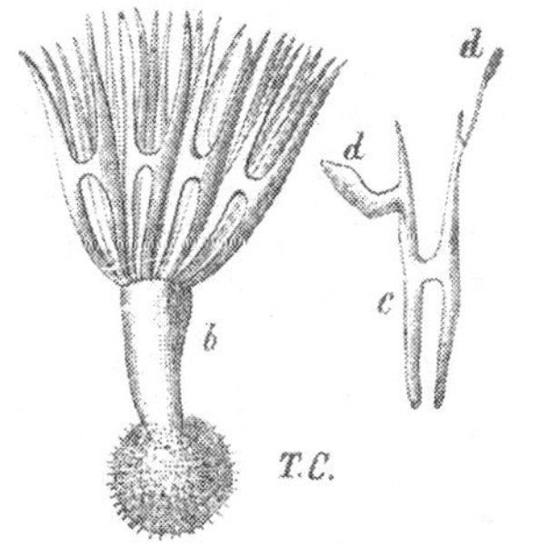

Fig. 232. Steinbrand. *b* Spore mit Keimschlauch und Sporidienwirtel. $^{900}/_{1}$. *c* Eine Doppelsporidie, sekundäre Sporidien (*d*) treibend

dass dieselben taub sind; die branderfüllten Körner sind dunkel und schimmern dunkel durch die Spelzen. — Zerrieben verbreiten brandige Körner einen deutlichen Trimethylamin-(Häringslake-)Geruch. Die Steinbrand-Sporen sind sofort keimfähig und treiben, wenn sie in feuchte Erde gelangen, erst einen Faden an die Luft. Hat der Faden die Erdoberfläche erreicht, so bildet er (vergl. Fig. 232) an seiner Spitze einen Wirtel fadenförmiger Zellen, welche zu je zweien miteinander verwachsen. Diese auch „Kranzkörperchen“ genannten Zellen fallen dann ab und entwickeln sekudäre Sporidien *(d)*, welche auf Weizenpflanzen keimen.

Als sicheres Mittel gegen die Brandkrankheiten des Getreides ist das „Einbeizen“ des Saatguts bekannt. Unter Einbeizen versteht man das Verfahren, das Saatgut einer nassen Desinfektion zu unterziehen, welche die Brandsporen tödtet, die Getreidekörner aber nicht schädigt. Das Einbeizen wird am besten mit $^1/_2\,{}^0/_0$ Kupfervitriol-Lösung bewirkt in der Weise, dass man die Körner 16 Stunden lang in der Lösung lässt, wiederholt umrührt, alles oben schwimmende abschöpft und wegthut, dann aus der Beize nimmt, flach ausbreitet und solange unter öfterem Wenden trocknet, bis der Same für die Aussaat trocken genug ist. Auf diese Weise kann man mit Sicherheit das Auftreten aller Brandpilze eindämmen, muss sich aber hüten, brandiges Stroh enthaltenden Mist auf den Acker zu bringen.

Staubbrand des Getreides. — Besonders häufig auf Hafer, doch auch auf andern Getreidearten und auf Wiesengräsern tritt der durch *Ustilago Carbo* gebildete Staubbrand (Flugbrand) auf, und zwar sind nicht nur die Körner, sondern oft die ganzen Blüthenstände befallen und schwarz überpudert. Die von den Steinbrand-Sporen des Weizens durch ihre geringe Grösse leicht unterscheidbaren Sporen des Staubbrandes sind S. 263, Fig. 231, *c* dargestellt. Der Staubbrand keimt ohne Entwickelung der Sporidienwirtel (vergl. Fig. 232); er wird durch Einbeizen des Saatguts bekämpft wie der Steinbrand.

Maisbrand. — An Maispflanzen sieht man recht häufig grosse (bis Kinderkopfgrösse), beulenartige, mit weissgrau glänzender Haut überzogene Auswüchse, welche mit schwarzem Pulver erfüllt sind. Dies sind die Krankheits-Erscheinungen des Maisbrandes *(Ustilago Maydis)*. Die schwarze Masse, welche auf Thiere giftig wirkt, wird von den in ungeheuren Mengen angehäuften, warzig-stacheligen Sporen gebildet. Durch Einbeizen des Saatguts wird der Maisbrand verhütet.

Kartoffelkrankheit (Krautfäule der Kartoffeln; Fig. 333). Von Juni bis August sieht man häufig auf dem Kartoffelkraut sogenannte Brandflecke entstehen, welche erst gelb, dann braun, schliesslich schwärzlich werden. Betrachtet man den Rand dieser Flecken, so sieht man mit blossem Auge, dass auf dem dort noch grünen Blattgewebe ein weisser Reif liegt. Dies ist die von *Phytophthora infestans* bewirkte Kartoffelkrankheit, welche in wenig Tagen das Laub auf ganzen Feldern zu vernichten vermag.

Betrachtet man die bereiften aber noch grünen Stellen mit dem Mikroskop, so sieht man, dass aus den Spaltöffnungen, besonders der Blattunterseite verzweigte Bäumchen herauswachsen, deren Aeste citronenförmige Körper tragen. Diese Körper sind die Sporangien. Wird ein Sporangium in Wasser gebracht, so platzt es, und aus seinem Innern treten eine Anzahl lebhaft beweglicher, mit Bewegungsgeisseln versehener Sporen, welche nach einiger Zeit zur Ruhe kommen. Sind bei nassem oder thauigem Wetter die Sporangien in Wassertropfen auf Kraut oder junge Knollen der Kartoffelpflanze gekommen, so wachsen die zur Ruhe gekommenen Schwärmsporen zu einem Schlauch aus, der die Oberhaut der Nährpflanze durchbohrt, sich im Innern derselben verzweigt und nun neue Brandflecke und neue Fruchtträger erzeugt.

Die Kartoffelkrankheit wird durch als Saatgut verwendete erkrankte Knollen auf den Feldern verbreitet; ein sicheres Mittel gegen dieselbe ist bisher noch nicht bekannt.

Fig. 233. Kartoffelkrankheit. Links unten ein von der Krankheit befallenes Kartoffelblatt; rechts Querschnitt durch den Rand eines Brandflecks: man sieht die Bäumchen der *Phytophthora infestans* mit ihren citronenförmigen Sporangien; links oben Schwärmsporen. (Nach Sorauer.)

Melthauschimmel des Weinstocks (Fig. 234). — Diese Pflanzenkrankheit ist zu Ende der 70er Jahre h. s. aus Nordamerika nach Europa eingeschleppt worden; sie wird durch einen nahen Verwandten des Kartoffelkrankheits-Pilzes, durch *Peronospora viticola* verursacht. Die *Peronospora*-Krankheit ist leicht daran zu erkennen, dass besonders auf der Blatt-Unterseite weisse Schimmelflecke entstehen, während die Blatt-Oberseite an den betreffenden Stellen gelblich bis roth gefärbt wird. Bald folgt dann ein Absterben und Abfallen der kranken Blätter. Die Fortpflanzung der *Peronospora* ist derjenigen von *Phytophthora* gleich; wichtig ist, dass bei der ersteren auch aus sexueller Befruchtung entstandene Oosporen vorhanden sind, welche dem Pilze der Kartoffelkrankheit fehlen. Diese Oosporen fallen mit den Blättern ab, überwintern, keimen im Frühjahr und stecken die jungen Rebblätter wieder an.

Behufs Bekämpfung der *Peronospora* muss im Herbst das abgefallene Reblaub gesammelt und verbrannt werden. Ferner hat sich als gutes Mittel das Bespritzen der Blätter mit Kupferkalk*) erwiesen.

Echter Melthau des Weinstocks (Fig. 235). — Der Melthau des Weinstocks wird durch *Uncinula Tuckeri* verursacht. Dieser Pilz tritt als zarter, weisser Hauch oder Anflug auf den jungen Weinstockzweigen, Blättern und Beeren auf. Später bilden sich braune

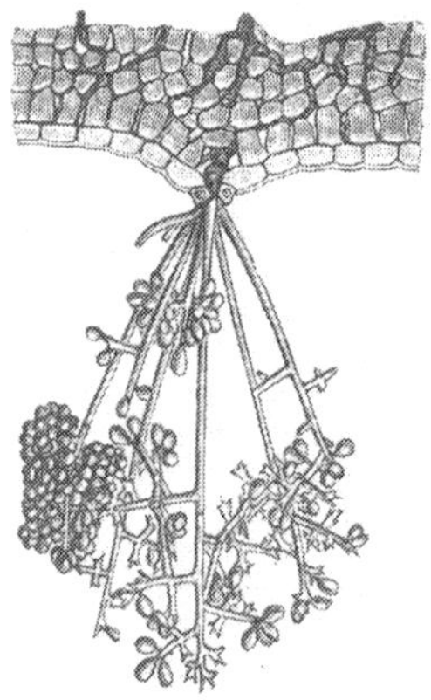

Fig. 234. Querschnitt eines Rebblattes, durch dessen Spaltöffnung Bäumchen der *Peronospora viticola* wachsen. (Nach Sorauer.)

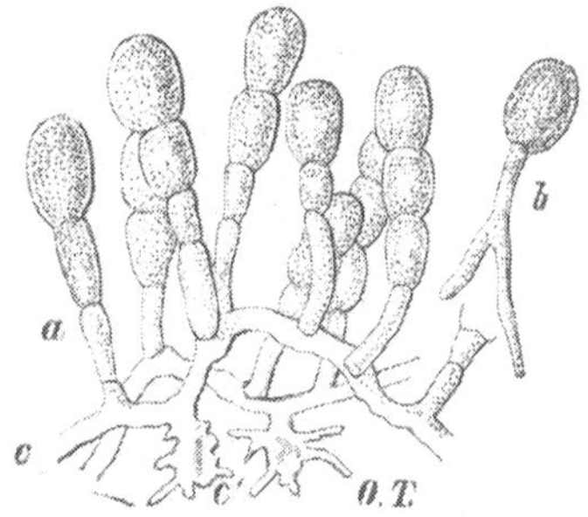

Fig. 235. Melthau des Weinstocks. *a* Fruchtträger, *b* keimende Conidie, *c* Mycelfäden *c'* Haustorien. $^{400}/_{1}$.

Flecke; die Trauben schrumpfen ein und vertrocknen oder platzen bei nasser Witterung und verfaulen dann. Die mikroskopische Untersuchung ergiebt ein Pilzmycel, mit welchem die lebende Epidermis der Pflanzentheile überzogen ist und welches nach unten lappige Fortsätze (Haustorien) in die Zellen schickt, nach oben elliptische, rasch keimende Conidien abschnürt. — Auf dem Melthau schmarotzt ein ihm nahe verwandter Parasit, eine zu den Pyrenomyceten gehörige *Cincinnobolus*-Art.

Die Bekämpfung des Melthaupilzes erfolgt in vorzüglich be-

---

*) Brühe aus 100 l Wasser, 2 kg Kupfervitriol, soviel Kalk als zur vollkommenen Neutralisation (Kurkumapapier muss gebräunt werden!) nöthig ist.

währter Weise durch das Ueberpudern der befallenen Blätter etc. mit Schwefelblumen.

Weinstockpilz oder Wurzelpilz der Reben. — Unter diesem Namen versteht man die schimmelartige Wucherung des Pilzes *Dematophora necatrix*, wenn auch bekannt ist, dass ab und zu das Mycel anderer parasitischer Pilze, wie *Armillaria mellea*, ähnliche Erscheinungen hervorruft.

Das Bild, welches die durch diesen Pilz erkrankten Weinstöcke zeigen, ist dem der von der Reblaus befallenen ähnlich. Es erkranken meist zunächst einzelne Stöcke, von denen aus nach und nach immer mehr der benachbarten angesteckt werden, sodass mehr oder weniger kreisförmige Infektionsbezirke zu erkennen sind. Die Weinstöcke selbst zeigen alle die Erscheinungen, welche durch Ernährungsstörungen hervorgerufen werden; die Triebe entwickeln

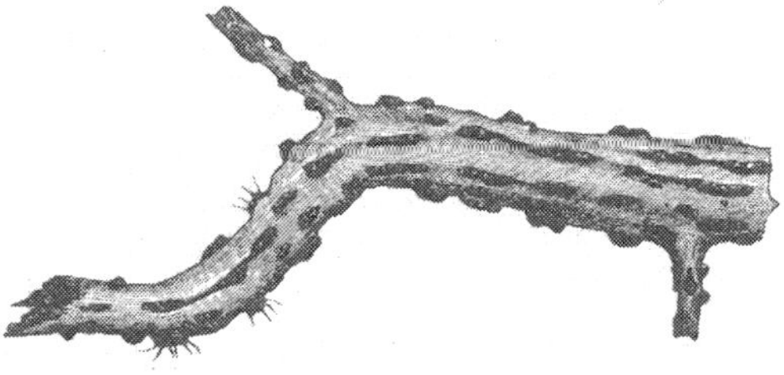

Fig. 236. Ein Stück Weinstockwurzel mit Mycellager oder sclerotienartigen Knollen des Wurzelpilzes besetzt, von welchen einige bereits borstenähnliche Conidienfruchtträger entwickelt haben. Natürl. Grösse.

sich nur kümmerlich und bringen nur kleine, oft gekräuselte Blätter hervor, welche leicht gelb werden und gewöhnlich viel eher wie die der gesunden Stöcke abfallen. Versucht man den Stock herauszuziehen, so giebt derselbe leicht nach, da er nicht mehr festgewurzelt ist.

Die Wurzeln selbst riechen dumpfig-schimmelig und lassen schon mit blossem Auge einen mehr oder weniger dichten weissfilzigen Ueberzug erkennen, der sich unter dem Mikroskop als ein Gewirr von Mycelfäden entpuppt. Allmählich werden diese Mycelfäden stellenweise dunkler, und es entstehen aus ihnen in ziemlich regelmässiger Anordnung in Rindenrissen des unteren Stammes und auf der Wurzelrinde festere Körper, Mycellager oder Sclerotien.

Diese tragen die dünnen borstenförmigen Fruchtträger, welche an ihrem oberen Theile rispig verzweigt sind und die Sporen (Conidien) hervorbringen.

Die Folge der Thätigkeit der *Dematophora necatrix* ist ein Abfaulen der Wurzeln und damit ein Absterben des Stockes durch Vertrocknung. Die Zeit, welche von der Infektion bis zum Tode des Stockes vergeht, ist je nach den äusseren Verhältnissen verschieden und ein Krankheitsverlauf von wenigen Monaten bis zu 5 oder 6 Jahren ist beobachtet worden. Immer aber leidet auch bei den langsam verlaufenden Fällen die Fruchtbarkeit schon nach dem ersten Jahre.

In seinem Vorkommen ist der Wurzelpilz durchaus nicht an den Weinstock gebunden, vielmehr kommt er auf den Wurzeln der verschiedensten Pflanzen vor. Bedingung aber für seine Entwickelung ist ein bestimmter Grad von Feuchtigkeit.

Daher ist das zuerst anzuwendende Gegenmittel möglichste Entwässerung des Bodens, und oftmals gelingt es schon hierdurch ein Weiterumsichgreifen dieses gefährlichen Weinbergfeindes zu verhüten. Ferner sind alle Stöcke, bei denen die Krankheit weiter vorgeschritten ist, auszureissen und zu verbrennen; der Boden aber am besten mit Schwefelkohlenstoff (etwa 50 gr auf den Quadratmeter) zu durchtränken. Bei Neuanlagen auf einmal inficirt gewesenen Böden ist möglichst alle fäulnissfähige Substanz zu vermeiden, was dadurch geschieht, dass das zu verwendende Blindholz mit möglichst wenig altem Holze geschnitten wird, dass der Boden von allen Wurzeln gesäubert wird, dass die Rebpfähle an ihrem unteren Ende entweder angekohlt oder mit Kupfervitriol imprägnirt werden und dass als Dünger entweder Kunstdünger oder doch gut verwitterter Stalldünger Verwendung findet.

Gitterrost der Birnbäume (Fig. 237). — Auf den Blättern des Birnbaums findet man besonders im Juli und August häufig grosse gelbe bis orangerothe Flecke, auf deren Unterseite sich ei- oder kegelförmige Hervorragungen befinden.

Dies ist die Aecidienform des *Gymnosporangium fuscum*, eines mit den *Puccinia*-Arten nahe verwandten Pilzes. Gleichwie die oben beschriebenen Puccinien hat auch *Gymnosporangium* noch andere Wirthe, nämlich den Sadebaum *(Juniperus Sabina)* und mehrere Verwandte desselben (sowie in Gärten die *Chamaecyparis*Arten). Auf diesen Coniferen sieht man im April und Mai die Teleutosporenlager in Form bernsteingelber, durchscheinend gallertartiger, bei trockener Witterung eintrocknender Massen (Fig. 237, *c*). Durch Entfernung der *Juniperus*- etc. Bäume aus der Nähe der Birnbäume kann man die letztern leicht von dem Schmarotzer rein halten.

Rostfleckenkrankheit der Aepfel und Birnen (Fig. 238). — Diese durch *Fusicladium dendriticum* (bei Birnen *F. pyrinum*) erzeugte

Krankheit ist Jedermann bekannt; Aepfel sind häufig von ihr befallen, besonders aber werden viele spät reifende Birnensorten von dem Pilz häufig direkt ungeniessbar gemacht. Die Krankheit wird auch als „Obstschorf“ bezeichnet, da sie die Oberfläche der Kernobstsorten schorfartig verändert. Nimmt man einen Querschnitt

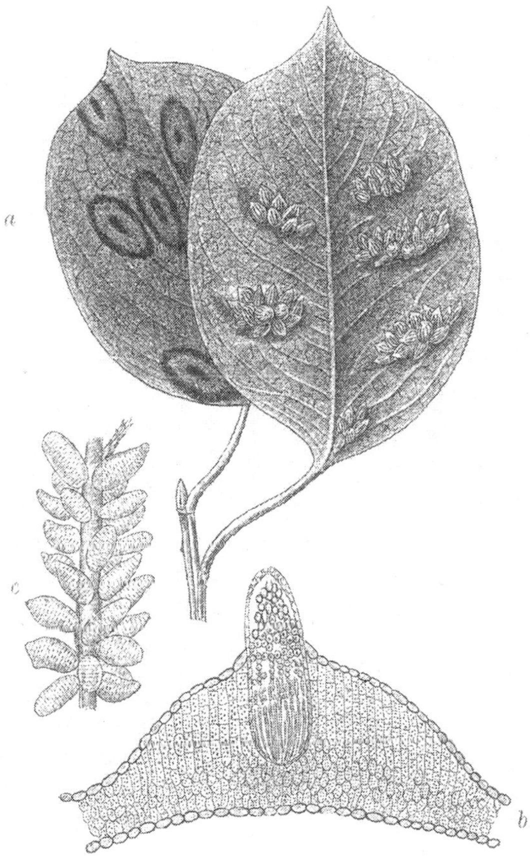

Fig. 237. *Gymnosporangium fuscum.* *a* Birnbaumblätter mit Aecidien; *b* Durchschnitt eines solchen; *c* Gallertartige Teleutosporen-Lager auf Juniperus. (Nach Sorauer.)

durch eine junge, noch schwarze Schorfstelle unters Mikroskop, so sieht man die Pilzfäden und ihre Conidien, wie sie Fig. 238, *b* zeigt, in den Oberhautzellen, welche gesprengt werden. Dadurch hebt sich die Epidermis fetzenweise ab. Zugleich lehrt aber ein tiefer in das Fruchtfleisch geführter Schnitt, dass unter der Oberfläche ein Abschluss gegen die Pilzinfektion durch Korkbildung erzielt wird. Nach kurzer Zeit kann bei nassem Wetter der grösste Theil der Fruchtoberfläche von dem *Fusicladium* befallen sein; bei trockenem Wetter dagegen bilden sich nur beschränkte Flecke, die nachher, wenn der Pilz verschwunden ist, rostfarben aussehen. Hat die Korkbildung grössere Dimensionen erreicht, so können derartig veränderte Oberflächentheile dem Wachsthum nicht mehr folgen und es treten tiefe Risse in den Früchten auf.

Als vorzügliches Mittel gegen die Schorfkrankheit hat sich das Besprengen der Zweige vor der Blattentwickelung mit Kupferkalk-Brühe*) sowie das Ueberstäuben befallener Früchte mit derselben Materie erwiesen.

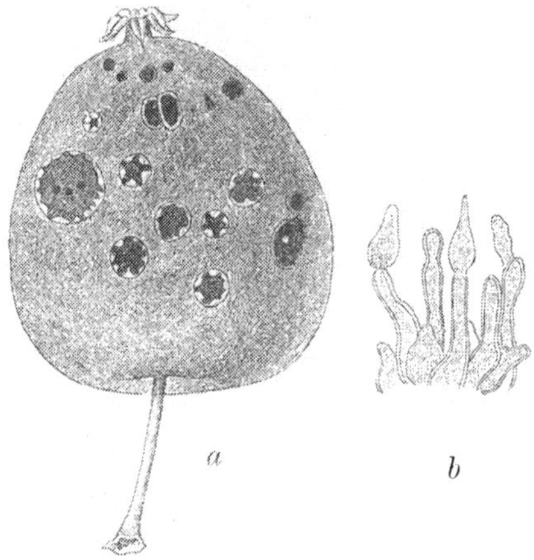

Fig. 238. *Fusicladium dendriticum.* *a* befallener Apfel mit Schorfflecken, *b* der Pilz. (Nach Sorauer.)

Taschenkrankheit der Pflaumen (Fig. 239). — Als „Narren“ oder „Taschen“ sind Pflaumenfrüchte (Zwetschgenfrüchte) bekannt, welche keinen Stein enthalten, unförmig aufgebläht sind und unreif abfallen. Die Krankheit ist besonders im Mai fast überall zu finden; sie wird verursacht durch *Exoascus Pruni.* Die mikroskopische Betrachtung von Schnitten durch derartig kranke Früchte lehrt, dass dieselben dicht mit einem Pilzgeflecht durchzogen sind. Wenn man gegen Ende der Pilzentwicklung untersucht, findet man, dass die Pilzfäden nach der Oberfläche durchgebrochen sind und hier keulenförmige, dicht nebeneinander gestellte Schläuche (Asci)

*) In diesem Fall: Kupfervitriol 1 kg, frisch gebrannter Kalk 2 kg, Wasser 100 l.

hervorgetrieben haben (Fig. 239, *b*); in jedem Schlauch werden 8 Sporen erzeugt. Sichere Mittel gegen diesen Pilz kennt man noch nicht.

Kohlhernie (Fig. 240). — Sämmtliche Arten der Gattung *Brassica* sowie eine Anzahl von andern Cruciferen leiden oft an kugel- oder knollenförmigen Wurzelanschwellungen, welche allermeist durch einen Schleimpilz, *Plasmodiophora Brassicae*, hervorgebracht werden. Untersucht man einen feinen Schnitt durch eine solche Anschwellung bei starker Vergrösserung, so findet

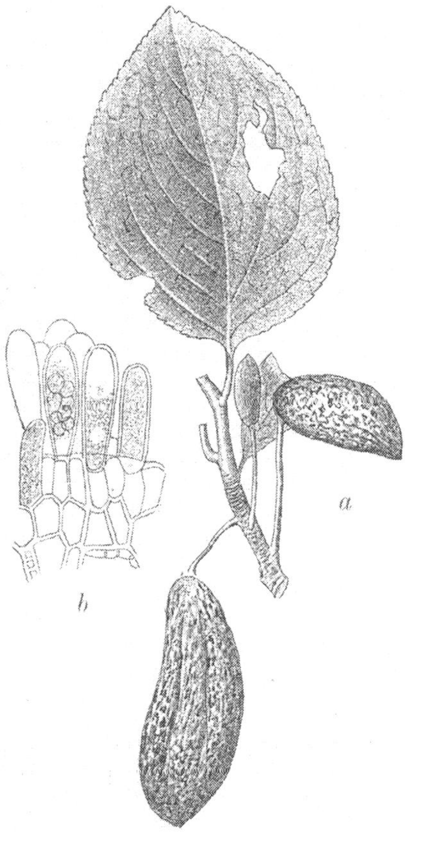

Fig. 239. *Exoascus Pruni.* *a* Zweig von *Prunus domestica* mit befallenen, krankhaft veränderten Früchten; *b* der Pilz. (Nach Sorauer.)

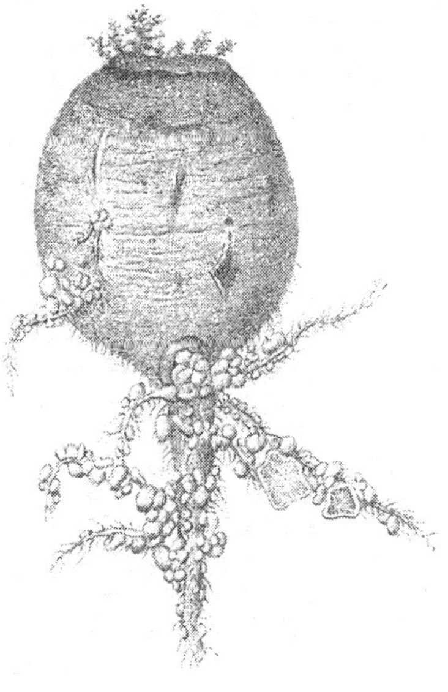

Fig. 240. Von der Kohlhernie befallene Rübe. (Nach Sorauer.)

man viele Zellen, welche durch ihre Grösse auffällig sind, dicht mit kleinsten, stark lichtbrechenden Kügelchen erfüllt. Dies sind die Sporen der *Plasmodiophora*. Durch Woronin's Untersuchungen wissen wir über diesen Pilz Folgendes: Die kleinen Sporen keimen in Wasser oder feuchter Erde und entlassen eine kleine, amöbenartige, frei bewegliche, mit einer Wimper versehene Plasmamasse.

Diese dringt in junge Kohlwurzeln ein, lebt zunächst als membranloser Schmarotzer im Plasma der Wirthspflanze und theilt sich, nach völligem Heranwachsen, wieder in kleinste Parthien, die sich mit Membranen umgeben und die Sporen darstellen. Durch Verwesung der Wurzeln werden die Sporen dann wieder frei.

Die beste Bekämpfung dieser Krankheit besteht darin, auf Feldern, welche einmal hernienkranken Kohl getragen haben, mehrere Jahre hindurch andere Früchte anzubauen, bis die Sporen zu Grunde gegangen sind.

f) Algen.

In jedem belichteten Wasser finden sich grüne oder bräunliche Vegetationen, welche der Algen-Klasse angehören und reizende mikroskopische Objekte liefern; die prachtvoll rothen Algen der Meere haben im süssen Wasser nur sehr wenige Repräsentanten. Die Eintheilung der Algen erfolgt nach ihrem Farbstoff: der Anfänger wird im Wasser hauptsächlich drei verschieden gefärbten Algenklassen begegnen, nämlich 1. den mit Kieselpanzer versehenen, braun gefärbten *Diatomaceen;* 2. den lichtgrün gefärbten *Chlorophyceen* und 3. den blaugrün gefärbten *Cyanophyceen.*

Diatomaceen (Fig. 241). — Bereits oben, S. 56, 57 sind wir *Diatomaceen* als mikroskopischen Testobjekten begegnet; in Wasserproben sind sie ausserordentlich häufig, sie bilden in Teichen und Bächen braune, schlammartige Ueberzüge an Steinen etc. oder schwimmende oder fluthende Flocken. Sehr charakteristisch für diese Gewächse ist, dass ihre Membran vollständig verkieselt ist, so dass ihr Zellkörper in einer durchsichtigen Glasschale steckt. Diese Schalen halten deshalb auch die Glühhitze leicht aus und werden in der Weise präparirt, dass man direkt den Diatomeenschlamm mit Kaliumchlorat und Salzsäure erwärmt und dann auf dem Platinblech weiss brennt. Solche von allen organischen Inhaltsbestandtheilen gereinigte Schalen zeigen die oft sehr merkwürdige und reizende Skulptur, welche bei fast allen Arten in specifisch wechselnder Weise vorhanden ist, am deutlichsten. Eine fernere Eigenthümlichkeit der *Diatomaceen*-Schale ist, dass sie aus zwei ungleich grossen Theilen besteht: der grössere greift wie der Deckel einer Schachtel mit den Rändern über den kleineren. Deshalb bieten die Schalen auch mindestens zwei vollkommen verschiedene Ansichten (vergl. Fig. 241, *c*, *f*), je nachdem man sie von der Seite oder von oben betrachtet.

Im lebenden Zustand zeigen die *Diatomaceen* vielfach eine sehr auffällige Eigenbewegung, indem sie schiffchenartig bald mit dem einen, bald mit dem andern Ende voraus schwimmen. Eine sehr häufige Gattung (Fig. 241, *l*) hat von dieser Bewegung den Namen *Navicula* erhalten. Wie diese Bewegung zustande kommt, ist noch nicht aufgeklärt.

Die Eintheilung der *Diatomaceen*, welche in ausserordentlich vielen Arten bekannt sind, wird wesentlich nach der Skulptur und

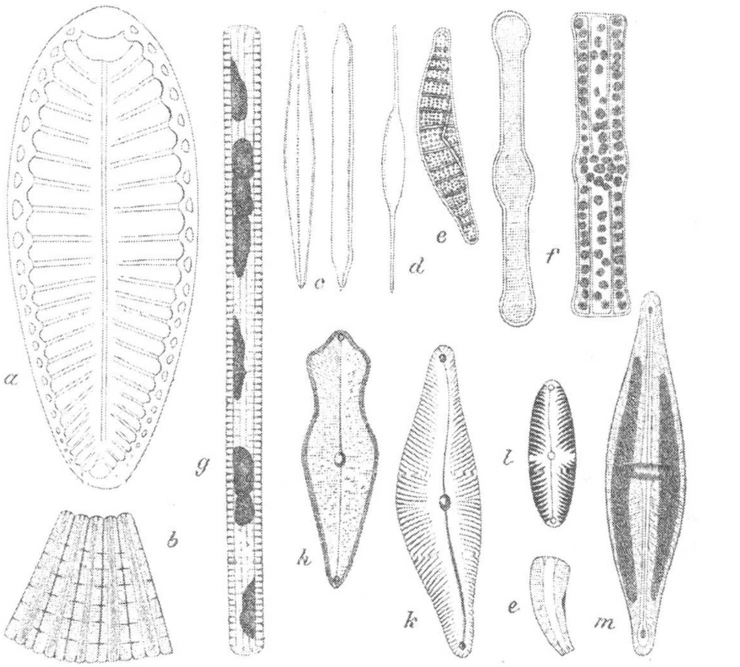

Fig. 241. Häufige Diatomeen: *a Suriraya splendida*, *b Meridion circulare*, *c Nitzschia linearis*, *d N. acicularis*, *e Cystopleura Zebra*, *f Tabellaria fenestrata*, *g Synedra Ulna*, *h Gomphonema acuminatum*, *i Rhoicosphenia curvata*. *k Cocconema Cistula*, *l Navicula Stauroptera*, *m Stauroneis Phoenicenteron*. Alle stark vergrössert.

den Symmetrie-Verhältnissen der Schalen wie nach der Zahl der Chromatophoren vorgenommen. Fig. 241, *a* zeigt *Suriraya splendida*, eine der grössten Süsswasserdiatomeen, mit nach der Queraxe unsymmetrischer Schale, ohne Knoten; bei *Meridion circulare* sind eben solche Schalen zu einem fächerförmigen Ganzen vereinigt; die Arten der Gattung *Nitzschia* (*c* = *N. linearis*, *d* = *N. acicularis*) weisen nach der Längsaxe (durch eine einseitige Punktreihe) unsymmetrische, knotenlose Schalen auf; ebenso sind bei *Cystopleura*

Zebra (e) die Schalen knotenlos und nach der Längsaxe unsymmetrisch; diese Asymmetrie wird aber durch Krümmung der Schale hier hervorgerufen. Schliesslich sind von knotenlosen Arten noch dargestellt *Tabellaria fenestrata (f)* mit inneren Scheidewänden und *Synedra Ulna* ohne solche, beide nach Längs- und Queraxe symmetrisch gebaut.

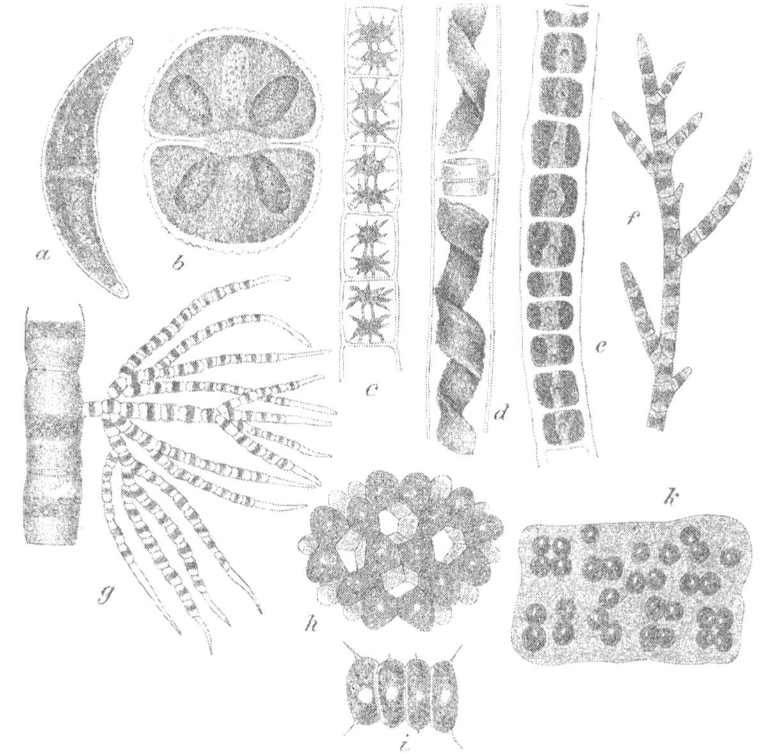

Fig. 242. Häufige Chlorophyceen. *a Closterium Leibleinii, b Ursinella Botrytis, c Zygnema stellinum, d Conjugata tenuissima, e Ulothrix zonata, f Stigeoclonium tenue, g Draparnaldia plumosa, h Coelastrum sphaericum, i Scenedesmus quadricauda, k Tetraspora explanata.* Alle stark vergr.

Von den mit Knoten in den Schalen versehenen Arten seien erwähnt *Gomphonema acuminatum (h)* mit nach der Queraxe unsymmetrischer Schale und Knoten auf beiden Schalen; *Rhoicosphenia curvata (i)* gleichfalls nach der Queraxe unsymmetrisch, aber mit Knoten nur auf einer Schale; *Cocconema Cistula (k)* mit nach der Längsaxe unsymmetrischer Schale und endlich *Navicula Stauroptera (l)* und *Stauroneïs Phoenicenteron (m)*, deren Schalen nach Längs-

und Queraxe symmetrisch sind. Letztere Gattung unterscheidet sich von *Navicula* durch den bindenartig verbreiterten Mittelknoten.

Chlorophyceen (Fig. 242). — Diese Gruppe wird jetzt nach der verschiedenen Fortpflanzungsart der einzelnen Algen in mehrere grosse Familien eingetheilt; so vermehren sich z. B. die unter *a* bis *d* dargestellten Formen in der Weise geschlechtlich, dass je zwei unbewegliche Zellen sich verbinden und verschmelzen *(Conjugatae)*, während die Formen *f—k* eigenbewegliche Schwärmsporen entsenden.

Als häufige auffallende Formen seien hier genannt die *Desmidiaceen*, meist einzellige Algen, deren Zellinhalt durch eine helle Zone in zwei Hälften geschieden ist. Die halbmondförmigen Arten gehören zur Gattung *Closterium* (Fig. 242, *a* = *Cl. Leibleinii*); die semmelförmigen Formen gehören meist zu *Ursinella (Cosmarium)*;

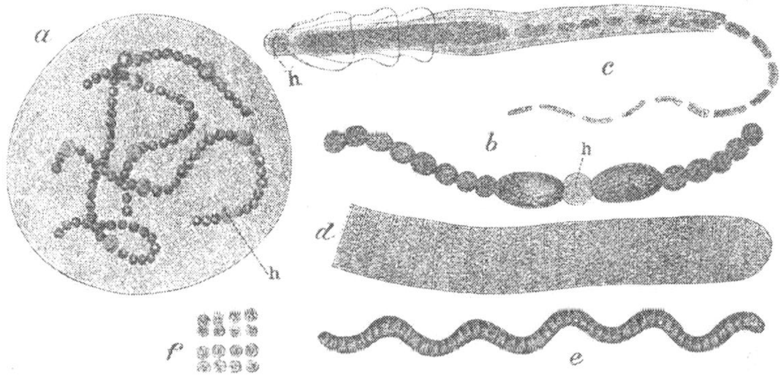

Fig. 243. Häufige Cyanophyceen. *a Nostoc sphaericum*, *b Anabaena oscillarioides*, *c Gloeotrichia natans*, *d Oscillatoria Froelichii*, *e Spirulina Jenneri*, *f Merismopoedia glauca*. Alle stark vergr.

Fig. *b* stellt *U. Botrytis* dar. — Fäden mit sternförmigen grünen Körpern im Innern gehören zu *Zygnema* (Fig. 242, *c* = *Z. stellinum*); Fäden mit grünen Spiralbändern zu *Conjugata (Spirogyra*; *d* = *C. tenuissima)*. Als Alge mit unverzweigten Fäden und ring- oder hufeisenförmigen Chromatophoren sei *Ulothrix zonata (e)* genannt; verzweigte Fäden mit dem Hauptstämmchen gleichartigen Zweigen finden sich bei *Stigeoclonium (f* = *St. tenue)*; die Zweige sind sehr viel feiner in ihrem Zellbau als das Hauptstämmchen bei *Draparnaldia* (*g* = *D. plumosa*). Bei der grossen Familie der *Pallmellaceae (Protococcaceae)* sind die einzelnen Zellen selbständig, verbinden sich aber häufig zu sehr regelmässig gestalteten Kolonien (so bei *Coelastrum* [*h*] zu hohlen Kugeln mit gitterartig durchbrochener Wand, bei *Scenedesmus* [*i* = *Sc. quadricauda*] zu regelmässig aus 4 Gliedern bestehenden, kurzen Zellreihen) oder liegen in gemeinsamer Gallerthülle, wie bei *Tetraspora explanata (k).*

Cyanophyceae (Fig. 243). — Diese Algenklasse umfasst nur sehr einfache Formen, sie leitet zu den Spaltpilzen über. Als charakteristische Gewächse aus dieser Verwandtschaftsgruppe seien genannt die *Nostoc*-Arten *(a = N. sphaericum)* mit in gemeinsamer dicker Schleimhülle zu rosenkranzförmigen hin und her gekrümmten Fäden angeordneten Zellen, welche von Strecke zu Strecke eine besonders grosse, blasse Zelle (*h*, Heterocyste) aufweisen. Gleiche Anordnung der Zellen weist auch *Anabaena (b = A. oscillarioides)* auf, doch sind hier die Fäden nicht in Gallerthüllen vereinigt; rechts und links von der Grenzzelle liegen bei der dargestellten Art zwei Sporen. Bei den *Rivulariaceen (c = Gloeotrichia natans)* begegnen in Scheiden eingeschlossene, nach oben peitschenförmig dünn zulaufende Fäden; auch hier sind Heterocysten vorhanden.

Solche fehlen dagegen bei den *Oscillatoria*- und *Spirulina*-Arten, welche häufig lebhafte, schraubende oder pendelnde Eigenbewegung besitzen. Dies ist z. B. der Fall bei der in Schmutzwasser häufigen *Oscillatoria Froelichii* (*d*) sowie bei *Spirulina Jenneri* (*e*). — Als Repräsentant der einzelligen Cyanophyceen sei hier auf *Merismopoedia glauca* (*f*) hingewiesen, deren kleine kugelige Zellchen in regelmässig rechteckige Tafeln geordnet sind.

II. Praktisch wichtige aus dem Thierreich stammende mikroskopische Objekte.

1. Vom menschlichen Körper stammende Objekte.

a) Lymphe und Blut.

Lymphe und Blut kann man auffassen als Gewebe mit flüssiger Zwischensubstanz. Erstere, eine wässerige Flüssigkeit, die in den sogenannten Chylusgefässen des Körpers vornehmlich zu finden ist, enthält kleine rundliche Körnchen, die Elementarkörnchen, vielfach Fettkügelchen; sie kommt für praktische mikroskopische Untersuchungen nicht in Betracht.

Das Blut unterliegt solchen um so häufiger. Es kreist in den Blutgefässen des Thier- und Menschenkörpers und hat in den Schlagadern (Arterien) eine hellrothe Farbe, weil es hier den Sauerstoff für die Körpergewebe mit sich führt. In dem dunklen Blut der Adern (Venen) ist derselbe ganz oder zum grössten Theil verbraucht. Bei einigen Vergiftungen, so bei Kohlenoxyd- und Cyankalivergiftung verliert das Blut der Arterien auch in der Leiche nicht den Sauerstoff; die Leiche hat deshalb eine auffallend hellrothe Farbe, ebenso wie die Leichen Erfrorener. Untersuchen wir frisches Blut mikroskopisch, so sehen wir in einer wasserhellen Flüssigkeit, dem Serum, zellige Elemente dreierlei Art: 1. rothe Blutkörperchen (Erythrocythen), 2. weisse Blutkörperchen (Leukocythen oder Lymphoidzellen) und 3. die für einfache Untersuchungen nicht in Betracht kommenden Blutplättchen und -körnchen. Die rothen Blutkörperchen (Fig. 244) sind das allein Charakteristische, auf 350—500 rothe kommt ein weisses in gesundem Blut, in 1 ccm Blut sind ungefähr 5 Millionen

Fig. 244. Blutkörperchen,

a auf der Kante stehend, *b* flachliegend. $^{800}/_{1}$. freiliegend und geldrollenähnlich aneinander hängend. $^{400}/_{1}$.

rothe Blutkörperchen. Wir untersuchen frisches Blut bei mindestens 300facher Vergrösserung zunächst ohne Zusatz einer Flüssigkeit, nehmen dann aber nur eine Spur unter das Deckglas. Da liegen einzelne oder oft geldrollenartig aneinander gereihte, gelbe bis röthliche oder blassbraune münzenförmige Scheiben mit beiderseitiger tellerförmiger Aushöhlung. Diese erkennt man bei der Ansicht en face daran, dass das Centrum anders schattirt ist als der Rand. Ein Kern ist — wohlgemerkt — nicht vorhanden. Die rothe Farbe, welche den Zellen in älterem Blut vielfach verloren geht, haben sie von dem eigenartigen Farbstoff, Hämoglobin genannt; er ist der Träger des Sauerstoffs (Oxy-Hämoglobin) im arteriellen Blut.

Die rothen Blutkörperchen gehen rasch Veränderungen (Fig. 245) ein, besonders bei Zusatz von Wasser oder von $10^0/_0$ Essigsäure oder in Temperaturen über 52^0 C. Dann sehen wir maulbeerförmige, stechapfelförmige, kugel-, bisquitförmige Körperchen. Zu verwechseln sind rothe Blutkörperchen mit keiner thierischen Zelle, allenfalls mit Sporen von verschiedenen Schimmelpilzen, welche aber bei einiger Aufmerksamkeit leicht erkannt werden.

Bei frischem Blut ist es möglich, besonders bei sorgfältigem Vergleich von Kontrollproben, Menschenblut und das Blut verschiedener Thiere zu unterscheiden. Die Blutkörperchen vom Frosch oder der Taube, z. B. sind elliptisch oder oval, nicht rund. Das Blut unserer Hausthiere ist nur durch die Grösse verschieden, so ist ($\mu = 0{,}001$ mm gerechnet)

das münzenförmige Blutkörperchen des

Elephanten	$= 9{,}4\ \mu$	der Katze	$= 6{,}5\ \mu$
Menschen	$= 7{,}7\ \mu$	des Rindes	$= 5{,}8\ \mu$
Hundes	$= 7{,}3\ \mu$	des Schafs	$= 5{,}0\ \mu$
Kaninchens	$= 6{,}9\ \mu$	der Ziege	$= 4{,}1\ \mu$

Nur die Blutkörperchen der Säugethiere sind kernlos.

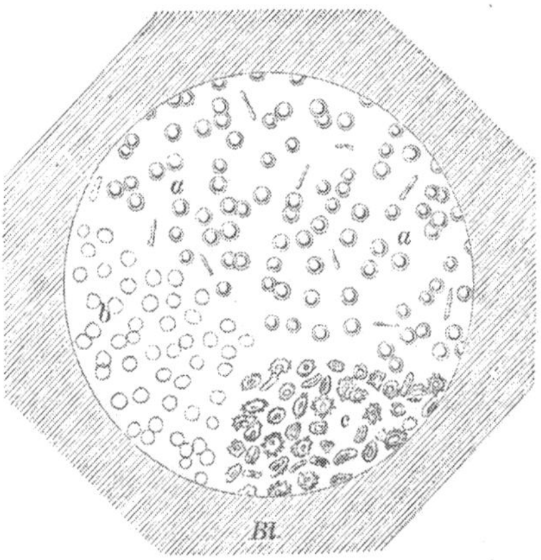

Fig. 245. Rothe Blutzellen, *a* im frischen Blute, *b* nach der Einwirkung des Wassers, *c* im eingetrockneten Blute. $^{200}/_{1}$.

Die **weissen, besser farblosen, Blutkörperchen** sind eigentlich Eindringlinge im Blut; sie ähneln gewissen Bindegewebszellen, sowie den Zellen des Knochenmarks und der Lymphdrüsen. Unter sich nicht alle gleichgeartet, unterscheiden sie sich durch das Verhalten gegen basische oder saure Anilinfarben. Es sind farblose, kugelige Klümpchen, die stark Licht brechen und erst bei Zusatz von Wasser oder Essigsäure ($2^0/_0$) scharf umgrenzt erscheinen. Dann sieht man einen verschieden grossen Zellleib, bald grösser, bald kleiner wie ein rothes Blutkörperchen, mit einem oder mehreren unregelmässig geformten Kernen, die bei Färbung mit dünner, wässeriger Methylenblaulösung als dunkelblaue Gebilde gut hervortreten (siehe Eiter).

In ganz frischem Blut haben die Leukocythen ganz bizarre Formen, weil ihnen sogenannte amöboide Bewegung eigen ist. Diese Zellen kommen für die Frage, ob Blut oder nicht, fast gar nicht in Betracht, da sie sehr hinfällig sind.

Wichtig ist die **Erkennung eingetrockneten Blutes** als solchen. Dazu bringt man es, am besten mit dem Objekt, an dem es klebt, oder indem man es abschabt, in $30^0/_0$ Kalilauge oder in PACINI'sche Flüssigkeit, d. i. 300 Theile Wasser, 100 Theile Glycerin, 2 Theile Kochsalz und 1 Theil Sublimat. In mehreren Proben dieser Aufschwemmung fahnden wir auf rothe Blutkörperchen. Sind sie aber bereits zu Grunde gegangen, dann dient uns ihr Farbstoff, das Hämoglobin, als Wegweiser. Seine Erkennung

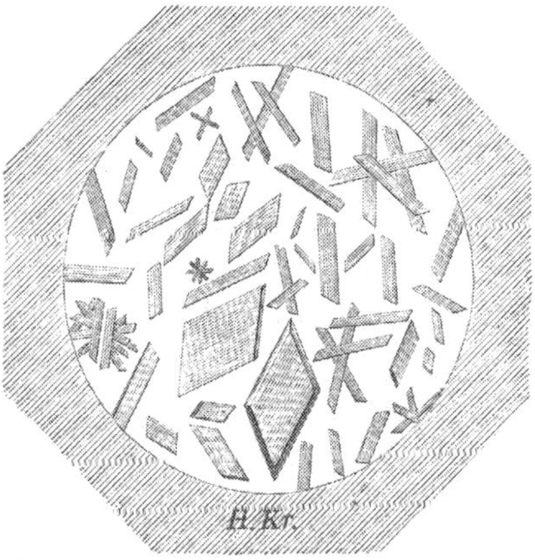

Fig. 246. Hämatinhydrochloridkrystalle. Teichmann'sche Häminkrystalle. $^{350-400}/_1$.

ist mittelst Spektroskops am einfachsten und sichersten. Aber auch mikroskopisch-chemisch ist es erkennbar und zwar, indem man die sogenannten Teichmann'schen Krystalle (Fig. 246) darstellt, d. i. salzsaures Hämin. Dazu nehme man eine Spur von dem blutverdächtigen, getrockneten Objekt, füge 2 Tropfen wasserfreie Essigsäure, sogenannten Eisessig (er muss am Glasstabe in der Flamme brennen), und ein kleinstes Körnchen (0,01 gr) Kochsalz hinzu und erwärme es (auf dem Objektträger) vorsichtig. So erhält man die Häminkrystalle (Fig. 246), kleine rhombische Täfelchen oder Stäbchen, die im verdunkelten Gesichtsfelde wie Sterne leuchten und bei Zusatz von Kalilauge sich auflösen. Rost oder Fett, sowie Erhitzung über 140^0 verhindert die Bildung der Krystalle. Fett kann man aber durch Aether sulf. vorher entfernen.

Wanzen oder Flöhe machen Blutflecke, welche niemals Blutkörperchen enthalten.

b) Eiter.

Eiter ist die Absonderung entzündeter Gewebe. Wir entnehmen ihn z. B. von Wunden, oder erkrankten Schleimhäuten. Wir benutzen zur Verdünnung Kochsalzlösung (0,7⁰/₀). So erkennen wir bei 250—300facher Vergrösserung in einer wasserhellen Eiweisslösung, Serum genannt, zahlreiche Zellen, die auf den ersten Blick genau dasselbe Aussehen haben wie die farblosen Blutkörperchen. Je nach ihrer Grösse und nach dem Verhalten ihrer Kerne zu den Anilinfarben macht der Pathologe Unterschiede; wir brauchen auf diese nicht einzugehen, müssen aber wissen, dass Eiterzellen je nach dem Alter, nach der Quelle und der Ursache gewisse Grade der Entartung und der Beimischung zeigen. Die Zellen älteren Eiters sind stärker gekörnt, zwischen ihnen treten Fettkörnchenkugeln auf. Bakterien aller Art kann man ungefärbt oder gefärbt erkennen, insbesondere die specifischen Eitererreger (*Streptococcen*), aber auch *Gonococcen*, *Bacterium coli* u. a. Oft sind rothe Blutkörperchen beigemischt. Stets füge man nach der ersten Betrachtung Essigsäure (2⁰/₀) solchem Präparat hinzu; es fällt das Mucin des Serums und hebt so die zähe Konsistenz auf. Auch treten die Kerne, obgleich sie etwas schrumpfen, schärfer hervor. Die Eiterzellen sind eigenthümlich klebrig und legen sich deshalb gern in Haufen aneinander.

c) Harn.

Der Harn, besonders der des kranken Menschen, bietet mehrere Bestandtheile, welche sich durch das Mikroskop erkennen und bestimmen lassen. Der Untersuchung wird vorzugsweise der Bodensatz des Harns unterworfen. Diesen gewinnt man in der Weise, dass man von einer grösseren angesammelten Quantität Harn den oberen Theil abschüttet, den unteren dagegen in ein Spitzglas behufs Sedimentation giebt. Vom Sediment werden dann ohne Umrühren mit einer Pipette einige Tropfen aufgesogen, die Pipette äusserlich mit einem Tuch abgewischt, ein kleiner Tropfen auf einen Objektträger gebracht und mit einem Deckglas bedeckt. Man unterscheidet nun organisirte und nicht organisirte Bestandtheile. Erstere werden von den Zellen oder deren Abkömmlingen, letztere von krystallischen oder amorphen chemischen Körpern gebildet.

A. Von **organisirten Bestandtheilen** des Harnsediments sind folgende zu erwähnen:

1. Epithelialzellen (Fig. 247). — Eine Beschreibung des

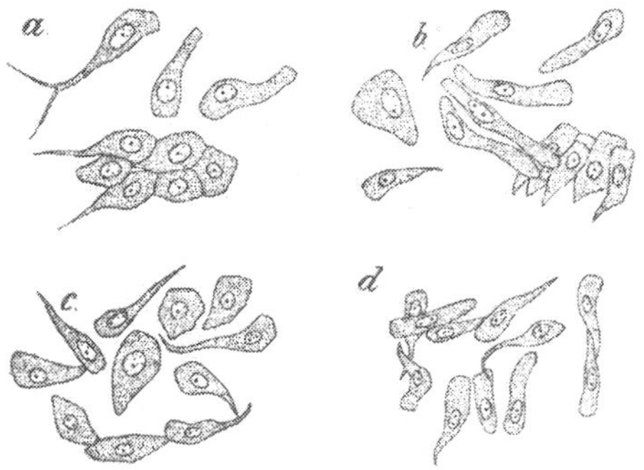

Fig. 247. Epithelien der Harnwege. *a* Nierenbecken, *b* Harnleiter, *c* Harnblase, *d* Ausführungsgang der Vorsteherdrüse. $^{350}/_{1}$. (Nach Lenhartz.)

allgemeinen Baus der Epithelzellen findet sich oben, S. 122; die Unterscheidung der im Harn vorkommenden Epithelialzellen nach

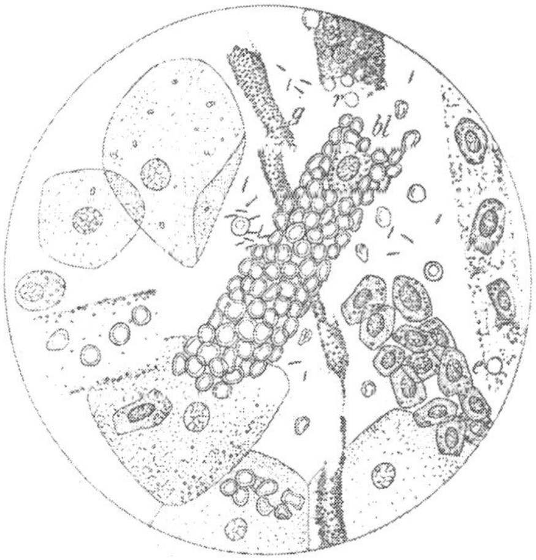

Fig. 248. Formbestandtheile bei akuter hämorrhag. Nephritis. Kleine und grosse Plattenepithelien, am Rand hyaliner Cylinder, *g* feingranulirter Cylinder, *bl* rother Blutkörperchen-Cylinder, *e* Kanälchen-Epithelien (cylinderartig gruppirt). $^{350}/_{1}$. (Nach Lenhartz.)

ihrer Herkunft ist sehr schwierig, öfters unmöglich, für sie ist der ärztlich gebildete Histologe zuständig.

2. Rothe Blutkörperchen (vergl. S. 277, Fig. 244). — Niemals in Geldrollenform, sondern stets einzeln und oft durch

Quellungen, Schrumpfungen oder Auslaugung des rothen Farbstoffes verändert. Oft erscheinen die Blutkörperchen im Harn in cylinderartigen Massen vereinigt oder haften den Harncylindern an (Fig. 248, *bl*).

3. Eiterkörperchen. — Fast stets in grösseren Massen oder Klümpchen zusammenliegend, durch die Mehrzahl von Kernen im Innern, insbesondere bei Färbung mit Anilinfarben leicht zu erkennen.

4. Harncylinder (Fig. 248, 249). — Die Entstehung der als walzenförmige Gebilde von verschiedener Länge und Dicke im

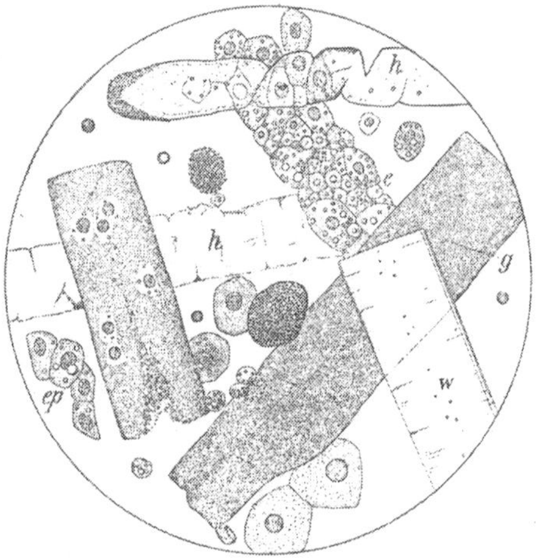

Fig. 249. Formbestandtheile bei schwerer akuter (anfangs stark blutiger) Nephritis. *h* hyaliner, *g* körniger, *w* Wachs-Cylinder, *e* Epithelschlauch, *ep* freiliegende Nieren-Epithelien; ausserdem zwei feingekörnte, gleichmässig verfettete Nieren-Epithelien. $^{350}/_{1}$. (Nach Lenhartz.)

Harn von Nierenkranken erscheinenden Gebilde ist noch nicht klar. Unterschieden werden meist drei Arten derselben, nämlich:

a) Hyaline Harncylinder (Fig. 249, *h*). — Homogen, glashell, meist gerade, seltener leicht gebogen, sehr verschieden lang und breit. Um diese Gebilde deutlich zu sehen resp. zu finden, lasse man etwas Jodtinktur seitlich unter das Deckglas fliessen.

b) Granulirte Harncylinder (Fig. 248, *g*; Fig. 249, *g*). — Unterscheiden sich von den hyalinen Cylindern dadurch, dass sie gekörnt sind, und zwar kann diese Granulirung bald fein bald grob sein. Auch die aus Blutkörperchen oder aus Epithelzellen der Nierenkanäle gebildeten Cylinder werden unter die granulirten als besondere Abarten gerechnet.

c) Wachsartige Harncylinder (Fig. 249, *w*). — Die seltenste Form der Harncylinder, den hyalinen Cylindern nicht unähnlich, aber durch ihr durchscheinendes Gefüge sowie die scharfen, stark lichtbrechenden Umrisse zu unterscheiden. Wachsartige Cylinder zeichnen sich meist durch ihre grosse Breite aus; sie sind in der Regel gegen Säuren, welche die hyalinen Cylinder verschwinden lassen, sehr widerstandsfähig.

5. Schleimflocken. — Meist mit blossem Auge schon bemerkbar, bilden die Schleimflocken unter dem Mikroskop ein hyalines, schwach streifiges Objekt, in welchem öfters Plattenepithelzellen liegen. Essigsäure bewirkt deutliche Trübung des Schleims.

6. Tripperfäden. — Fadenartige, kürzere oder längere (bis 6 cm), bis stricknadeldicke Fäden, bald fast farblos und dann grösstentheils aus Schleim bestehend, bald weisslich oder gelblich, dann Epithel- und Eiterzellen in Menge enthaltend. Diese Fäden werden aus frisch entleertem Morgenharn vorsichtig mit der Pipette aufgesogen und in der S. 244 angegebenen Weise auf die Anwesenheit von Gonococcen untersucht.

7. Sperma (vergl. S. 285, Fig. 257). — Manchmal im Morgenharn nach Samenentleerung auftretend.

8. Mikroorganismen der verschiedensten Art, so insbesondere Bakterien, *Sarcina*-Packete (*S. ureae*), Hefepilzzellen etc.

B. **Nicht organisirte Bestandtheile** des Harnsediments.

Das Sediment des Harnes wird allein und dann mit Salzsäure angesäuert auf das Objektglas gegeben, oder man lässt Harn auf dem Objektglase verdunsten.

1. Hippursäure bildet, aus kaltem Harne allmählich ausgeschieden, halbdurchsichtige rhombische, vierseitige Prismen und Säulen (mit der Grundform des Rhombenoktaëders), an den Enden in 2 oder 4 Flächen auslaufend.

Fig. 250. Hippursäure.

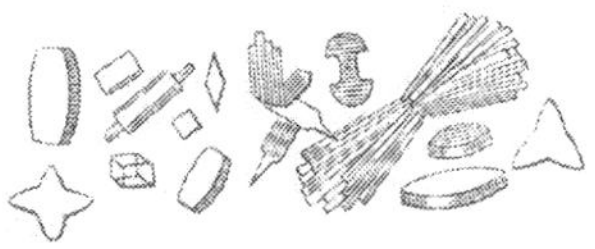

Fig. 251. Harnsäurekrystallformen.

2. Harnsäure nimmt verschiedene Formen an. Sie bildet bald rhombische, glatte, durchsichtige, oft orange, bräunlich oder gelb gefärbte Tafeln, bald mit abgerundeten stumpfen Winkeln, bald mit spindelförmigen Verlängerungen. Aus der alkalischen Lösung mittelst Salzsäure auf dem Objektglase abgeschieden, bildet sie

mitunter Dumb-bells (kurze Stäbe mit pilzhutförmig erweiterten Enden). Bald nimmt die Harnsäure die Form von Wetzsteinen an, bald vereinigt sie ihre Prismen zu besenähnlichen Büscheln, von denen gemeinlich je zwei mit ihrer Basis zusammenhängen.

3. Saures harnsaures Natron bildet unregelmässige Gruppen kleiner grützlicher Körnchen.

Fig. 252. Saures harnsaures Natron.

Fig. 253. Saures harnsaures Ammon.

4. Saures harnsaures Ammon in Form kleiner, runder, mit Spitzen besetzter, vereinzelter oder in Gruppen zusammenliegender Körperchen.

5. Phosphorsaure Ammon-Magnesia (Tripelphosphat) gewöhnlich in rhombischen, sargdeckelähnlichen Krystallen, welche sich durch ihre leichte Löslichkeit in verdünnter Essigsäure von der oxalsauren Kalkerde unterscheiden.

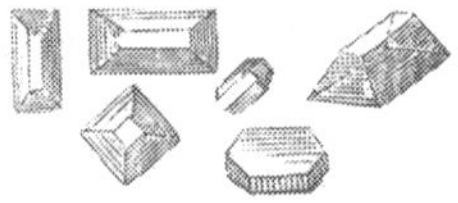

Fig. 254. Phosphorsaure Ammon-Magnesia.

Fig. 255. Oxalsaure Kalkerde.

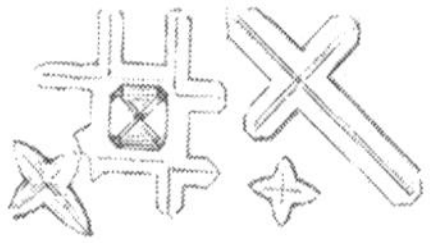

Fig. 256. Harnstoff mit Chlornatrium verbunden.

6. Oxalsaure Kalkerde in Gestalt kleiner durchsichtiger quadratoktaëdrischer Krystalle, den Briefcouverten ähnlich oder sanduhrförmig.

7. Harnstoff mit Chlornatrium giebt Krystalle, an welchen die Kreuzform vorherrschend ist.

d) Untersuchung von Spermaflecken.

Wie oben (S. 128) bereits ausgeführt, können Samenfäden (Spermatozoën) selbst in älteren, an Wäsche etc. befindlichen Spermaflecken noch nachgewiesen werden. Dieser Nachweis hat unter Umständen bei gerichtlichen Aufträgen grosse Bedeutung und wird zweckmässig in folgender Weise unternommen:

Die Spermaflecken markiren sich dem blossen Auge meist durch ihre grau-gelbliche Farbe, sie sind gewöhnlich von einer gelblichen Randlinie umzogen. Solche Stellen des Zeugs sucht man sich aus und schneidet nun ein kleines Stückchen heraus, weicht es in einem Uhrglas mit einigen Tropfen Wasser auf und rührt nach 1 bis 2 Stunden sanft mit einem Glasstabe. Von dem Wasser bringt man dann ein Tröpfchen auf den Objektträger, ebenso drückt man auf einige andere Objektträger je einen Tropfen Wasser aus dem eingeweichten Zeug von beiden Seiten. Die Wassertropfen lässt man darauf an der Luft eintrocknen. — Ist dies geschehen, so tropft man etwas Hämatoxylinlösung*) auf die eingetrocknete Schicht, lässt 5—10 Minuten lang einwirken, spült dann mit destillirtem Wasser ab, deckt mit Deckglas und untersucht nun mit starker

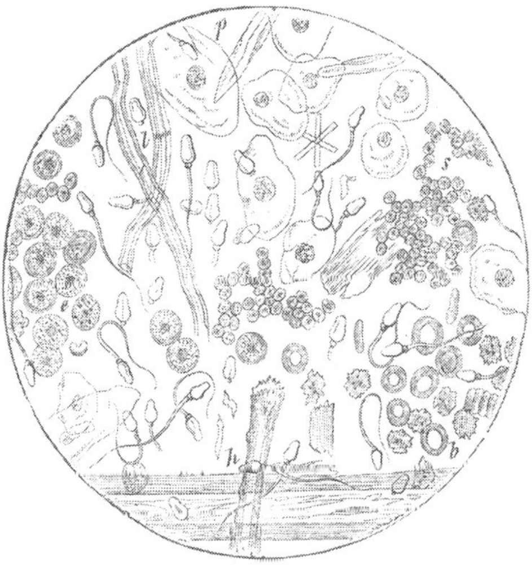

Fig. 257. Durch vorsichtige Waschung der einige Tage alten Flecke in dem Hemde einer gewaltsam Deflorirten gewonnenes Präparat, circa 400 fach vergrössert. *h* Schamhaare, *b* Blutkörperchen, *s* Schleimkörperchen, *e* Eiterzellen, *p* Pflasterepithelialzellen, *l* Leinenfaser. Dazwischen überall Spermatozoen.

Vergrösserung. Ist Sperma vorhanden, so fallen gleich dunkel violettblau gefärbte, nach vorn etwas conisch zulaufende Körperchen (Spermaköpfe, welche die Schwänze verloren haben) auf. Dann suche man nach vollkommenen Samenfäden.

Bei Untersuchung älterer Flecken kann man auch so verfahren, dass man ein beflecktes Stück des Gewebes ausschneidet

*) 4 g Hämatoxylin in 25 ccm Alkohol gelöst, dann 400 ccm koncentrirte wässerige Ammonalaunlösung zugefügt, geschüttelt, 3—4 Tage am Licht stehen gelassen, filtrirt, 100 ccm Glycerin, 100 ccm Methylalkohol zugesetzt, vor jedesmaligem Gebrauch direkt auf das zu färbende Objekt filtrirt. Dieser Farbstoff wird mit zunehmendem Alter immer besser.

und es mit der Scheere in drei Theile theilt. Den Theil *a* weicht man, je nach dem Alter des Fleckes 1—3 Stunden in kaltem Wasser ein, den Theil *b* dagegen in verdünnter wässeriger Pikrinsäurelösung und den Theil *c* zuerst in Pikrinsäurelösung und nach Verlauf einer halben Stunde in kaltem reinen Wasser. Von jedem dieser Theile des befleckten Gewebes trennt man behutsam einzelne Fädchen und mustert diese unter dem Objektiv bei circa 300-, 500-, 800maliger Vergrösserung. Durch die Pikrinsäure wird das Samenfädchen gelb gefärbt, auch der Samenschleim, nicht aber die Leinenfaser, von welcher adhärirende Pikrinsäure sich durch Wasser beseitigen lässt. Die von einem Gewebe gesammelten Spermatozoën haben meist ihre Schwänze verloren und ist dann die Identität des schwanzlosen Spermakörperchens festzustellen.

2. Vom thierischen Körper stammende Objekte.

Milch.

Milch von Kühen. Sie ist die bekannte emulsionsartige Flüssigkeit, welche verschiedene Salze, Milchzucker, Kaseïn enthält und in welcher Fett (Butter) in Gestalt sehr kleiner, unter dem Mikroskope scharf begrenzter, homogener durchsichtiger Kügelchen schwimmt. Jedes Fettkügelchen ist mit einer Kaseïnhülle umgeben, welche das Zusammenfliessen des Fettes verhindert. Unter dem Mikroskope erscheint die Milch als eine klare Flüssigkeit mit jenen darin suspendirten Fettkügelchen (Fig. 258). In der abgekochten Mich finden sich neben den kleinen Fettkügelchen wenige 3—10mal grössere Kügelchen oder gestaltlose Fettpartikel. Der Milch beigemischter Stärkemehlschleim wird leicht durch Tinktion mit Jod nachgewiesen, indem die Stärkemehltheile dunkelblaue Farbe annehmen. Durch Jod darf die Milch nur gelb, weder grün noch blaugrün gefärbt werden.

In der Ruhe scheidet sich die Milch in zwei Schichten, in eine untere fettarme und in eine obere fettreiche, gewöhnlich Rahm oder Sahne genannt. Die von dem Rahme gesonderte, sogenannte abgenommene Milch zeigt unter dem Objektive weit weniger Fettkügelchen, und diese sind meist klein. Es treten also die grösseren Fettkügelchen beim ruhigen Stehen der Milch zuerst an die Oberfläche derselben. Der Milchrahm bietet daher dem Auge sehr grosse Fettkügelchen.

Die dickliche gelbliche Milch, welche jedes Säugethier (also auch die Kuh) einige Tage vor und in den ersten Tagen nach dem Gebären giebt, heisst *Colostrum*, Colostrummilch. Sie ist von fadem Geschmacke, enthält Eiweiss, weniger Kaseïn und Milch-

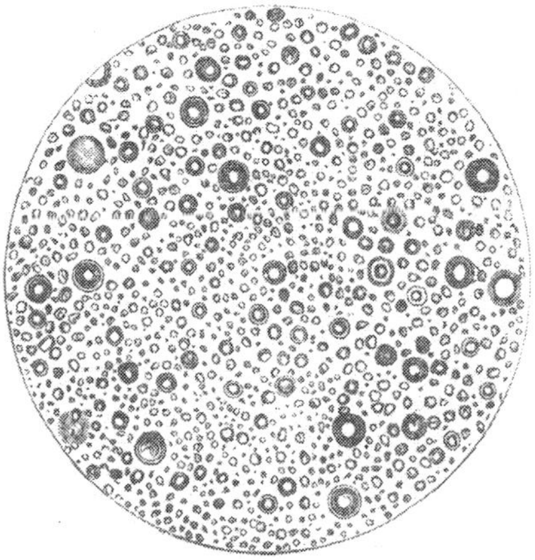

Fig. 258. Milch. $^{200}/_{1}$.

zucker, besonders aber die Colostrumkugeln, nämlich die mit Fett erfüllten Zellen der Milchdrüsenschleimhaut. Unter dem Mikroskop erscheinen die Fettkügelchen der Colostrummilch gewöhnlich weniger

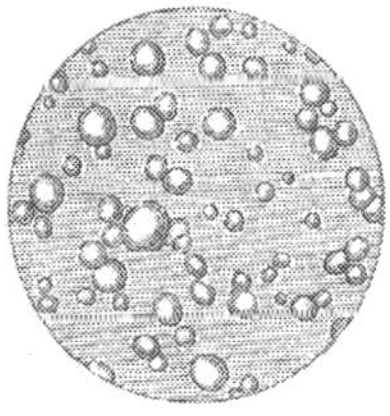

Fig. 259. Theilweise entrahmte Kuhmilch. $^{500}/_{1}$.

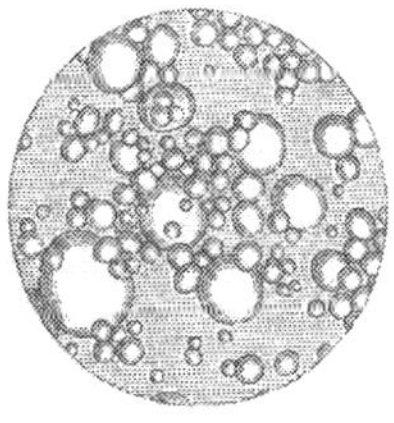

Fig. 260. Sahne. $^{500}/_{1}$.

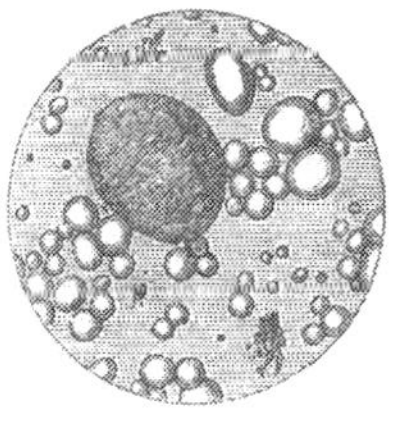

Fig. 261. Colostrum. $^{500}/_{1}$.

scharf begrenzt, von sehr verschiedener Grösse, in Gruppen darin herumschwimmend, und daneben findet man einzelne grosse, nicht völlig kugelrunde, trübe Buttermassen mit körniger Oberfläche, jene Colostrumkügelchen. Diese sammeln sich beim Stehen der Milch an deren Oberfläche und bilden eine dunkelgelbe Rahmschicht. Die Colostrummilch hat meist eine blassgelbe oder gelbe Farbe. Sie ist zwar nicht gesundheitsschädlich, denn sie äussert nur eine den

Stuhlgang gelind vermehrende Wirkung, sie ist aber für den Genuss der Menschen nicht geeignet und wegen ihrer Farbe nicht appetitlich.

Die Milch und Sahne wird (nach Angabe einiger Schriftsteller) zuweilen mit der von Blut und Häuten befreiten Gehirnsubstanz der Schafe gemischt, um ihre Konsistenz zu vermehren. Eine solche Milch hat einen hellgrauen Farbenton und setzt beim Stehen an die Gefässwandung eine feine weisse kleinkörnige Masse ab, welche feine Fäden von der Zellsubstanz des Gehirns enthält. Unter dem Mikroskope erkennt man die Gehirnsubstanz an den warzig er-

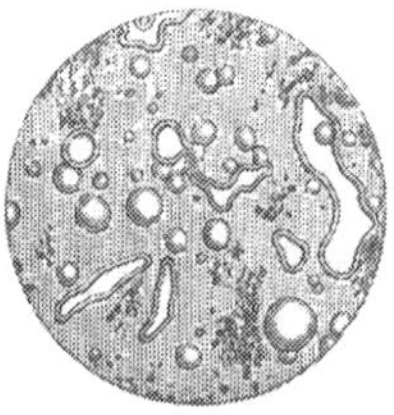

Fig. 262. Milch mit Gehirnsubstanz. $^{500}/_{1}$.

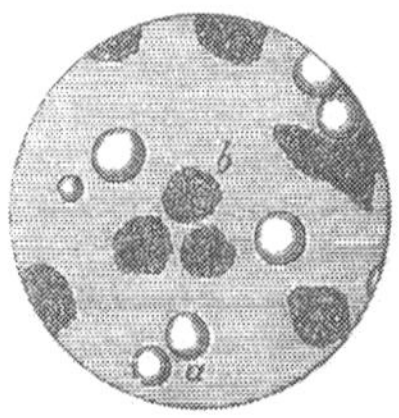

Fig. 263. Milch aus einem mit Eiter absonderndem Ausschlage behafteten Euter. *a* Fettkügelchen, *b* Eiter. $^{500}/_{1}$.

weiterten, oft perlschnurartigen Nervenprimitivfasern, an den Resten von Kapillargefässen, welche gefässartig verzweigte, aus strukturloser Membran bestehende Gebilde darstellen, in denen sich ovale Kerne befinden, die nach Zusatz von Essigsäure mehr hervertreten.

Infolge exsudater Processe im Euter oder infolge einiger epidemischer Rinderkrankheiten findet man in der Milch Eiter. Die Eiterkörperchen sind den Butterkügelchen ähnlich, aber im Umfange etwas grösser, matt granulirt und enthalten einen Kern, oder sie bilden granulirte Körperchen mit unregelmässigem Rande, löslich in Aetznatronlauge, unlöslich in Aether. Nach Tinktion der Milch mit Anilin-Farbstoffen und einstündigem Stehen lassen sich die Eiterkörperchen unter der Linse leicht erkennen. Bei Eiterausschlägen soll die Milch mikroskopisch kleine maulbeerähnliche Kügelchen enthalten, aus Schleim und Eiter bestehend. Eine eiterhaltige Milch ist als gesundheitsschädlich zu beurtheilen.

Auf Stärkeschleim prüft man mittelst Jodlösung, welche die Sahne gelb, aber nicht grün oder blaugrün färben darf.

3. Mikroskopische Objekte von niederen Thieren.

a) Thierische Parasiten des Menschen.

Filzlaus (*Phthirius pubis*, Fig. 264). — Diese makroskopisch kleinen Hautschüppchen ähnlich sehende Laus ist etwa 1 mm lang und fast ebenso breit; sie besetzt vorzüglich die Schamhaare, aber auch bei weiterer Verbreitung alle übrigen krausen Haare des Körpers, doch nie die Kopfhaare, und hält sich mit Hülfe ihrer Krallenfüsse sehr fest. Die Eier werden an dic Haare angeheftet. — Wird durch Einreiben mit Mineralölen, grauer Salbe oder Sublimatlösung leicht vertrieben.

Kopflaus (*Pediculis capitis*, Fig. 265). — Deutlich länger als breit, graugelb, an den Rändern der Hinterleibsringe etwas dunkler,

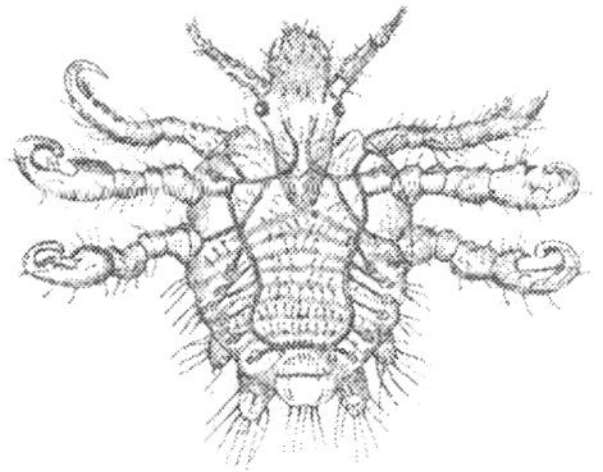

Fig. 264. Filzlaus. (Nach Landois.)

Fig. 265. Kopflaus (Nach Brehm.)

bis 2 mm lang. Lebt nur auf dem Kopf des Menschen, heftet die Eier an die Haare an.

Kleiderlaus (*Pediculus vestimenti*). — Der vorigen ähnlich gestaltet, doch noch schmäler gebaut und an den Enden der Hinterleibsringe nicht dunkler gefärbt. Lebt besonders auf Brust und Rücken des Menschen, legt die Eier in die Kleider.

Taubenzecke (*Argas reflexus*, Fig. 266). — Für gewöhnlich ein Parasit der Tauben, doch nicht selten schon aus Taubenschlägen in menschliche Behausungen gedrungen. Saugt, wie die Wanze, nur Nachts und verbirgt sich bei Tag in Spalten etc. Diese Zecke ist schmutzig grau, von der Oberseite gesehen mosaikartig gefleckt, etwa 5 mm breit und 7 mm lang. Vor dem Saugen ist sie flach, nachher kugelig aufgetrieben; sie hat 4 Beinpaare.

Krätzmilbe (*Sarcoptes scabiei*, Fig. 267). — Die Ursache der Krätze, welche nicht allein bei Menschen, sondern auch z. B. bei Schafen, Pferden, Katzen, Kaninchen etc. vorkommt und von diesen Thieren auf den Menschen übertragen werden kann. Betrachtet man von der Milbe befallene Stellen (besonders gern siedelt sie sich zwischen den Fingern, am Ellbogen- und Kniegelenk an) mit der Lupe, so sieht man in der Haut meist gerade, bis mehrere cm lange Linien, welche an einem Ende ein weisses Pünktchen

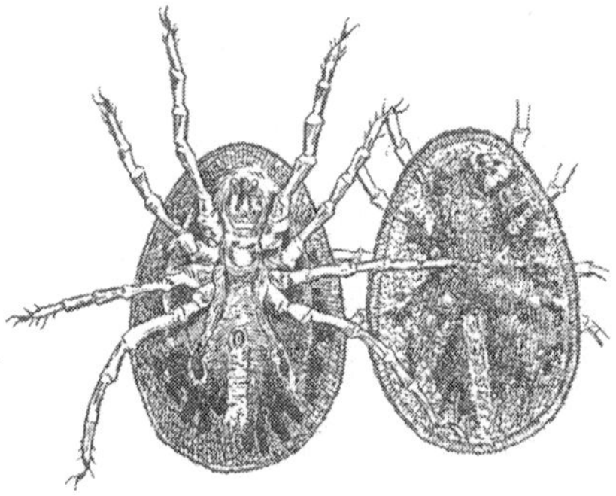

Fig. 266. Taubenzecke. $^4/_1$. (Nach Alt.)

erkennen lassen. Dies sind die von den Weibchen der Krätzmilben gegrabenen Gänge, an deren Ende sich das Thier selbst befindet. Dieses kann mit einer Nadel herausgestochen werden

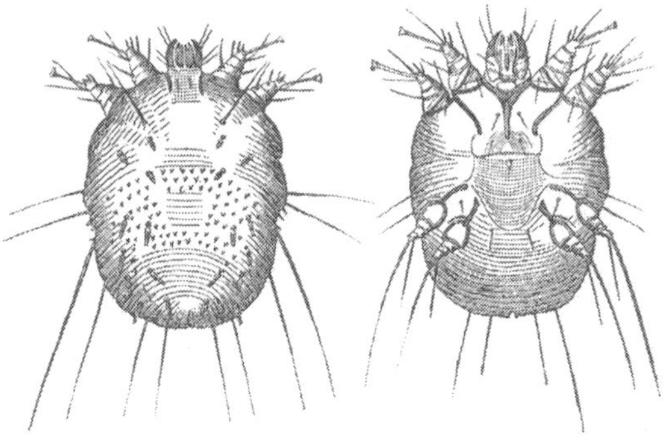

Fig. 267. Krätzmilbe, Weibchen, von oben und unten gesehen. (Nach Gudden.)

und erscheint unter dem Mikroskop ungefähr elliptisch, mit 4 Beinpaaren, deren hintere in je 2 lange Borsten ausgehen. — Wird durch Einreiben von Perubalsam vertilgt.

Haarbalgmilbe (*Demodex folliculorum,* Fig. 268). — Streicht man mit einem stumpfen Messer aus Holz oder Knochen unter mässigem Drucke über die Haut an Nase, Stirn, Wangen, Brust etc., so drückt man dabei aus den Ausführungsgängen der Talgdrüsen die Milbe heraus, die auch in den Haarbälgen (zwischen Haarschaft und Wurzelscheide) wohnt. Das auf die angegebene Weise Zusammengeschabte wird mit etwas Wasser auf das Objektglas gebracht. Die Milbe ist $^1/_6$ bis $^1/_4$ mm lang, borsten- und haarlos und hat einen kleinen Saugrüssel mit zwei unter diesem befindlichen Haftzangen. Das jüngere Thier hat 2 Paar, das ältere 4 Paar stummelförmige Beine. Diese Parasiten sitzen im Innern der Talgdrüsen und Haarbälge

Fig. 268. Haarbalgmilbe. $^{120}/_1$.

mit dem Kopf nach innen, mit dem Hintertheile nach aussen. In ihrem Wohnsitze legen sie auch ihre Eier. Sie sind gemeiniglich ein Bild vom Ernährungszustande des Menschen, auf welchem sie leben, denn sie sind dick und rund bei gesunden wohlgenährten, und schmal und mager bei mageren Menschen, jedoch ohne Nachtheil; beim Hunde und der Katze aber erzeugen sie Ausschlag.

Erntemilbe (*Leptus autumnalis*). — Punktförmig, tief scharlachroth, lebt auf Gräsern, Getreide etc. Sie saugt sich in die Haut der Hände und Arme, die Schleimhaut der Nase etc. der Erntearbeiter ein und erzeugt unerträgliches Jucken. — Wird durch Benzin oder Tabakssaft leicht beseitigt.

Vogelmilbe (*Dermanysus avium*, Fig. 269). — Ein Schmarotzer auf Geflügel, auch auf Kanarienvögeln, welcher gelegentlich auch an den Menschen geht und juckende Beulen erzeugt. Diese Milbe ist etwa 1 mm lang, gelb.

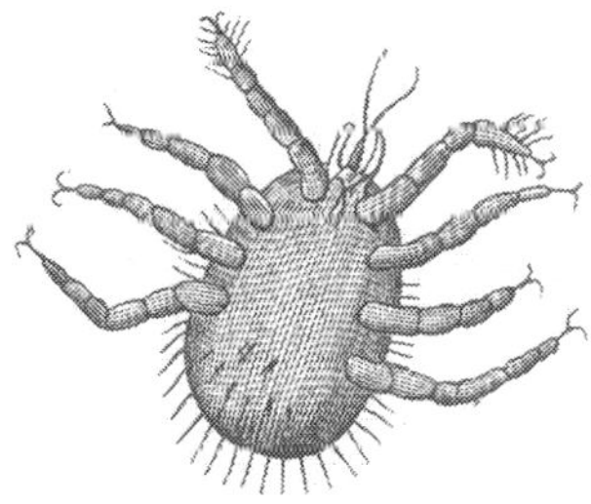

D.a.

Fig. 269. Vogelmilbe.

Trichine (*Trichina spiralis*, Fig. 270—274). — Lebenslauf und Entwickelung der Trichine im lebenden Thierkörper sind folgender Art: die mit dem Fleische genossenen Muskeltrichinen verbleiben im Darmkanal und bilden sich daselbst in wenigen Tagen zu geschlechtsreifen Trichinen, Darmtrichinen aus; es findet die Begattung zwischen männlichen und weiblichen Trichinen statt, in 7 bis 10 Tagen erzeugen die Weibchen lebendige Junge (Embryonen), welche in die Muskeln überwandern, daselbst wachsen, sich hier nach längerer Zeit spiralig einrollen und innerhalb der Fleischfaser einkapseln. Mit der Zeit verkreidet sich die Kapselhülle und die Muskeltrichine verharrt in dieser Lage (also ohne sich zu vermehren) so lange, bis sie durch Zufall in die Verdauungswege eines anderen Thieres gelangt, wo sie sich in dem Darmkanale zur Darmtrichine ausbildet. Nachdem die Darmtrichine ihre lebendige Brut, die sie aus vielen Hunderten Eiern erzeugt, abgesetzt hat, geht sie zu Grunde.

Die weibliche Darmtrichine hat eine Länge von 1 bis 3 mm, die männliche von 0,8 bis 1,5 mm, die Embryonen von 0,08 bis 0,13 mm, die Muskeltrichine von 0,7 bis 1 mm.

Die Wanderung der Embryonen in die Muskeln, welche nach

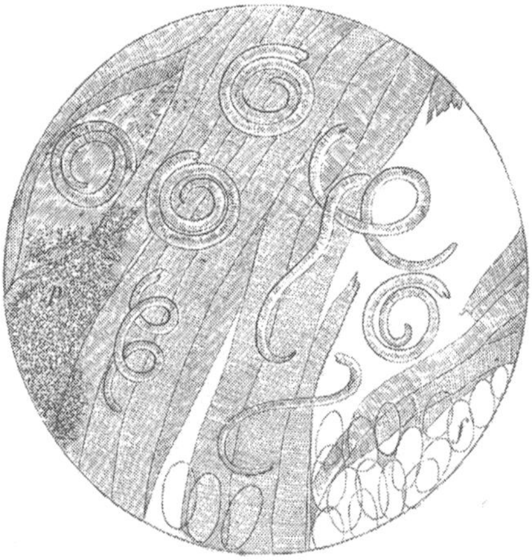

Fig. 270. Fleischfasern mit wandernden Trichinen und einer sich einkapselnden Trichine. *f* Fettbläschen, *p* Mischer'sche Körperchen.

Durchbohrung der Darmwände geschieht, ist eine unausgesetzte, bis ein Hinderniss entgegensteht. Ein solches Hinderniss bilden die sehnigen Ansätze der Muskeln, durch welche diese an die Knochen angeheftet sind. Hier kommen die wandernden Trichinen meist zur Ruhe und lagern sich zur Einkapselung. Um die sehnigen Ansätze herum findet man daher die meisten Trichinen.

Die Darmtrichinen sind meist gestreckt, nach dem Kopfende zu (*k*, siehe Fig. 271 auf S. 293) bedeutend dünner, mit etwas spitz zulaufendem Kopfe; nach dem Hinterende (*a*) nehmen sie an Dicke zu, mit stumpf abgerundeter Endigung. Die Männchen haben am Hinterende 2 Haken oder Zapfen (Fig. 272) neben der Oeffnung der Kloake. Die äussere Decke des Wurmkörpers besteht aus einer sehr durchsichtigen, glatten, feinen, strukturlosen Haut (Chitinhaut), mit nichts besetzt und nur sehr leicht geringelt. Unter dieser Decke liegt der Hautschlauch, aus einer sehr dünnen muskulösen Haut bestehend, auf deren innerer Seite eine dichte Schicht fein gekörnter rundlicher Zellen als Auskleidung der Körperhöhle befindlich ist. In der Länge des Hautschlauches verläuft ein aus Zellen zusammengefügtes Band, welches sich vom Kopfende nach dem Hinterende und von hier auf der anderen Seite nach dem Kopfende zurück erstreckt. Im Innern des vorderen oder dünneren Theiles des Körpers liegt der Munddarm, welcher sich nach hinten allmählich erweitert und bei stärkerer Verdickung der Wandung

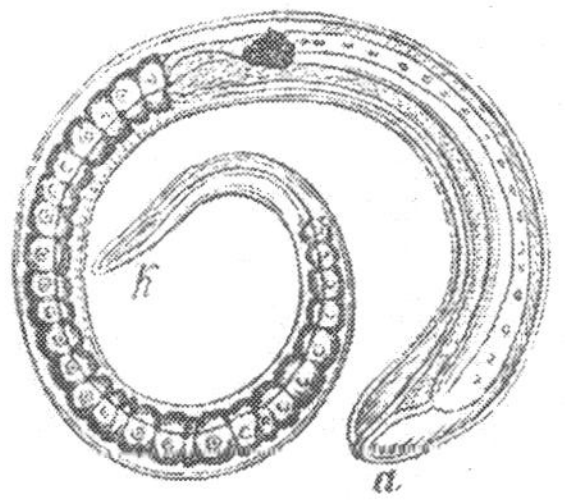

Fig. 271. Weibliche Trichine. $^{200}/_{1}$.

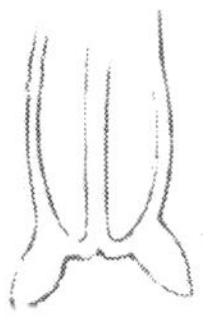

Fig. 272. Haken am After der männlichen Trichine.

deutliche Zellen zeigt. Am Uebergange dieses Theiles in den zweiten Theil des Körpers erblickt man um das Darmrohr eine dunkle mit Körperchen gefüllte Masse, die sich weiterhin in den Darm fortsetzt, welcher am hinteren Ende endlich seinen Ausgang hat. Mit der zunehmenden Dicke des Wurmes nehmen die Darmzellen an Grösse zu und liegen dicht an der Wandung des Hautschlauches. Der hintere Theil des Körpers enthält ausserdem die Zeugungsapparate. Bei dem Weibchen erstreckt sich der Geburtsweg bis innerhalb des ersten Drittels der Körperlänge und hat hier, also am Vordertheile des Körpers, seitlich seinen Ausgang.

Die Kapsel oder Cyste der Muskeltrichine (Fig. 273) hat eine ovale Form. In ihrer Mitte liegt die Trichine spiralig eingerollt. Unter dem Mikroskope erscheint die Kapsel, wenn ihre Verkreidung noch nicht vorgeschritten ist, hell und durchsichtig, und man kann darin den Wurm deutlich sehen. An jedem Ende des Ovals findet sich ein stumpfer, etwas dunklerer Ansatz, so dass die Kapsel mit den Umrissen eines menschlichen Auges Aehnlich-

Fig. 273. Eingekapselte Trichine.

keit hat. Hat die Ablagerung von Kalksalzen in der Kapselhülle zugenommen, so erscheint die Kapsel unter dem Mikroskop bei durchfallendem Lichte dunkel und ist nicht mehr durchsichtig. Häufig sind dann die Ansätze der Kapsel von kleinen Fettzellchen umlagert. Legt man ein dünnes Stück Fleisch mit verkreideten Kapseln in mässig verdünnte Essigsäure oder Salzsäure, so erfolgt die Lösung der Kalkschale und die Kapsel wird wieder durchsichtig.

Die Trichine könnte mit blossen Augen sicher erkannt werden, wäre sie nicht zu durchsichtig. Die verkreideten Kapseln lassen sich bei auffallendem Lichte, weil sie weisslich sind, mit blossen Augen erkennen.

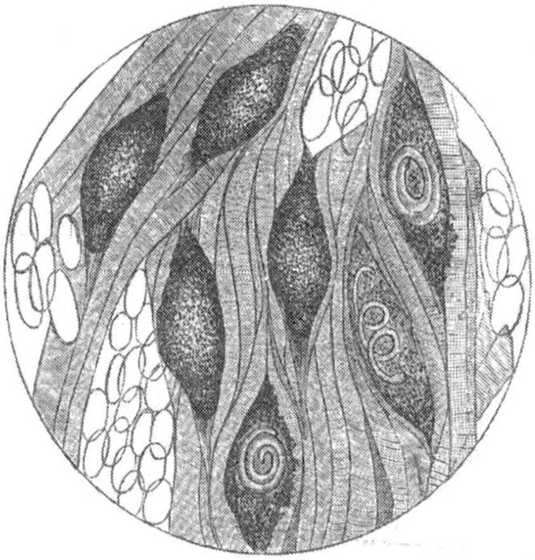

Fig. 274. Fleischfasern mit älteren und jüngeren Trichineneinkapselungen.

Von den Muskeln, welche die Trichine vorzugsweise aufsuchen, sind zu nennen: das Zwerchfell, die Augenmuskeln, die Nackenmuskeln, die Muskeln der Bauchwand, die Muskeln des Hintertheils. Mit Proben aus diesen Theilen, besonders aus der Gegend der Sehnenanheftung entnommen, also schon mit fünf Fleischproben, kann der mikroskopischen Fleischschau völlig genügt werden.

Von jeder Probe nimmt man zwei, höchstens drei feine Scheibchen nach der Länge der Fleischfaser, mit einer krummen Scheere abgeschnitten und mittelst der Präparirnadeln zerfasert, legt sie in mässiger Distanz nebeneinander auf ein starkes, farbloses Objektglas und giebt, wäre das Fleisch nicht frisch und saftig, einen Tropfen Wasser darauf. Auf das sorgsam ausgebreitete Objekt legt man einen zweiten dünnen Objektträger und drückt beide Gläser so gegeneinander, dass die Fleischscheibchen zu einer sehr sehr dünnen, durchsichtigen Schicht ausgedehnt werden. Bedient man sich hier eines Kompressoriums, so ist man der äusserst lästigen Mühe des anhaltenden Pressens der Objektgläser mit den Fingern enthoben.

Aus mässig starkem Weissblech lässt man sich 2,5—3 cm breite und 3,5 bis 4,5 cm lange rechteckige Stücke schneiden und diese biegt man mit einer passenden Drahtzange in eine Form, wie die Fig. 275 angiebt. Die Klemmbiegung muss von der Weite sein, dass die Biegung enger ist, als die Dicke der beiden übereinander gelegten Objektgläser. Diese Blechkompressoren kommen höchstens auf einen Beschaffungswerth von 2 Pf. pro Stück zu stehen.

Die Beschauung wird hauptsächlich bei 40- bis höchstens 80facher Vergrösserung vorgenommen. Freie Trichinen oder in der noch durchsichtigen Kapsel befindliche Trichinen werden hierbei sofort erkannt werden, theils im Fleische, theils in der um das Objekt befindlichen Flüssigkeit, welche beim Drücken des Fleisches

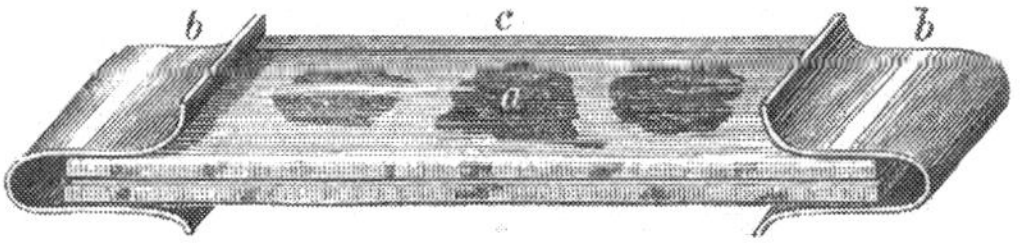

Fig. 275. Fleischobjekt, *a* zwischen zwei Objektgläsern (*c*) flachgepresst mittelst zweier Blech-Kompressoren (*b*, *b*).

gewöhnlich ausfliesst. Verkreidete Kapseln erscheinen als dunkle undurchsichtige Körper. In diesem Falle zerfasert man das Objekt mit den Präparirnadeln, giebt einen Tropfen Essigsäure darauf und legt es nach einigen Minuten gepresst wieder unter das Mikroskop.

Findet man eine verdächtige Wurmgestalt, so schreitet man zu einer 100- bis 200fachen Vergrösserung, um den inneren Bau des Wurmförmigen zu mustern. Letzterer ist charakteristisch genug, als dass eine Verwechselung mit wurmartig gekrümmten Fleischfasern, MISCHER'schen Körperchen oder Gespinnstfasern möglich wäre.

Die Vorbeugungsmittel gegen die Trichinen und die durch ihre Einwanderung in die Muskeln erzeugte Krankheit, die Trichinose, sind zweierlei Art, nämlich erstens die obligatorische Trichinenschau, welcher jedes geschlachtete Schwein unterzogen wird, und zweitens das Vermeiden rohen oder nicht genügend gar gekochten resp. gebratenen Fleisches. Auch durch Einpökeln des Fleisches mit reichlich Salz ohne Wasserzusatz sowie durch energische Heissräucherung, bei welcher 50° im Innern der Fleischwaaren erzielt werden, sowie bei Abkühlung unter — 20° sterben die Trichinen ab. Das jetzt meist übliche schwache Pökeln, sowie die „Schnellräucherung“ tödtet die Trichinen dagegen nicht.

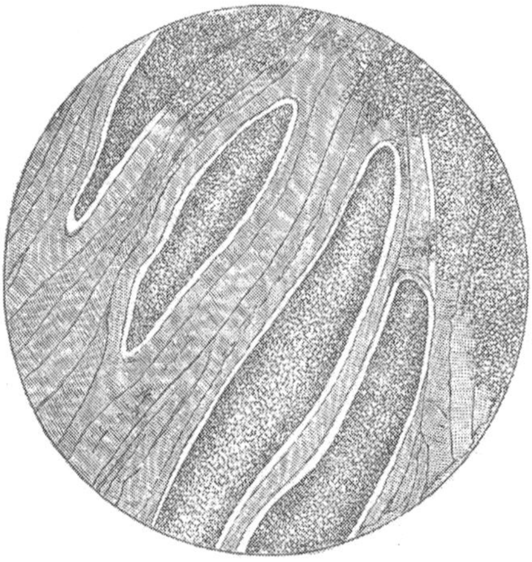

Fig. 276. Mischer'sche Schläuche und (oben rechts) der ausgedrückte körnige Inhalt derselben in den Muskelfasern. $^{30}/_{1}$.

Gewisse Aehnlichkeit mit den eingekapselten Trichinen haben die **Mischer'schen** oder Rainey'schen **Schläuche**. Dieselben sind sehr

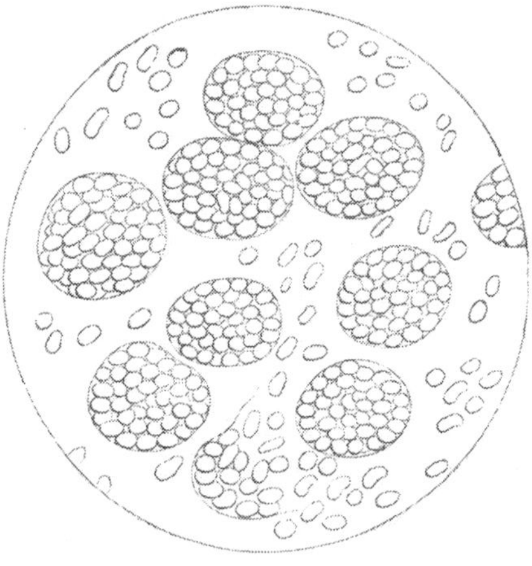

Fig. 277. Inhalt eines zerdrückten Mischer'schen Schlauches bei sehr starker Vergrösserung.

häufig vorkommende eigenthümliche Gebilde in den Muskelfasern (und auch in anderen Theilen des Thierkörpers), welche zwar grössere Konglomerate bilden als die Trichinenkapsel, aber mitunter im Umrisse eine entfernte Aehnlichkeit mit Trichinenkapseln oder Finnen haben können. Diese Gebilde stellen die eingekapselten (encystirten) Zustände von *Gregarinen* (der Klasse der Protozoën angehörigen Thieren) dar. Sie sind von verschiedener Grösse und weisslicher Farbe, jedoch sehr gut mit blossen Augen zu erkennen. Damit sehr stark durchsetztes Muskelfleisch sieht graustreifig und missfarbig aus. Gemeiniglich bilden sie längliche abgerundete Schläuche aus strukturloser Membran, angefüllt mit einer körnigen Masse. Unter dem Mikroskop sind sie dunkler als die Fleischfaser. Um sie von Trichinen zu unterscheiden, genügt ein Druck auf das Deckglas. Die Gebilde lassen sich leicht zerdrücken, wobei sich der körnige Inhalt ergiesst und das Objekt überschwemmt.

Spulwurm (*Ascaris lumbricoides*) ist ein regenwurmgrosses, gelbliches oder röthliches Thier, welches besonders bei Kindern im Dünndarm oft in grosser Menge sich findet. Das Weibchen bringt jährlich etwa 60 Millionen von Eiern hervor. Diese sind mit gegen Schädigungen sehr resistenter Haut bedeckt und kommen mit dem Koth in die Umgebung des Menschen. Mit feuchter Erde, welche Koth enthält, sowie mit durch Fäces verunreinigtem Wasser kommen die Keime des Spulwurmes wieder in den Organimus des Menschen zurück. Die Eier dieses Wurmes (Fig. 278, *a*), welche bei seinem Vorhandensein im Stuhl stets sehr reichlich enthalten sind, sind 0,05 bis 0,06 mm dick, mit einer stark höckerigen, bräunlichen Aussenschale versehen; ihr Dotter zeigt im frisch abgegangenen Koth noch keine Furchung (Zelltheilung).

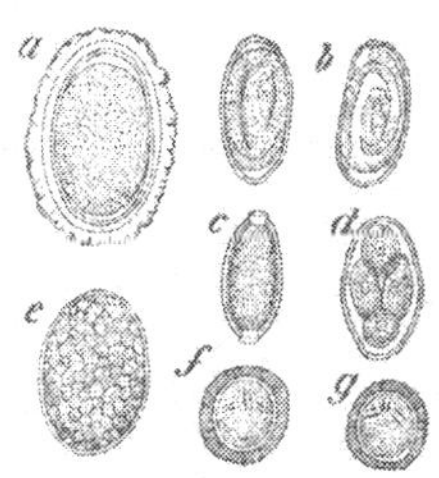

Fig. 278. Eier von *a Ascaris*, *b Oxyuris*, *c Trichocephalus*, *d Anchylostomum*, *e Bothriocephalus*, *f Taenia sagittata*, *g Taenia solium*. (Nach Leuckart.)

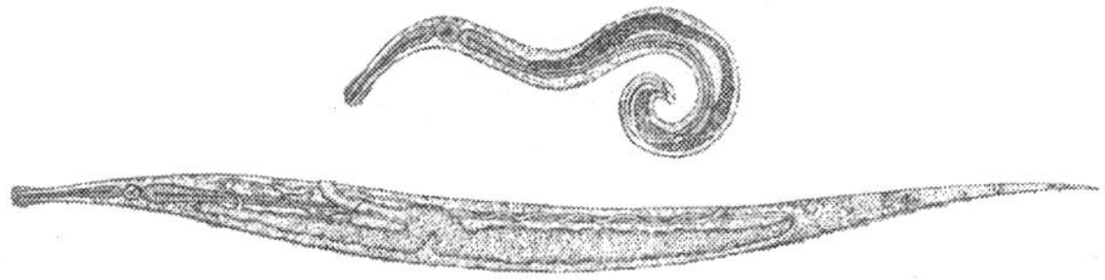
Fig. 279. *Oxyuris vermicularis*, Weibchen und Männchen. (Nach Leuckart.)

Madenwurm (*Oxyuris vermicularis*, Fig. 279) ist ein bis 1 cm langer und den Schmeissfliegen-Maden ungefähr ähnlicher Wurm, welcher sich häufig zu Tausenden im Darm findet. Auch dieses Thieres Eier sind widerstandsfähig; sie gelangen in gleicher Weise wie diejenigen des Spulwurms von einer Person zur andern. Sie sind in Fig. 278, *b* dargestellt, zeigen nur etwa die halbe Länge wie die des Spulwurms (Dicke: 0,02—0,025 mm), glatte Schale und im Innern den bereits ausgebildeten, in seiner Wurmgestalt deutlich erkennbaren Embryo. — Der Madenwurm kommt nicht nur im Darm, sondern auch in der weiblichen Scheide vor; er verursacht Reizzustände. Nachts wandert er häufig aus seinen Schlupfwinkeln ins Freie. Man findet die Würmer und ihre Eier manchmal bei Gelegenheit der Harnuntersuchung.

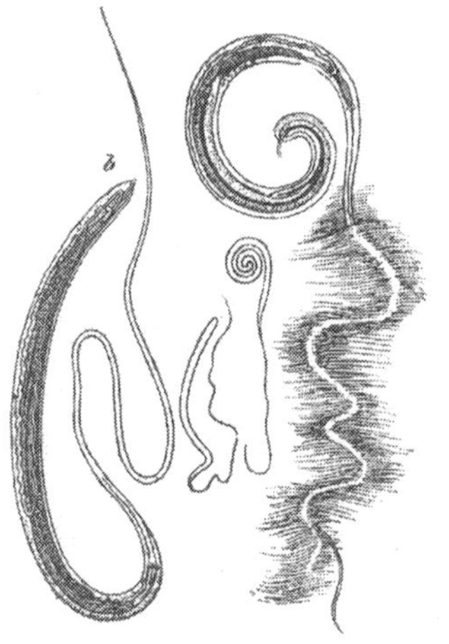

Fig. 280. *Trichocephalus dispar.* *a* Männchen, *b* Weibchen. In nat. und vervielfachter Grösse. (Nach Leuckart.)

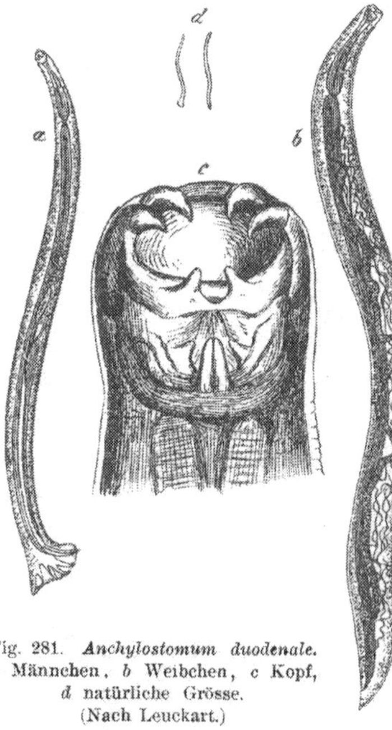

Fig. 281. *Anchylostomum duodenale.* *a* Männchen, *b* Weibchen, *c* Kopf, *d* natürliche Grösse. (Nach Leuckart.)

Peitschenwurm (*Trichocephalus dispar*, Fig. 280) ist ein bis $^1/_2$ cm langer und 1 mm dicker, fadenförmiger Wurm. Derselbe ist nur selten in grösserer Menge vorhanden, meist sitzen wenige Exemplare besonders im Blinddarm des Menschen. Die Eier (Fig. 278, *c*) werden mit den Fäces an die Aussenwelt befördert; sie entwickeln sich in feuchter Erde und Wasser und gelangen mit letzterem in den menschlichen Leib.

Anchylostomum duodenale (Fig. 281). — Ein höchst gefährlicher Eingeweidewurm der wärmeren Klimate, welcher durch italienische Arbeiter auch nach Deutschland verschleppt wurde und besonders in Bergwerken hier und da epidemisch auftritt. Dieser Wurm wird bis 18 mm lang; seine Mundkapsel (Fig. 281, *c*) ist mit 4 scharfen, krallenförmigen Haken und 2 schwächeren Zähnen versehen. Mit Hilfe dieser Waffen setzt er sich im Dünndarm fest und saugt hier Blut, gefährliche Chlorosen dadurch hervorrufend. Ein Ei dieses Parasiten ist Fig. 278, *d* dargestellt.

Bandwürmer. — Von der Wurmgruppe der Cestoden sind eine grosse Anzahl von Arten bekannt geworden, welche obligate Darmschmarotzer der verschiedensten Thiere sind. Alle Bandwürmer haben gemeinsam die Eigenschaft, dass sie nicht als einzelne Thiere, sondern als Thierkolonien betrachtet werden müssen in der Weise, dass das vorderste Glied (der Kopf) die Mutter darstellt, von welcher aus die übrigen Thiere (die Einzelglieder, Proglottiden) durch Knospung gebildet werden. Die Glieder am Kopf sind deshalb die zuletzt entstandenen, sie sind stets unentwickelt (nicht

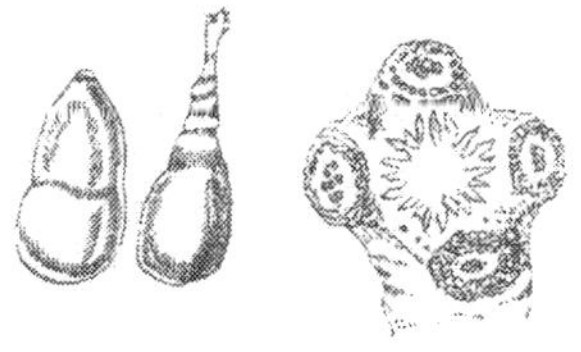

Fig. 282. Schweinefinne (vergr.), *A* mit eingestülptem Kopf, *B* mit vorgestrecktem Kopf, *C* Bandwurm- oder Finnenkopf mit den vier Saugnäpfen.

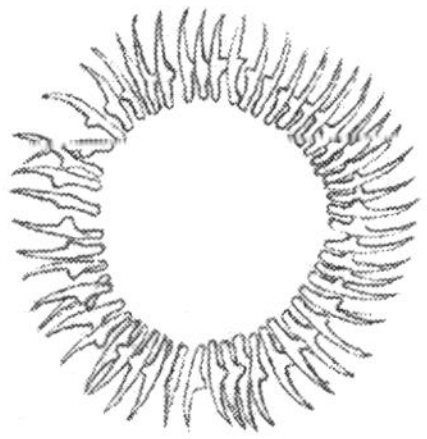

Fig. 283. Hakenkranz des gewöhnlichen Bandwurmes. $^{50}/_{1}$.

geschlechtsreif). In der Mitte des Thieres finden sich in jedem Glied männliche und weibliche Geschlechtsorgane; in dieser Region findet die Befruchtung der Eier statt. Die hintern Glieder, welche allmählich abgestossen und mit dem Koth des Wirthes entleert werden (*Taenia solium*) oder welche den Darm selbständig verlassen können (*T. saginata*, schwarzer Bandwurm) enthalten die befruchteten Eier in ungeheuer grosser Zahl. Ein Glied des gewöhnlichen Bandwurms enthält ungefähr 50 000 Eier, eine Wurmkolonie von 1500 Gliedern also gegen 75 000 000.

Diese grosse Uebermenge von Eiern ist für die Erhaltung der Bandwurmarten nothwendig, da die Weiterentwickelung derselben dem blinden Zufall anheimgegeben ist. Die Eier entwickeln sich nämlich nur weiter, wenn sie in den Magen eines geeigneten, meist durchaus specifischen Zwischenwirths gelangen. Für den gewöhnlichen Bandwurm (*T. solium*) ist dieser Zwischenwirth meist das Schwein (doch kann die Entwickelung ausnahmsweise auch im Menschen selbst erfolgen). Frisst ein Schwein Bandwurm-Eier enthaltenden Koth, so wird zunächst die dicke Schale der Eier (Fig. 278, *g*) gelöst; die in denselben enthaltenen, schon entwickelten Embryonen werden frei und durchbohren die Darmwand des Zwischenwirths. Sie werden durch das Blut nun an die verschiedensten Stellen des Körpers geschwemmt, und entwickeln sich zu **Finnen** (Cysticercus).

Die Finne der Schweine (der Blasenwurm) wohnt zwischen den Muskelfasern des Fleisches dieser Thiere und bildet mit unbewaffnetem Auge erkennbare weissliche oder halbdurchsichtige, mehr oder weniger walzenförmige, senfkorn- bis erbsengrosse Blasen innerhalb einer häutigen weissen Kapsel, welche mit dem umgebenden Fleische verwachsen ist. In dem Fleische der Schweine — zuweilen im Fleische des Rindes (Finnen von *T. saginata,* Fig. 284) und anderer Thiere, auch im Fleische des Menschen — findet man die Finnen häufig in unzähliger Menge. Nimmt man die Finne aus ihrer häutigen Wohnung heraus und bringt sie in lauwarmes Wasser, so streckt sie nach und nach Kopf und Hals aus ihrem blasenförmigen Körper (Schwanzblase) heraus. Unter dem Mikroskop findet man an dem Kopfe schon bei schwacher Vergrösserung vier wulstige, in ihrer Mitte vertiefte Erhabenheiten, Saugnäpfe (vergl. Fig. 282, *C*), und inmitten derselben einen Hakenkranz (Fig. 283). Gelangt die Finne lebend in den menschlichen Magen, was beim Genusse rohen Schweine- und Rindfleisches, oder roher Wurst, oder nicht genügend gekochten Fleisches geschieht, so entwickelt sie sich hier wieder zum Bandwurm, indem der Kopf sich an die Wandung der Verdauungswege ansaugt und festsetzt, die Blase aber abfällt und dafür sich die bandförmigen Glieder (Proglottiden) entwickeln, deren Zahl viele Hunderte erreicht, so dass ein Bandwurm zu 3 m und mehr auswächst. Der Kopf des gewöhnlichen Bandwurmes (*Taenia solium*) hat eine Breite von circa 1 mm, der darauf folgende ungegliederte Hals eine Länge von 10 bis 15 mm, die folgenden Proglottiden oder Glieder je eine Länge von 0,1 bis 13,0 mm, und zwar sind sie um so weniger lang, je näher sie dem Kopfe liegen. Die Breite der Glieder steht in einem gleichen Verhältnisse und beträgt 1,3—6,3 mm. Das Bandwurmei, 0,02—0,03 mm im Durchmesser, erscheint unter dem Mikroskop als ein braunes, kugelig ovales Körperchen. Gelangen diese Eier

Fig. 284. Die im Rind vorkommende Finne der *Taenia saginata*. Diese Finne ist 3 bis 5 mm lang.

in den Magen oder Darmkanal des Schweins, so schlüpfen die Embryonen wieder aus in Form kleiner wasserheller Bläschen, an denen sich 4—6 paarweise geordnete Häkchen entwickeln und welche nach allen Gegenden des Körpers wandern, um sich an irgend einer Stelle als Finne (*Cysticercus*) auszubilden. Vorstehende Notizen gelten vom Kürbiskernbandwurm, *Taenia solium*. Bei

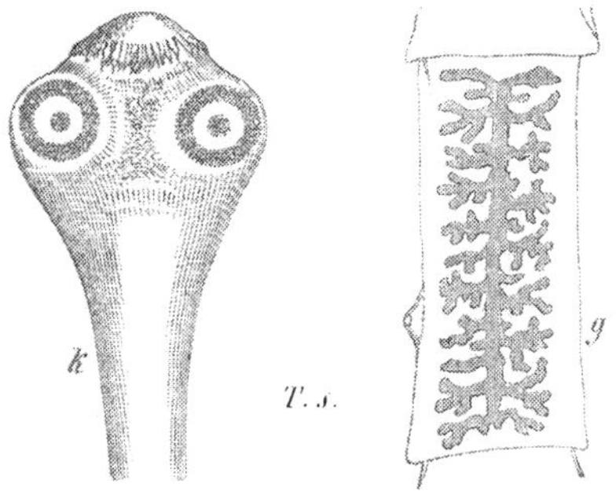

Fig. 285. *Taenia solium*. *k* Kopf von der Seite gesehen. Stark vergr. *g* eine Proglottide mit Uterus und Geschlechtsöffnung. Vergr.

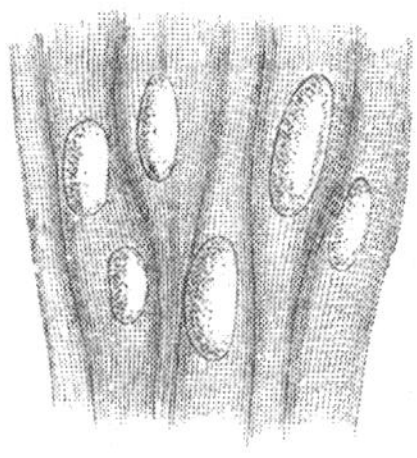

Fig. 286. Finnen im Schweinefleisch. Lupenvergrösserung.

anderen Bandwurmarten findet sich ein ähnlicher Generationswechsel und Entwickelungsverlauf. Bei Untersuchung eines Bandwurmes auf Anwesenheit des Kopfendes und des Fleisches auf Gehalt an Finnen genügt einfach die Lupe, zur Erkennung der Eier eine 50fache Vergrösserung.

Die wichtigsten Bandwürmer des Menschen sind:

a) **Taenia solium**, der gewöhnliche Bandwurm; diese Art wurde als Paradigma der Bandwurm-Entwickelung im Vorhergehenden beschrieben.

b) **Taenia saginata**, der schwarze Bandwurm; unterscheidet sich von *T. solium* durch das Fehlen des Hakenkranzes am Kopf, die kräftige Muskulatur der Proglottiden und besonders die reichere Verästelung des Uterus. Zu dieser Art gehört die Rinderfinne (Fig. 284).

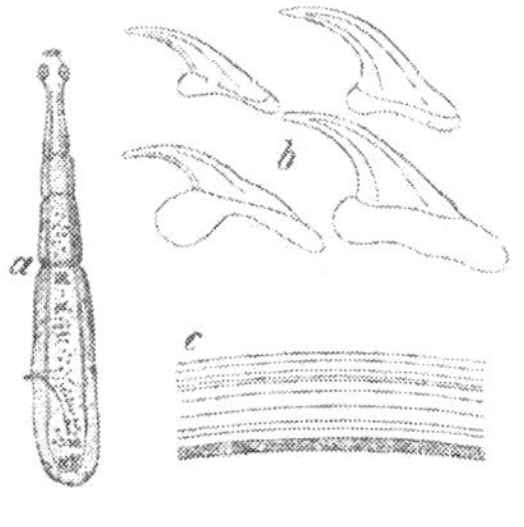

Fig. 287. *a Taenia echinococcus* des Hundes, *b* Haken, *c* Membranstück. (Nach Leuckart.)

c) **Taenia echinococcus** (Fig. 287). — Im Gegensatz zu den beiden vorher besprochenen Arten, bei welchen die geschlechtsreifen Würmer im Menschen, die Finnen dagegen in Hausthieren leben, ist bei

T. echinococcus der Mensch der Finnenträger (Zwischenwirth), während die entwickelten Schmarotzer oft zu Tausenden im Darm des Hundes sich finden. Der ausgebildete Wurm besteht nur aus 3—4 Gliedern, deren hinterstes in reifem Zustand länger ist als der ganze übrige Körper, es wird 3—5 mm lang. Durch allzu grosse Hundefreundschaft (Anlecken etc.) werden die Eier auf den Menschen übertragen und entwickeln sich in ihm, besonders in der Leber, doch auch in andern Organen zu Finnen. Diese haben die Eigenschaft, durch Knospung sich zu vermehren, und bilden grosse (manchmal über 10 kg schwere) Wasserblasen, welche leicht den Tod der Befallenen herbeiführen.

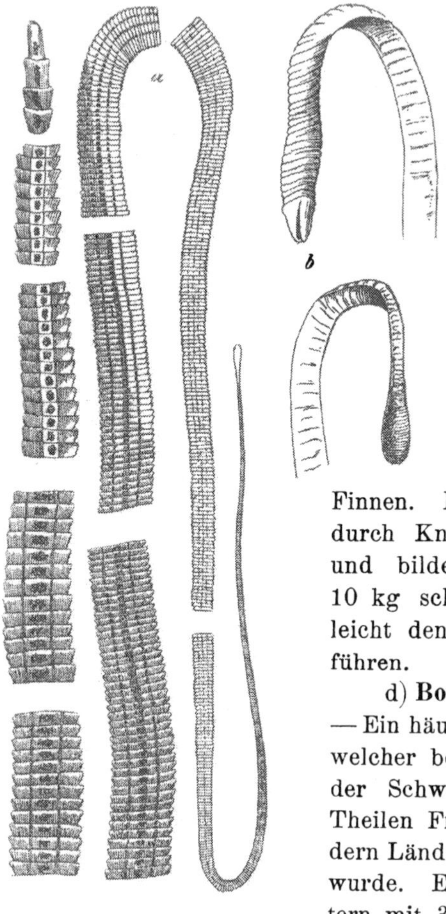

Fig. 288. *Bothriocephalus latus.* *a* Wurm, abschnittsweise, nat. Gr., *b* Kopf in Seiten- und Vorderansicht, vergr. (Nach Leuckart.)

d) **Bothriocephalus latus** (Fig. 288). — Ein häufiger Schmarotzer des Hechts, welcher besonders in den Westkantonen der Schweiz und den angrenzenden Theilen Frankreichs, aber auch in andern Ländern oft im Menschen getroffen wurde. Er wächst bis zu 5 bis 9 Metern mit 3000—4000 kurzen (3,5 mm) und breiten (10 bis 20 mm) Gliedern. Der flache Kopf besitzt an den Seiten 2 Sauggruben. Die charakteristischen Eier dieses Wurms sind Fig. 278, *e* dargestellt.

b) Beispiele von wichtigen, durch Thiere hervorgerufenen Pflanzenkrankheiten.

1. **Grünauge** (*Chlorops taeniopus*, Fig. 289). — Dies auch Halmfliege genannte, zu der Klasse der *Diptera* gehörige Thier ist 3 bis 5 mm lang. Es hat glashelle Flügel, ist im ganzen gelb und

hat auf dem Hinterkopf, Thorax und Hinterleib schwarze Streifen. Das Weibchen legt seine Eier zwischen die Blätter in die jungen Weizen- und Gerstenpflanzen; aus ihnen kriecht eine weisse Made aus, welche sich im Innern des Halmes von der Aehre absteigend bis zum obersten Knoten einen erst hellen, dann gebräunten Kanal frisst. Der geschädigte Halmtheil schwillt an, ohne weiter in die Länge zu wachsen; oft treten bandartige Missbildungen oder Krümmungen infolge der Verletzung auf; die Aehre bleibt taub oder bringt nur verkümmerte Körner.

2. **Fritfliege** (*Oscinis Frit*). — Gleichfalls den *Diptera* zugehörige und dem Grünauge nahestehende, sehr kleine (2 mm) Fliege. Körper schwarz oder schwarzbraun, metallisch glänzend; Unterseite des Hinterleibs rostgelb. Die Fliege legt ihre Eier in junge Gersten- und Hafer-Blüthenstände; die auskriechenden weissen Maden leben von den jungen, milchigen Körnern und zerstören

Fig. 289. Grünauge *(Chlorops taeniopus)*. $^3/_1$. (Nach Brehm.)

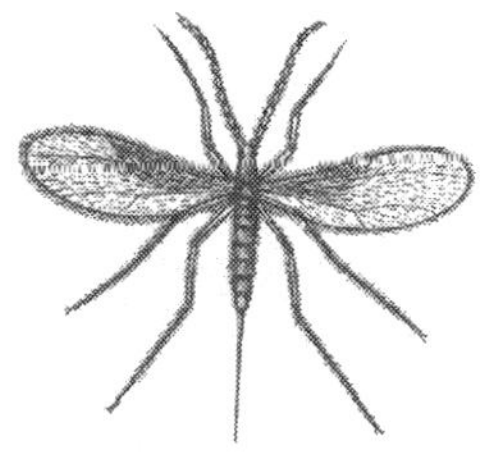

Fig. 290. Gelbe Weizenmücke *(Cecidomyia tritici)*. $^{10}/_1$. (Nach Brehm.)

oder verkrüppeln dieselben. Nach der Ernte fliegt eine zweite Generation des Thieres, welche ihre Eier in die junge Wintersaat (Weizen, Roggen) ablegt. Hier lebt die Made an den untern, weichen Theilen der Blätter, im Innern der Blattscheiden, nach und nach auch auf den zarten Halm übergreifend und seine Vegetationsspitze zerstörend. Derartig befallene Pflanzen haben bleichgelbe oder rothgelbe Blätter, als wären sie vom Rost befallen, doch finden sich keine Pilze an denselben. Wird die Vegetationsspitze eines Halmes zerstört, so ist das Wachsthum desselben beendet und er stirbt ab.

3. **Gelbe Weizenmücke** (*Cecidomyia tritici*, Fig. 290). — Eine Gallmücke, welche aber (gewöhnlich wenigstens) nicht eigentliche Gallen hervorbringt. Das Thier ist 2 mm lang, an allen Theilen dicht mit flaumartigen Härchen überdeckt, rothgelb. Das Weibchen legt die Eier in Mehrzahl (bis 20) in die jungen Blüthen, besonders des Weizens und Roggens. Die auskriechenden gelben Maden

kriechen in den Blüthen herum und nähren sich vom Blüthenstaub sowie vom jungen, milchigen Korn. Dadurch werden die befallenen Aehren taub; sie sehen aus, als wären sie vom Brand befallen.

4. **Weizengallmücke, Hessenfliege** (*Cecidomyia destructor*). — Der vorigen Art nahe verwandt, doch ganz anders gefärbt. Länge des Thiers ungefähr 3—3,5 mm; Färbung tief schwarz mit blutrothem Bauch und rother Längslinie auf dem Rücken; Flügel durch schwarze Behaarung grau aussehend. Die Eier werden an alle Getreidearten sowie an viele Wiesengräser abgesetzt; gelblichweisse Maden entwickeln sich aus denselben, nisten sich im Grund der Blattscheiden ein und zerstören hier das weiche Gewebe des Halmes, so dass derselbe umfällt. Ein von diesem Feldverwüster befallenes Getreidefeld sieht wie verhagelt aus. Den Namen „Hessenfliege" hat die Mücke in Nordamerika erhalten, wohin sie 1776 durch hessische Soldtruppen mit Stroh verschleppt sein soll.

5. **Tannenlaus** (*Chermes abietis*, Fig. 291). — Jedermann bekannt sind die zapfenartigen, gelblichen Auswüchse, welche am Grund von jungen Fichtentrieben entstehen und von den Larven der Tannenlaus erzeugt werden. Diese ist eine echte Blattlaus von rother Farbe; man kennt bisher nur die Weibchen. Den Winter über sitzen die Läuse von weisser Wolle bedeckt in den Schuppen, welche die Fichtenknospen bedecken; im April legt dann die Laus mehrere hundert Eier, und die daraus hervorkriechenden Larven vertheilen sich derart, dass an der Basis jeder jungen Nadel ein Thier sitzt. Dieses saugt sich fest; durch den Reiz wird das Wachsthum der Fichtennadeln derart modificirt, dass sich die beschriebenen Gallen durch Anschwellung der Nadelbasis bilden und zwischen den metamorphosirten Nadeln Kammern bleiben, welche die Wohnungen der Larven sind. Nach einiger Zeit häuten sich letztere und verlassen als geflügelte Insekten die Gallen; sie legen darauf je eine geringe Zahl von Eiern, und die daraus schlüpfenden flügellosen Thiere überwintern dann wieder.

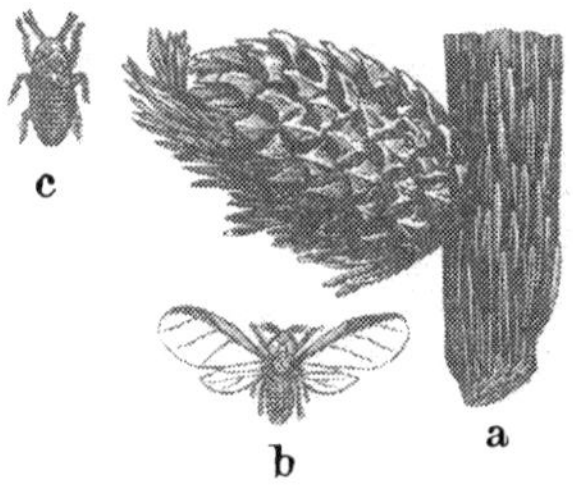

Fig. 291. Tannenlaus (*Chermes abietis*). *a* Galle $^1/_2$, *b* geflügeltes Weibchen, *c* Larve $^3/_1$. (Nach Brehm.)

6. **Blutlaus** (*Schizoneura lanigera*). — Einer der schlimmsten Feinde der Apfelkultur, doch auch auf Birnbäumen vorkommend. Die Blutlaus lebt besonders gern auf jungen, 1—2jährigen Trieben des Apfelbaums, in grossen, mit weisser Wolle bedeckten Schaaren.

Nimmt man Thiere ab und zerdrückt sie, so entsteht ein blutrother Fleck (daher der Name). Mit langem Saugrüssel stechen die etwa 2 mm grossen, braungelb bis braunroth gefärbten Läuse durch die Rinde der Apfelzweige bis zum Splint und saugen den Saft. Wo dieser Rüssel eindringt, entsteht im Cambium eine knollige Wucherung, welche mehr und mehr sich vergrössernd schliesslich die Rinde auftreibt und sprengt. Dichte Kolonien der Blutläuse bilden aus lauter Einzelknollen bestehende, wie grosse Geschwüre aussehende Verdickungen der Zweige. — Das festgesaugte Thier verlässt seinen Platz nicht mehr; es erzeugt lebendig geborene Junge, die sich gleichfalls festsaugen und immer weitere Generationen (über 10 im Jahr) lebendig gebären; diese „Sommerform" der Blutlaus ist ungeflügelt.

Im Herbst treten dann geflügelte Läuse auf, welche hauptsächlich die Krankheit zu verbreiten scheinen; sie bringen wieder ungeflügelte, auch der Saugrüssel entbehrende, geschlechtliche Individuen (Männchen und Weibchen) hervor; letztere legen nach der Begattung je ein Ei. Noch im Herbst entschlüpfen den Eiern wieder die erst behandelten ungeflügelten Thiere, welche über, aber auch häufig unter der Erde, an den Wurzeln, überwintern.

Als vorzügliches Mittel gegen die Blutlaus ist das Ausschneiden und Bestreichen der befallenen Stellen mit folgender Mischung bekannt: Grüne Seife 50, Amylalkohol 100, Alkohol 200, Wasser 650.

7. **Reblaus** (*Phylloxera vastatrix*). — Dies Thier wurde Anfangs der sechziger Jahre mit amerikanischen Reben nach Europa eingeschleppt. Zuerst wurde es im Jahre 1868 im unteren Rhônethal nachgewiesen, nachdem man schon einige Jahre eine in erschreckender Weise überhandnehmende, bis dahin unbekannte Erkrankung der Weinstöcke beobachtet hatte. Seit dieser Zeit hat sich die Seuche in unerhört rascher Weise über die sämmtlichen Weinbaugebiete ausgebreitet, überall ungeheueren Schaden verursachend. Frankreich allein hat eine Einbusse erlitten, die mit zwölf Milliarden Franks nicht zu hoch geschätzt wird. Aber auch andere Länder sind in ähnlicher Weise in ihrem wirthschaftlichen Wohlstande geschädigt, und wenn wir in Deutschland verhältnissmässig weniger zu leiden haben, so verdanken wir dies einzig und allein der straffen Durchführung des unten zu besprechenden Extinktionsverfahrens.

Die Reblaus macht in ihrer Entwickelung verschiedene Stadien durch, die wie sofort zu beschreiben aufeinander folgen.

Nehmen wir als Ausgangspunkt eine Reblaus, wie sie eben aus einem Wintereie ausgeschlüpft ist, so haben wir eine etwa eiförmige wenig plattgedrückte Gestalt mit drei paar Beinen und einem sehr charakteristischen Fühlerpaar vor uns. Da die Grösse der ausgewachsenen Reblaus 1,5—1,7 mm kaum übersteigt, meist aber nur etwa 1 mm beträgt, so erscheint sie dem blossen Auge wie ein kleiner grünlich- oder gelbrother Punkt. Bei Betrachtung mit einer stärkeren Vergrösserung sieht man aber auch noch, dass die Fühler aus drei Gliedern, zwei kürzeren und einem längeren Endgliede, bestehen und hinter ihnen zwei röthliche, allerdings unvollkommene längere sich befinden. Auf der Bauchseite sieht man ferner die sogenannten Stech- oder Saugborsten, die im Ruhezustande dem Körper anliegen, meist aber tief in das Pflanzengewebe eindringen (Fig. 292 und 293). Dieses Thier sucht bald nach dem Ausschlüpfen eine junge Wurzel auf, an der es sich festsaugt, und legt nun, nachdem es sich einige Male gehäutet hat, ohne befruchtet zu werden, einige Eier um sich herum ab, aus denen

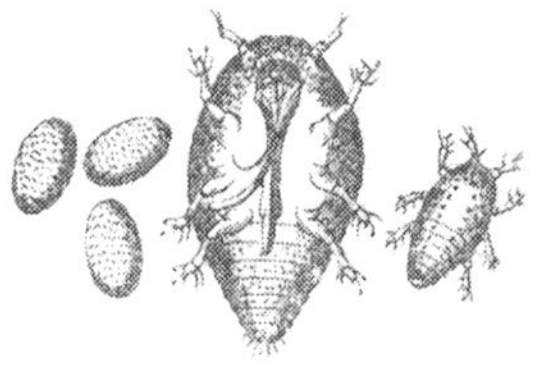

Fig. 292. Eine ausgewachsene, ungeflügelte Reblaus (von der Bauchseite) mit Eiern und einem 3 Tage alten Jungen (von der Rückseite). $^{25}/_{1}$.

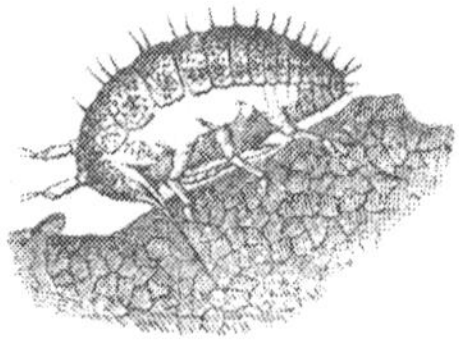

Fig. 293. Junge Reblaus, mit in das Zellgewebe der Wurzelfaser eingesenktem Borstenrüssel. Stark vergr.

wieder ähnlich gestaltete junge Rebläuse ausschlüpfen, die nach einigen Häutungen rasch geschlechtsreif sind. Da jedes dieser Thiere 30—40 Eier legt, so ist diese Art der Vermehrung eine ausserordentlich zahlreiche Individuen liefernde, und diese Form der *Phylloxera* ist bei weitem die häufigste.

An den jungen Wurzeln des Weinstockes bilden sich unter dem Einflusse des Saugens knötchenartige Anschwellungen, die sogenannten Nodositäten (Fig. 294), an älteren Wurzeln können grosse beulenartige Auswüchse hervorbrechen, die sog. Tuberositäten.

Im Sommer nun erscheinen etwas schlankere Individuen, an deren Seiten man deutlich Flügelscheiden bemerken kann, es sind die Nymphen. Auch sie sind verschiedenen Häutungen unterworfen, bis sie bei der letzten das geflügelte Insekt entlassen (Fig. 295).

Diese geflügelte Reblaus hat einen gelben Körper, mit dunklerer Brustseite, die Fühler und Beine sind länger als bei den ungeflügelten Thieren, dagegen sind die Saugborsten kürzer. Der Rücken ist bedeckt von zwei Flügelpaaren, die im jungen Zustande weiss bis hellgrau und durchsichtig, später etwas dunkler sind und durchzogen werden von einigen wenigen Adern. Das vordere Paar ist das grössere und überragt dem Körper anliegend diesen etwa

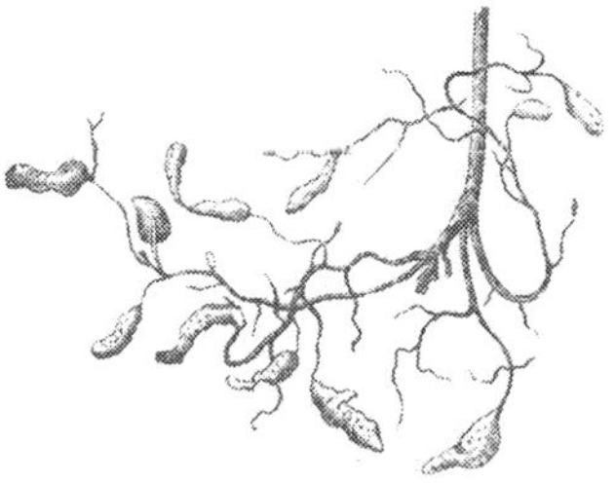

Fig. 294. Anschwellungen der Wurzelfasern (Nodositäten) infolge des Saugens der Reblaus. Natürliche Grösse.

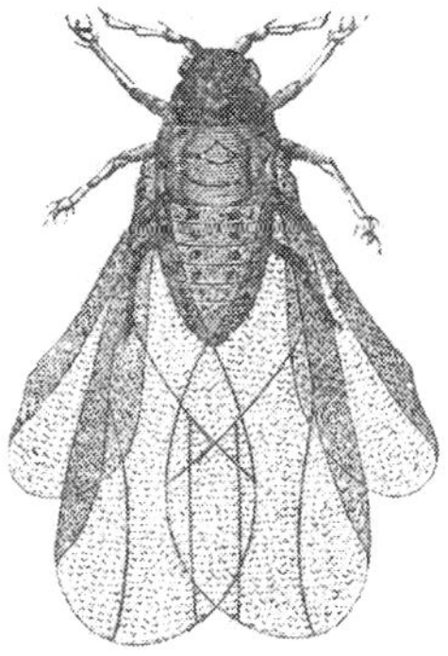

Fig. 295. Geflügelte Reblaus. $^{20}/_{1}$.

um 1 mm, das hintere Paar ist weit kleiner. Diese im Verhältniss zur Grösse des Thieres immerhin kleinen und schwachen Flügel ermöglichen keine grössern Flugtouren, wohl aber halten sie das Thier in der Schwebe, sodass es der Wind weit fortführen kann.

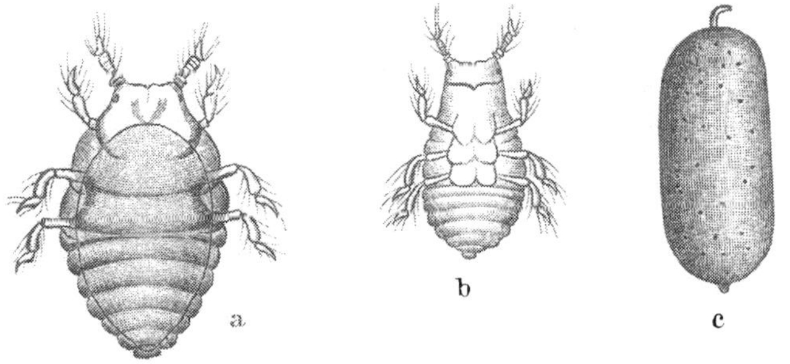

Fig. 286. *a* Weibliches, *b* männliches Geschlechtsthier der Reblaus, *c* Winterei.

Von diesen geflügelten Rebläusen kann man zwei Formen unterscheiden, eine schlankere, längere und eine kürzere dickere. Diese legen auch zweierlei Eier, aus deren grösseren weibliche, aus deren kleineren männliche Geschlechtsthiere ausschlüpfen (Fig. 296).

Bei diesen ist sowohl Saugrüssel als Verdauungstraktus völlig verkümmert, sie sind also nicht befähigt Nahrung aufzunehmen, sie dienen vielmehr lediglich der Fortpflanzung. Zu diesem Zwecke legt das Weibchen nach der Begattung ein einziges Ei, das sogenannte Winterei (Fig. 296, *c*), welches verhältnissmässig gross, nämlich etwa 0,27—0,30 mm lang und 0,10—0,12 mm breit ist und am Grunde einen kurzen Stiel aufweist. Dieses Ei wird in die Nähe des Bodens in Rindenrisse oder zwischen die Erdschollen selbst abgelagert und überdauert hier den Winter, um im Frühjahr wieder die ungeschlechtliche Altmutter ausschlüpfen zu lassen.

Ausser diesem vollkommenen Generationswechsel kommt aber auch eine viel längere Fortpflanzung der ungeschlechtlichen Rebläuse vor. Daher kommt es, dass, besonders in unseren klimatischen Verhältnissen, die ungeschlechtliche Wurzellaus weitaus die häufigste Erscheinung ist.

In Europa selten, häufig dagegen in Amerika, findet sich auch eine blattbewohnende Form, welche auf der Oberseite der Blätter sich ansaugt und rasch eine auf der Unterseite hervortretende Galle erzeugt, die ihr als Aufenthaltsort für ihre weitere Entwickelung dient.

Oben haben wir bereits gesehen, dass durch die Thätigkeit der *Phylloxera* an den Wurzeln der Weinstöcke sogenannte Nodositäten und Tuberositäten entstehen. Die oberen veränderten Gewebeparthien sind weit weniger widerstandsfähig gegen äussere Einflüsse, und die Folge davon ist, dass sie leicht faulen und von ihnen aus eine allgemeine Wurzelfäule ausgeht. An den oberirdischen Theilen der Pflanze macht sich dies durch Wachsthumshemmung bemerkbar, und in nicht allzulanger Zeit hört dadurch die Nahrungszufuhr überhaupt auf, sodass der Stock abstirbt.

Einzelne derartige Krankheitserscheinungen zeigende Stöcke würden nun noch nicht den Blick des Weinbergbesitzers oder eines Kontrollbeamten auf sich ziehen, denn schlechter Untergrund, ungeeignete Düngung, allzuhohes Alter und viele andere Einflüsse rufen ähnliche Veränderungen des normalen Wachsthums hervor. Charakteristisch für eine Reblausinfektion aber ist, dass in dem Stadium, in welchem sie dem Beobachter auffällt, ein sogenannter Herd oder ein Becken vorhanden ist. Es ist der aus einer Anzahl kranker Stöcke gebildete Fleck von annähernd runder Gestalt, der nach der Mitte zu gewöhnlich vertieft erscheint, da dort das Wachsthum schon am meisten gelitten hatte. Da es häufig vorkommt, dass kranke Stöcke im Frühling noch einigermassen normal austreiben, dann aber einen Stillstand im Wachsthum zeigen, so erkennt man die Krankheit am besten im Herbst, etwa September und Oktober.

Unter Umständen können auch andere Verhältnisse eine Reblausinfektion vortäuschen, vor allem eine starke Infektion mit dem Wurzelpilz; Stöcke, die an etwas quelligem Terrain stehen, zeigen in manchen Jahren Ernährungsstörungen, die ihnen ein verdächtiges Aussehen verleihen. In allen solchen Fällen wird der Beobachter einen Experten um sein Gutachten anrufen, und dieser wird festzustellen haben, ob eine Reblausinfektion vorliegt oder nicht.

Um der ausserordentlichen Gefahr, die für eine Weinbau treibende Gegend in dem Auftreten der Reblaus liegt, zu begegnen, ist eine ständige Kontrolle nöthig, wie sie ja in allen weinbauenden Theilen Deutschlands seit Jahren eingeführt ist. Wird nun ein Herd entdeckt, so ist zunächst die Ausdehnung desselben festzustellen sowie, unter Vermeidung aller Verschleppung, die Ortsbehörde, sowie das Reichsgesundheitsamt in Kenntniss zu setzen. Danach beginnt sofort das Extinktionsverfahren, welches darin besteht, dass sämmtliche inficirte Weinstöcke, sowie die einer gewissen Sicherheitszone ausgerissen, mit Petroleum getränkt und verbrannt werden. Der Boden wird mit Schwefelkohlenstoff in der Weise durchtränkt, dass man mit Pfahleisen Löcher in den Boden schlägt und in diese den Schwefelkohlenstoff giesst. Je nach der Bodenbeschaffenheit werden dabei 200—500 gr auf je einen qm angewendet.

8. Die **San José-Schildlaus** (*Aspidiotus perniciosus*), die austernförmige Schildlaus (*A. ostreaeformis*) und die Muschelschildlaus (*A. conchaeformis*) sind die drei Arten der zu den Schildläusen (*Coccidae*) gehörigen Gattung *Aspidiotus*, welche wegen ihrer bedeutenden Schädlichkeit für den Obstbau besonderer Erwähnung bedürfen.

Alle sind sie dadurch ausgezeichnet, dass die Weibchen Wachs ausschwitzen, aus dem sich ein Schild bildet, welcher das Thier bedeckt. Während aber *A. perniciosus* und *A. ostreaeformis* einen runden Schild haben, ist derjenige von *A. conchaeformis* trommelartig gekrümmt, sodass diese Art schon an der Form des Schildes zu erkennen ist.

Die Schädigung, die durch diese Schildläuse hervorgerufen wird, besteht darin, dass grosse Kolonien sich an den Zweigen der Obstbäume festsetzen, ihre Saugrüssel durch die Rinde hindurch bis zum Cambium einsenken und durch das beständige Saugen die Entwickelung des Baumes zunächst hemmen, oft aber auch das Absterben desselben bedingen. Fig. 297 zeigt den Querschnitt eines solchen angegriffenen Zweiges, dessen Cambium an einzelnen Stellen abgestorben ist, sodass nur noch ein partielles Dickenwachsthum erfolgen kann. Auch auf den Früchten kommt die Laus vor und kann durch den Versandt derselben verschleppt werden (Fig. 298).

Die Entwickelungsgeschichte der San José-Laus, die in Amerika eingehend studirt wurde, ist folgende: Im Frühjahr findet man an den Zweigen der Bäume fast völlig entwickelte Weibchen, welche unter ihrem Schild den Winter überdauert haben. Bis Mai sind dieselben am Ende ihrer Entwickelung angelangt und beginnen nunmehr lebendige Junge zu gebären, welches Geschäft sie etwa bis Mitte oder Ende Juni fortsetzen. Diese Larven lassen zunächst einen Unterschied der Geschlechter nicht erkennen, sie sind etwa $^1/_4$ mm lang, $^1/_{10}$ mm breit, von gelblicher Farbe, haben hellrothe Augen, ein fünfgliederiges Fühler-Paar und einen kräftigen Saug-

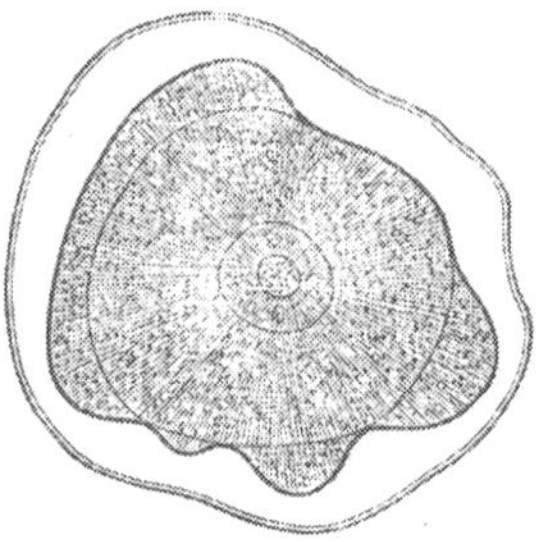

Fig. 297. Querschnitt durch einen Zweig, besaugt von der San José-Schildlaus. (Nach Tubeuf.)

Fig. 298. Von der San José-Schildlaus befallene Birne. Nat. Gr. (Nach der Denkschr. d. Kaiserl. Gesundheitsamtes über die San José-Schildlaus.)

rüssel. Kurze Zeit laufen sie umher, saugen sich aber bald meist in der Nähe des Mutterthieres fest. Es beginnt nun auf dem Rücken die Ausscheidung einer wachsartigen Masse, die zusammenfliessend den Schild bildet. Am 12. Tage nach der Geburt häutet sich die Larve zum ersten Male, und nunmehr differenziren sich deutlich Männchen und Weibchen. Beide Geschlechter haben Fühler und Beine abgeworfen, die Männchen (Fig. 299) sind etwas grösser als die Weibchen, haben grosse rothe Augen und eine ovale Gestalt, die Weibchen sind annähernd rund und augenlos, beide aber haben sie einen kräftigen, langen, in seinem vorderen Theile gespaltenen Saugrüssel. Während das Weibchen damit am Ende seiner Formentwickelung steht, häutet sich das Männchen am 18. Tage zum zweiten Male, wobei zunächst die Vorpuppe erscheint, aus der in den nächsten zwei Tagen die Puppe hervorgeht. Dieselbe lässt schon deutlich Beine, Flügel und Fühleranlagen erkennen. Etwa am 6. Tage des Puppenstadiums schlüpfen die fliegenartigen geflügelten Männchen aus. Sie sind orangefarben mit dunklerem Kopf, stark ausgebildeten Fühlern, haben ein mit dunklem Querband versehenes Brustschild, grosse, gelbgrün schillernde Flügel und ein auffallend grosses konisches Geschlechtswerkzeug (Fig. 300).

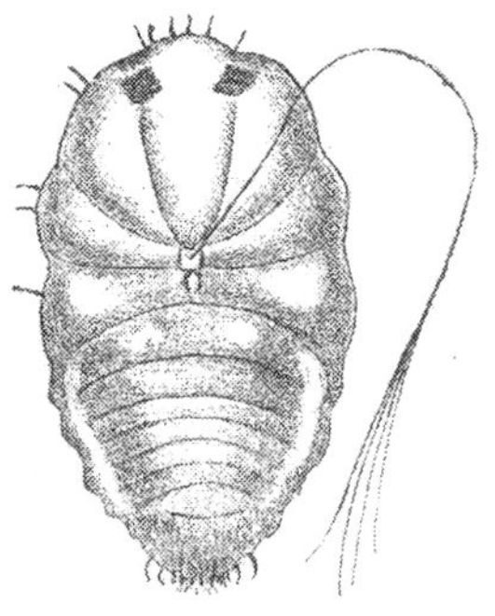

Fig. 299. Männchen der San José-Schildlaus nach d. ersten Häutung. Stark vergr. (Nach Denkschr. d. Kaiserl. Gesundheitsamtes.)

Die weiblichen Thiere häuten sich ebenfalls ein zweites Mal und vollenden ihr Wachsthum bis zum 30. Tage nach ihrer Ge-

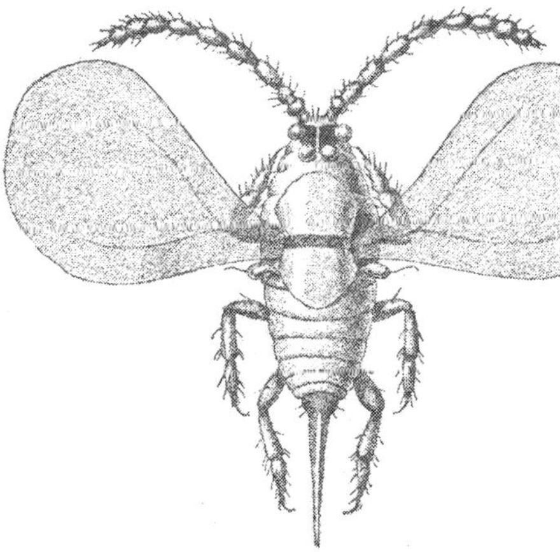

Fig. 300. Geflügeltes Männchen der San José-Schildlaus. Stark vergrössert. (Nach Denkschr. d. Kaiserl. Gesundheitsamtes.)

burt. Sie haben dann eine annähernd kreisförmige Gestalt (Fig. 301) und sind bedeckt mit einem etwa 1,5—2 mm grossen runden Schild von grauer Farbe, der in der Mitte einen röthlich-gelben Beutel zeigt.

Zur genauen Bestimmung ist der letzte Abschnitt von grösster Wichtigkeit (Fig. 302). Derselbe ist bei jeder Art in charakteristischer Weise mit Einschnitten, Körperfortsätzen, Haarbildungen und Dornen versehen. Für *A. perniciosus* sind die sogenannten gefransten Platten ein Erkennungsmerkmal. Dieselben sind Haarbildungen, die mit Zähnen oder Fransen versehen sind; ein Paar von ihnen steht zwischen dem mittleren Lappenpaar, je zwei zwischen den ersten und zweiten Lappen jederseits und je drei zwischen den zweiten Lappen und den als Körperfortsätzen bezeichneten Vorsprüngen am weiteren Rande.

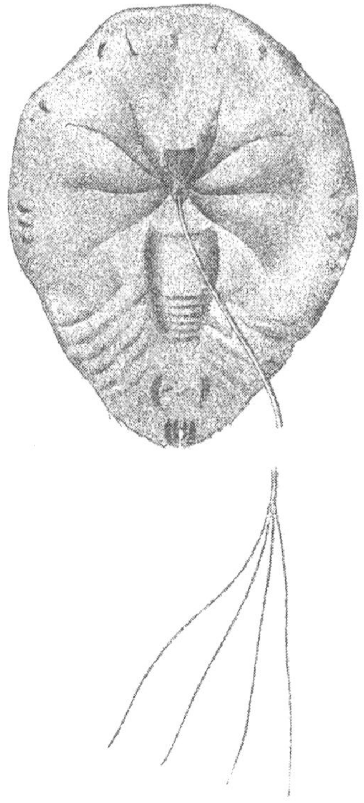

Fig. 301. Weibchen der San José-Schildlaus nach der zweiten Häutung. Vom Saugrüssel ist die Mitte weggelassen. Stark vergr. (Nach Denkschr. d. Kaiserl. Gesundheitsamtes.)

Diese gefransten Platten fehlen *A. ostreaeformis*, auch sind die Körperabschnitte anders ausgebildet, dagegen besitzt diese Art auf dem Bauche fünf Gruppen runder Drüsen (Filièren) (Fig. 303), welche sich bei *A. perniciosus* nicht finden.*) Auch sonst sind zwischen beiden Arten noch einige Unterschiede, die die genaue Feststellung erleichtern.

Die drei oben genannten *Aspidiotus*-Arten sind in ihrer Verbreitung recht verschieden. *A. conchaeformis* ist eine in Deutschland weit verbreitete Art, die besonders in schlecht gepflanzten Baumschulen Schaden veranlasst; *A. ostreaeformis* ist besonders in Frankreich und Westdeutschland zu finden und schädigt vor allem die Birnbäume; *A. perniciosus* endlich ist zur Zeit in Europa nicht festgestellt, ihr Verbreitungsgebiet ist Nordamerika, dort aber tritt sie so verheerend auf, dass in neuester Zeit in Deutschland ein Reichsgesetz erlassen ist, welches die Einfuhr von amerikanischen Pflanzen und Obst untersagte. Gleichzeitig sind in ganz Deutsch-

*) Erwähnt mag hier sein, dass in diesem Jahre in Deutschland (Strassburg, Köln) Schildläuse gefunden wurden, die der *A. perniciosus* sehr ähnlich sind, aber vier Gruppen Bauchdrüsen besitzen.

land alle Baumschulen und grösseren Pflanzungen auf das Vorkommen der San José-Laus untersucht worden, doch konnte sie nirgends nachgewiesen werden.

Als Abwehrmittel gegen alle Schildläuse bewährt sich am

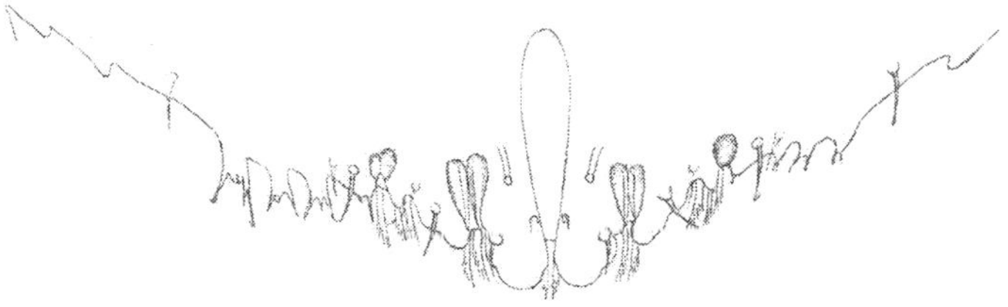

Fig. 302. Schematische Darstellung der letzten Körpereinschnitte einer erwachsenen weiblichen San José-Schildlaus. $^{570}/_{1}$. (Nach Denkschr. d. Kaiserl. Gesundheitsamtes.)

besten Petroleumemulsion und zwar in nicht verdünntem Zustande, auch ist durch Abbürsten und nachherigen Kalkanstrich bei weniger starkem Auftreten schon ein Erfolg zu erzielen.

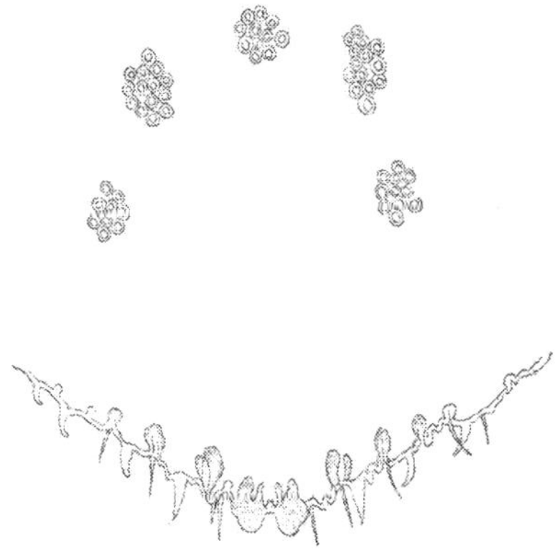

Fig. 303. Schematische Darstellung der letzten Körperabschnitte einer erwachsenen *Aspidiotus ostreaeformis*. $^{570}/_{1}$. Oben die fünf Drüsengruppen. (Nach Denkschr. d. Kaiserl. Gesundheitsamtes.)

9. **Weinblattmilben.** — Eine der verbreitetsten Weinstockkrankheiten ist die sog. Phytoptosis, welche durch die zur Gruppe der Gallmilben gehörige Weinblattmilbe, *Phytoptus vitis* hervorgerufen wird. Diese Thiere siedeln sich auf der Unterseite, seltener der Oberseite der Blätter an und veranlassen durch einen von ihnen ausgehenden Reiz eine eigenthümliche Ausstülpung der Epidermiszellen zu schlauchförmigen, hin und hergebogenen, manch-

mal verästelten Haaren. (Vergl. Fig. 304). Diese Gallenhaare stehen in Vielzahl zusammen, dichte filzartige Flecke bildend, die bei auffallendem Lichte seidenartig glänzen. Anfänglich sind diese Filzflecke, die sogenannten Erineen,*) weiss, werden aber später grau, gelb oder röthlich braun. Auf der entgegengesetzten Seite stülpt sich das Blatt zu einem runzeligen, bald mehr flachen, bald mehr erhabenen Höcker aus (Fig. 305).

Die Milben, die diese Missbildung hervorrufen und während des ganzen Sommers in ihnen leben, sind dem blossen Auge nicht sichtbar. Ihre Grösse beträgt etwa 0,15—0,2 mm, sie sind von lang walzenförmiger Gestalt, nach hinten allmählich, nach vorn

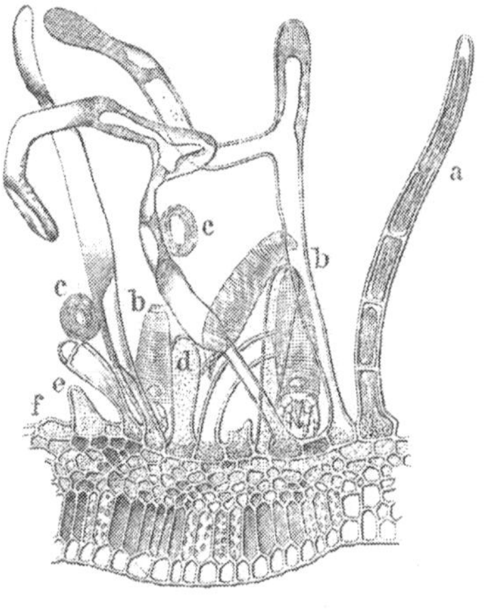

Fig. 304. Querschnitt durch ein Erineum des Rebblattes mit Milben *(b)*, Eiern derselben *(c)* und verschieden gestalteten Haaren *(a, d, e, f)*. (Nach Briosi.)

Fig 305. Rebblatt, von Weinblattmilben befallen. Es sind viele „Erineum"-Flecke (z. B. bei *a*) darauf entstanden. 1/2 der nat. Grösse.

rascher verschmälert. Der ganze Hinterleib ist geringelt, am vorderen Theile befinden sich 2 Paar Beine, die aus je drei Gliedern mit zwei borstigen Tarsen bestehen. Im Saugrüssel erblickt man zwei zarte Saugbosten, mit welchen das Thier die Pflanzenzellen ansticht, um aus ihnen Nahrung zu entnehmen, ohne dass übrigens dadurch die Zellen sichtbar geschädigt würden.

Die Milben legen im Laufe des Sommers in ihrem Aufenthaltsort einige ovale Eier, aus denen bald die jungen Milben aus-

*) Der Name Erineum stammt noch aus der Zeit, in welcher man diese Erscheinung als Wucherung bestimmter Pilze auffasste, die Persoon unter dem Gattungsnamen Erineum vereinigte.

schlüpfen, um ihrerseits wieder für Nachkommenschaft zu sorgen. Im Herbste wandern die Milben aus und suchen Rindenrisse, Zweigecken und Knospen auf, in denen sie den Winter überdauern, um mit beginnendem Frühjahr wieder in die sich entfaltenden Blätter einzuwandern.

Wenn die Phytopten nicht in besonders grosser Zahl auftreten, so sind sie für den Weinbau ohne Schaden, da die Blätter in ihrer assimilatorischen Thätigkeit nicht gestört werden. Bei starkem Befall jedoch werden die Blätter stark verkrüppelt, auch die Blüthen und Fruchtknoten nicht verschont.

Als Gegenmittel wendet man das Absammeln und Vernichten der befallenen Blätter, sowie Bestreichen der Stämme und Zweige mit Kalk während des Herbstes oder ersten Frühjahres mit Vortheil an.

10. **Gichtkorn des Weizens.** — Diese auch Radenkrankheit oder Kaulbrand genannte Getreidekrankheit wird veranlasst durch das zu den Würmern gehörige Aalthierchen *Tylenchus scandens* (*T. tritici*). In einer der an der erkrankten Weizenpflanze an Stelle der Körner entstehenden Gallen (welche ungefähr wie die Samen der Kornrade aussehen, daher der Name der Krankheit) findet sich eine wechselnde Zahl (meist etwa 10, doch oft auch viel mehr) kleinster Aalthierchen (Fig. 306), welche in trockenem Zustand scheintodt sind und so viele Jahre lang aushalten können, bei Benetzung aber bald aufleben und sich lebhaft bewegen. Kommt „radiger" Weizen mit dem Saatgut auf das Feld, so schlüpfen die Thierchen in die feuchte Erde, kriechen an den Weizenpflanzen in die Höhe, dringen in die jungen Blüthen ein und erzeugen hier wieder die charakteristischen Gallen. In diesen werden die Weizenälchen geschlechtsreif, begatten sich, das Weibchen legt die sofort ausschlüpfenden Eier ab, dann gehen die alten Thiere zu Grunde. — Die Gichtkorn-Krankheit wird vermieden, wenn man das Saatgut siebt, da auch die grössten *Tylenchus*-Gallen beträchtlich kleiner sind als die Weizenkörner. — Nicht selten findet man die Aalthierchen auch im Mehl, ohne dass dieses dadurch ungeniessbar würde.

Fig. 306.
Tylenchus scandens. $^{30}/_{1}$.

11. **Stockkrankheit des Roggens.** — *Tylenchus devastatrix*, welches diese Roggenkrankheit erzeugt, sieht dem Fig. 306 gezeichneten *T. scandens* zum Verwechseln ähnlich, geht aber nicht in die Samen, sondern befällt hauptsächlich Stengel und Blattscheiden. Man sieht bei stockkrankem Roggen (doch auch Hafer, Gerste etc.) die ganzen

Pflanzen schwächlich werden, die Blattscheiden zwiebelartig aufgeschwollen, bald auch Wurzeln und Halmbasis faul werden. Bei starker Verbreitung dieses *Tylenchus* können ganze Felder ertraglos werden, meist finden sich aber nur einzelne begrenzte Flecke, auf denen die Krankheit herrscht. — Die Aalthierchen entwickeln sich, wie bei der vorhin beschriebenen Weizen-Gichtkorn-Krankheit, in feuchter Erde, kriechen dann in die Blattscheiden und dringen in die zarten Stengelstücke über den Knoten ein. Hier findet man im Halmgewebe die geschlechtsreifen Thiere und die Eier. — Als Mittel gegen die Stockkrankheit wird zunächst empfohlen, das Aufbringen von stockkrankem Stroh in Mist etc. zu vermeiden, am besten die befallenen Stellen abzubrennen. Auch durch tiefes Unterpflügen ($^1/_2$ m) sollen die Aalthierchen vernichtet werden. Ferner wird durch Anbau von Hackfrüchten auf befallenem Boden den Thierchen die Nahrung entzogen.

12. **Nematodenkrankheit der Zuckerrüben.** — Als „Rübenmüdigkeit des Bodens“ wird von den Landwirthen die Thatsache bezeichnet, dass Rübenboden sich manchmal zu Feld umwandelt, auf welchem die Zuckerrüben durchaus nicht mehr gedeihen. Diese „Rübenmüdigkeit“ ist nicht oder nur in seltenen Fällen durch die Verarmung des Bodens an Pflanzennährstoffen zu erklären (man hat beobachtet, dass nach Düngung manchmal die Müdigkeit eintrat), sondern wird allermeist durch das Aalthierchen *Heterodera Schachtii* bewirkt. Dies stellt im jugendlichen, noch nicht geschlechtsreifen Zustand feine, fadenförmige, beiderseits spitz zulaufende Aelchen dar, das Männchen ist fadenförmig mit gerundetem Schwanz, das eiererfüllte Weibchen aber flaschenförmig. Die *Heterodera* lebt erst im Innern, nachher mehr an der Oberfläche der Rüben; befallene Pflanzen sterben entweder völlig ab oder zeigen doch einen Mindergehalt von Zucker. — Für die Vertilgung der Rübennematode ist von Wichtigkeit, dass dieselbe nicht nur in der Zuckerrübe, sondern gern auch in den Wurzeln verschiedener anderer Pflanzen, insbesondere der Kohlarten, sich ansiedelt. Dadurch, dass man in einem Jahr mindestens 3 Aussaaten von Raps oder Gartenkresse (*Lepidium sativum*) macht, die entwickelten Pflanzen dann vorsichtig mit den Wurzeln ausnimmt und beseitigt, kann man die *Heterodera*, welche im Boden vorhanden ist, einfangen (daher der Ausdruck „Fangpflanzen“ für diese Kulturen) und die „Rübenmüdigkeit“ des Bodens beseitigen.

c) Räderthierchen.

Die Räderthiere (*Rotatoria*) begegnen bei Wasseruntersuchungen ausserordentlich oft; man kann kaum eine aus langsam fliessenden Bächen oder Teichen stammende Wasserprobe untersuchen, ohne den auffallenden Formen dieser Thiere zu begegnen. Früher wurden sie bald den Infusorien zugerechnet, bald den Gliederthieren angeschlossen; jetzt hält man sie für eine Abtheilung der grossen Klasse der Würmer. Ihren Namen haben die Räderthiere von einem mit (im typischen Fall) 2 Wimperkränzen umzogenen Organ, dessen Wimpern radartig schlagen, dadurch die Nahrung in die Mundöffnung hineinstrudelnd. Dieses Wimperorgan ist vorstreckbar und zurückziehbar; man kann es allermeist nur am lebenden Thier genügend studiren. Ferner findet sich bei dieser Thierklasse am Hinterende des Körpers allermeist ein kürzerer oder längerer, mit 2—4 Zehen versehener „Fuss". Zum Schluss ist für die *Rotatoria* ein sehr auffälliger, am Beginne des Eingeweidetraktus liegender, meist in klappender Bewegung sich befindender, derber Kauapparat charakteristisch. — Im Gegensatz zu den zu den Infusorien gehörigen Glockenthierchen, mit welchen der Laie leicht die Räderthiere verwechselt, bestehen die *Rotatoria* aus vielen Zellen, gehören also zu den *Metazoa*, während die nur aus einer einzigen Zelle gebildeten Glockenthierchen zu den *Protozoa* zu rechnen sind. Den Glockenthierchen fehlt (um nur das Nächstliegende anzuführen) sowohl der gegliederte, mit Zehen versehene „Fuss", wie auch der Kauapparat. Als häufigste Räderthiere verdienen hier Erwähnung:

Rotifer vulgaris (Fig. 307). — Thier mit einem langen, fernrohrartig einziehbaren Fuss, welcher in 3 Zehen endet, und zweilappigem Räderorgan; Körper allmählich in den Fuss übergehend, welcher bald fest haftet und dann ausgestreckt ist, bald eingezogen wird, wobei das Thier mit ausgestrecktem, strudelndem Räderorgan frei schwimmt. Bei der geringsten Störung zuckt der ganze Körper zusammen und kontrahirt sich. Das Thier ist 0,5—1 mm lang, weisslich gefärbt; es ist in stehendem Wasser sehr häufig.

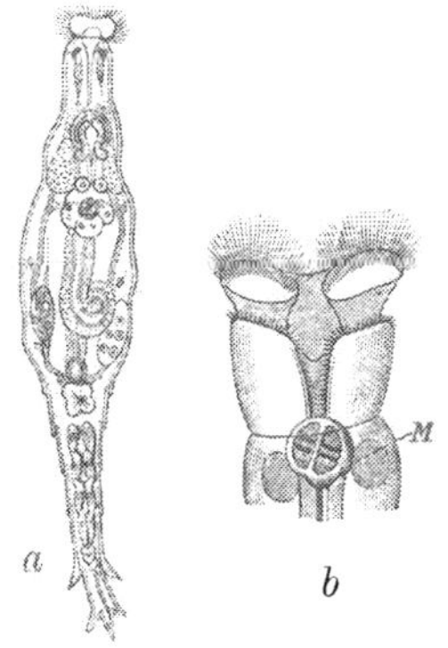

Fig. 307. *Rotifer vulgaris.* *a* Ganzes Thier, *b* Vordertheil desselben mit Kauapparat *M.* (Nach Blochmann.)

Colurus uncinatus (Fig. 308). — Thier etwa 0,08—0,1 mm

lang, mit in der Hauptsache panzerartig harter, glatter Haut, welche nur am Kopf und Fuss weich und kontraktil geblieben ist. Der Panzer ist seitlich zusammengedrückt, an der Bauchseite spaltenförmig geöffnet, hinten in eine kurze, breite Spitze ausgezogen. Der Fuss endet in 2 grosse, spitz dolchförmige Zehen. In Teichen, Gräben sehr häufig.

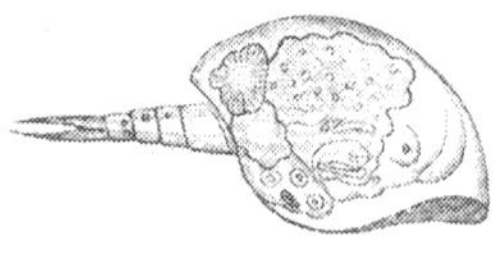

Fig. 308. *Colurus uncinatus*, in contrahirtem Zustand. (Nach Blochmann.)

Lepadella ovalis (Fig. 309). — Thier bis 0,1 mm lang, gleichfalls mit panzerartig verhärteter Haut, die aber an Kopf und besonders Fuss kontraktil geblieben. Der Panzer ist von oben nach unten stark zusammengedrückt; hinten kommt der kurze, gegliederte, zweizehige Fuss heraus. Dieses Thier hat keine Augen (welche sich bei den meisten andern Räderthieren als rothe Fleckchen am Vordertheil vorfinden). In stehendem, auch in faulendem Wasser sehr gemein.

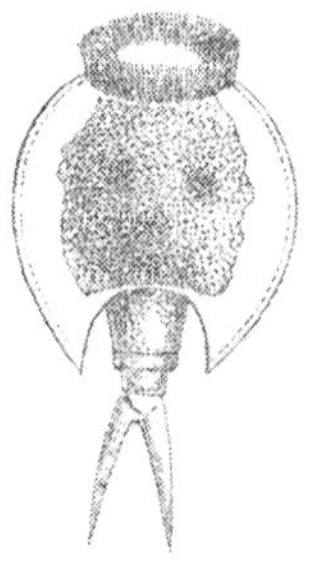

L. o

Fig. 309. *Lepadella ovalis*. Vergr.

d) Urthiere (Infusorien).

Der Körper der Urthierchen (*Protozoa*) wird nur je von einer, allerdings oft erstaunlich differenzirten Zelle gebildet; Infusionsthierchen *(Infusoria)* heissen sie auch, weil man Thiere dieser Art in Aufgüssen von Pflanzentheilen gefunden hat und sie in derartigen Flüssigkeiten leicht erhalten kann. Sie kommen aber überall im süssen wie im Meerwasser vor, sodass man kaum einen Tropfen stehenden Wassers mit dem Mikroskope betrachten kann, ohne Infusorien darin zu finden. Abgesehen von den selteneren *Suctoria*, deren Körper röhrenartige Saugorgane (Tentakel) treibt, gehören die *Protozoa* zu folgenden drei Klassen: 1. *Sarcodina*: Körper an seiner Oberfläche formveränderliche Protoplasmafortsätze *(Pseudopodien)* aussendend, welche beliebig ausgestreckt und zurückgezogen werden können. 2. *Mastigophora:* Körper mit wenigen (meist 1—2) langen, schwingenden, formbeständigen, der Fortbewegung dienenden Geisseln. 3. *Ciliata:* Mit vielen kurzen formbeständigen, der Fortbewegung dienenden Cilien.

Folgende sehr häufige Protozoën seien hier genannt:

Sarcodina. — 1. *Amoeba proteus* (Fig. 310). Dieses im Schlamm stehender Gewässer überall sich findende Thier besitzt einen bis

0,5 mm grossen Leib, welcher im gereizten Zustand, also bei der Präparation, als helles, mit dunkeln Punkten, Körnchen und Kryställchen erfülltes Schleimhäufchen sich präsentirt. Nach kurzer Ruhe sieht man dann aber an mehreren Stellen des Randes das Protoplasma in Bewegung kommen und breit zungenförmige, öfters sich gabelnde Ausläufer treiben, welche nach Nahrung suchen. Hat einer dieser Ausläufer („Pseudopodium") z. B. eine Alge gefunden, so fliesst das ganze Protoplasma unter Einziehung der übrigen Pseudopodien nach der Nahrung hin, umschliesst dieselbe und verdaut was daran verdaulich ist. Dann kriecht die Amöbe, neue Pseudopodien ausschickend, weiter, indem sie die unverdaulichen Reste übrig lässt.

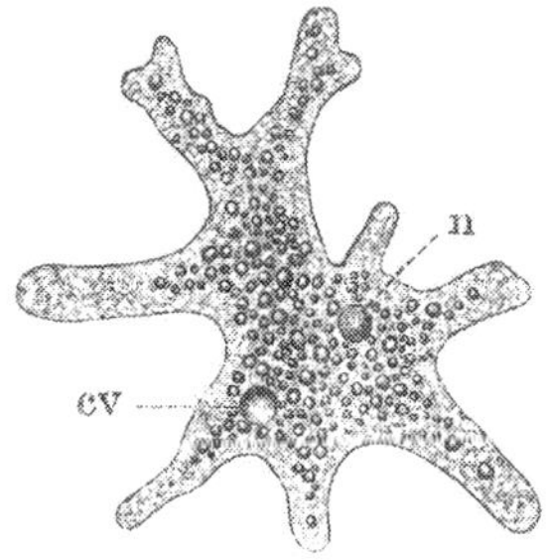

Fig. 310. *Amoeba proteus.* $^{100}/_1$. *cv* Contractile Vakuole, *n* Zellkern.

2. *Difflugia pyriformis* (Fig. 311). — Von der Amöbe unterscheidet sich diese *Difflugia*, welche mit mehreren Verwandten

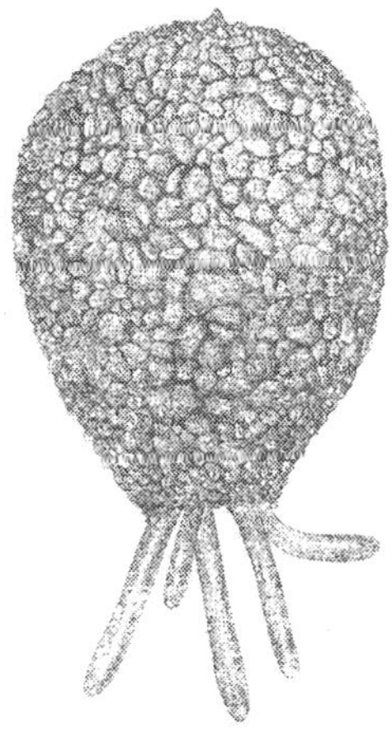
Fig. 311. *Difflugia pyriformis.* $^{100}/_1$.

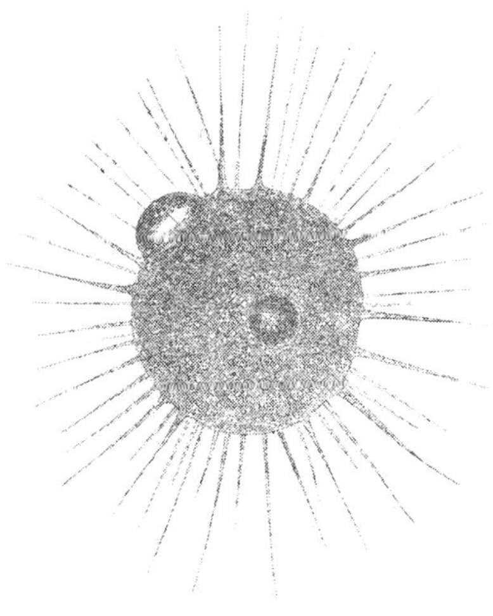
Fig. 312. *Actinophrys Sol.* $^{150}/_1$.

gleichfalls im Schlamm von Teichen und Gräben lebt, durch die Bildung eines regelmässigen, aus kleinsten Fremdkörpern zusammengekitteten Gehäuses. Zum Bau desselben verwendet das Thier die zufällig in seiner Umgebung vorhandenen Materialien, also Sandkörnchen (wie in Fig. 311), Holzpartikel etc. Das Gehäuse hat an seinem untern Ende ein Loch, durch welches der Protoplasmakörper seine dicken fingerartigen Pseudopodien vorschickt.

3. *Actinophrys Sol* (Fig. 312). — In Wasserproben aus Teichen und Wiesengräben wird dies zierliche Thierchen selten vermisst. Dasselbe stellt ein fast glashelles Protoplasmaklümpchen dar, von welchem aus nach allen Seiten feinste, spitze Linien (Pseudopodien) wie Sonnenstrahlen ausgehen. — Ebenfalls häufig ist das ähnliche aber grössere und durch den grob-wabigen Bau des Randes leicht unterscheidbare *Actinosphaerium Eichhorni.*

Fig. 313. *Anthophysa vegetans*; links ein einzelnes, frei schwimmendes Köpfchen.

Mastigophora. — 4. *Anthophysa vegetans* (Fig. 313). — Eine besonders in verdorbenem Wasser ausserordentlich häufige Monade, welche durch ihre eigenthümliche Koloniebildung ausgezeichnet ist. Verdünnt man Schmutzwasser mit Brunnenwasser und lässt die Mischung an der Luft stehen, so bemerkt man, dass sich nach einigen Tagen die Wände des Glases mit braunen Flocken zu überkleiden beginnen. Diese Flocken werden von Massen der dichotom verzweigten, mit Eisenhydroxyd imprägnirten *Anthophysa*-Stielen gebildet; wenn man vorsichtig manipulirt, kann man an den Spitzen der Zweige dieses Stielgerüsts dichte Köpfchen der wasserhell durchsichtigen Thierchen sitzen sehen. Meist sind die Köpfchen aber abgebrochen und schwärmen als glashelle Kugeln, lebhaft sich drehend, im Wasser umher. — Die *Anthophysa* hat zwei ungleich lange Geisseln, eine Haupt- und eine Nebengeissel.

5. *Euglena viridis* (Fig. 314). — Gleichfalls in verdorbenem Wasser sehr häufig und dasselbe (zusammen mit anderen Chlorophyll führenden Infusorien) oft intensiv grün färbend sind die *Euglena*-Arten. Dieselben sind alle langgestreckt, meist mehr oder weniger ausgesprochen spindelförmig; sie führen an ihrem Vorderende eine einzige, lange Geissel und in der Nähe der Basis derselben einen rothen Punkt (Stigma oder Augenfleck). Ob dieser Punkt aber wirklich lichtempfindlich ist, steht noch nicht fest. Bemerkenswerth erscheint, dass *Euglena* beinahe stets mit Chlorophyll versehen ist (bei *E. viridis* ist ein ungefähr sternförmiger Chlorophyllkörper in der Mitte der Zelle vorhanden, bei andern Arten sind Körner dieses Farbstoffs zu sehen) und dementsprechend sich gewöhnlich durch Kohlensäure-Assimilation ernährt, dass aber trotzdem ein Schlund vorhanden ist, so dass das Thierchen eventuell (an dunklen Orten) sich auch durch Verschlingen fester Nahrung ernähren kann.

Fig. 314. *Euglena viridis*. (Nach Klebs.) $^{400}/_{1}$.

6. *Chlamydomonas pulvisculus* (Fig. 315). — Kleine, grün gefärbte Zellen, welche an ihrem vordern Ende je zwei lange, gleichgrosse Geisseln tragen und sich mit Hilfe derselben rasch bewegen. Auch hier ist ein rother „Augenfleck“ in der Nähe des Vorderendes vorhanden. Die *Chlamydomonas*-Arten, speciell *Chl. pulvisculus*, sind ausserordentlich widerstandsfähig gegen Eintrocknen. Sie leben gerade in rasch sich verlierendem Wasser (z. B. in Regentümpeln, Dachrinnen etc.) sehr häufig, während der Trockenheit in Dauerzustände übergehend, bei Benetzung aber sofort wieder zum beweglichen Zustand zurückkehrend. Auf die grosse Aehnlichkeit, welche diese Thierchen mit den Schwärmsporen mancher Algen besitzen, wurde oben (S. 101) hingewiesen.

7. *Gonium tetras* (Fig. 316). — Denkt man sich 4 *Chlamydomonas*-Exemplare zu einer flächenförmigen Kolonie mit den Hintertheilen der Zellen vereinigt, so dass sie kleine grüne, lebhaft bewegliche Täfelchen bilden, so stellen diese Kolonien das *Gonium tetras* dar; auch eine aus 16 in einer Ebene angeordneten Zellen gebildete Kolonien darstellende Art *(G. pectorale)* ist bekannt. — Gleiche Zellen zu festen Kugeln vereinigt bildet die Gattung *Pandorina*; sind ebensolche Zellen der Peripherie einer gallertigen Hohl-

kugel eingelagert, so ist dies (bei 16—32 Zellen) der Charakter der Gattung *Eudorina* und (bei vielen, oft mehreren Hundert Zellen) der Gattung *Volvox*.

8. *Synura uvella* (Fig. 317). — Während bei den unter 5 bis 7 aufgezählten Mastigophoren grüner Farbstoff vorhanden war, führt *Synura* einen sehr charakteristischen goldbraunen. Auch dies Thierchen ist in Wiesengräben und Teichen sehr häufig; es besteht aus einer ziemlich grossen Anzahl von ungefähr keilförmigen Zellen, welche mit je 2 Geisseln und 2 braunen Chromatophoren versehen sind und, mit den Hintertheilen zusammenhängend, kugelige, rasch rollend bewegliche Kolonien bilden.

Fig. 315. *Chlamydomonas pulvisculus.* $^{950}/_{1}$.

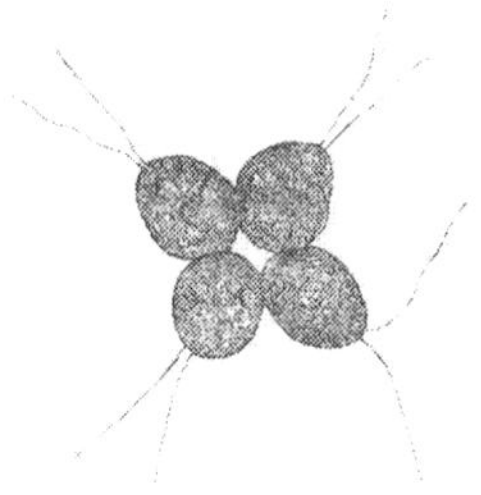

Fig. 316. *Gonium tetras.* $^{600}/_{1}$.

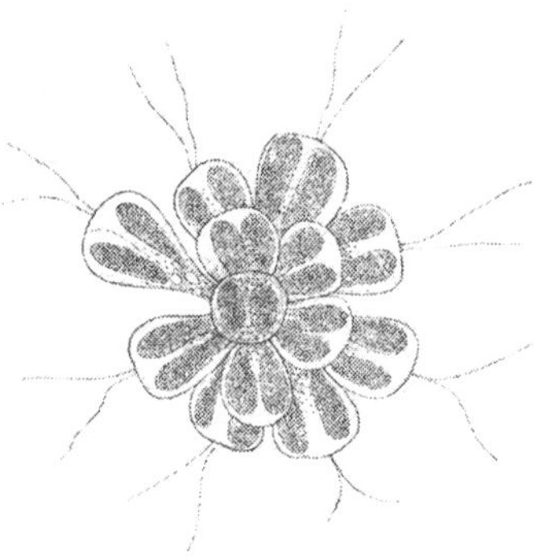

Fig. 317. *Synura uvella.* $^{500}/_{1}$.

9. *Ceratium tetraceras* (Fig. 318). — Als Vertreter der besonders im Meerwasser reichlich auftretenden und durch ihre sonderbare Ausbildung auffallenden *Dinoflagellata* sei die Süsswasserform *Ceratium tetraceras* hier aufgeführt. Man findet diese Thierchen, welche düster gefärbt sind, recht häufig im Teichwasser; sie sind durch ihre hornartigen Stacheln sowie durch ihre hübsch facettenartig skulpturirten Schalen ausgezeichnet. Allen Dinoflagellaten ist eigenthümlich, dass sie im Aequator ihres Körpers eine Furche besitzen, in welcher eine quer gestellte, schwer sichtbare Geissel sich bewegt. Ferner kommt ihnen auch noch eine Längsfurche mit einer Geissel zu.

Ciliata. — 10. *Coleps hirtus* (Fig. 319). — *Coleps* findet sich in Wasserproben der verschiedensten Art, insbesondere auch im Brunnenwasser recht häufig und ist leicht zu erkennen. Der ganze Körper ist ellipsoidisch gestaltet, an beiden Enden quer gestutzt (sodass der Umriss ungefähr tonnenförmig wird) und hier mit breiten, dreieckigen Stacheln versehen. Diese Stacheln bilden die Enden von

Panzertafeln, welche den ganzen Körper bedecken und regelmässig warzenförmig durchbrochen sind, um die langen Cilien austreten zu lassen. *Coleps* ist bald farblos, bald grün gefärbt; seine Cilien sind alle gleichartig.

11. *Prorodon teres* (Fig. 320). — Wie alle folgenden panzerlos. Bei *Prorodon teres*, welches sich sehr häufig in Gräben und Tüm-

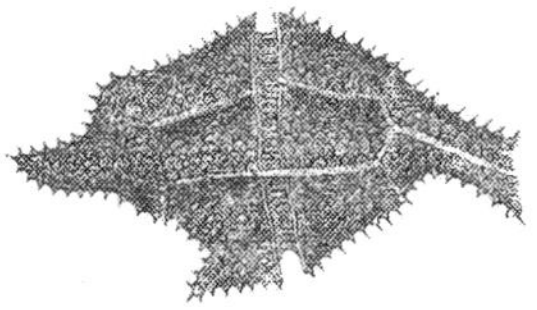

Fig. 318. *Ceratium tetraceras.* $^{1000}/_1$. (Nach Schillling.)

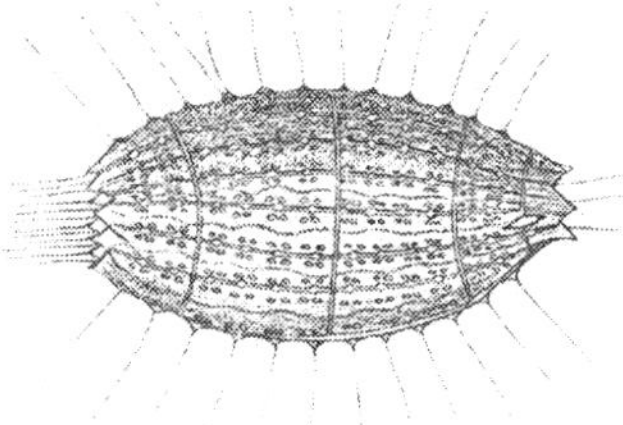

Fig. 219. *Coleps hirtus.* $^{750}/_1$.

peln findet, ist der Körper cylindrisch, beiderseits breit gerundet, seinem ganzen Umfang nach dicht mit feinen, gleichartigen Cilien bedeckt. Am Vorderende befindet sich die von einer ringförmigen Lippe umgebene Mundöffnung; dieselbe setzt sich nach dem Körperinnern zu in einen von kegelförmigem Staborgan umgebenen Schlund fort. Im Hinterende des Thieres ist eine grosse Blase sichtbar,

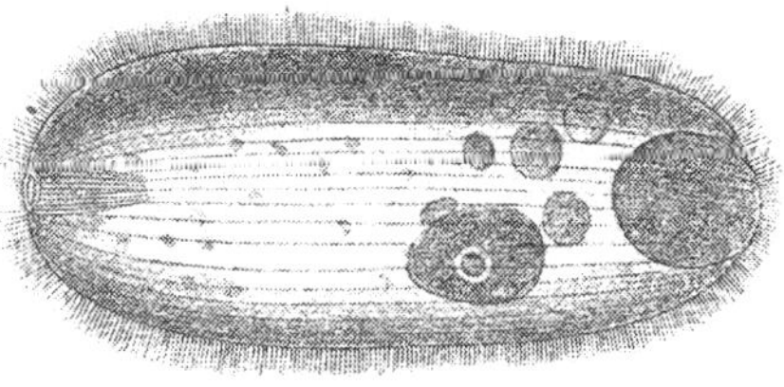

Fig. 320. *Prorodon teres.* $^{400}/_1$.

welche mit wässerigem Inhalt erfüllt ist und sich rhythmisch in langen Zwischenräumen zusammenzieht und wieder ausdehnt. Sie stellt die „pulsirende Vakuole“ des Thieres dar. Derartige „pulsirende Vakuolen“ sind in der Klasse der Urthiere fast allgemein verbreitet, wenn man ihre Thätigkeit auch oft nicht so gut beobachten kann, wie gerade bei dem beschriebenen Objekt.

12. *Paramaecium bursaria* (Fig. 321). — Dieses meist mit kleinen grünen Algenzellen (Zoochlorellen) vollgepfropfte Thier wird massenhaft in Proben von Grabenwasser angetroffen. Es besitzt nur gleich-

artige, allseitig die ganze Körperoberfläche besetzende Cilien und ist ungefähr drehrund. Vom Vorderende aus zieht sich bei der Gattung *Paramaecium* eine tiefe Furche bis über die Mitte des Thieres hinweg; dieselbe führt zu dem in der hinteren Hälfte gelegenen Mund. — Auch hier ist die pulsirende Vakuole sehr gross ausgebildet; der Zellkern besteht aus zwei semmelartig aneinander

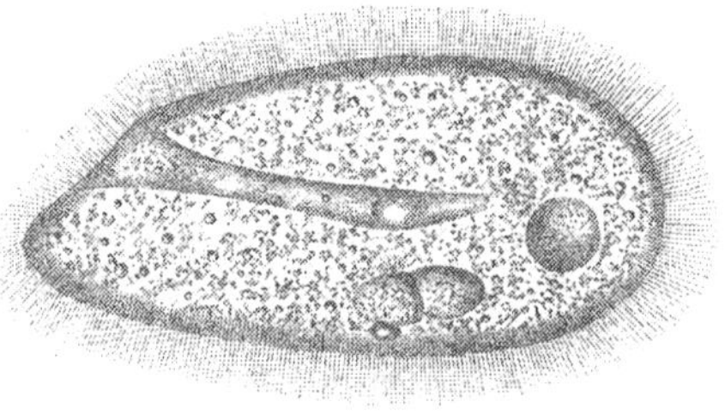

Fig. 321. *Paramaecium bursaria.* $^{500}/_{1}$.

liegenden Theilen, welchen je ein kleiner Kern (Mikronucleus) anliegt.

13. *Chilodon Cucullulus* (Fig. 322). — Die Arten der Gattung *Chilodon* sind besonders in mit organischen faulenden Substanzen versehenem Wasser sehr häufig; sie sind vollständig plattgedrückt und zeichnen sich durch ihre den Längslinien des Körpers folgende,

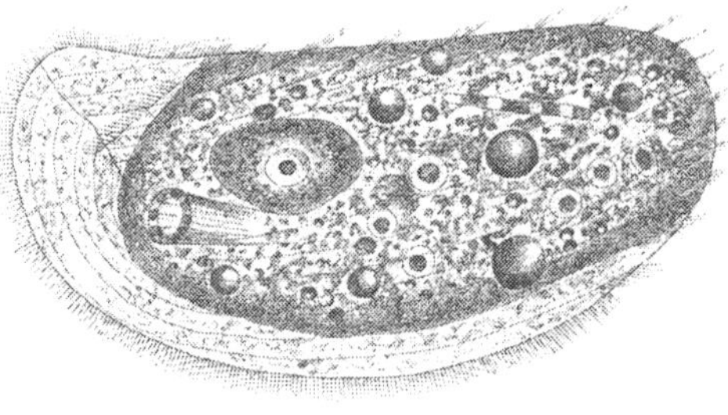

Fig. 322. *Chilodon cucullulus.* $^{500}/_{1}$.

aus gleichartigen Cilien bestehende Bewimperung sowie durch den grossen, ein Schlundrohr darstellenden Stabapparat der Mundöffnung aus. Bei *Ch. Cucullulus* sind viele pulsirende Vakuolen vorhanden, bei dem viel kleineren *Ch. uncinatus* nur zwei.

14. *Stylonychia Mytilus* (Fig. 323). — Mit Nr. 15 das häufigste ciliate Infusor in länger stehenden, organische Reste enthaltenden Wasserproben. Dies Thier gehört zu den hypotrichen Ciliaten,

weil seine Körpergestalt vollkommen plattgedrückt ist und nur die Bauchseite Wimpern aufweist, während die Rückenseite kahl ist. Zugleich erkennt man leicht, dass die Wimpern durchaus ungleichartig sind. Je eine Reihe dünnerer Cilien findet sich rechts und links dem Rand des Thieres entlang sowie spiralig gebogen am

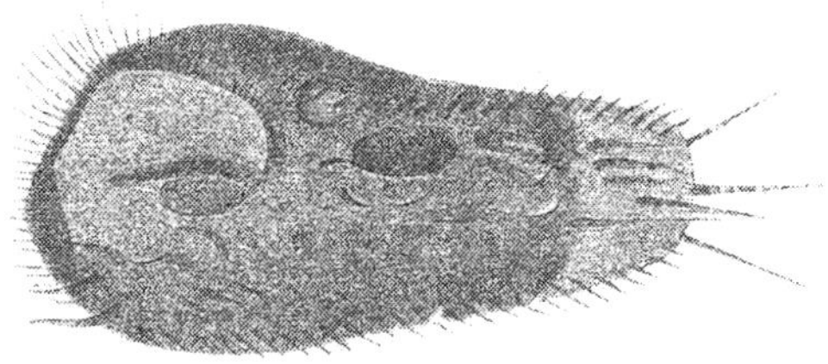

Fig. 323. *Atylonychia Mytilus.* $^{250}/_{1}$.

Vorderende; neben dieser („adoralen") Spirale liegt das „Stirnfeld" mit einer Anzahl grosser, gebogener „Cirren"; auch nach hinten auf dem „Bauchfeld" finden sich solche. Am After steht eine Querreihe von 5 starken „Aftercirren", und schliesslich ist der Rand am

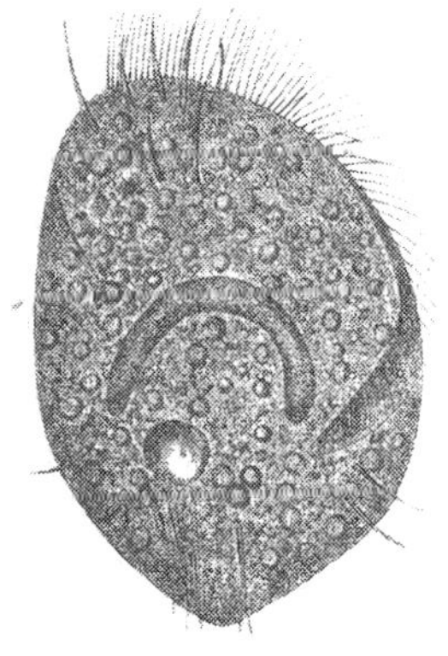

Fig. 324. *Euplotes Charon.* $^{500}/_{1}$.

Fig. 325. *Vorticella microstoma.* $^{300}/_{1}$. (Nach Kent.)

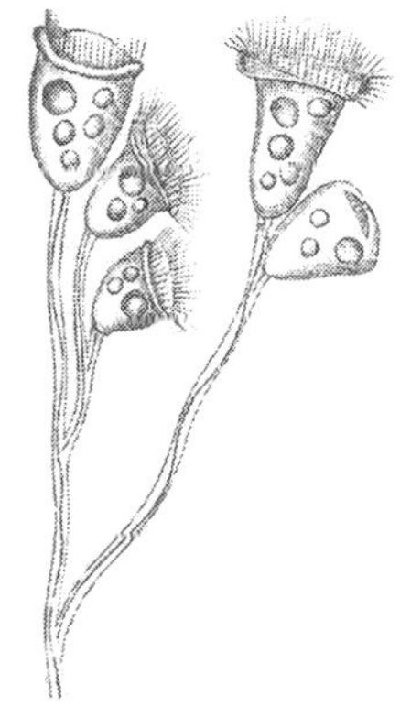

Fig. 326. *Carchesium Lachmanni.* $^{160}/_{1}$.

Hinterende des Thieres noch mit 3 langen „Schwanzcirren" versehen. — Mit Hilfe der Cirren des Bauch- und Stirnfeldes, welche als Beine benutzt werden, läuft das Thier gewandt auf im Wasser liegenden Gegenständen.

15. *Euplotes Charon* (Fig. 324). — An gleichen Orten wie die *Stylonychia* und häufig mit ihr zusammen vorkommend, gleichfalls

mit adoraler Cilienzone und Bauch-, Stirn- und Aftercirren, aber ohne Randreihen. Ganz besonders leicht kenntlich ist dies Thier an dem wurstförmigen Zellkern, welcher (besonders beim Abtödten mit Sublimatlösung deutlich hervortretend) etwa in der Mitte der Zelle liegt. — Die nächstverwandte *Euplotes Patella* hat am Hinterende 2 lange gefiederte Cirren.

16. *Vorticella microstoma* (Fig. 325). — In faulem Wasser, insbesondere in der Bakterienhaut, welche sich auf faulenden Wasserproben bildet, überall massenhaft vorkommendes Glockenthierchen. Dasselbe sitzt auf einem dünn-fadenförmigen, mit feinem Muskelfaden durchzogenen Stiel, welcher bei jedem Reiz sich blitzschnell spiralig kontrahirt. Um das Vorderende des Thieres herum findet sich ein Kranz lebhaft schlagender, die als Nahrung dienenden Körperchen ins Innere des Thieres strudelnder Wimpern, im übrigen ist das ausgewachsene, festsitzende Thier nackt. Man kennt eine grosse Menge von *Vorticella*-Arten.

17. *Carchesium Lachmanni* (Fig. 326). — Im ganzen ebenso gestaltet wie die *Vorticella*-Arten, doch durch die Koloniebildung ausgezeichnet. Die Stiele verzweigen sich dichotom, wobei aber die Muskeln nicht sich aneinander ansetzen, sondern durch kleine Zwischenräume getrennt sind. *C. Lachmanni* ist eines der häufigsten und charakteristischsten Infusorien im Schmutzwasser; es bildet in demselben an Gras, Reisern etc. festsitzende, schimmelartig flottirende, stark schleimige, kurze Ueberzüge.

Sachregister.

(Die beigesetzten Ziffern bedeuten die Seitenzahlen.)

19202138R00197

Printed in Poland
by Amazon Fulfillment
Poland Sp. z o.o., Wrocław